古建筑木结构的
损伤评估及加固性能

薛建阳 等 著

科学出版社

北 京

内 容 简 介

中国古建筑以其极高的文化和科学价值屹立于世界建筑之林，是中华文明不可分割的组成部分。它的传承和保护，具有重要的社会意义。本书系统地介绍了古建筑木结构的损伤评估方法及加固性能。全书共 12 章，主要内容包括绪论、单层殿堂式古建筑木结构动力分析模型、不同松动程度下古建筑透榫节点拟静力试验及分析、不同松动程度下古建筑透榫节点的有限元及参数分析、歪闪斗栱节点受力性能的有限元分析、古建筑木结构地震损伤识别研究、基于震损识别的古建筑木结构状态评估方法、基于结构潜能和能量耗散的古建筑木结构地震破坏评估、扁钢和碳纤维布加固古建筑木结构抗震性能研究、古建筑木结构加固残损节点的性能分析与设计方法，以及古建筑木结构斗栱修缮加固及自复位耗能增强研究。

本书内容丰富，资料翔实，可供从事古建筑结构性能研究及保护工作的工程技术人员，以及高等学校相关专业的师生参考。

图书在版编目(CIP)数据

古建筑木结构的损伤评估及加固性能/薛建阳等著. —北京：科学出版社，2021.2

ISBN 978-7-03-068009-9

Ⅰ.①古… Ⅱ.①薛… Ⅲ.①木结构—古建筑—修缮加固 Ⅳ.①TU366.2 ②TU746.3

中国版本图书馆 CIP 数据核字（2021）第 026104 号

责任编辑：童安齐 / 责任校对：陶丽荣
责任印制：吕春珉 / 封面设计：东方人华

科学出版社 出版

北京东黄城根北街 16 号
邮政编码：100717
http://www.sciencep.com

三河市骏杰印刷有限公司 印刷
科学出版社发行　　各地新华书店经销

*

2021 年 2 月第 一 版　　开本：B5（720×1000）
2021 年 2 月第一次印刷　　印张：24
字数：466 000

定价：198.00 元
（如有印装质量问题，我社负责调换〈骏杰〉）
销售部电话 010-62136230　编辑部电话 010-62137026

本书撰写人员

薛建阳　　张凤亮　　白福玉　　吴晨伟

前　言

木结构古建筑是历史发展的见证和民族文化兴衰潮汐之影映，是不可再生的珍贵文化资源，具有极高的历史、文化、艺术和科学价值，现存的木结构古建筑已成为各国乃至世界的重要文化遗产，合理保护和传承古建筑对于发扬传统文化、弘扬民族精神、促进经济发展具有举足轻重的作用。

在漫长的历史岁月中，由于木结构古建筑所用材料（木材）自身的缺陷，如干裂、易燃、蠕变、老化等，以及外界因素，如地基不均匀沉降、虫蛀、地震、火灾、战争等自然力及人为的破坏，再加上多年来对其保护重视不够、年久失修，使这些现存木结构古建筑处于结构体系破坏、多种病害缠身、险情不断发生，甚至潜伏坍塌的危险状态，其健康和安全状况极为恶劣。基于古建筑木结构的复杂性、特殊性及历史原因，我国对古建筑木结构的损伤识别理论和方法、损伤评估方法和修缮加固技术等领域的研究相对较少，以致人们对大多数具有珍贵价值的古建筑木结构的健康状况和安全水平缺乏了解，没有一套完整且成熟的古建筑木结构的损伤识别、评估和修缮保护等关键技术和理论体系。

鉴于此现状，作者及其课题组运用试验研究、理论分析和数值模拟计算等手段，进行了典型残损古建筑木结构及榫卯节点的受力性能试验、加固试验及其抗震性能分析，提出了古建筑木结构的损伤识别理论、性态评估方法、加固设计理论和斗栱节点的性能增强方法，一方面希望能从古建筑蕴含的力学机理中得到有用的启示，另一方面，希望能为古建筑的传承和保护尽一份微薄之力。

本书由薛建阳、张风亮、白福玉和吴晨伟共同撰写，由薛建阳统稿并校阅全书。作者及其课题组的成员包括博士生（后）姚侃、隋龑，以及硕士生于业栓、李义柱、夏海伦、董晓阳等，都为本书的研究工作付出了很多心血。本书能得以顺利完成，还要感谢西安建筑科技大学赵鸿铁教授，他对本书的内容提出了许多宝贵意见。此外，本书的研究内容还得到了国家自然科学基金（项目编号：51678478、51978568）、"十二五"国家科技支撑计划课题（项目编号：2013BAK01B03）、陕西省国际科技合作计划项目（项目编号：2013KW23-01）、陕西省自然科学基础研究计划重点项目（项目编号：2020JZ-50），以及陕西省重点科技创新团队项目（项目编号：2019TD-029）等的资助与大力支持，在此一并表示衷心的感谢。

鉴于作者水平有限，书中不妥之处在所难免，敬请读者不吝批评指正。

著　者

2019 年 6 月

目　　录

第1章 绪 论

1.1 概 述

中国的古建筑是世界上独具风格的一门建筑科学，是世界建筑艺术宝库中的一颗璀璨的明珠。现存古建筑历经几百年甚至上千年的历史，在建筑造型、艺术文化、制作工艺以及结构构造方面都表现出极高的水准。这些伟大的古建筑工程是我国弥足珍贵的宝贵财富，也是世界文明的重要见证。妥善保护与传承古建筑，使之尽可能久远地保存和流传下去，是我们义不容辞的历史责任和光荣使命，具有重要的科学意义和社会价值。

经过几千年的文化沉淀，现存中国古建筑中木结构仍占大多数，约占全部古建筑的50%以上，而仅在房屋建筑类中，古建筑90%以上均为木结构承重。在漫长的历史岁月中，古建筑木结构经历了不同自然条件下侵蚀和人类活动的破坏作用，再加上多年来对其保护不够重视、年久失修，使这些现存古建筑木结构多种病害缠身、健康和安全状况极为恶劣，甚至处于险情不断发展、结构体系破坏和潜伏倒塌的危险状态。例如，作为全国重点文物建筑——应县木塔在自身累积损伤和历史地震作用下，其构件劈裂、梁枋变形、柱子倾斜严重、沉降失衡和榫卯节点榫头脱卯等，自身安全受到严重威胁。

《古建筑木结构维护与加固技术标准》（GB/T 50165—2020）以"残损点法"作为结构鉴定加固的基本方法，对定性评估进行了一定研究，提出了古建筑木结构维护与加固原则，但其对古建筑定量评估尚无系统的标准和科学的方法。目前，国内对于古建筑木结构损伤状态定量评估方法大致上可分为传统分析法、概率评价法和能量参数法三类，但这三类方法都各有不足。传统分析法包括专家经验法和专家打分法，判断往往主观性较大，且准确性不高；概率评价法却未涉及震后评价分析，隶属函数的选择也有待商榷；能量参数法由于受特定模型和振动台试验局限，以及未考虑多因素共同作用，在实际工程评价中难以应用。

由于古建筑木结构构造的独特性和复杂性，且状态评估涉及的众多影响因素存在相关性、不确定性和模糊性，确立基于实测物理参数损伤识别的古建筑木结构综合评估标准和定量评估模型，是古建筑损伤状态定量评估的关键问题。为了使古建筑木结构震损指标和评价方法系统化、标准化，便于工程应用，本书根据古建筑木结构缩尺模型振动台试验、有限元模型分析及理论推导，定量研究材料、典型构件、节点、关键部位及子结构地震损伤演化特征和反演识别，建立整体结构状态评估实用方法，力求解决现存古建筑木结构震损评估问题，为古建筑修缮和安全评价提供科学依据。

1.2 古建筑木材及其性能退化

木材是天然高分子有机体，是由纤维素、半纤维素和木素三种主成分组成的复合材料，本身具有质量轻、容易加工、强度较高等优点，但也具有各向异性、质地不均、容易变形等天然缺陷及复杂性。

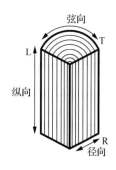

图 1.1 木材的弦向、径向和纵向

木材具有正交各向异性。如图 1.1 所示，木材的纵向（L）是指与木纤维平行的方向，也是与树干从根部向上发展一致的方向，即顺纹方向。弦向与径向是指与木纤维垂直的方向，即横纹方向。树干裁切后横截面会有如同心圆般的年轮，径向指过树心，且与年轮垂直的法线方向；弦向是与年轮相切且不通过树心的方向。如图 1.1 所示，切取一个相切于年轮的立方体试样，其三个对称轴 L、R、T 近似垂直，且每两轴构成一平面，分别为 TR、LR、LT 三个平面。可以认为这三个轴是互相垂直的弹性对称轴，从这个意义上说，木材是正交各向异性材料。

木材具有复杂的力学特性。木材抗压分为横纹抗压和顺纹抗压，对强度来说，木材顺纹抗压强度高于横纹；就变形而言，木材顺纹受压变形远小于横纹。顺纹受压的特点是在破坏前木材有塑性变形阶段，而横纹受压则无明显破坏特征，无法确定荷载最终破坏值，所以取其比例极限荷载为木材横纹抗压强度。

木材抗拉也分为顺纹抗拉和横纹抗拉。顺纹抗拉指纤维间纵向联系被破坏；横纹抗拉指纤维间横向联系被拉开。由于木材横向纤维脆弱，其顺纹抗拉强度高于横纹抗拉强度。

木材受剪时根据剪切面和剪切方向的不同，分为顺纹剪切、横纹剪切和横纹切断三种强度。木材受剪破坏为脆性破坏，在不同剪切作用下，木纤维的破坏方式不同，横纹切断强度最高、顺纹剪切次之、横纹剪切最低。在剪切破坏前，应力与应变之间的关系一般符合正交三向异性材料的弹性变形规律。

木材的弯曲强度介于受拉和受压之间，且木材顺纹受压强度、受弯强度、受拉强度依次增高，并一般符合下列关系：

$$\frac{\sigma_{\mathrm{w}}}{\sigma_{\mathrm{y}}} = \left(3\frac{\sigma_{\mathrm{l}}}{\sigma_{\mathrm{y}}} - 1\right) \Big/ \left(\frac{\sigma_{\mathrm{l}}}{\sigma_{\mathrm{y}}} + 1\right) \tag{1-1}$$

式中：σ_1、σ_y、σ_w 分别为木材标准小试件的受拉、受压、受弯强度。

从传统的材料力学角度来分析，木材受弯作用下，与其他材料的情况类似：横截面一般上方为受压区，下方为受拉区。由于木材受拉强度大于受压强度，首先在受压区产生大量的塑性变形继而破坏，达到木材的抗弯能力。

当古建筑木结构历经成百上千年后，由于其受所处环境相对温湿度变化、腐朽、虫蛀以及长期载荷效应，古建筑的木材出现老化、开裂、木节、虫蛀等现象，如图 1.2 所示。这些残破现象导致木材物理力学性能发生不可逆劣化，降低了构件、整体结构力学强度和安全可靠性。古建筑木结构在大气环境中，经受环境因素长期作用后的木材由于物理作用和化学反应致使其各项力学性能指标皆有不同程度的降低、材质变脆，不同树种的材性变化幅度不等但趋势相同。

（a）老化 （b）开裂

（c）木节 （d）虫蛀

图 1.2 木材常见的残损类型

黄荣凤等（2007）以北京故宫武英殿维修时拆卸下来的檐柱、顺爬梁、五架梁及五架梁随梁等局部腐朽旧木构件为对象，测定了不同腐朽程度试件的气干密度、抗弯强度和顺纹抗压强度。研究并确定旧材达到 3 级腐朽时，其抗弯强度、顺纹抗压强度和气干密度分别为未腐朽木材的 24%、42% 和 76%。

徐明刚等（2009，2011a）通过古建筑新旧杉木材性对比试验，得到旧杉木顺纹抗压强度、横纹强度、抗弯强度和抗弯弹性模量等力学指标，并分析含水率对新旧杉木顺纹抗压强度和干缩率的影响。通过对比确定旧杉木顺纹抗压强度与含水率基本呈线性关系，新木的干缩率较旧木略大。

谢启芳等（2007，2013）考虑古建筑木结构材料性能退化，分析历经年限和横向裂纹对旧材抗弯强度的影响，提出了在《古建筑木结构维护与加固技术标准》（GB/T 50165—2020）中除考虑木材老化外，建议乘以 0.9 的折减系数考虑木材历经年限的影响，并认为有横向裂纹的木材抗弯强度折减系数可取 0.5。

王天龙等（2010）采用三维应力波方法，对宁波保国寺大殿不同截面、不同区域间木柱内部缺陷和残余弹性模量进行了评价，确定木柱下段各区域的残余弹性模量变化大，随着高度增加，残余弹性模量变化相对较小，材质越来越均匀和健康。

彭勇刚等（2014）以西安钟楼修缮维护中替换下的木材为研究对象，通过 ^{14}C 测定了古木材年代，并确定了古木材全应力应变曲线关系、峰值强度和残余强度指标，结果表明木材应力-应变关系在加载初期近似呈直线关系，随着加载进行，应力-应变呈现非线性关系，随后应力达到一峰值，之后随着加载进行，应力值逐渐降低并存在波动。

Gerhards 等（1987）提出木结构累计损伤模型，以此研究木结构在荷载作用下的剩余强度，用来预测木材由于损伤的失效时间，并建立了参数评估模型，但此模型只描述了强度随时间的发展，没有考虑腐蚀对材料特性的影响。

1.3　榫卯节点的连接及残损

中国古建筑历史悠久，在距今约 7000 年前的河姆渡古建筑遗址发掘过程中，已经发现榫卯连接的木结构房屋，有柱头榫、柱脚榫、平身柱榫卯、转角柱榫卯等几种类型。商周时期，榫卯结构得到进一步的发展。成都十二桥遗址和湖北当阳发掘的 5 号楚墓外观中都发现了相当丰富的榫卯连接形式，概括起来有嵌扣楔、落梢楔、燕尾式对偶榫、半肩榫、合槽榫、搭边榫、燕尾式半肩榫和割肩透榫等。战国时期到秦代，战火连年，并未留下任何古建木结构遗迹实物，但是大秦王朝大兴土木，修建阿房宫、未央宫等都是有史为据的。汉代古建筑木结构发展迅速，木结构技术逐渐成熟，榫卯连接也得到更进一步的改进完善，考古发掘发现了多种榫卯结构，即有搭边榫（高低榫）、子母榫（阴阳榫）、细腰榫、燕尾榫（银锭榫）、勾搭榫和割肩头榫等。直到唐代，榫卯节点构造趋于完善，并基本定型下来。宋代的榫卯逐渐实现规范化，梁柱连接主要有直榫和燕尾榫两类。燕尾榫又称大头榫，榫部端部宽、颈部窄，呈大头状，即上部大、下部小，多用于大型宫殿建筑。直榫又分为透榫与半榫，透榫又称"大进小出榫"，大进是穿入部分截面，高与梁枋本身截面同高，而穿出部分则将其高减半，当榫头较短不穿透柱子时，称半榫。明清时代，榫卯连接技术更进一步完善。总体看来，清代的柱枋连接比以前强很多，如额枋布置加密、额枋截面加大等。清代的榫卯技术已经可以满足多种复杂连接的需要，能实现多种传力功能的要求。

　　榫卯节点有一定的抗弯刚度，是一种典型的半刚性节点。由于榫卯均为木质，在发生较大转动变形时，将会产生挤压变形。这种转动与挤压变形的过程会消耗一定的能量，尤其是在遇到强烈地震作用时候，榫卯节点的耗能减震作用更加明显。榫卯连接是一种"以柔克刚"的减震体系。榫卯节点相当于现代减震结构体系中的减震器。试验证明，在地震烈度超过 8 度时，各结构层的动力放大系数均小于 1，这一点显然与现代建筑有明显区别。不可讳言，木结构古建筑的结构薄弱之处在于榫卯节点。在材料性能出现明显退化或遭到天灾人祸的情况下，若遭遇强烈地震时，房屋的破坏是从榫卯节点开始的。

　　木结构古建筑榫卯节点的残损形式复杂多样，在强震作用下，榫卯节点容易出现折榫、榫头脱出卯口（拔榫）等现象，如图 1.3 所示。另外，由于同样存在木材材性劣化（如腐朽、虫蛀和开裂等）现象，残损状况下榫卯节点的抗震性能不同程度地降低，进而会对文物古建筑的整体性和安全性产生不利影响。在众多节点的残损形式中，节点连接松动是木结构古建筑中的重要残损特征，应着重采用现代抗震理论对节点连接松动的形制构造、结构特性和抗震性能进行科学的阐释，搞清楚节点在不同松动程度下的受力机理、承载力、变形能力、刚度，并进行性能的研究、分析和评价，以便为节点的加固提供理论依据和修缮意见。

（a）折榫　　　　　　　　　　　　　　（b）拔榫

图 1.3　榫卯节点常见的残损类型

　　高大峰等（2003，2006）通过水平反复荷载作用木构架模型试验研究，得到榫卯节点转动刚度及额枋、柱的部分截面的变形和内力特征。姚侃等（2006a，2006c）通过对燕尾榫连接木构架模型的低周反复加载试验，研究了燕尾榫节点的半刚性连接特性，理论推导了榫卯节点的连接刚度，并拟合出了燕尾榫节点的恢复力模型。隋龑等（2009，2011）通过木构架低周反复试验，得到了榫卯连接弯矩-转角滞回曲线及骨架曲线，并拟合出了弯矩-转角关系和榫卯节点恢复力模型，由试验结果给出了两种榫卯连接刚度的非线性变化。徐明刚等（2010，2011b）通过低周反复加载试验研究了 5 个燕尾榫榫卯节点模型的抗震性能，得到了各节点的破坏形式、滞回曲线、骨架曲线及变形等性能。后期又研究了植入钢筋和碳纤维布加固节点的受力性能（徐明刚等，2013），结果表明两种加固方法都能明显提高构架的强度和刚度，但加固效果随着荷载的增大而减弱。同时在分析榫卯节点受力机理和试验研究的基础上，提出了一种用于计算碳纤维加固榫卯节点的抗弯承载力的方法。淳庆等（2011）对我国南方传统木构建筑典型榫卯节点的抗震性能进行了研究，其中包括燕尾榫、半榫、十字箍头榫及馒头榫4种典型榫卯节点的低周反复荷载试验研究。通过试验获取这4种典型榫卯节点在水平荷载作用下的破坏模式、滞回曲线、骨架曲线及转角刚度。陆伟东等（2012）进行了6个榫卯节点的拟静力试验，并对试验后的榫卯节点分别采用扒钉、碳纤维、钢销、U形铁箍、角钢、弧形钢板进行加固，对比研究加固前后榫卯节点的抗震性能参数，根据试验结果给出了基于转角的震损榫卯节点加固设计方法。

赵均海等（1999，2000）通过对我国古建筑木结构的结构特性研究，得出了合理的力学模型，提出了将榫卯和斗栱简化为半刚性连接，采用三维动力弹塑性有限元分析方法得出了我国古建筑木结构的典型代表——西安东门城楼的固有频率和振型，并为古建筑研究提供了一种新的分析模型。方东平等（2001）建立了针对古建筑木结构的结构模型和分析方法，编制了考虑斗栱和榫卯等半刚性节点的三维有限元分析程序，并对西安北门箭楼做了详细研究。丁磊等（2003）引入反映古代木结构榫卯连接的半刚性单元，建立了西安鼓楼三维有限元模型，结果表明古代木结构榫卯连接在地震荷载作用下可以吸收相当大的能量。徐其文等（2002）对榫卯连接进行力学分析时，将其简化为半刚度单元再加入有限元分析，在单元刚度矩阵中引入3个参数，通过参数的不同变化来模拟刚接、铰接以及半刚性连接。

赵鸿铁等（2009，2010）拟合出了弯矩-转角的关系方程和榫卯连接节点恢复力模型，由试验结果给出了木结构榫卯连接刚度的非线性变化。胡卫兵等（2011）从基本承重构件梁柱的微元开始，导出木梁木柱的挠曲线方程，用弹簧作为榫卯节点约束，以边界条件输入，导出榫卯节点刚度值。王俊鑫等（2008）在模型试验的基础上，建立了反映木结构榫卯弯矩-转角关系的四参数幂函数曲线，并利用MATLAB编制程序对榫卯连接木框架进行了静力和动力分析。乐志（2004）以榫卯的约束方式不同对其分类，从理论上分析了公母榫、透榫及馒头榫等多种榫卯节点的半刚性连接性能。

Guan等（2008a，2008b）对日本常见的带木楔的直榫节点进行了试验研究和有限元分析，研究了使用不同尺寸及形状的木楔对榫卯节点初始应力及节点抗拉压性能产生的影响。Kato等（2000）分别采用三角形木楔构件的嵌压试验及梁柱节点的低周静力试验对日本传统木结构节点中的木楔作用进行了研究，得到了木楔最优嵌入深度、不同树种和不同嵌入深度十字构件的弯矩-转角骨架曲线，以及初始刚度与木楔埋置深度的关系。Maeno等（2006，2007）对日本传统木构架足尺模型进行了振动台试验及静力侧向试验，同时对柱的摇摆性能及水平拉杆作用进行了研究，发现由于柱的摆动及水平拉杆的抗弯作用产生的恢复力特性在传统木结构建筑的结构机制中起着重要的作用。

Seo 等（1999）对韩国民居古建筑中的木构架进行了静力及低周反复加载试验，梁柱采用燕尾榫节点，构件中部横梁与柱采用直榫节点，得到了单调静力加载时的荷载-位移曲线及低周反复加载情况下的滞回曲线，并给出了修正的双目标恢复力模型，同时给出了各参数的建议值。Pang 等（2010）通过静力加载试验研究了梁肩（与梁十字相交的梁）对传统韩国木结构建筑中梁柱节点受弯承载力的影响，试验结果表明梁肩对抗弯能力、节点刚度及破坏模式有很大影响，梁肩起到了增强燕尾榫节点的作用，在传统设计中应考虑梁肩的设计。

King 等（1996）通过人工模拟透榫节点常见的 3 种残损状态，对比分析了残损和完好透榫节点的抗震性能退化规律，结果表明透榫榫卯节点经人工老化处理后，其抗弯刚度明显下降。

谢启芳等（2014b，2015）采用在燕尾榫榫头和单向直榫榫头表面钻孔方法人工模拟榫头真菌腐朽和虫蛀残损，通过低周反复试验分析了残损燕尾榫和直榫节点抗震性能的退化规律。结果表明：直榫节点残损程度越大，滞回环捏拢效应越明显；残损节点转动弯矩、刚度和耗能能力随着残损程度增加而逐步降低；在相同残损工况下，人工模拟真菌腐朽节点弯矩和刚度要大于人工模拟虫蛀节点弯矩和刚度。

薛建阳等（2016）制作了 6 个缩尺比为 1∶3.2 的燕尾榫节点，包括 1 个完好节点和 5 个不同松动程度的节点，燕尾榫节点的松动采用削减榫头尺寸的方法来模拟。采用低周反复加载试验对节点的破坏形态、弯矩-转角滞回曲线、骨架曲线、刚度退化规律和耗能能力等进行了研究，并进而提出了基于抵抗破坏潜能、基于松动程度和抵抗破坏潜能双参数的两种残损评估方法。其结果表明，节点的破坏形态主要为榫头部分拔出、榫头和卯口间发生挤压变形、卯口处木材纤维翘起，柱和枋基本完好。所有节点的弯矩-转角滞回环形状均呈反 Z 形，且节点松动程度越大，其滞回环捏拢效应越明显。松动节点的弯矩、刚度和耗能能力均低于完好节点，且随着节点松动程度的增大而逐渐降低。

张辰啸等（2017）以北京故宫博物院雨花阁为例，通过振动台试验获得的地震响应和震害数据，得知雨花阁模型榫卯节点在输入地震动作用下，节点局部损伤，松动和局部材料等效弹性模量逐渐减小，等效转动刚度减小，结构自振频率随着地震动增加而减小。

杨夏等（2015）基于脱榫状态古建筑木结构燕尾榫节点试验，确定节点初始脱榫量越大，在弹性阶段结束时竖向荷载值越小；进入屈服阶段后，结构表现出明显的脱榫特性，在相同竖向荷载下，初始脱榫量越大，产生跨中位移越大，结构破坏时的抗弯刚度就越低。

1.4　斗栱的特性及残损

斗栱作为中国古建筑的一种特有形式，曾随着文化的交流，传播至日本、越南等国，对东亚和东南亚各国的建筑风格具有一定的影响。

斗栱最早起源于商代，最初的功用是通过挑出檐口使外墙及木柱免遭雨淋侵蚀。根据遗址发掘，商代民居宫室已出现使用立柱、落地撑、腰撑及插栱等构件以达到较大挑檐的目的，形成了早期的斗栱雏形。至汉代，斗栱从最初的简单笨拙演变到较复杂的一斗三升形制，标志着其基本成熟，其中栌斗、栱等构件与后来成熟的斗栱相比已十分形似。

屋盖梁架下的斗栱，其作用是承担上部传导的荷载，其中屋檐下向外出跳的斗栱，则是为了使出檐更深远，起到保护建筑物木构架的作用。按照是否向外出挑，斗栱又可以分为不出踩斗栱和出踩斗栱两大类。

中国古建筑的屋盖厚重且庞大，有整个建筑物荷载的一半之多，荷载通过梁架向下传递。而建筑物中的墙体一般不参与承担和传递竖向荷载，因此斗栱层发挥着极其重要的结构作用，总体可以概括为以下几个方面。

（1）斗栱向外层层出挑，承托着建筑物延伸的屋檐，使得檐口挑出多达 3m，形成古建筑特有的"大屋顶"，充分体现了古建筑的雄伟、庄严。檐口的挑出也保护了墙体、柱身等免受雨水的侵蚀。室内向外挑出的斗栱缩短了枋、梁的长度，大大减小了梁的弯曲应力。

（2）中国古建筑木结构的荷载主要集中于屋盖和梁架部分。荷载通过斗栱层传递至柱头及柱架上，再经由柱架传递至基础。可见，斗栱层是一个过渡层，具有承上启下的功能。斗栱各个构件之间通过榫卯巧妙地搭接，无一铆一钉，在一般地震作用下，通过构件间的摩擦抵抗水平推力。整个斗栱浮搁于普柏枋或屋梁上，遇到较大水平力时，会通过滑动消耗能量，调整变形，最大限度地降低建筑物的破坏范围，类似于现代"隔震"理念，斗栱层对水平地震和竖向地震均有明显的减震作用。例如，位于山西应县境内的佛宫寺释迦塔在经受风雨侵蚀、抗战时期多次炮击和数次强地震的情况下，依然千年不倒。个中缘由除了周边环境的特殊性和人为保护的因素以外，斗栱在木结构中的特殊结构作用也是重要原因之一。

（3）斗栱外形独特，色彩斑斓，从建筑学的角度看，具有装饰作用，是中国木结构中的一个重要的标志性构件，可与西方建筑中的罗马柱头、希腊柱头等相比拟，成为中国建筑艺术的一大亮点。

作为中国古建筑显著特点之一，在古建筑木结构柱顶、额枋和屋檐或构架间有一层叠交叉组合构件，宋代《营造法式》中称为铺作，清代工部《工程做法》中称斗科，通称为斗栱。对于一些较重要的建筑来说，斗栱层具有减震的作用。

地震发生时，当上部结构的水平地震剪力超过柱脚与础石间的最大摩擦力时，上部结构将发生滑动，从而减小地震能量的输入。

在历经几百年甚至几千年的时间里，斗栱会发生不同程度的残损现象，如图1.4所示。其主要包括以下几个方面：在力的传递过程中，栱和翘的相交处高度相对减小，相互挤压严重，较易出现受压劈裂或折断现象；大斗或交互斗会因为集中受力而出现横纹受压劈裂破坏。除此以外，被斗栱浮搁于其上的平板枋，由于其截面较小，在长期受拉、受压的情况下，横纹受压强度降低，在中部或端部会产生顺纹的压裂现象，或发生斜向裂纹的破坏现象。另外，位于大斗与平板枋之间的馒头榫，受力复杂，既受剪又受压，在多次的地震作用下，往往因剪力的作用而断裂。斗栱在长期受力作用下，各构件局部受力不均，从而出现斗栱整体歪闪。同时由于昂的歪闪或柱子的下沉，斗与栱之间的连接松动、错位、歪闪或开裂。这些残损形式将显著降低古建筑的安全性能。

（a）大斗开裂　　　　　　　　　　　　　　　（b）斗栱整体歪闪

图1.4　斗栱常见的残损类型

Kyuke等（2008）对足尺斗栱模型进行了振动台试验，得到的斗栱刚度，并讨论了地震作用对斗栱各构件的转动及滑移变形的影响。Fang等（2001）以三维半刚性节点单元表述斗栱刚度参数，有效简化了结构分析过程，但忽略了斗栱的尺寸和质量，难于反映斗栱构造特征和变形性能。

高大峰等（2007，2008a，2008b）、张鹏程等（2003）和隋龚等（2010b）按照宋代《营造法式》的规定制作了6个宋式二等材计心造八铺作斗栱最下两跳的缩尺（1∶3.52）模型，通过竖向单调加载试验和水平低周反复加载试验，得到了斗栱模型在竖向荷载和水平荷载作用下的破坏模式和荷载-位移曲线。基于试验结果分析，魏国安等（2007）提出了斗栱在竖向荷载作用下的荷载-位移计算模型、质量-弹簧-阻尼器模型和水平力-位移的恢复力模型等，并进行了斗栱竖向地震传递系数和水平向耗能性能的计算，结果表明斗栱在两个方向上都具有很好的抗震性能。

陈志勇等（2011，2013）以应县木塔第二暗层外槽柱头典型的斗栱模型为研究对象，通过栱枋端自由的竖向单调加载试验和栱枋长度截至反弯点且端面为铰接的水平低周反复加载试验，得到了木塔典型斗栱在竖向和水平向荷载作用下的传力路径、破坏模式、受力性能及耗能性能等。

谢启芳等（2014a）采用人工模拟构件表面腐朽、虫蛀及裂缝的方法，对残损叉柱造式斗栱进行抗震性能及其退化规律研究。研究表明，残损斗栱模型的破坏较完好斗栱更显著；残损斗栱的弯矩-转角滞回曲线呈弓形，滞回环捏缩效应较小，层间滑移现象减弱；不同残损斗栱的抵抗弯矩承载力和转动刚度都有一定程度的降低，但耗能能力却有所提高；残损斗栱仍具有较好的变形能力和延性，且初步建立了节点的残损度与其抗震性能退化之间的关系。

袁建力等（2012）依据试验模型的力学参数，通过对应县木塔典型斗栱结构简化，采用三维实体单元，以空间牛腿结构的方式体现斗栱的构造连接和传递荷载的基本特征，在斗与栱的接触面设置摩擦接触对以实现构件摩擦-剪切耗能基本功能，建立了有限元模型。有限元模型分析结果表明，斗栱具有较好的摩擦-剪切功能。

段春辉等（2013）应用材料力学原理，分析斗栱构件的受力情况，对其进行了力学计算，得到斗栱构件发生破坏时的理论计算承载力。另外，根据斗栱的竖向受压试验数据，得到了斗栱的荷载-位移曲线，结合斗栱试验现象，分析了斗栱在承荷阶段及变形不能维持阶段的刚度变化规律。通过引入斗栱歪闪这一残损因素，分析得到歪闪对斗栱刚度的变化规律，提出了反映斗栱结构性能的"斗栱允许承载力"概念。

第2章　单层殿堂式古建筑木结构
动力分析模型

2.1　概　　述

殿堂式古建筑木结构是我国现存最多、级别最高和结构最复杂的古建筑群体，它不仅有着独特的构造形式，而且具有良好的抗震性能。最典型的现存殿堂式古建筑主要有山西五台县佛光寺东大殿和南禅寺大殿等。在营造方面，它不用一钉一楔，梁柱节点均采用半刚性榫卯连接，柱脚平摆浮搁在础石之上，结构从下往上依次分为台基层、柱架层、铺作层和屋盖层；在结构抗震性能方面，榫卯节点的耗能减震，柱础的摩擦滑移隔震、减震及斗栱铺作层的变形耗能减震均很好地体现了古建筑木结构"刚柔相济，以柔克刚，滑移隔震，耗能减震"的抗震思想，在大力发展绿色生态建筑和节能建筑的今天，其对发展现代建筑的隔震、减震及控震具有良好的指导意义和借鉴意义。殿堂式古建筑构造示意图如图2.1所示。

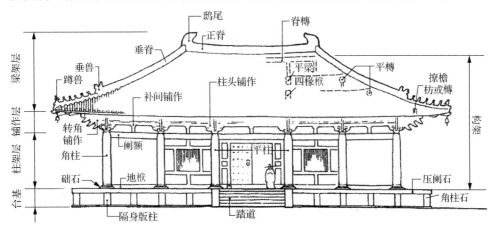

图2.1　殿堂式古建筑构造示意图

殿堂式古建筑木结构正是由于其独特的受力机制和减震、隔震性能，现有的传统结构的动力分析模型并不能真正反映其受力机理和动力特性。国内外之前不论是对于单自由度减震、隔震结构体系，还是多自由度减震、隔震结构体系，都是针对基础减震、隔震的研究，且全部假设隔震层上部结构在水平地震作用下做刚体运动（刘文光，2008），这显然与古建筑木结构的动力性能不相符。因此，本章主要结合古建筑木结构柱础的摩擦滑移减震、隔震性能，柱架榫卯节点的变形耗能减震性能和类似"摇摆柱"的减震性能，以及斗栱铺作层变形耗能减震特点，建立了能够反映古建筑木结构隔震减震性能的动力分析计算模型，并对比本书作者及其课题组进行的单层殿堂式古建筑木结构及碳纤维布加固殿堂式古建筑木结构模拟地震动振动台试验结果，验证了它的合理性。

质点系计算模型是一种有效简便的地震反应计算模型，在钢筋混凝土结构和钢结构工程设计与理论计算中得到了充分的应用，并且得到了有效的验证。对于结构分层比较明显的古建筑木结构来说，这种计算模型可以有效地简化结构模型，减小计算工作量。本章将柱脚隔震层的力学模型与上部柱架和屋盖层的质点系模型结合起来，建立能够反映古建筑木结构减震隔震性能的简化计算模型。

2.2　单层殿堂式古建筑木结构简化计算模型

2.2.1　古建筑木结构水平地震作用下的受力机理

水平地震作用下，古建筑木结构不同于现代建筑结构的受力机主要体现在三个方面，即①柱础的摩擦滑移减震、隔震机理；②柱架（类似"摇摆柱"）的减震性能及榫卯节点变形耗能；③斗栱铺作层的挤压变形耗能减震性能。下面对这三方面逐一详细分析。

（1）本书作者及其课题组通过对古建筑木结构柱础的摩擦滑移减震、隔震机理的深入研究，建立了柱与柱础的摩擦滑移隔震模型，并给出了柱脚滑移的判定条件（姚侃等，2006b）。研究结果表明，当地震作用增加到一定程度时，柱脚与础石间发生滑移（图2.2），一方面能够通过摩擦耗散一部分能量，改变结构的自振频率，从而改变结构在强震中的动力特性，起到减震作用；另一方面，柱脚的滑移能够提供一部分阻尼，减弱上部结构的有效加速度、相对速度和相对位移谱峰值的传递，因此起到了明显的隔震效果，使得柱脚对地震力的传递上限为最大静摩擦力的大小；另外，柱脚在水平反复荷载作用下可以反复的抬升和回位，能够有效地降低地震作用。

图 2.2　柱脚与础石间发生滑移

（2）柱架的减震性能及榫卯节点变形耗能。对于柱架部分，特殊的榫卯节点构造（图 2.3）使古建筑木结构具有不同于现代传统建筑结构特性，既具有很强的转动能力又能够传递一定的弯矩，具有明显的半刚性特性。通过对燕尾榫柱架拟静力试验（图 2.4）可以发现，在水平荷载作用下，半刚性榫卯节点能够产生一定的挤压变形而具有明显的滞回耗能减震作用，燕尾榫柱架滞回曲线如图 2.5 所示，其中 P 为水平外荷载，Δ 为柱架水平位移。结合本书作者及其课题组对整体结构的振动台试验可以得出，由于柱脚的平摆浮搁，放松了柱与基础之间的相互约束，即柱与础石交界面可以抗压但没有抗拉能力，在水平倾覆力矩作用下，允许柱架在与础石交界面处发生一定的抬升，地震作用下柱架的反复抬升和回位造成了柱架的摇摆，这一方面降低了强烈地震作用下柱架本身的延性需求，减小了地震破坏，另一方面，也减小了础石在倾覆力矩作用下的抗拉需求，进一步起到了减震效果（隋龑等，2010a）。同时，通过柱架拟静力试验可以得出，当达到控制位移卸载之后，应变显示柱本身和额枋（梁）构件还处于弹性状态，但柱架变形并不能完全恢复，如要恢复其原形，只能反向加载。这就充分体现了柱架在水平地震荷载作用下的受力变形主要以侧移为主，类似于钢结构中的"摇摆柱"，古建筑木结构柱架受力变形图如图 2.6 所示。

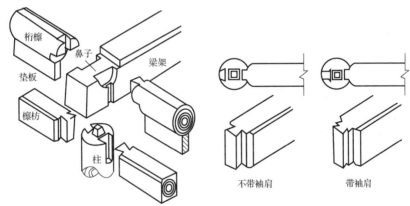

图 2.3　榫卯节点构造

图 2.4　燕尾榫柱架拟静力试验

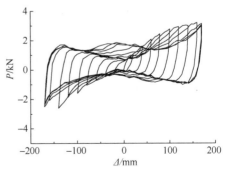

图 2.5　燕尾榫柱架位移-荷载滞回曲线

图 2.6　古建筑木结构柱架受力变形图

（3）斗栱铺作层。通过对本书作者及其课题组进行的整体结构振动台试验铺作层破坏情况（图 2.7）及四朵斗栱协同工作拟静力试验（图 2.8）的分析得出，由于栌斗与普拍枋之间的摩擦耗能、馒头榫弯曲挤压变形耗能以及斗与栱之间榫头的剪切挤压变形耗能和弯曲挤压变形耗能特性，斗栱铺作层在水平荷载作用下具有饱满的滞回耗能的特性，从而有效地起到了减震的效果。

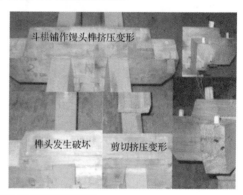

图 2.7　振动台试验铺作层破坏情况

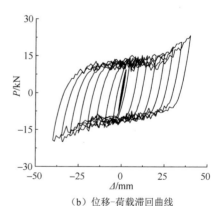

（a）静力试验情况　　　　　　　　（b）位移-荷载滞回曲线

图 2.8　四朵斗栱协同工作拟静力试验

2.2.2　简化计算模型基本假定

根据单层殿堂式古建筑木结构在水平地震作用下的受力机制，建立的简化模型采用以下基本假定。

（1）在水平地震作用下，忽略由于加工工艺误差导致的结构不对称，地震作用沿结构的主轴方向，结构只发生平动，不考虑结构的平扭耦联。

（2）额枋为完全刚性梁，使得两榀柱架的侧移相等，即变形协调。

（3）假设础石与地面为绝对刚性基础，且二者之间无相对运动，因此可以不考虑结构的多点输入情况以及其与土体之间的相互作用，不考虑强震输入的空间效应和行波效应。

（4）在水平地震作用下，假定柱脚与础石之间以及斗与栱之间同时开始发生摩擦滑移，且不考虑柱脚由于反复抬升和复位造成的位移，仅产生库仑摩擦滑移。

2.2.3　简化计算模型

根据古建筑木结构的受力机制分析，在水平地震作用下，古建筑木结构柱脚和斗栱铺作层的减震隔震性能使得整体结构具有明显的分层现象：将结构分为下部柱架层和上部屋盖层。因此，在对古建筑木结构进行动力分析时，结合其受力机制和质量分布情况，可按两质点"摇摆-剪弯"简化分析模型（图 2.9）对整体结构进行地震反应分析，并将下部柱架简化为发生侧移的"摇摆柱"；斗栱铺作层简化为一无质量的理想"剪弯杆"；柱脚处由于截面较大，在水平反复荷载作用下，会产生不停地翘起和复位，简化计算模型的底面简化为滚动球铰、侧面简

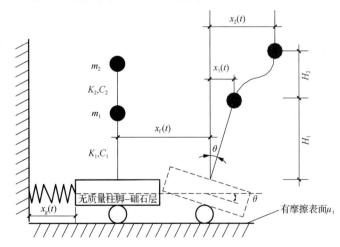

m_1 为柱架的等效质量；m_2 为屋盖层的质量；K_1、C_1 为燕尾榫柱架在不同受力阶段的等效抗侧刚度和阻尼系数；K_2、C_2 为栱斗铺作层的等效抗侧刚度和阻尼系数；$x_f(t)$ 为柱脚与地面的相对滑移量；$x_2(t)$ 为屋盖层相对柱脚的位移；H_1 为柱架的简效高度；H_2 为铺作层的高度；θ 为转角。

图 2.9　两自由度结构体系"摇摆-剪弯"简化分析模型

化为刚度变化的弹簧（柱脚未发生滑移之前，刚度为无穷大；当柱脚发生滑移后，弹簧具有变化的刚度，但此时刚度很小，可近似为 0）。将屋盖质量集中在乳栿处；将柱架质量集中在额枋处。

1. 结构弹性阶段等效模型

通过古建筑木结构振动台试验得出，当台面惯性力小于柱脚与础石之间的最大静摩擦力时，柱脚与础石间无相对滑移，柱脚仅随柱架的侧移产生微小转动，此时，柱脚侧面的弹簧刚度为无穷大，即可看作是一根链杆；根据假定，各斗与拱之间水平向咬合非常紧密，无相对滑移，且与屋盖之间也无相对滑移和变形。此时，可认为下部燕尾榫柱架以及上部斗拱铺作层的刚度较大，"摇摆柱"和"剪弯杆"处于弹性受力阶段，尚未发生屈服，下部柱架仅有摇摆侧移，斗拱铺作层仅发生弹性变形，弹性阶段的等效模型如图 2.10（a）所示。根据牛顿第二定律，柱脚与基础之间不发生相对滑移的条件即结构处于弹性阶段的条件为

$$\left| \ddot{x}_g(t) \right| \leqslant \mu_s g \tag{2-1}$$

式中：$\ddot{x}_g(t)$ 为地面水平运动加速度；μ_s 为柱脚与地面间的最大静摩擦系数；g 为重力加速度。

2. 结构非弹性阶段等效模型

当不满足式（2-1）条件时，即：当 $\left| \ddot{x}_g(t) \right| > \mu_s g$ 时，作用在台面上的惯性力大于柱脚与地面之间的最大静摩擦力，柱脚与础石之间开始出现摩擦滑移的同时，柱脚处也随柱架的侧移产生一定的转动；根据假定，斗拱也开始出现摩擦滑移，且根据振动台试验构件的破坏情况（图 2.7）可以看出，大震作用下斗拱铺作层主要发生明显的剪切挤压变形和弯曲挤压变形并伴随着微小的转动滑移，柱头馒头榫也产生了一定的弯曲挤压变形，下部柱架发生带有一定滑移的较大水平侧移，此时，斗拱铺作层和燕尾榫柱架显然已进入非弹性阶段，柱础发生滑移后的等效模型如图 2.10（b）所示。

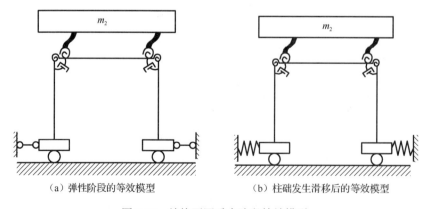

（a）弹性阶段的等效模型　　　　　　（b）柱础发生滑移后的等效模型

图 2.10　结构不同受力阶段等效模型

2.3　古建筑木结构"摇摆-剪弯"简化模型地震反应分析原理

对结构进行动力计算分析，其主要步骤为：首先，在确定动力运动微分方程的前提下，选取能够反映该结构实际受力性能的合理的力学模型以及在充分考虑地震动三要素的前提下选取合适的地震波；然后，根据结构原型的受力性能及力学特性确定简化计算模型中各关键构件的恢复力特性曲线；最后采取合适的计算方法并借助于 MATLAB 计算软件对结构地震反应进行数值分析。

2.3.1　动力方程的建立

对于两质点"摇摆-剪弯"简化模型，在水平地震作用下，柱脚和斗栱铺作层发生滑移前，结构处于弹性受力状态，此时，柱脚和地面可以看作铰接，二者没有相对滑移，即柱脚不发生水平位移，在水平地震作用下仅发生水平侧移，等效计算模型为图 2.10（a）。图 2.11 给出了两质点"摇摆-剪弯"简化模型柱脚滑移前两质点某瞬时受力分析，根据牛顿第二定律可得

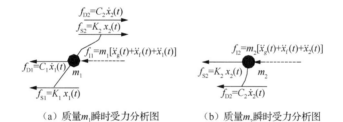

（a）质量m_1瞬时受力分析图　　　（b）质量m_2瞬时受力分析图

f_{D1} 和 f_{D2} 分别为燕尾榫柱架层和斗栱铺作层的阻尼力；f_{S1} 和 f_{S2} 分别为燕尾榫柱架层和斗栱铺作层的惯性力；$\ddot{x}_g(t)$ 为地面水平运动加速度；$\ddot{x}_f(t)$ 为柱脚相对地面的水平运动加速度；$\dot{x}_1(t)$ 为柱架相对柱脚运动速度；$\dot{x}_2(t)$ 为屋盖层相对柱脚的运动速度；$\ddot{x}_1(t)$ 为柱架相对柱脚运动的加速度；$\ddot{x}_2(t)$ 为屋盖层相对柱脚的运动加速度。

图 2.11　"摇摆-剪弯"简化模型柱脚滑移前两质点某瞬时受力分析

$$\begin{cases} f_{D2} + f_{S2} - f_{D1} - f_{S1} - f_{I1} = 0 \\ f_{D2} + f_{S2} + f_{I2} = 0 \end{cases} \tag{2-2}$$

即

$$\begin{cases} m_1[\ddot{x}_f(t) + \ddot{x}_1(t)] + K_1 x_1(t) + C_1 \dot{x}_1(t) - C_2 \dot{x}_2(t) - K_2 x_2(t) = -m_1 \ddot{x}_g(t) \\ m_2[\ddot{x}_f(t) + \ddot{x}_2(t)] + K_2 x_2(t) + C_2 \dot{x}_2(t) = -m_2 \ddot{x}_g(t) \end{cases} \tag{2-3}$$

当不满足式（2-1）条件时，柱脚和地面之间发生了相对滑移，按照基本假定，此时，斗栱铺作层也出现了一定的滑移和变形，结构处于非线性受力状态，

等效计算模型为图 2.10（b），图 2.12 给出了"摇摆-剪弯"简化模型柱脚滑移后两质点在某瞬时受力分析，根据牛顿第二定律可得

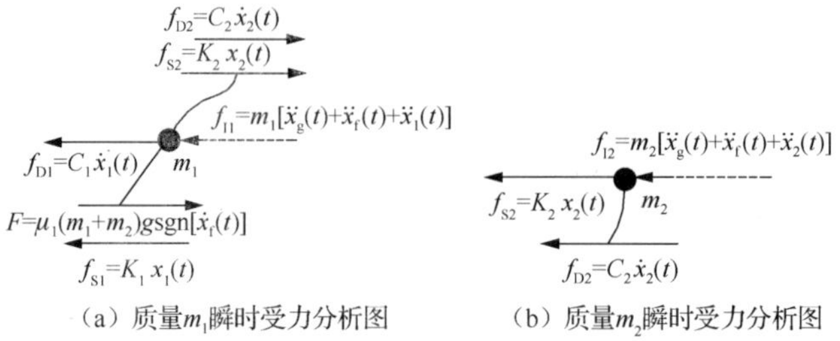

（a）质量 m_1 瞬时受力分析图　　　（b）质量 m_2 瞬时受力分析图

F 为柱脚与础石之间的摩擦力。

图 2.12　"摇摆-剪弯"简化模型柱脚滑移后两质点某瞬时受力分析

$$\begin{cases} F + f_{D2} + f_{S2} - f_{D1} - f_{S1} - f_{I1} = 0 \\ f_{D2} + f_{S2} + f_{I2} = 0 \end{cases} \tag{2-4}$$

即

$$\begin{cases} m_1[\ddot{x}_f(t) + \ddot{x}_1(t)] + K_1 x_1(t) + C_1 \dot{x}_1(t) - \mu_1(m_1 + m_2)g\,\mathrm{sgn}[\dot{x}_f(t)] - C_2 \dot{x}_2(t) - K_2 x_2(t) = -m_1 \ddot{x}_g(t) \\ m_2[\ddot{x}_f(t) + \ddot{x}_2(t)] + K_2 x_2(t) + C_2 \dot{x}_2(t) = -m_2 \ddot{x}_g(t) \end{cases}$$

$$\tag{2-5}$$

其中

$$\mathrm{sgn}[\dot{x}_f(t)] = \begin{cases} 1 & \dot{x}_f(t) \geqslant 0 \\ -1 & \dot{x}_f(t) < 0 \end{cases} \tag{2-6}$$

也就是

$$[M]\{\ddot{X}(t)\} + [K]\{X(t)\} + [C]\{\dot{X}(t)\} + [F]\{1\} = -[M]\{1\}\{\ddot{x}_g(t)\} \tag{2-7}$$

其中

$$[M] = \begin{bmatrix} m_1 & 0 \\ 0 & m_2 \end{bmatrix}, \quad [C] = \begin{bmatrix} c_1 & -c_2 \\ 0 & c_2 \end{bmatrix}, \quad [K] = \begin{bmatrix} k_1 & -k_2 \\ 0 & k_2 \end{bmatrix}, \{X(t)\} = \begin{Bmatrix} x_1(t) \\ x_2(t) \end{Bmatrix},$$

$$\{\ddot{X}(t)\} = \begin{Bmatrix} \ddot{x}_f(t) + \ddot{x}_1(t) \\ \ddot{x}_f(t) + \ddot{x}_2(t) \end{Bmatrix}, \quad [F] = \begin{bmatrix} -\mu_1(m_1 + m_2)g\,\mathrm{sgn}[\dot{x}_f(t)] \\ 0 \end{bmatrix}, \quad \{\dot{X}(t)\} = \begin{Bmatrix} \dot{x}_1(t) \\ \dot{x}_2(t) \end{Bmatrix}$$

式中：$\ddot{x}_g(t)$ 为地面水平运动加速度；$x_f(t)$ 为柱脚与地面的相对滑移量，$x_1(t)$ 为柱架的侧移，$x_1(t) = H_1\theta$，$x_2(t)$ 为屋盖层相对柱脚的位移；m_1 为柱架的等效质量，m_2 为屋盖层的质量；K_1、C_1 为燕尾榫柱架在不同受力阶段的等效抗侧刚度和阻尼系数；K_2、C_2 为斗栱铺作层的等效抗侧刚度和阻尼系数；μ_1 为柱脚与础石之间的动摩擦系数；H_1 为柱架的等效高度，H_2 为铺作层的高度。

2.3.2　结构力学模型的选取

对结构进行弹塑性时程分析的力学模型主要有层模型（弯曲型层模型、剪切型层模型和剪弯型层模型）、杆系模型和杆系—层模型等三大类。根据徐赵东等（2004）对三种模型的详细分析，由于古建筑木结构在受地震作用时，额枋和柱一直处于弹性阶段且柱刚度沿高度方向不变，质量分布具有分层性。柱架在水平反复荷载作用下发生剪切型侧移，斗栱铺作层在水平反复荷载作用下以剪弯变形为主。因此，本节所建立的古建筑木结构动力分析模型采用层模型较为合理，层模型示意图如图 2.13 所示。

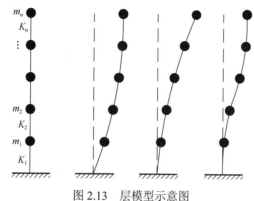

图 2.13　层模型示意图

2.3.3　地震波选取

地震波的选取主要考虑地震动的三要素：地震动强度、持时以及频谱特性。为了验证提出的计算模型的准确性，地震反应选取的地震波与试验所用地震波相同，即选取 El Centro 波、Taft 波和兰州波，为了编程计算的方便，输入波选用与三条位移波相应的加速度波。

2.3.4　动力分析相关参数的确定

对结构进行动力分析需要的动力分析参数主要有结构的质量矩阵、刚度矩阵和阻尼矩阵。对于质量矩阵，一般按照集中质量的原则求出矩阵中的每一个数值，屋盖的集中质量 m_2 已知，柱架（碳纤维布加固燕尾榫柱架，忽略碳纤维布的质量）的等效质量 m_1 为未知（薛建阳等，2012a）；对力学模型为层模型的结构，弹性地震反应分析时刚度矩阵的确定主要根据试验得出的弹性抗侧刚度，当进行弹塑性地震反应分析时，各关键构件的刚度矩阵是变化的，可根据试验得出的恢复力特征曲线来调整刚度矩阵的变化，主要有柱脚与础石之间的摩擦滑移恢复力特征曲线、柱架"摇摆柱"的恢复力特征曲线以及斗栱"剪弯杆"的恢复力特征曲线；阻尼矩阵通常采用瑞利阻尼矩阵，该矩阵跟质量矩阵、刚度矩阵以及振型等有关。

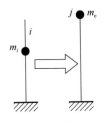

图 2.14　等效质量法

1. 质量矩阵

对结构进行动力分析时，工程中质量矩阵最常用的方法为集中质量法，因此，对于下部柱架的质量 m_1，应为柱子的等效质量 m_e 加上额枋的质量 $m_梁$，将质量等效到额枋层处。柱子的等效质量法（图 2.14）是根据第一振型体系固有频率和基底剪力相等的原则确定。

$$\sqrt{\frac{k_{ii}}{m_i}} = \sqrt{\frac{k_{jj}}{m_e}} \qquad (2\text{-}8)$$

即

$$m_e = \frac{k_{jj}}{k_{ii}} m_i \qquad (2\text{-}9)$$

因此可以得到

$$m_1 = m_e + m_梁 \qquad (2\text{-}10)$$

2. 刚度矩阵

对于下部柱架"摇摆柱"的恢复力特征曲线，按照本书作者及其课题组之前进行的单榀柱架（包括未加固和碳纤维布加固的）拟静力试验拟合出的两直线恢复力特征曲线，按照刚度叠加原理求出两榀柱架"摇摆柱"的弹塑性加载刚度和承载力，根据已求出的叠加刚度，再按屈服位移和极限位移相等的原则确定两榀柱架"摇摆柱"的屈服荷载和极限荷载。图 2.15 给出了两榀燕尾榫柱架恢复力特征曲线。式（2-11）~式（2-14）和式（2-15）~式（2-16）分别给出了两榀碳纤维布加固燕尾榫柱架和两榀完好燕尾榫柱架的弹塑性恢复力特征曲线的力-位移公式：

AB 段：　　　$P = 0.076\,0x_1(t)$，$\quad 0 \leqslant x_1(t) \leqslant 40.130\text{mm}$ 　　　(2-11)

BF 段：　　$P = 3.050 + 0.012\,4x_1(t)$，$\quad 40.130\text{mm} < x_1(t) \leqslant 127.115\text{mm}$ 　(2-12)

AB′段：　　　$P = 0.083\,2x_1(t)$，$\quad -20.276\text{mm} \leqslant x_1(t) < 0$ 　　　(2-13)

BF′段：　　$P = -1.687 + 0.014\,6x_1(t)$，$\quad -126.670\text{mm} \leqslant x_1(t) < -20.276\text{mm}$ 　(2-14)

AB、AB′段：　　　$P = 0.036\,2x_1(t)$，$\quad 0 \leqslant |x_1(t)| \leqslant 101.66\text{mm}$ 　　(2-15)

BF、BF′段：$\quad P = 3.680 + 0.022\,0x_1(t)$，$\quad 101.66\text{mm} < |x_1(t)| \leqslant 159.87\text{mm}$ 　(2-16)

对于四朵斗栱铺作简化"剪弯杆"的恢复力特征曲线，可根据斗栱的拟静力试验拟合得出的四朵斗栱的两直线恢复力特征曲线（图 2.16）分别确定四铺作斗栱的弹塑性恢复力特征曲线的力-位移公式为

$$\begin{cases} P = 0.221\mu_2 Nx_2(t) & 0 < x_2(t) \leqslant 4.53\text{mm} \\ P = \mu_2 N + 0.033n\tau_m A_c\left(x_2(t) - 4.53\right) & 4.53\text{mm} < x_2(t) \leqslant 35.32\text{mm} \end{cases} \qquad (2\text{-}17)$$

式中：μ_2 为斗栱木材之间的滑动摩擦系数，试验测定值为 0.33；N 为作用于每

个斗栱的竖向荷载（kN）；n 为斗栱的数量；τ_m 为木材横纹抗压强度（MPa），取为 8.7 MPa；A_c 为馒头榫横纹受压面积（mm^2）。

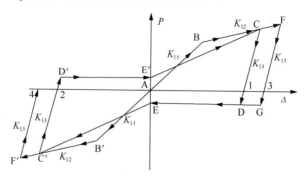

图 2.15　燕尾榫柱架恢复力特征曲线

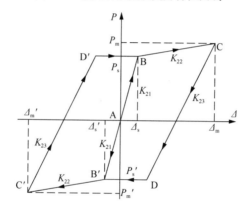

图 2.16　四朵斗栱的两直线恢复力特征曲线

3. 阻尼矩阵

阻尼表示杆件或者结构的能量耗散性能。地震工程中常用的阻尼主要有内阻尼（又称材料阻尼或滞回阻尼）和外阻尼两种，目前所研究的阻尼主要指的是内阻尼。地震工程学中常见的阻尼理论主要有滞回阻尼理论、复阻尼理论、等效阻尼理论、瑞利阻尼理论以及常阻尼理论。由黏滞阻尼理论可知，通过自由振动的衰减可以计算出结构的阻尼比 ζ，但是对于古建筑木结构，当铺作层耗能减震、榫卯节点耗能减震以及柱础的摩擦耗能减震隔震发挥作用后，其特殊的构造使结构阻尼构成更加复杂。因此，本节主要采用瑞利阻尼理论计算出结构的阻尼矩阵 $[C]$，阻尼比 ζ 可通过实测体系的各阶振型得出。为了消除振型之间的耦合以及使得阻尼矩阵满足正交条件，瑞利阻尼理论将多自由度体系的阻尼矩阵表达成为前面已经求出的质量矩阵 $[M]$ 和刚度矩阵 $[K]$ 的线性组合，即

$$[C] = \alpha_1[M] + \alpha_2[K] \tag{2-18}$$

式中：α_1 和 α_2 为比例系数，与结构第 i 振型相对应的构件的阻尼比 ζ_i 和自振圆频率 ω_i 有关，可以通过式（2-19）进行计算，各振型的自振圆频率 ω_i 可以通过白噪声试验得出。

$$\begin{cases} \alpha_1 = 2\left(\dfrac{\zeta_i}{\omega_i} - \dfrac{\zeta_{i+1}}{\omega_{i+1}}\right) \bigg/ \left(\dfrac{1}{\omega_i^2} - \dfrac{1}{\omega_{i+1}^2}\right) \\ \alpha_2 = 2\left(\zeta_{i+1}\omega_{i+1} - \zeta_i\omega_i\right) \big/ \left(\omega_{i+1}^2 - \omega_i^2\right) \end{cases} \tag{2-19}$$

2.3.5　动力方程的数值求解

由于多自由度结构体系的动力分析涉及质量矩阵、阻尼矩阵，以及刚度矩阵等矩阵运算和动力方程的求解，动力方程的时程分析方法数据处理量较大，矩阵运算较烦琐，若采用解析法进行求解相当麻烦，而运用 MATLAB 软件数值解析会起到事半功倍的效果。因此，本节主要借助于 MATLAB 软件采用数值解析法对其进行求解。现阶段，最常用的直接动力数值解析方法有线性加速度法、威尔逊-θ 法、Newmark-β 法和中心差分法等。中心差分法是对 t 时刻建立平衡方程的，是一种显式直接积分法，其优点是在阻尼只与质量有关或忽略阻尼的情况下，计算时不需对方程组进行求解，因此不需要对 $[K]_t$ 求逆；缺点是中心差分法对时间步长要求非常严格，为有条件稳定，这会显著增加积分步数，导致计算时间增长，并且其收敛速度缓慢，有时甚至出现发散的问题。线性加速度法的计算误差大，结果发散，计算量大，且有时不能保证计算的精度和稳定性。Wilson-θ 法和 Newmark-β 法都是线性加速度法的推广和改进，它们均是对 $t+\Delta t$ 时刻建立平衡方程的，是一种隐式直接积分法。此方法在计算时需对质点模型的非线性方程组进行求解，这就要求对刚度矩阵 $[K]_t$ 进行修正并进行求逆，改进的线性加速度法在一定条件下都是无条件稳定的，在满足精度的情况下所取的时间步长比显式积分法大得多，因此，可以有效地减少计算迭代子步数和计算时间。因此，综合以上分析，在对质点系模型的动力反应分析中，一般采用改进的线性加速度法，该方法收敛效果好，可以有效地减小计算时间。

本节求解动力方程采用 Newmark-β 法，并采用其增量形式的二阶微分方程，将输入结构的地震动分割为时间间隔 $\Delta t = 0.2\text{s}$ 的许多个时间段，假定每个时间段内结构的质量矩阵、刚度矩阵及阻尼矩阵都是常量，依据每个时段内输入结构的初始条件（初始加速度、速度和位移）来对运动方程解耦，同时得到这一时段末结构的加速度、速度及位移响应值，并将其作为下一个时间段结构的初始输入值。按照这个计算流程对每个时间段进行计算分析，直至整条输入地震动计算完成为止，方可得到结构体系在整个地震动输入过程中的地震响应情况。这里以柱脚发生滑移后的动力方程为例给出其求解过程为

$$[M]\left\{\Delta\ddot{x}\right\}_{t+\Delta t} + [C]_t\left\{\Delta\dot{x}\right\}_{t+\Delta t} + [K]_t\left\{\Delta x\right\}_{t+\Delta t} + [\Delta F]_{t+\Delta t}\{1\} = -[M]\left\{\Delta\ddot{x}_{\text{g}}\right\}_{t+\Delta t} \tag{2-20}$$

采用 Newmark-β 法增量形式求解结构动力运动方程的计算表达式为

$$\{\Delta x\} = \{\dot{x}_n\}\Delta t + \frac{1}{2}\{\ddot{x}_n\}\Delta t^2 + \beta\{\Delta \ddot{x}_n\}\Delta t^2 \qquad (2\text{-}21)$$

$$\{\Delta \dot{x}\} = \{\ddot{x}_n\}\Delta t + \frac{1}{2}\{\Delta \ddot{x}_n\}\Delta t \qquad (2\text{-}22)$$

$$\{\Delta \ddot{x}\} = -[M]^{-1}[C]_t\{\Delta \dot{x}_n\} - [M]^{-1}[K]_t\{\Delta x\}\Delta t - \{1\}\Delta \ddot{x}_0 - [M]^{-1}[\Delta F]_t\{1\} \qquad (2\text{-}23)$$

式中

$$\begin{cases} \{\Delta x\} = \{x_{n+1}\} - \{x_n\}, \{\Delta \dot{x}\} = \{\dot{x}_{n+1}\} - \{\dot{x}_n\} \\ \{\Delta \ddot{x}\} = \{\ddot{x}_{n+1}\} - \{\ddot{x}_n\}, \Delta \ddot{x}_0 = \ddot{x}_{0n+1} - \ddot{x}_{0n} \end{cases} \qquad (2\text{-}24)$$

$$\frac{1}{8} \leqslant \beta \leqslant \frac{1}{4} \qquad (2\text{-}25)$$

将式（2-22）～式（2-24）代入式（2-21），可得

$$\{\Delta x\} = [\bar{K}]^{-1}\{\bar{P}\} \qquad (2\text{-}26)$$

式中

$$[\bar{K}] = [K]_t + \frac{1}{2\beta\Delta t}[C]_t + \frac{1}{\beta\Delta t^2}[M] \qquad (2\text{-}27)$$

$$\{\bar{P}\} = -[M]\{1\}\Delta \ddot{x}_0 + [M]\left(\frac{1}{\beta\Delta t}\{\dot{x}_n\} + \frac{1}{2\beta}\{\ddot{x}_n\}\right)$$

$$+ [C]_t\left(\frac{1}{2\beta}\{\dot{x}_n\} + \left(\frac{1}{4\beta}-1\right)\{\ddot{x}_n\}\Delta t\right) + \frac{1}{4\beta}[F] \qquad (2\text{-}28)$$

将式（2-26）代入式（2-22）和式（2-23）分别可以得到 $\{\Delta x_{n+1}\}$、$\{\Delta \dot{x}_{n+1}\}$ 和 $\{\Delta \ddot{x}_{n+1}\}$ 的计算表达式为

$$\{\Delta x_{n+1}\} = \{\Delta x_n\} + \{\Delta x\} \qquad (2\text{-}29)$$

$$\{\Delta \dot{x}_{n+1}\} = \frac{1}{2\beta\Delta t}\{\Delta x\} - \frac{1}{4\beta}\{\dot{x}_n\} - \left(\frac{1}{4\beta}-1\right)\{\ddot{x}_n\}\Delta t \qquad (2\text{-}30)$$

$$\{\Delta \ddot{x}_{n+1}\} = \frac{1}{\beta\Delta t^2}\{\Delta x\} - \frac{1}{\beta\Delta t}\{\dot{x}_n\} - \left(\frac{1}{2\beta}-1\right)\{\ddot{x}_n\} \qquad (2\text{-}31)$$

根据式（2-26）～式（2-31）对结构进行循环反复计算，借助于求出的不同时刻的瞬间阻尼矩阵和瞬间刚度矩阵，求出结构在不同时刻的地震响应情况，具体的计算步骤如下。

（1）确定并输入结构模型的阻尼矩阵 $[C]$、初始刚度矩阵 $[K_0]$ 以及质量矩阵 $[M]$ 等基本参数及地震动参数。

（2）赋予结构模型初始位移 Δx、初始加速度 $\Delta \ddot{x}$ 和初始速度 $\Delta \dot{x}$。

（3）确定积分参数 β 以及时间步长 Δt 的大小。

（4）根据式（2-27）和式（2-28）计算结构模型的等效刚度矩阵$[\bar{K}]$和荷载列阵$\{\bar{P}\}$。

（5）根据式（2-26）计算时间步长内的增量位移$\{\Delta x\}$。

（6）根据式（2-29）～式（2-31）时间步长末的相应位移、速度和加速度。

（7）将上一步计算得出的响应值作为下一个时间段的初始值输入，重新按照步骤（1）～步骤（6）进行计算，便可得到下一个时间段末的响应情况，如此反复计算，最后可以得到结构模型在地震动输入作用下的时程响应曲线。根据前面分析，古建筑木结构弹塑性时程分析计算流程图如图 2.17 所示。

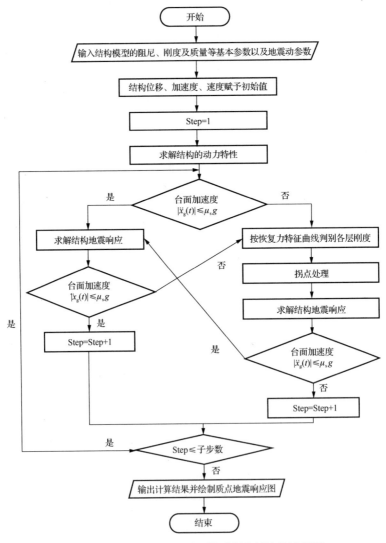

图 2.17 古建筑木结构弹塑性时程分析计算流程图

计算的收敛准则采用非平衡力判断的时程分析法，采用如式（2-32）的非平衡力处理方法，即

$$\left\|\{\Delta F(X)_i\}\right\| \leqslant \alpha_F \left\|\{F(X)\}\right\| \qquad (2\text{-}32)$$

式中：$\{\Delta F(X)_i\} = \{F(X)\} - \{P(X)_i\}$ 为不平衡力；$\{F(X)\}$ 为外荷载矢量；$\{P(X)_i\}$ 为第 i 次迭代完成时与内力相平衡的节点力矢量，即

$$\{P(X)_i\} = [K_i]_t \{x(t)_i\} \qquad (2\text{-}33)$$

2.4　计算模型振动台试验验证

为了验证本章提出的动力分析计算模型的合理性，结合本书作者及其课题组进行的单层殿堂式完好古建筑木结构模型振动台试验和碳纤维布加固破损古建筑木结构振动台试验，以及各关键构件（燕尾榫柱架、碳纤维布加固燕尾榫柱架和斗栱铺作层）的拟静力试验结果，按照图 2.9 和图 2.10 提出的古建筑木结构简化计算模型，借助于 MATLAB-2010 计算软件按 Newmark-β 法编制结构的动力反应计算程序，按照式（2-20）～式（2-31）的顺序对结构在不同时刻的地震反应（位移、加速度和速度等）进行循环求解，并将理论计算结果与试验结果进行对比，以验证理论计算结果的合理性。

为了验证本书提出计算模型及计算理论是否合理，完好古建筑木结构和碳纤维布加固古建筑木结构的模型介绍见 10.3 节，加载工况见表 10.7。结构各关键构件/部位的恢复力特征曲线分别按照本书作者及其课题组振动台试验或拟静力试验得出。下面分别对完好古建筑木结构和碳纤维布加固古建筑木结构的地震反应计算结果进行对比验证。

2.4.1　完好古建筑木结构动力弹塑性计算结果验证

1. 加速度响应

通过对简化模型在 El Centro 波、Taft 波及兰州波不同输入地震动强度作用下的地震响应的理论计算，得出了古建筑木结构柱头层和乳栿层的动力响应值，图 2.18 给出了小震、中震和大震的不同地震动强度作用下两质点"摇摆-剪弯"结构模型的计算加速度时程曲线与试验加速度时程曲线对比。

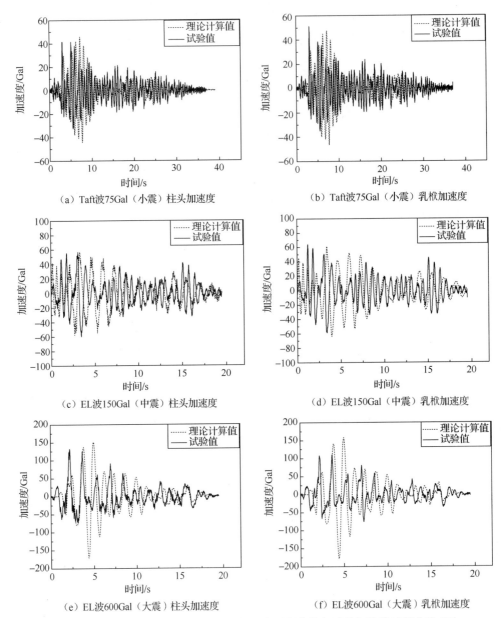

（a）Taft波75Gal（小震）柱头加速度 　　（b）Taft波75Gal（小震）乳栿加速度

（c）EL波150Gal（中震）柱头加速度 　　（d）EL波150Gal（中震）乳栿加速度

（e）EL波600Gal（大震）柱头加速度 　　（f）EL波600Gal（大震）乳栿加速度

图 2.18　不同地震动强度作用下计算加速度时程曲线与试验加速度时程曲线对比

（注：1Gal=1cm/s²，余同）

表 2.1 给出了古建筑木结构在不同工况地震作用下两质点"摇摆-剪弯"计算模型中质点峰值加速度响应计算值与试验值的比较。

表 2.1　不同工况地震作用下两质点"摇摆-剪弯"计算模型中质点峰值
加速度响应计算值与试验值比较

波形	$\ddot{x}_g(t)$ /Gal	$\ddot{x}_1(t)_{max}$ /Gal		计算值/ 试验值	$\ddot{x}_2(t)_{max}$ /Gal		计算值/ 试验值
		计算值	试验值		计算值	试验值	
El Centro 波	75	-42.577	49.213	-0.963	-47.285	48.349	-0.978
	100	-45.889	-49.116	0.955	-52.316	58.587	-0.976
	150	-57.802	-59.553	0.971	-68.765	69.121	-0.994
	200	-71.831	72.519	-0.991	-65.032	-65.404	1.002
	300	117.396	107.334	1.094	99.048	92.033	1.076
	400	-125.643	108.027	-1.172	-105.784	99.6	-1.072
	500	135.758	115.156	1.177	10.16	109.835	1.127
	600	-170.403	131.923	-1.292	-178.418	110.082	1.148
	800	-209.479	189.276	-1.107	-185.204	130.222	-1.430
	1000	221.537	-198.802	-1.114	192.311	10.959	1.617
Taft 波	75	45.822	41.549	1.103	47.362	51.263	0.924
	100	59.096	58.93	1.096	57.006	58.889	0.968
	150	79.865	69.142	1.083	75.313	78.466	1.025
	200	91.623	60.829	1.506	89.059	65.303	1.364
	300	-105.565	82.278	-1.295	-107.892	85.271	-1.251
兰州波	75	-45.243	38.779	-1.192	-49.304	39.709	-1.242
	100	-59.089	51.586	-1.145	-58.117	48.977	-1.187
	150	-80.634	68.45	-1.178	-82.342	61.804	-1.332
	200	97.211	89.466	1.144	101.651	78.637	1.293
	300	121.943	110.053	1.069	115.228	99.429	1.231

注：表中负值表示加速度的方向为负。

从图 2.18 和表 2.1 可以看出，采用理论计算方法得出的完好古建筑木结构柱头和乳栿的加速度响应曲线与振动台试验得出的加速度响应曲线基本吻合，峰值加速度差值不大，理论计算值略大于试验值。这主要是因为简化计算模型只考虑了柱脚的摩擦滑移隔震作用，忽略了柱脚在反复荷载作用下不停地摇摆复位所产生的减震性能；其次，结构模型采用层间剪切模型进行简化计算时，结构各关键构件/部位屈服之后刚度和阻尼特性参数的不精确性，也会给计算结果带来一定的误差。

2. 位移响应

图 2.19 给出了在输入 El Centro 波、Taft 波及兰州波地震强度等级分别为小震、中震和大震作用时两质点"摇摆-剪弯"结构模型的计算位移时程曲线与试验位移时程曲线的对比。

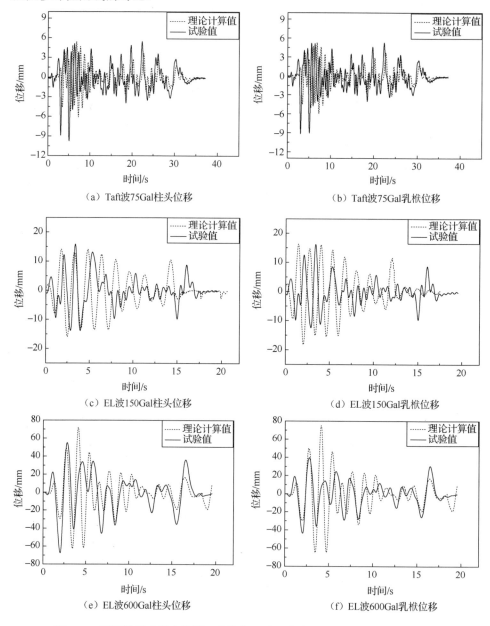

(a) Taft波75Gal柱头位移   (b) Taft波75Gal乳栿位移

(c) EL波150Gal柱头位移   (d) EL波150Gal乳栿位移

(e) EL波600Gal柱头位移   (f) EL波600Gal乳栿位移

图 2.19　不同地震动强度作用下计算位移时程曲线与试验位移时程曲线对比

表 2.2 给出了古建筑木结构在不同工况地震作用下两质点"摇摆-剪弯"计算模型中质点峰值位移响应计算值与试验值比较。

表 2.2　不同工况地震作用下两质点"摇摆-剪弯"计算模型中质点峰值位移响应计算值与试验值比较

波形	$\ddot{x}_g(t)$ /Gal	$x_1(t)_{max}$ /mm		计算值/试验值	$x_2(t)_{max}$ /mm		计算值/试验值
		计算值	试验值		计算值	试验值	
El Centro 波	75	-9.716	8.503	-1.143	-10.003	8.672	-1.153
	100	-10.961	11.238	-0.975	-9.690	11.434	-1.197
	150	-15.848	15.868	-0.999	-9.215	15.212	-1.124
	200	-29.118	-21.527	1.120	-25.629	10.609	-1.307
	300	35.277	-35.475	-0.967	35.443	-30.324	-1.202
	400	49.518	-41.728	-1.067	45.216	-32.893	-1.375
	500	51.377	-58.345	-0.963	59.424	-35.29	-1.513
	600	72.032	-67.372	-1.069	75.061	-48.426	-1.728
	800	-107.633	-101.95	1.056	-101.327	71.668	-1.414
	1 000	205.179	221.502	0.931	170.006	110.636	1.537
Taft 波	75	-5.107	-9.748	0.626	-5.943	-9.142	0.650
	100	-11.629	-9.106	0.887	-12.558	-11.71	1.072
	150	28.107	-21.203	-1.090	29.092	-17.454	-1.380
	200	29.871	-22.286	-1.340	29.495	-10.581	-1.532
	300	37.004	-39.616	-0.934	38.029	-29.358	-1.295
兰州波	75	-9.336	11.075	-1.204	-12.661	11.296	-1.121
	100	-15.027	15.735	-0.958	-17.119	15.874	-1.015
	150	-28.589	29.466	-0.945	-25.668	28.999	-1.070
	200	38.190	39.670	0.963	39.775	35.820	1.110
	300	58.369	-72.299	-0.738	51.089	-47.005	-1.087

注：表中负值表示位移的方向为负。

从图 2.19 和表 2.2 可以看出：理论计算得出的完好古建筑木结构柱头和乳栿的位移时程曲线与振动台试验得出的位移时程曲线基本吻合，峰值位移的差值不大；小震和中震时，柱头位移的理论计算值略大于试验值，大震时柱头位移的理论计算值略小于试验值，这主要是因为实际结构中，实际柱头的上部与普拍枋之间采用馒头榫这一半刚性约束，而简化计算模型中采用输入铺作层恢复力特性的刚性约束。

2.4.2 碳纤维布加固古建筑木结构动力弹塑性计算结果验证

1. 加速度响应

图 2.20 给出了小震、中震和大震作用下碳纤维布加固古建筑木结构两质点"摇摆-剪弯"结构模型的计算加速度时程曲线与试验加速度时程曲线对比。

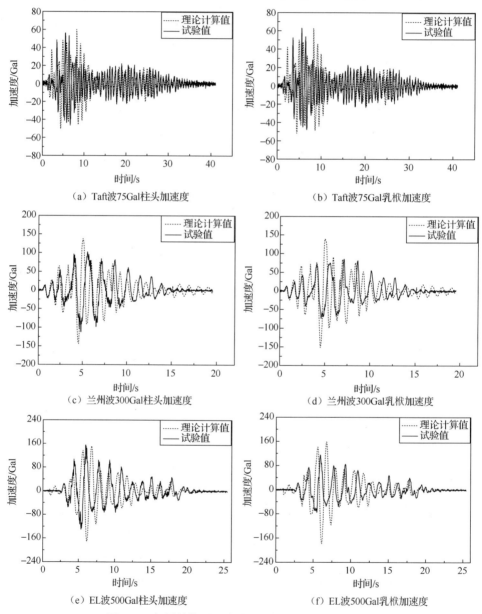

　　(a) Taft波75Gal柱头加速度　　　　　　　(b) Taft波75Gal乳栿加速度

　　(c) 兰州波300Gal柱头加速度　　　　　　(d) 兰州波300Gal乳栿加速度

　　(e) EL波500Gal柱头加速度　　　　　　　(f) EL波500Gal乳栿加速度

图 2.20　加固结构不同地震动强度作用下计算加速度
时程曲线与试验加速度时程曲线对比

表 2.3 给出了碳纤维布加固古建筑木结构两质点"摇摆-剪弯"简化模型在不同工况下质点最大加速度响应计算值与试验值的对比。

表 2.3　不同工况地震作用下两质点"摇摆-剪弯"计算模型中质点峰值加速度计算值与试验值比较

波形	$\ddot{x}_g(t)$ /Gal	$\ddot{x}_1(t)_{max}$ /Gal		计算值/试验值	$\ddot{x}_2(t)_{max}$ /Gal		计算值/试验值
		计算值	试验值		计算值	试验值	
El Centro 波	75	47.266	-58.770	-0.804	49.817	-62.970	-0.791
	100	51.699	59.609	0.947	60.280	55.542	1.066
	150	75.462	78.130	0.979	79.113	89.543	0.936
	200	100.358	105.787	0.949	102.559	109.367	0.983
	300	-110.825	125.338	-0.956	-109.870	97.855	-1.123
	400	152.091	158.837	0.958	147.226	110.398	1.233
	500	-170.402	155.433	-1.096	-178.418	115.039	-1.551
Taft 波	75	59.444	55.005	1.070	62.512	62.970	0.993
	100	78.725	80.204	0.982	82.141	85.105	0.965
	150	109.088	98.847	1.104	111.212	100.896	1.102
	200	127.879	98.319	1.370	125.561	95.039	1.321
	300	135.663	101.551	1.346	128.297	89.107	1.384
兰州波	75	65.792	81.713	0.805	65.323	85.630	0.775
	100	75.463	89.353	0.906	81.517	99.120	0.822
	150	108.695	91.267	1.191	-105.776	91.540	-1.166
	200	121.956	109.140	1.117	10.074	97.857	1.207
	300	-148.854	-112.009	1.284	-142.428	89.687	-1.588

注：表中负值表示加速度的方向为负。

从图 2.20 和表 2.3 可以看出：采用理论计算方法得出的碳纤维布加固古建筑木结构柱头、乳栿的加速度响应曲线与振动台试验得出的加速度响应曲线基本吻合，峰值加速度差值不大，理论计算值略大于试验值，基本满足工程领域弹塑性时程分析的误差要求。

2. 位移响应

图 2.21 给出了在输入 El Centro 波、Taft 波以及兰州波地震强度等级分别为小震、中震和大震作用时碳纤维布加固古建筑木结构两质点"摇摆-剪弯"结构模型的计算位移时程曲线与试验位移时程曲线结果的对比。

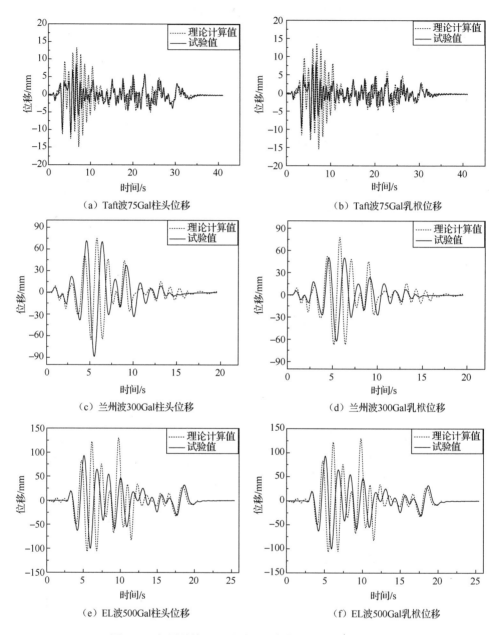

图 2.21　加固结构不同地震动强度作用下计算位移时程
曲线与试验位移时程曲线对比

表 2.4 给出了不同工况地震作用下两质点"摇摆-剪弯"计算模型中质点峰值位移响应计算值与试验值对比。

表 2.4　不同工况地震作用下两质点"摇摆-剪弯"计算模型中质点峰值
位移响应计算值与试验值比较

波形	$\ddot{x}_g(t)$ /Gal	$x_1(t)_{max}$ /mm		计算值/试验值	$x_2(t)_{max}$ /mm		计算值/试验值
		计算值	试验值		计算值	试验值	
El Centro 波	75	9.455	10.479	0.950	10.767	10.467	1.029
	100	10.789	11.048	0.977	12.011	−10.881	−1.104
	150	20.374	17.547	1.161	10.009	−17.427	−1.091
	200	38.166	28.351	1.170	39.205	25.458	1.293
	300	−59.328	−51.964	1.142	−55.004	−41.979	1.334
	400	85.773	−82.400	−1.053	81.202	−60.814	−1.335
	500	−129.456	−100.028	1.299	−122.731	−69.017	1.778
Taft 波	75	−10.873	−10.967	1.356	−15.385	−10.578	1.454
	100	9.871	−15.516	−1.216	10.462	−15.576	−1.249
	150	27.307	−22.665	−1.205	28.193	−20.686	−1.363
	200	39.418	−30.734	−1.120	38.497	−29.331	−1.377
	300	49.627	−45.602	−0.958	41.246	−39.053	−1.211
兰州波	75	17.766	9.684	0.951	9.241	17.151	1.064
	100	29.543	29.479	1.003	25.407	21.017	1.209
	150	38.910	32.901	1.183	−35.008	25.243	−1.426
	200	52.847	48.299	1.221	58.875	−38.577	−1.397
	300	79.421	−88.466	−0.847	75.819	−62.333	−1.216

注：表中负值表示位移的方向为负。

与完好古建筑木结构理论计算结果一样，从图 2.21 和表 2.4 可以看出，理论计算得出的碳纤维布加固古建筑木结构柱头、乳栿的位移时程曲线与振动台试验得出的位移时程曲线基本吻合，峰值位移的差值不大；小震和中震时，柱头位移的理论计算值略大于试验值，大震时柱头位移的理论计算值略小于试验值，误差在工程领域弹塑性动力时程分析允许范围内。

综合完好古建筑木结构振动台试验和碳纤维布加固古建筑木结构振动台试验结果验证，可以得出本章所提出的具有柱脚摩擦滑移隔震性能、半刚性榫卯节点转动耗能机制及斗栱铺作层剪弯变形耗能机理的单层殿堂式古建筑木结构动力计算模型可以有效地反映该结构在地震作用下的受力特性，通过实例验证了该动力计算模型对于单层殿堂式古建筑具有的可行性和可靠性，可为单层殿堂式古建筑木结构的地震反应分析提供理论依据。

2.5　本章小结

　　本章主要基于单层殿堂式古建筑木结构特有的受力机理，按照其受力性能及动力破坏形态给出了各关键构件/部位的等效模型，借助于关键构件/部位的合理简化提出了单层殿堂式古建筑木结构的动力分析计算模型，通过本书作者及其课题组进行的古建筑木结构振动台试验、各关键构件的拟静力试验及理论推导得出了动力计算模型中各个参数的简化计算方法，并与完好古建筑木结构振动台试验和碳纤维布加固古建筑木结构振动台试验结果进行对比，得出以下主要结论。

　　（1）根据水平地震作用下对古建筑木结构的受力机制分析，碳纤维布加固和完好燕尾榫柱架可等效为仅发生侧移的"摇摆柱"，斗栱铺作层可等效为理想"剪弯杆"。

　　（2）根据结构在不同阶段的受力状态，以及台面惯性力与础石和柱脚间最大静摩擦力的大小关系，给出了整体结构在弹性受力阶段和非弹性受力阶段的等效计算模型，并给出了等效模型各动力参数的详细计算方法。

　　（3）通过将理论计算结果（两质点的加速度和位移）与两振动台试验结果进行比较，结果表明试验结果与计算结果基本吻合，误差在工程计算允许范围内，证明本章提出古建筑木结构动力分析模型可以较好地反映单层殿堂式古建筑木结构在不同工况水平地震作用下的动力反应情况，表明所提出的单层殿堂式古建筑木结构动力分析简化计算模型是准确和可行的。

第3章 不同松动程度下古建筑透榫节点 拟静力试验及分析

3.1 概　述

为研究不同程度的节点松动对榫卯节点的抗震性能影响，参照清代《工程做法则例》制作 6 个透榫节点模型，其中 1 个连接紧密无松动，其余 5 个连接不紧密，有不同程度的节点松动。通过低周反复加载试验研究不同松动程度透榫节点的抗震性能与受力机理。依照相关材性试验规范对试验数据进行分析处理，最终得到试件用木材力学性能指标，如表 3.1 所示。

表 3.1　木材力学性能指标

木材种类	顺纹抗拉强度/MPa	顺纹抗压强度/MPa	横纹抗压强度/MPa	抗弯强度/MPa	顺纹弹性模量/MPa	径向弹性模量/MPa	弦向弹性模量/MPa	含水率%
樟子松	54.3	23.2	3.2	35.9	3550	210	154	13.3

3.2 试 验 目 的

通过试验，深入了解透榫完好节点与松动节点在低周反复荷载作用下的试验现象和破坏形态，记录主要试验数据；对试验数据进行分析，通过比较完好节点与不同程度松动节点的破坏形态、弯矩-转角滞回曲线、弯矩-转角骨架曲线、强度退化规律、刚度退化规律、延性、变形能力及耗能能力等性能的异同，来研究松动程度对透榫节点抗震性能的影响规律。

3.3 试 验 概 况

3.3.1 试件设计及制作

清工部的《工程做法则例》对柱、枋尺寸规定，凡檐柱以面阔 8/10 定柱长，以 7% 定径寸，穿插枋长为廊步架加檐柱径 2 份，大式穿插枋高 4 斗口，厚 3.2 斗口。对于透榫做法规定为由柱外皮向外出半柱径或构件自身高的 1/2，榫厚度一般等于或小于柱径的 1/4，或等于枋厚的 1/3（马炳坚，2003）。

按照清工部《工程做法则例》制作试件，选用清式五等材（营造尺：4 寸，公制：12.80cm）大式建筑的榫卯节点，以 1：3.2 缩尺比例，制作 6 个透榫节点模型，其中 1 个连接完好，紧密无松动，其余 5 个连接不紧密，有不同程度的节点松动。所有构件都由专业古建筑木工师傅制作，完好构件的原型尺寸及模型尺寸如表 3.2 所示（谢启芳等，2008），节点模型尺寸示意图如图 3.1 所示。

表 3.2　完好构件的原型尺寸及模型尺寸

构件	内容	原清尺/斗口	模型尺寸/mm
内柱	直径	6	240
	柱长	22.5	900
穿插枋	截面高	4	160
	截面宽	3.2	128
	枋长	27.5	1100
透榫	榫大头截面高	4	160
	榫小头截面高	2	80
	榫宽	1.5	60
	榫大头长	3	120
	榫小头长	4.5	180

注：试验研究重点在于节点处，为加载方便，柱长和枋长并不完全符合原清尺尺寸，余同。

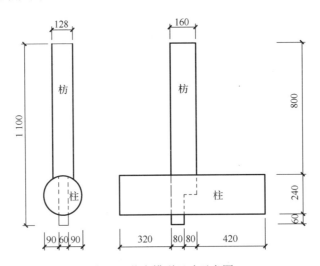

图 3.1　节点模型尺寸示意图

在试验中，假定透榫节点卯口大小不变，通过削减榫头截面高度尺寸来模拟节点的松动。透榫节点为大进小出榫，要对大头和小头同时进行削减，具体削减方法如下：TJ1 节点保持完好，不进行削减；TJ2 节点榫大头和小头同时削减 4mm，削减尺寸占榫大头截面高尺寸的 2.5%；TJ3 节点榫大头和小头同时削减 8mm，削减尺寸占榫大头截面高尺寸的 5.0%；TJ4 节点榫大头和小头同时削减 12mm，削减尺寸占榫大头截面高尺寸的 7.5%；TJ5 节点榫大头和小头同时削减 16mm，削减尺寸占榫大头截面高尺寸的 10.0%；TJ6 节点榫大头和小头同时削减 20mm，削减尺寸占榫大头截面高尺寸的 12.5%。制作完成的松动榫卯节点模型如图 3.2 所示。

图 3.2　制作完成的松动榫卯节点模型

卯口尺寸不变，榫头削减尺寸即为透榫节点松动的尺寸，为了能更好反映榫卯节点的松动效果，定义松动程度 D 为削减尺寸与削减前榫大头截面高度的比值（薛建阳等，2017c，2018a，2018b）。榫卯削减尺寸及松动程度如表 3.3 所示。

表 3.3　榫卯节点削减尺寸及松动程度

试件编号	榫大头削减尺寸/mm	榫小头削减尺寸/mm	削减后榫大头尺寸/mm	削减后榫小头尺寸/mm	松动程度/%
TJ1	0	0	160	80	—
TJ2	4	4	156	76	2.5
TJ3	8	8	152	72	5.0
TJ4	12	12	148	68	7.5
TJ5	16	16	144	64	10.0
TJ6	20	20	140	60	12.5

对于松动节点，缝隙的存在会造成初始阶段节点发生自由转动，在这个节点转角范围内，节点的弯矩基本不会随转角增大而增大，榫头和卯口也不会有明显的相互作用。规定松动节点可以自由转动的最大角度为"自由转角"。加载过程中，当转角大于自由转角后，榫头和卯口开始挤紧，发生明显的相互作用。假定榫头绕卯口端部转动，通过榫卯松动尺寸以及几何关系可以理论计算出自由转

角,如图 3.3 和式(3-1)所示。各松动节点自由转角具体计算结果如表 3.4 所示。

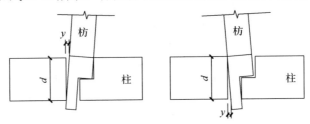

图 3.3　透榫节点自由转角示意图

$$\Phi = y/d \qquad\qquad (3-1)$$

式中:Φ 为节点自由转角;y 为榫卯节点松动尺寸;d 为柱直径。

表 3.4　各松动节点自由转角具体计算结果

试件编号	松动尺寸/mm	柱直径/mm	正向自由转角/rad	反向自由转角/rad
TJ1	0	240	0	0
TJ2	4	240	0.016	0.016
TJ3	8	240	0.033	0.033
TJ4	12	240	0.050	0.050
TJ5	16	240	0.067	0.067
TJ6	20	240	0.083	0.083

3.3.2　试验设备和装置

本次试验以透榫节点为研究对象,将柱横置于底座之上,由水平千斤顶固定并施加水平荷载,枋竖向放置,由 MTS 水平作动器施加水平反复荷载,作动器前端通过球铰连接件与枋相连。试验中规定作动器向右推为正向加载,向左拉为反向加载,试验加载装置如图 3.4 所示。

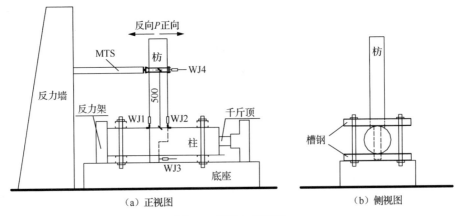

（a）正视图　　　　　　　　　　（b）侧视图

图 3.4　试验加载装置

（c）加载现场

图 3.4（续）

3.3.3 测试内容和测点布置

（1）在枋的根部左右两侧各布置一个量程为±5cm 的位移计(WJ1、WJ2)，用来测枋的拔榫量，如图 3.4（a）所示。

（2）在榫头接近卯口边缘的下端布置一个量程为±5cm 的位移计（WJ3），用来测量榫小头在加载时沿水平方向位移，如图 3.4（a）所示。

（3）在与榫卯节点同平面且距节点高度 h 为 500mm 的枋上布置量程±30cm 的 MTS 位移计(WJ4)一个，用来量测加载点处枋的水平位移，从而算出枋的转角，如图 3.4（a）所示。

（4）在卯口左右两侧布置应变片若干，用以测试卯口受榫头挤压后的应变变化，如图 3.5（a）所示。

（5）在榫头的颈部两侧布置应变片若干，用以测试榫头颈部加载过程中的应变变化，如图 3.5（b）所示。

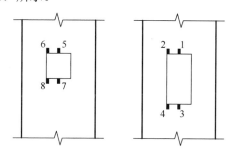

（a）卯口处应变片粘贴示意图

图 3.5 透榫节点应变片分布示意图

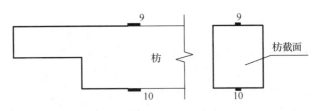

（b）榫头颈部应变片粘贴示意图

图 3.5（续）

3.3.4　加载制度

试验时，由千斤顶对柱施加水平向恒定荷载 N 为 20kN，对枋逐级施加水平荷载，作动器中心距柱上边缘的距离 H 为 500mm。水平荷载采用变幅值位移控制的加载方式，加载曲线的控制位移取本次试验透榫节点极限位移预估值 Δ_u=50mm，先采用位移为控制位移的 10%、20%、30%、40% 和 50% 依次进行 1 次循环，再按照控制位移的 60%、80%、100%、120%、140%…依次进行 3 次循环加载，直至榫头折断，发生破坏。透榫节点加载制度示意图如图 3.6 所示。

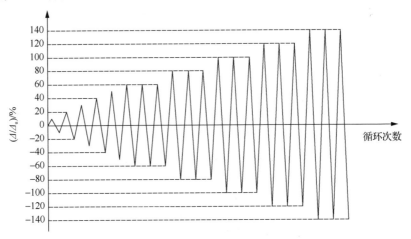

图 3.6　透榫节点加载制度示意图

3.4　试验过程及现象

试件摆放位置如图 3.7（a）所示，定义作动器向右侧推的方向为正向"+"，向左侧拉的方向为负向"-"，即梁端施加水平推力为正，梁端施加水平拉力为负。

试验开始，先对柱施加水平恒定荷载 20kN，然后施加水平荷载，以位移为控制进行低周反复试验。各试件试验过程及现象分述如下。

1. 完好节点 TJ1

加载初期，随着转角的增大，榫卯节点逐渐挤紧并发出"吱吱"声，榫头和卯口均出现不同程度的挤压变形，两者之间出现缝隙并随加载转角增大而逐渐加大，榫卯节点出现一定程度的拔榫，用钢尺量测拔榫量，同一加载位移下，正向加载的拔榫量要略小于反向加载。继续加载，榫卯之间的挤压变形增大，当加载到+40mm 时，试件拔榫量变大并出现"啪啪"的木纤维断裂的声音。

当反向加载到-50mm 时，伴随着巨大的断裂声，X-Y 记录仪上监测的滞回曲线开始出现明显的弯矩跌落，钢尺测得的拔榫量为 17mm；继续加载，反向弯矩基本不再增加，而正向加载时弯矩继续增加，直到加载至+60mm 时，出现巨大的断裂声，观察到榫头左侧根部纤维拉断，右侧部分木纤维挤压屈服，钢尺测得的拔榫量为 16mm，继续加载弯矩不再增大，试验结束。

试验结束后取下节点观察现象，发现枋和柱基本无损坏。卯口变形不明显，榫头变形明显，经过反复加载挤压，榫头发生大量塑性变形，榫颈处挤压变细。正向加载时，榫颈截面折断，断面沿斜纹方向向榫头变截面处延伸，发生弯曲破坏；反向加载时，榫头变截面处木纤维顺纹撕裂，并一直延伸至榫头根部。TJ1主要试验破坏形态如图 3.7 所示。

（a）TJ1 的极限转角

（b）TJ1 榫头拔出

（c）TJ1 正向加载榫颈折断

（d）TJ1 榫头变截面处木纤维顺纹撕裂

图 3.7　TJ1 主要试验破坏形态

2. 松动节点 TJ2

由于松动节点的榫头和卯口之间存在缝隙，节点在加载初期会发生自由转动，位移较小时，榫卯之间不会有明显的相互作用，基本不能承担弯矩。随着转角的增大，榫头与卯口逐渐挤紧，加载到 +20mm 时试件发出"吱吱"声。继续加载，榫头和卯口出现不同程度的挤压变形，两者之间出现缝隙并逐渐加大，榫卯节点出现一定程度的拔榫，拔榫形态表现为"左挤紧右拔出"或"左拔出右挤紧"，并没有榫头的整体拔出。用钢尺量测拔榫量，同一加载位移下，正向加载的拔榫量要略小于反向加载，这一现象与完好节点 TJ1 是相同的。继续加载，榫卯之间的挤压变形增大，拔榫量也增大，当加载到 +40mm 时，试件拔榫量变大并出现"啪啪"的木纤维断裂的声音，钢尺测得的拔榫量为 11mm，"啪啪"声在之后的加载过程中持续存在。

当加载到 -60mm 时，伴随着巨大的榫头劈裂声，X-Y 记录仪上监测的滞回曲线开始出现明显的弯矩跌落，钢尺测得的拔榫量为 21mm；继续加载，反向弯矩基本不再增加，而正向加载时弯矩继续增加，直到加载至 +70mm 时，出现巨大的断裂声，观察到榫头左侧根部纤维部分拉断，右侧部分木纤维挤压屈服，钢尺测得的拔榫量为 20mm，继续加载弯矩不再增大，试验结束。

试验结束后取下节点观察现象，发现枋和柱基本无损坏。卯口左右两侧变形不明显，榫头变形显著，经过反复加载挤压，榫头发生大量塑性变形，榫颈处挤压变细。正向加载造成榫颈一侧截面折断，断面斜向榫头变截面处延伸最终折断，发生弯曲破坏；反向加载时，榫头变截面处木纤维顺纹撕裂，并一直延伸至榫头根部。TJ2 主要试验破坏形态如图 3.8 所示。

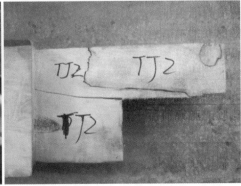

　　（a）TJ2 正向加载榫颈折断　　　　　　　（b）TJ2 榫头变截面木纤维顺纹撕裂

图 3.8　TJ2 主要试验破坏形态

3. 松动节点 TJ3、TJ4、TJ5、TJ6

对于不同程度松动节点 TJ3～TJ6，由于松动节点榫头和卯口之间存在不同宽度的缝隙，节点在加载初期会发生不同程度的自由转动。其加载过程中的试验现象与松动节点 TJ2 基本相同，这里不再赘述。与 TJ2 不同的是，随着节点松动程度的增大，加载过程中的拔榫量总体呈增大趋势，最终拔榫量也不同，TJ3～TJ6 的最终拔榫量正向加载分别为 24mm、22mm、25mm 和 29mm；反向加载分别为 25mm、27mm、29mm 和 30mm。TJ3～TJ6 最后发生破坏时极限位移总体也呈增大趋势，正向加载分别为 80mm、90mm、100mm 和 100mm；反向加载分别为 80mm、70mm、80mm 和 90mm。

TJ3～TJ6 节点的破坏形态：正向加载时，破坏形态与完好节点 TJ1 类似，均发生折榫破坏，但是发生断裂的位置会有随松动程度的增加逐渐由榫颈向榫头下移的趋势；反向加载时，破坏形态与完好节点 TJ1 相同，榫头变截面处木纤维顺纹撕裂，并延伸至榫头根部。TJ3～TJ6 主要试验破坏形态如图 3.9 所示。

（a）TJ3 正向加载榫颈折断

（b）TJ3 榫头破坏形态

（c）TJ4 正向加载榫颈折断

（d）TJ4 榫头破坏形态

图 3.9　TJ3～TJ6 主要试验破坏形态

（e）TJ5 正向加载榫颈拉断

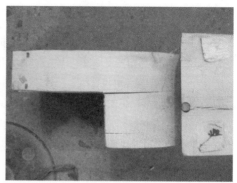
（f）TJ5 榫头破坏形态

（g）TJ6 正向加载榫颈拉断

（h）TJ6 榫头破坏形态

图 3.9（续）

3.5　试验结果及分析

3.5.1　M-θ 滞回曲线

节点在水平荷载下的滞回曲线是其抗震性能的综合体现，能反映结构的承载力、变形能力、耗能能力、刚度和破坏机制等。通过各透榫节点的低周反复试验，获取了节点的弯矩-转角（M-θ）滞回曲线。M 由加载点到榫头距离与荷载的乘积算得，θ 由加载位移与加载点到榫头距离的比值算得。图 3.10 为各节点弯矩 M-θ 滞回曲线，从滞回曲线可以得出如下特点。

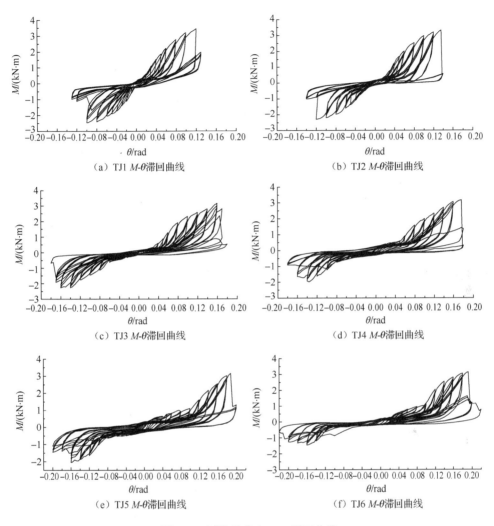

(a) TJ1 M-θ滞回曲线　　　　　(b) TJ2 M-θ滞回曲线

(c) TJ3 M-θ滞回曲线　　　　　(d) TJ4 M-θ滞回曲线

(e) TJ5 M-θ滞回曲线　　　　　(f) TJ6 M-θ滞回曲线

图 3.10　试件各节点 M-θ 滞回曲线

（1）对于完好节点 TJ1，曲线形状为反 Z 形，具有明显的捏拢效应，说明受力过程中发生了大量的滑移，且滑移量随位移幅值增大而增大。各节点滞回曲线在正向加载破坏时均有大幅度的弯矩跌落，这与试验现象中"折榫"破坏是相对应的。从滞回环面积上看，随着加载转角的增大，滞回环的面积变大，说明节点耗能越来越大。同一级位移下，第 2 圈、3 圈滞回曲线的面积要明显小于第 1 圈，这是因为第一循环之后，不可恢复的挤压变形已经发生，后两次循环的耗能会有明显下降。从滞回曲线斜率上看，在加载初期，由于榫卯节点没有完全挤紧，曲线斜率较小；加载到一定程度时，榫卯节点完全挤紧，曲线斜率增大，曲线呈线性发展，此时节点受力处于弹性阶段；继续加载，曲线斜率变缓，榫卯发生塑性变形。试件卸载时，节点荷载下降较快而变形回复较小，曲线斜率较大，说明节点产生了较大的挤压塑性变形，在反复的挤压过程中节点变得松动。

（2）相较于完好节点 TJ1，松动节点 TJ2～TJ6 捏拢效应更加明显，且随松动程度增大而愈加显著，这显然是因为节点的松动导致了更大程度的节点滑移；从滞回环面积上看，松动节点的滞回环面积小于完好节点，且松动程度越大滞回环饱满度越差，这表明节点松动影响到了透榫节点的耗能能力。

（3）由于透榫节点构造的不对称，得到的滞回曲线正反向不对称。正向加载时的滞回曲线承载力和变形能力均高于反向加载；正向加载的滞回环比反向加载略丰满，面积略大。

3.5.2　*M-θ* 骨架曲线

骨架曲线是指首次加载曲线与以后每次循环的 *M-θ* 曲线峰值点连线的轨迹。在任一次加载过程中，最大荷载不能越过骨架曲线，只能在达到骨架曲线后沿骨架曲线前进。把滞回曲线上所有循环的峰值点连接起来，就得到了骨架曲线。TJ1～TJ6 透榫节点 *M-θ* 骨架曲线如图 3.11 所示。各节点 *M-θ* 骨架曲线的对比图如图 3.12 所示。

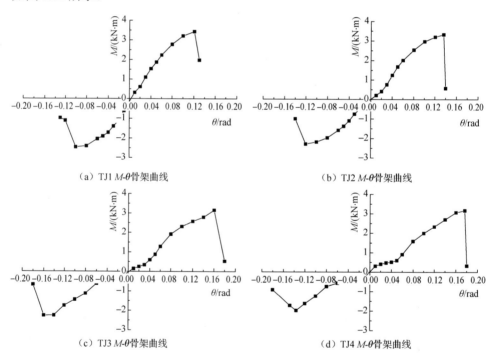

（a）TJ1 *M-θ* 骨架曲线　　　　　　（b）TJ2 *M-θ* 骨架曲线

（c）TJ3 *M-θ* 骨架曲线　　　　　　（d）TJ4 *M-θ* 骨架曲线

图 3.11　各透榫节点 *M-θ* 骨架曲线

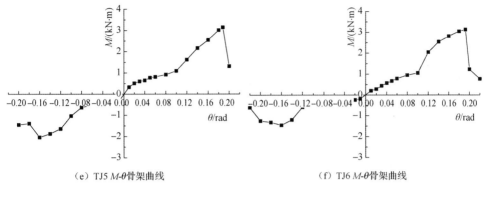

（e）TJ5 *M-θ*骨架曲线　　　　　　（f）TJ6 *M-θ*骨架曲线

图 3.11（续）

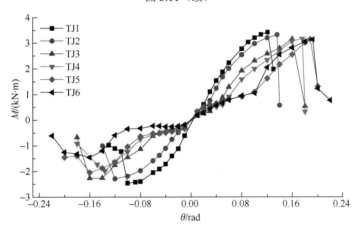

图 3.12　各节点 *M-θ* 骨架曲线对比图

由图 3.11 和图 3.12 可以看出如下几点。

（1）对于完好节点 TJ1，其受力过程经历了弹性阶段、屈服阶段、强化阶段和破坏阶段。在转角达到 0.08rad 之前，曲线近似为一条直线，为弹性阶段；当转角大于 0.08rad 之后，曲线出现转折，斜率下降，节点屈服；之后随转角的增大，弯矩继续随之增大，曲线较屈服阶段变得平缓，进入强化阶段；直到转角达到 0.12rad 时，曲线出现明显的下降段，为破坏阶段。

（2）对于松动节点 TJ2～TJ6，在受力初期，在自由转角范围内，由于节点的松动，榫头与卯口并没有挤紧，弯矩随转角的增大并不明显，出现滑移段，滑移段随节点松动程度增大而增大。继续加载，随转角增大，榫卯节点挤紧，曲线出现明显的上升段，进入弹性阶段；之后受力过程同完好节点类似，同样要经过屈服阶段，强化阶段和破坏阶段。但相较于完好节点，由于初始滑移段的出现，松动节点各受力阶段随松动程度的增大都有不同程度的滞后。

（3）比较 TJ1 与 TJ2～TJ6 各节点骨架曲线，可看出松动节点极限弯矩低于完好节点，极限转角要大于完好节点，并且随节点松动程度的增大，极限弯矩下降，极限转角增大。

（4）由于透榫节点构造的左右不对称导致各节点骨架曲线上下不对称，反向加载得到的极限转角和极限承载力都小于正向加载；到破坏阶段时，正向加载的弯矩跌落程度要比反向加载更加明显。

3.5.3 强度退化

试件进入塑性状态后，在位移幅值不变的条件下，结构构件的承载能力随反复加载次数的增加而降低的特性叫强度退化。结构构件的强度退化可用同级加载各次循环过程中承载能力降低系数 λ_i 表示，其表达式见下式：

$$\lambda_i = \frac{P_{ji,\max}}{P_{j1,\max}} \tag{3-2}$$

式中：λ_i 为第 i 循环强度退化系数；$P_{ji,\max}$ 为第 j 级位移幅值时第 i 循环峰值荷载；$P_{j1,\max}$ 为第 j 级位移幅值时第 1 循环峰值荷载。

本试验中 λ_i 为同一级加载最后一次循环所得的峰值荷载与第一次循环时峰值荷载的比值。各试件在不同加载转角条件下，强度退化曲线如图 3.13 所示，最后一次循环强度退化系数 λ_3 计算结果如表 3.5 所示。

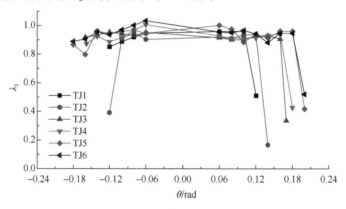

图 3.13　强度退化曲线

表 3.5　强度退化系数 λ_3 计算结果

试件编号	加载方向	加载转角 θ/rad							
		0.06	0.08	0.10	0.12	0.14	0.16	0.18	0.20
TJ1	正	0.96	0.96	0.96	0.51				
	反	0.95	0.92	0.89	0.85				

试件编号	加载方向	加载转角 θ/rad							
		0.06	0.08	0.10	0.12	0.14	0.16	0.18	0.20
TJ2	正	0.92	0.91	0.93	0.94	0.17			
	反	0.90	0.95	0.91	0.39				
TJ3	正	0.91	0.90	0.90	0.93	0.93	0.91	0.33	
	反	0.95	0.93	0.94	0.95	0.93	0.92		
TJ4	正	0.93	0.91	0.91	0.91	0.93	0.94	0.43	
	反	1.01	0.97	0.92	0.88	0.92	0.87		
TJ5	正	1.00	0.97	0.88	0.91	0.91	0.96	0.96	0.42
	反	0.95	0.97	0.96	0.94	0.96	0.80	0.87	
TJ6	正	0.96	0.95	0.97	0.94	0.88	0.94	0.95	0.52
	反	1.03	1.00	0.97	0.94	0.95	0.90	0.89	

由表 3.5 和图 3.13 可以看出如下几点。

（1）节点各加载阶段的强度退化系数基本均小于 1，都有明显的刚度退化现象。强度基本上随着加载转角的增大而不断降低，在破坏前各阶段的强度退化均较为缓慢，强度退化系数基本均介于 0.85～1；在破坏阶段，强度退化现象较为明显，节点强度均有大幅度的下降，强度退化平均值为 0.64。

（2）在破坏阶段，正向加载时刚度退化平均值为 0.47，反向加载时刚度退化为 0.79，可以看出正向加载的强度退化现象要比反向加载更为明显；正向加载时，强度退化系数随着松动程度的增大而增大，说明松动程度的增大会导致节点破坏阶段强度退化程度减弱。

3.5.4　刚度退化

节点刚度与位移循环次数有关，刚度随着循环周数和控制位移增大而减小，这种现象为刚度退化。在反复荷载作用下，节点刚度可用割线刚度 K（滞回曲线峰值点对坐标原点的斜率）来表示。

对于各松动节点，由于缝隙导致初始阶段的自由转角，节点初始阶段刚度很小，主要研究节点自由转角之后刚度的变化情况，图 3.14 给出了透榫节点刚度化曲线，从图中可以看出曲线正反向并不对称，但表现出如下相似规律。

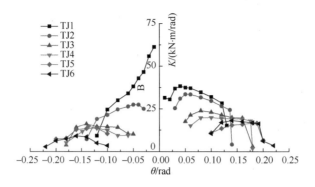

图 3.14　透榫节点刚度退化曲线

（1）对于各松动节点，刚度变化大致可分为三个阶段：第一个阶段为上升段，松动节点由于缝隙存在导致初始刚度较低，当试验加载转角超过自由转角后，榫头与卯口逐渐挤紧，刚度会有明显的上升；第二个阶段为下降段，节点刚度随转角的增大而减小，并逐渐接近平缓；第三个阶段为急速下降段，此时节点破坏，刚度下降明显。

（2）比较 TJ1 与 TJ2～TJ6 节点，总体趋势来看，松动节点刚度基本均小于完好节点，并且各节点刚度随着节点松动程度的增大而减小；从退化程度上说，松动节点的退化幅度要小于完好节点，并且随着各节点松动程度的增大，刚度退化幅度越小，退化曲线表现得更加平缓。

3.5.5 耗能

对于承受地震作用的抗震结构体系或构件来说，耗能能力是评定结构体系或构件抗震性能的一个重要指标，是结构体系或构件吸收和耗散地震能的直接表示。在水平低周反复荷载作用下，结构或构件每经过一个加载、卸载的循环，在加载时吸收或储存能量，卸载时释放能量，但二者并不相等，二者之差则为结构或构件在一个循环中的耗能，即一个滞回环所包围的面积。一般来说，滞回环越饱满即所包围的面积越大，结构或构件通过变形耗散的能量越多，其破坏的可能性越小。结构或构件的耗散的能量，可分为弹性应变能和由结构的塑性变形所耗散的能量，称之为滞回耗能。

构件的耗能能力用等效黏滞阻尼系数 h_e 来衡量，h_e 越大表示结构的耗能能力越好，h_e 按下式计算：

$$h_e = \frac{1}{2\pi} \times \frac{S_{(ABF+ABE)}}{S_{(CEO+DFO)}} \tag{3-3}$$

式中：$S_{(ABF+ABE)}$ 是滞回环的面积（图 3.15 阴影部分）；$S_{(CEO+BFO)}$ 是三角形 CEO 和三角形 DFO 的面积之和。

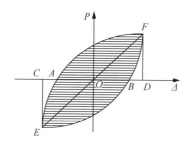

图 3.15　等效黏滞阻尼系数计算示意图

在自由转角范围内，榫头和卯口之间基本无挤压变形，耗能很小，因此本节主要研究节点自由转角之后的耗能情况，透榫节点等效黏滞阻尼系数与转角的关系如图 3.16 所示，由图可知如下几点。

（1）无论节点是否松动，各透榫节点等效黏滞阻尼系数发展变化规律相似，总体趋势随转角的增大而逐渐减小，至构件破坏阶段耗能又有所回升。这是因为随节点转角增大，榫卯间发生的塑性挤压变形逐渐减小，节点耗能性能降低；到破坏阶段，木纤维拉断破坏，消耗能量较大。

（2）松动节点的等效黏滞阻尼系数明显小于完好节点，且随节点松动程度增大逐渐减小。这是因为节点的松动会导致榫头和卯口接触面之间的间距增大，耗能能力降低。

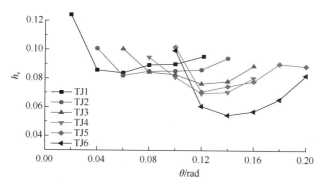

图 3.16　透榫节点等效黏滞阻尼系数与转角的关系

3.5.6　延性与变形能力

延性系数可以评价结构变形能力的大小，构件破坏时的变形与屈服时的变形的比值称为构件的延性系数。根据变形的不同意义，延性系数分为位移延性系数和曲率延性系数，其中位移延性系数又分为线位移延性系数和角位移延性系数。本节采用转角延性系数来评价透榫节点的延性。转角延性系数按下式计算：

$$\mu_\theta = \theta_u / \theta_y \tag{3-4}$$

式中：θ_y 为初始屈服转角；θ_u 为极限转角。

　　榫卯节点的受力既不同于纯钢筋混凝土结构节点，也不同于纯钢结构节点，目前对该类节点屈服点的确定尚无统一的准则。本试验采用通用屈服弯矩法确定试件的屈服弯矩和相应的屈服转角。通用屈服弯矩法又称"几何作图法"，如图 3.17 所示。

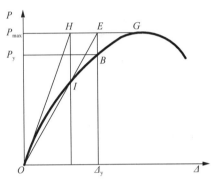

图 3.17　通用屈服弯矩法

　　过原点 O 做弹性理论线与 P-Δ 曲线相切，再过曲线顶点 G 点做水平线，两线相交于 H，过 H 做垂线与 P-Δ 曲线相于 I 点，连接 OI 并延长与水平线交于 E，垂线交 P-Δ 曲线于 B 点，B 点即为屈服点，对应的位移即为屈服状态位移 Δ_y。

　　将试验中 P-Δ 关系通过计算转化为弯矩-转角曲线，再通过上述通用弯矩屈服法计算出屈服弯矩和屈服转角。根据骨架曲线可看出，曲线到峰值点发生大幅度弯矩跌落，属于脆性破坏，故可直接取峰值点弯矩为极限弯矩，对应的转角为极限转角。

　　根据各节点特征参数，计算出节点延性系数。透榫各节点主要特征参数及延性系数如表 3.6 所示。

表 3.6　透榫各节点主要特征参数及延性系数

试件编号	加载方向	屈服弯矩 M_y/（kN·m）	屈服转角 θ_y/rad	极限弯矩 M_u/（kN·m）	极限转角 θ_u/rad	延性系数 μ_θ
TJ1	正向	2.78	0.08	3.43	0.12	1.50
	反向	2.04	0.06	2.45	0.10	1.67
TJ2	正向	2.97	0.10	3.33	0.14	1.40
	反向	1.59	0.06	2.29	0.12	2.00
TJ3	正向	2.31	0.10	3.16	0.16	1.60
	反向	1.13	0.08	2.25	0.16	2.00
TJ4	正向	2.34	0.12	3.17	0.18	1.50
	反向	1.24	0.10	1.95	0.14	1.40

试件编号	加载方向	屈服弯矩 M_y/（kN·m）	屈服转角 θ_y/rad	极限弯矩 M_u/（kN·m）	极限转角 θ_u/rad	延性系数 μ_θ
TJ5	正向	2.17	0.14	3.15	0.19	1.36
	反向	1.64	0.12	2.04	0.16	1.33
TJ6	正向	2.55	0.14	3.14	0.19	1.36
	反向	1.20	0.14	1.32	0.18	1.29

由表 3.6 可以看出如下几点。

（1）节点的延性系数平均值为 1.53，说明透榫节点有一定的延性。松动程度对各节点的延性系数没有明显的影响，各节点延性系数变化规律有一定的离散性，这与木材各向异性的材性性质、木质损伤以及加工误差有关。

（2）各节点正向加载时延性系数平均值为 1.44，反向加载时延性系数平均值为 1.61，说明节点反向加载时的延性要好于正向加载。

用节点破坏时的极限转角来衡量节点的变形能力。图 3.18 给出了节点破坏时极限转角 θ_u 与松动程度 D 的关系。由图 3.18 可看出如下几点。

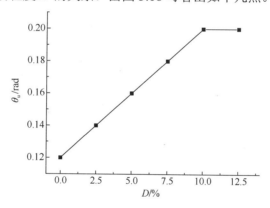

图 3.18　极限转角 θ_u 与松动程度 D 的关系

（1）节点的极限转角均大于 0.12rad，这是大部分材质的结构都无法比拟的，各节点可发生较大的转动滑移，具有很好的变形能力。

（2）随着节点松动程度的增大，节点破坏时的转角也同时增大。而且松动程度在一定范围内，这种关系几乎是线性变化的，这表明节点松动虽然会导致承载力、刚度和耗能性能的退化，却有利于节点变形能力的增强。

通过以上对透榫延性和变形能力的讨论我们可以发现，在节点松动这一因素的影响下，节点延性和变形能力并不呈正相关。节点松动程度的加大会导致节点变形能力增强，却不会使延性加大。在节点发生松动的情况下，变形能力强并不代表延性性能的优越。

3.5.7　拔榫量与转角关系

为更直观的研究不同转角下榫头的拔出量，选取各节点不同加载转角下榫头拔出量进行比较，节点正、反向加载时各节点不同加载转角下的拔榫量分别如表 3.7 和表 3.8 所示。节点正、反向加载时拔榫量与转角的关系分别如图 3.19 和图 3.20 所示。

表 3.7　正向加载时各节点不同加载转角下的拔榫量

加载转角 θ/rad	榫头拔榫量 L/mm					
	TJ1	TJ2	TJ3	TJ4	TJ5	TJ6
0.04	6	7	5	3	3	3
0.06	9	9	7	7	5	5
0.08	11	11	12	8	8	8
0.10	13	13	14	12	11	12
0.12	16	16	16	13	13	14
0.14	21	20	19	15	17	16
0.16			22	18	19	19
0.18			24	22	23	23
0.20					25	26
0.22						29

表 3.8　反向加载时各节点不同加载转角下的拔榫量

加载转角 θ/rad	榫头拔榫量 L/mm					
	TJ1	TJ2	TJ3	TJ4	TJ5	TJ6
0.04	9	9	7	7	5	5
0.06	12	11	10	8	8	8
0.08	14	14	11	10	11	10
0.10	17	16	14	14	14	13
0.12	21	20	16	16	16	15
0.14	24	23	19	19	19	17
0.16			21	23	22	19
0.18			25	27	25	23
0.20					29	26
0.22						30

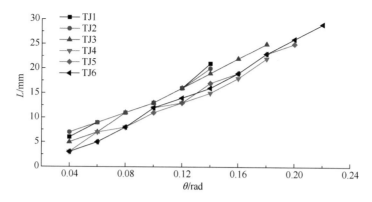

图 3.19 正向加载时拔榫量与转角的关系

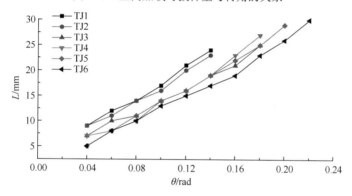

图 3.20 反向加载时拔榫量与转角的关系

由表 3.7、表 3.8、图 3.19 和图 3.20 可以看出如下几点。

（1）无论节点是否松动，在正、反向加载的过程中，榫头拔出量均随转角的增大而增大，并且基本呈线性关系。

（2）在相同加载转角下，松动节点的榫头拔出量一般要大于完好节点，并且随着松动程度的增大，榫头拔出量逐渐增大。

（3）到最终加载结束，正向加载各节点最大拔榫量保持在 20~29mm，反向加载各节点最大拔榫量保持在 23~30mm，反向加载时的拔榫量要略大于正向加载。

3.6 本 章 小 结

（1）本章从古建筑木结构榫卯节点抗震性能出发，设计了 1 个紧密无松动的透榫节点试件和 5 个不同松动程度的透榫节点试件，对其进行了低周反复加载试验。详细描述了试件设计及制作流程，介绍了试验的设备和所需装置、测试内容及测点布置，说明了试验的加载制度。

（2）详细描述了低周反复加载试验的过程及现象，分析了各节点试件的破坏形态为：榫头变形明显，经过反复加载挤压，榫头发生大量塑性变形，榫颈处挤压变细。正向加载时，榫颈截面木材纤维拉断，断面沿斜纹方向向榫头变截面处延伸，发生弯曲破坏；反向加载时，榫头变截面处木纤维顺纹撕裂，并一直延伸至榫头根部。

在试验的基础上，对古建筑木结构不同松动程度的透榫节点的弯矩-转角滞回曲线、弯矩-转角骨架曲线、强度退化规律、刚度退化规律、延性、变形能力及耗能能力等性能进行了详细的分析，结论如下。

（1）各透榫节点弯矩-转角滞回曲线正反向不对称，但是变化规律一致，曲线形状均为反 Z 形，具有明显的捏拢效应；松动节点比完好节点表现出更明显的反 Z 形特征，捏拢效应随节点松动程度增大更加明显。

（2）所有透榫节点的正反向极限弯矩显著不对称，正向加载的极限弯矩大于反向加载；松动节点极限弯矩低于完好节点，并且随节点松动程度的增大，极限弯矩逐渐下降。

（3）节点的强度退化现象在破坏阶段表现幅度很大，松动程度的增大会导致节点破坏阶段强度退化程度逐渐减弱。

（4）透榫松动节点转动刚度在加载初期会比较小，榫卯挤紧后刚度上升，之后随转角增大而逐渐下降；松动节点的转动刚度要小于完好节点，并且随着初始松动程度的增大而减小。

（5）透榫节点耗能能力总体趋势随转角的增大而逐渐减小，至构件破坏阶段耗能又有所回升；松动节点的耗能随节点松动程度的增大而减小。

（6）各透榫节点均有较好的延性和变形能力，延性随松动程度无明显规律性变化，变形能力会随松动程度的增大而增大。

（7）透榫节点榫头拔出量随转角的增大而增大，并且基本呈线性关系。在相同加载转角下，松动节点的榫头拔出量一般要大于完好节点，并且随着松动程度的增大，榫头拔出量逐渐增大。

第4章 不同松动程度下古建筑透榫节点的
有限元分析及参数分析

4.1 概 述

非线性有限元在木结构榫卯节点的应用为试验分析提供了便利和辅助作用，影响榫卯节点抗震性能的因素很多，同时节点构造形式多样，材料尺寸各异，单单靠试验使用的一个或者几个参数分析，显得比较片面。通过有限元软件的参数分析，可以得到除试验以外其他参数对榫卯节点抗震性能的影响，节省了人力、物力和财力。同时由于非线性有限元能够直观地表示出节点区域从加载到破坏的全部信息，较为方便地获得节点区域内部力学性能的变化，对结构试验有很好的预测作用。

4.2 有限元模型的建立

4.2.1 材料本构关系的选取

材料的本构是有限元计算分析的基础，材料本构的选取直接影响计算结果的精确性和收敛性。

将木材简化成正交各向异性材料，受拉采用单折线本构模型，受压采用双折线本构模型，且抗拉弹性模量等于抗压弹性模量。木材本构模型如图 4.1 所示（张锡成，2013）。

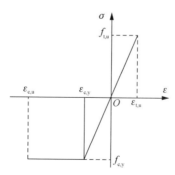

图 4.1 木材本构模型

在 ABAQUS 软件中，采用 Engineering Constants 定义材料弹性阶段的弹性常数。塑性阶段调用 ABAQUS 中自带的 Potential 函数,定义木材不同方向的初始屈服应力。

4.2.2　单元类型与网格划分

较为合适的单元选择与网格的划分对有限元模拟结果的正确性至关重要,本节柱、枋均选用六面体线性减缩积分单元 C3D8R,即 8 节点六面体线性减缩积分三维实体单元,该单元的优点有:对位移的求解结果较精确;网格存在扭曲变形时,分析精度不会受到大的影响;在弯曲荷载下不容易发生剪切自锁(庄茁等,2008)。

在建模过程中,采用结构优化网格技术划分网格,选择柱、枋网格单元尺寸均为 25mm。以 TJ1 节点为例,网格划分示意图如图 4.2 所示。

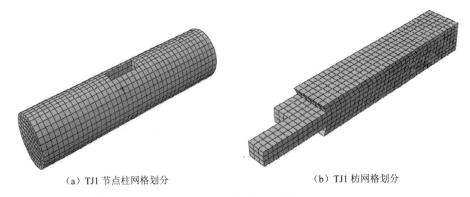

　　(a) TJ1 节点柱网格划分　　　　　　　　　　(b) TJ1 枋网格划分

图 4.2　网格划分示意图

4.2.3　边界条件与荷载施加方式

透榫节点模型采用与试验相同的边界条件和荷载施加方式。为了更加真实模拟透榫节点的试验情况,各节点柱的左端设有约束三个方向的线位移,保证加载过程中柱子不发生滑动;柱右端施加 20kN 轴向荷载,为避免试验过程中轴向荷载的施加出现应力集中现象,在柱子右端设置垫块,垫块与柱之间采用绑定(tie)连接。之后在垫块正前方 100mm 处设置参考点(模拟试验过程中施加轴向荷载的千斤顶),并且将该点与垫板表面定义成分布耦合约束,然后再将荷载施加到参考点上,节点装配情况及模型边界条件如图 4.3 所示。

通过装配(assembly)模块将枋装配到柱子上,装配方式、方向与试验相同,节点装配情况如图 4.3(a)所示。

对枋荷载的施加要真实反映试验情况,在距离榫头 500mm 处设置垫块,并在垫块正前方 100mm 处设置参考点(模拟试验过程中施加水平作用的作动器的球铰),将该参考点与垫板表面设置为分布耦合约束,之后再将荷载施加到该点上,如图 4.3 所示。

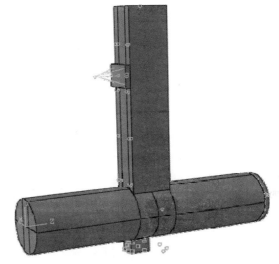

（a）节点装配情况

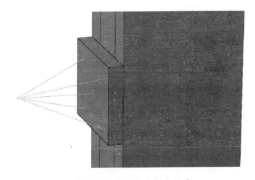

（b）枋加载处分布耦合约束

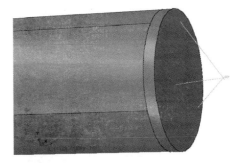

（c）柱端分布耦合约束

图 4.3　节点装配情况及模型边界条件

4.2.4　定义相互作用

　　榫头与卯口的相互作用为本次有限元模拟的重点，先定义榫头与卯口接触类型，法向采用"硬"接触，切向采用罚摩擦模型，罚摩擦模型是指摩擦力和界面正应力通过摩擦系数来联系，摩擦系数取 0.3。

　　榫头与卯口的相互作用类型采用表面与表面接触，滑动量级为有限滑动。定义表面与表面接触的重点在于主从面的选取，合理地选择主面与从面，可以获得更接近真实情况的接触模拟。ABAQUS/Standard 使用单纯的主-从接触算法，即在一个表面上的节点不能侵入到另一个表面的某一部分。该算法并没有对主面做任何限制，它可以在从面的节点之间侵入从面。关于主从面的选取，有一些简单的规则，即从面应该是网格划分更精细的表面，如果网格密度相近，从面应该取自较软材料的表面。

根据榫卯节点接触过程的实际情况，榫头和卯口的挤压变形中，卯口主要是顺纹受压，榫头是横纹受压，由木材的力学性能知：木材的横纹抗压弹性模量小于顺纹抗压弹性模量，可以说榫头表面较卯口而言为较软材料表面，挤压变形中主要发生在榫头。因此，参照上述主从面选取规则，选取卯口表面为主面，榫头表面为从面。

4.3　有限元结果和试验结果对比分析

4.3.1　试件变形图

试件有限元计算得到的变形图与试件加载过程中的变形图，如图 4.4 所示。有限元计算采用位移控制，达到试验最终破坏位移时，与试验模型最大位移下的变形情况二者相一致，验证了有限元模拟的合理性。

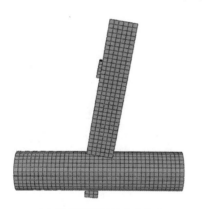

（a）试件有限元正向加载变形

（b）试件试验正向加载变形

（c）试件有限元反向加载变形

（d）试件试验反向加载变形

图 4.4　试件有限元计算得到的变形图与试件加载过程中的变形图

4.3.2　试件应力云图

为了分析透榫节点各个位置应力分布以及破坏形态，ABAQUS 软件给出了节点各个方向详细的应力分布云图。

1. 柱及卯口应力分析

试件 TJ1 柱应力云图如图 4.5 所示，由柱各方向的应力云图可以看出，柱身应力并不是很大，主要应力均集中在卯口部分。榫卯相互作用过程中，柱主要表现为纵向受拉、纵向受压（顺纹受拉、受压）。

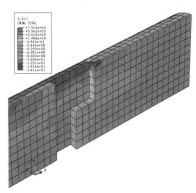 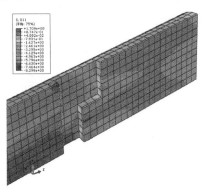

（a）TJ1正向加载时柱S11应力云图　　　　（b）TJ1反向加载时柱S11应力云图

图 4.5　试件 TJ1 柱应力云图

正向加载时，节点转角增至 0.14rad 时加载结束，右侧卯口根部（浅色区域）由于与榫颈的相互作用而表现为顺纹受压，最大应力为 16.11MPa，并未达到屈服；边侧卯口由于卯口被撑大而表现为顺纹受拉，拉应力由卯口入口向内部逐渐减小，其中最大应力为 7.32MPa，并未达到屈服。反向加载时，节点转角增至 0.13rad 时加载结束，左侧卯口根部表现为顺纹受压，最大应力为 8.30MPa，未达到屈服强度。

由此可见，在榫卯相互挤压过程中，卯口部分主要表现为顺纹抗压或顺纹抗拉，木材顺纹强度都较大，在加载结束也未达到屈服强度，这与试验现象中"柱与卯口都基本完好"是吻合的。

TJ2-TJ6 与 TJ1 柱应力分布情况相似，柱与卯口位置均未达到屈服，这里不再赘述。

2. 枋与榫头应力分析

对于试件 TJ1，正向加载时，枋 S11（顺纹）方向应力情况如图 4.6（a）所示，榫头右侧及榫头变截面处受压，但未屈服；榫头左侧受拉，应力最大部位发生在左侧榫颈位置，发生受弯破坏，这与试验中破坏现象基本吻合。枋 S33（横纹径向）方向应力情况如图 4.6（b）所示，榫颈右侧横纹受压屈服，其余位置应力均不是很大。

反向加载时，枋 S11（顺纹）方向应力情况如图 4.6（c）所示，榫头左侧顺纹受压，榫头右侧顺纹受拉，均未屈服；变截面处表现为顺纹受拉，应力值不大，未屈服。枋 S33（横纹径向）方向应力情况如图 4.6（d）所示，榫头左侧受压屈服，进入塑性阶段；榫头变截面处受拉应力集中，木材横纹受拉强度很小，最终出现横纹撕裂破坏。

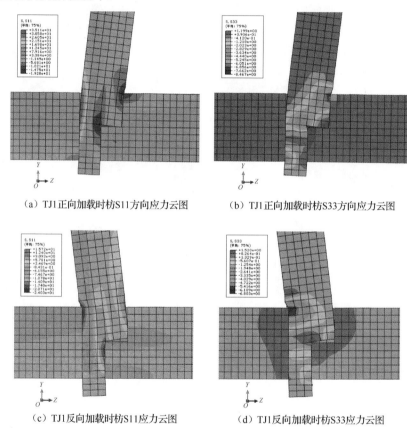

（a）TJ1正向加载时枋S11方向应力云图　　　（b）TJ1正向加载时枋S33方向应力云图

（c）TJ1反向加载时枋S11应力云图　　　（d）TJ1反向加载时枋S33应力云图

图 4.6　试件 TJ1 枋应力云图

综上可以看出，枋身应力很小，应力主要集中在榫头部分，榫头应力云图表现出的应力分布及破坏状态与试验破坏状态（图 3.7）相吻合。

TJ2-TJ6 应力情况与 TJ1 类似，主要应力发生的方向为 TJ1 正向加载时枋 S11（顺纹）方向与反向加载时枋 S33（横纹径向）方向。因此，下面只给出 TJ2-TJ6 主要应力方向枋的应力云图如图 4.7 所示。将图 4.7 中 TJ2-TJ6 榫头应力图与试验破坏状态（图 3.8 和图 3.9）对比，可以看出各方向应力分布与试验破坏状态基本吻合。

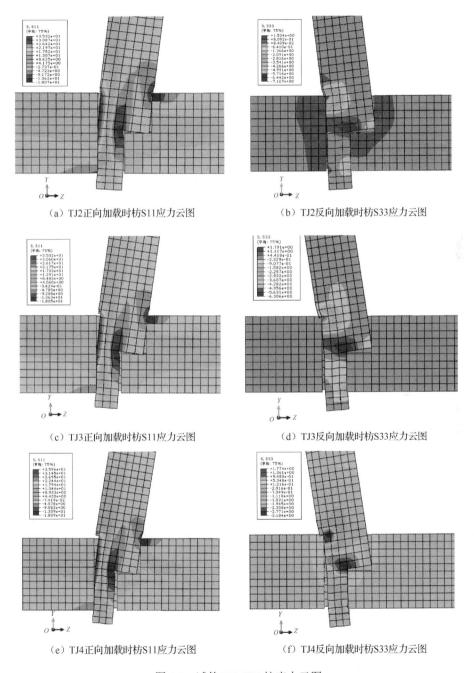

（a）TJ2正向加载时枋S11应力云图　　　　　（b）TJ2反向加载时枋S33应力云图

（c）TJ3正向加载时枋S11应力云图　　　　　（d）TJ3反向加载时枋S33应力云图

（e）TJ4正向加载时枋S11应力云图　　　　　（f）TJ4反向加载时枋S33应力云图

图 4.7　试件 TJ2-TJ6 枋应力云图

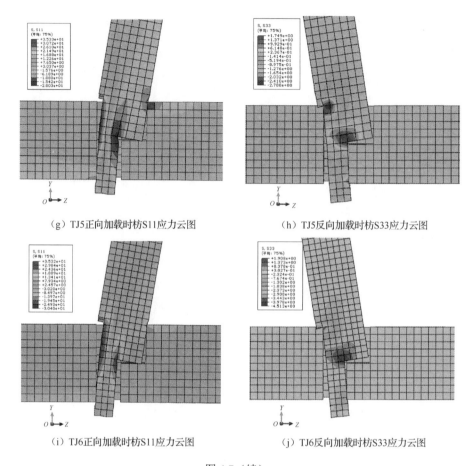

（g）TJ5正向加载时枋S11应力云图　　　　（h）TJ5反向加载时枋S33应力云图

（i）TJ6正向加载时枋S11应力云图　　　　（j）TJ6反向加载时枋S33应力云图

图 4.7（续）

4.3.3　特征点有限元计算值与试验值对比

图 4.8 给出了试验结果和有限元计算结果的节点 M-θ 骨架曲线对比情况，试验值用 TEST 表示，有限元用 FEM 表示。

通过将试验结果和有限元计算结果的骨架曲线进行对比，发现结果吻合较好。有限元模拟的骨架曲线没有出现下降段，而试验中出现了下降段，这是由于建模方法本身存在局限性，模拟不出裂缝的出现及发展过程，不会出现弯矩的大幅下降的缘故。由于有限元在建模过程中，将材料的本构关系进行了一定程度的简化，有限元计算的结果和试验结果存在一定的误差，但是误差不大。

由骨架曲线对比图可以看出，各节点试件有限元计算得到的初始刚度比试验值偏大，节点 TJ1 表现得尤为明显，造成上述偏差的原因主要有以下 3 点。

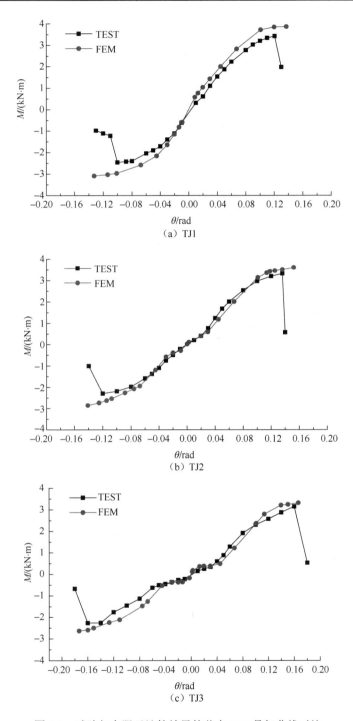

（a）TJ1

（b）TJ2

（c）TJ3

图 4.8　试验与有限元计算结果的节点 M-θ 骨架曲线对比

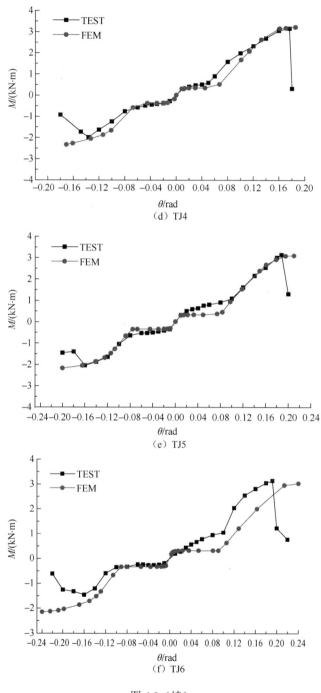

图 4.8（续）

（1）试验中构件采用的加载方式为循环往复加载，而有限元模拟过程中采用单向加载方式，没有考虑往复循环加载对材质损伤的加剧，损伤情况不如试验状态下严重。

（2）试验中的木材并不是完美均质的，木材材性离散性较大，并且存在腐朽、木节等初始缺陷，而有限元计算过程中是没有考虑到这些情况的。

（3）在有限元模拟过程中，透榫节点 TJ1 是绝对完好没有缝隙的，榫头和卯口是完全接触的；而在试验过程中，由于加工误差，节点 TJ1 并不是绝对的完好，存在小量的初始缝隙，这也导致了初始刚度的降低。

另外，对于松动节点 TJ2-TJ6，由于缝隙的存在，曲线初期会出现不同长度的滑移段。各节点试验及有限元 M-θ 骨架曲线如图 4.9 所示。图中显示模拟结果的滑移段相对试验结果会有一定程度的偏差，模拟结果的滑移段是根据松动程度逐级均匀递增的，而试验却表现不出如此均匀的结果，这是加工误差和木材离散型导致的。

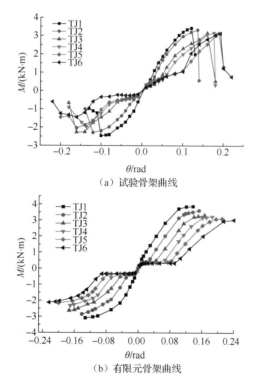

（a）试验骨架曲线

（b）有限元骨架曲线

图 4.9　各节点试验及有限元计算 M-θ 骨架曲线

表 4.1 和表 4.2 分别给出了正向、负向加载时试验值和有限元计算值在特征点处的对比情况。表中屈服弯矩、屈服转角、极限弯矩和极限转角确定方法如下。

模拟出的骨架曲线虽然没有出现明显下降段，但正向加载到转角位移 0.14rad 时，榫头受弯严重，受拉一侧应力已经达到屈服强度，可认为其已发生弯曲破坏；反向加载到 0.13rad 时，榫头变截面处发生撕裂破坏。故取正向加载转角 0.14rad 为正向极限转角，反向加载转角 0.13rad 为反向极限转角，极限转角所对应的弯矩为极限弯矩。屈服弯矩通过通用屈服弯矩法得出，屈服弯矩对应的转角为屈服转角。

表 4.1　正向加载时试验值和有限元计算值在特征点处的对比情况

试件编号	内容	屈服弯矩 M_y/（kN·m）	屈服转角 θ_y/rad	极限弯矩 M_u/（kN·m）	极限转角 θ_u/rad
TJ1	TEST	2.775	0.080	3.425	0.120
	FEM	3.260	0.090	3.760	0.140
	δ	1.17	1.13	1.10	1.16
TJ2	TEST	2.970	0.100	3.325	0.136
	FEM	3.135	0.101	3.610	0.152
	δ	1.06	1.01	1.09	1.12
TJ3	TEST	2.310	0.100	3.155	0.160
	FEM	2.800	0.114	3.300	0.166
	δ	1.21	1.14	1.05	1.04
TJ4	TEST	2.335	0.120	3.165	0.176
	FEM	2.635	0.132	3.225	0.185
	δ	1.13	1.10	1.02	1.05
TJ5	TEST	2.165	0.140	3.145	0.188
	FEM	2.675	0.161	3.105	0.210
	δ	1.24	1.15	0.99	1.12
TJ6	TEST	2.545	0.140	3.135	0.192
	FEM	2.350	0.182	2.925	0.240
	δ	0.92	1.30	0.93	1.25

注：表中 TEST 表示试验值，FEM 表示有限元计算值；δ 为有限元模拟值与试验值的比值。

表 4.2　负向加载时试验值和有限元计算值在特征点处的对比情况

试件编号	内容	屈服弯矩 M_y/（kN·m）	屈服转角 θ_y/rad	极限弯矩 M_u/（kN·m）	极限转角 θ_u/rad
TJ1	TEST	2.040	0.060	2.450	0.100
	FEM	2.420	0.060	3.090	0.130
	δ	1.19	1.00	1.26	1.30

续表

试件编号	内容	屈服弯矩 M_y/(kN·m)	屈服转角 θ_y/rad	极限弯矩 M_u/(kN·m)	极限转角 θ_u/rad
TJ2	TEST	1.585	0.060	2.290	0.120
	FEM	1.940	0.067	2.850	0.141
	δ	1.22	1.12	1.24	1.18
TJ3	TEST	1.130	0.080	2.250	0.160
	FEM	2.100	0.111	2.635	0.173
	δ	1.86	1.39	1.17	1.08
TJ4	TEST	1.235	0.100	1.950	0.136
	FEM	1.850	0.114	2.265	0.161
	δ	1.50	1.14	1.16	1.18
TJ5	TEST	1.640	0.120	2.040	0.160
	FEM	1.675	0.125	2.170	0.193
	δ	1.02	1.04	1.06	1.21
TJ6	TEST	1.195	0.140	1.320	0.180
	FEM	1.460	0.136	1.560	0.186
	δ	1.22	0.97	1.18	1.03

注：表中 TEST 表示试验值，FEM 表示有限元计算值；δ 为有限元模拟值与试验结果比值。

由表 4.1 和表 4.2 可以看出，有限元模拟值与试验值在特征点处存在一定的误差，但差距不大，比值基本小于 1.25。

总体来说，对比之后发现有限元计算结果和试验结果相差不大，产生的偏差在可接受的范围之内，证明 ABAQUS 有限元软件模拟古建筑木结构透榫节点有足够的精度，具有一定的可行性。

4.4　古建筑透榫节点有限元参数分析

一般而言，影响透榫节点抗震性能的主要因素有榫头高度 h、摩擦系数 μ、横纹弹性模量 E_c、顺纹弹性模量 E_t、顺纹抗拉强度 f_t 及轴向力 N 等，故本节主要选取这 6 个参数进行分析。

4.4.1　榫头高度

现存的古建筑木结构中节点尺寸并不是确定的，记载榫卯节点的书籍较少，其构造措施和设计尺寸难以统一，榫头高度、宽度尺寸的变化都有可能改变节点刚度、承载力等性能。

为研究榫高变化对透榫节点抗震性能的影响，选取 TJ1 节点各项参数为基准值，保持其他参数不变，仅改变榫头高度 h。对榫头高度分别为 120mm、140mm、160mm、180mm 和 200mm 的榫卯节点进行参数分析。

榫头高度分别为 120mm、140mm、160mm、180mm 和 200mm 的榫卯节点的 $M\text{-}\theta$ 骨架曲线如图 4.10 所示。由图 4.10 可以看出，在正、反向加载过程中，各弯矩-转角曲线斜率均随着榫头高度的增大而逐渐变陡，这说明榫头高度的改变对节点的弹性刚度有较明显的影响，节点刚度均随着榫头高度的增大而增大。

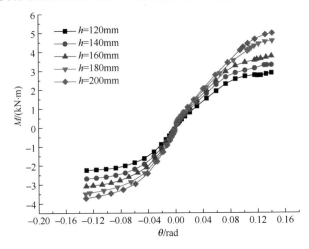

图 4.10 不同榫头高度下节点 $M\text{-}\theta$ 骨架曲线

模拟出的骨架曲线虽然没有出现下降段，但正向加载到转角位移 0.14rad 时，榫头受弯严重，受拉一侧应力已经达到屈服强度，可认为其已发生弯曲破坏；反向加载到 0.13rad 时，榫头变截面处发生撕裂破坏，故参数分析取正向加载转角 0.14rad 为正向极限转角，反向加载转角 0.13rad 为反向极限转角，极限转角所对应的弯矩为极限弯矩。屈服弯矩通过通用屈服弯矩法得出，屈服弯矩对应的转角为屈服转角。榫头高度对节点各阶段承载力及变形能力的影响如表 4.3 所示。

为更直观表现榫头高度对透榫性能的影响，以榫高 120mm 为基准，分别计算了屈服弯矩增幅和极限弯矩增幅，如表 4.3 所示。

榫头高度对节点屈服弯矩及极限弯矩有明显的影响，对于正向加载，当榫头高度 h 取 120mm 时，屈服弯矩仅为 2.46kN·m，极限弯矩为 2.75kN·m。随着榫头高度的增大，节点屈服弯矩和极限弯矩逐渐增大，正向屈服转角也相应的增大，反向屈服转角变化不大。与榫头高度 h=120mm 时相比，榫头高度为 140mm、160mm、180mm 和 200mm 时的屈服弯矩分别增加了 13.85%、32.79%、56.01% 和

78.21%，每级增幅为 13.85%、18.94%、23.22%和 22.2%；极限弯矩分别增加了 19.64%、36.73%、66.18%和 87.27%，每级增幅为 19.64%、17.09%、29.45%和 21.09%。

表4.3　榫头高度对节点各阶段承载力及变形能力的影响

加载方向	榫头高度/mm	屈服弯矩 M_y/（kN·m）	屈服转角 θ_y/rad	极限弯矩 M_u/（kN·m）	极限转角 θ_u/rad	屈服弯矩增幅/%	极限弯矩增幅/%
正向加载	h=120	2.46	0.08	2.75	0.14	—	—
	h=140	2.80	0.08	3.29	0.14	13.85	19.64
	h=160	3.26	0.09	3.76	0.14	32.79	36.73
	h=180	3.83	0.10	4.57	0.14	56.01	66.18
	h=200	4.38	0.10	5.15	0.14	78.21	87.27
反向加载	h=120	1.85	0.06	2.22	0.13	—	—
	h=140	2.17	0.06	2.70	0.13	17.30	21.67
	h=160	2.42	0.06	3.09	0.13	30.54	39.28
	h=180	2.84	0.06	3.61	0.13	53.24	62.75
	h=200	3.00	0.06	3.82	0.13	61.89	72.23

反向加载时，当榫头高度取 120mm 时，屈服弯矩为 1.85kN·m，极限弯矩为 2.22kN·m。随着榫头高度的增大，节点屈服弯矩和极限弯矩逐渐增大，屈服转角也相应的增大。与榫头高度为 120mm 时相比，榫头高度为 140mm、160mm、180mm 和 200mm 时的屈服弯矩分别增加了 17.30%、30.54%、53.24%和 61.89%，每级增幅为 17.30%、13.24%、7.54%和 11.17%；极限弯矩分别增加了 21.67%、39.28%、62.75%和 72.23%，每级增幅为 21.67%、17.61%、23.47%和 9.48%。

综上所述，榫头高度变化对节点初始刚度有明显的影响，随着榫头高度的增大，节点刚度逐渐增大，节点的屈服弯矩和极限弯矩也逐渐增大。

根据材料力学相关知识，对于受弯构件，保持截面宽度 b 不变，增大截面高度 h，会增大整个截面的抗弯截面系数，这使得构件在屈服应力一定的情况下，能承担更大的弯矩。所以随截面高度的增大，节点屈服弯矩和极限弯矩都有所提高。

4.4.2　摩擦系数

在结构工程的接触问题中，所遇到的接触摩擦问题主要是同种材料之间的滑动或滚动干摩擦，木结构实体的摩擦是干摩擦并且属于滑动摩擦中具有相对滑动趋势的摩擦。摩擦力是由于正压力所伴生出的一种附加力，在木结构中摩擦力起到阻碍变形的作用，因此摩擦力的存在有利于木结构的安全稳定性（孟庆军，2010）。

摩擦系数由滑动面的性质、粗糙度和（可能存在的）润滑剂所决定。木结构为各向异性材料，纵向、径向及弦向各不相同，各接触面的性质会直接影响到摩擦力的大小。另外，建筑制造过程中由于做工的精细程度不同会导致榫卯接触面的粗糙程度不同，两者之间的摩擦力作用也会不同，滑动面越粗糙，摩擦系数越大。

为研究摩擦系数对透榫节点抗震性能的影响，选取 TJ1 节点各项参数为基准值，保持其他参数不变，仅改变摩擦系数。根据现存主要树种摩擦系数取值范围，结合试验情况，本节分别选取摩擦系数 μ 为 0.1、0.2、0.3、0.4 和 0.5 的 5 个榫卯节点进行参数分析。

摩擦系数 μ 为 0.1、0.2、0.3、0.4 和 0.5 的节点 $M\text{-}\theta$ 骨架曲线如图 4.11 所示。摩擦系数对节点各阶段承载力及变形能力数的影响如表 4.4 所示。为更直观表现摩擦系数对透榫性能的影响，以摩擦系数 $\mu=0.1$ 为基准，分别计算屈服弯矩增幅及极限弯矩增幅（表 4.4）。

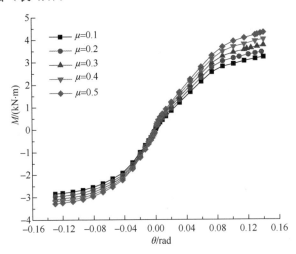

图 4.11　不同摩擦系数下节点 $M\text{-}\theta$ 骨架曲线

由图 4.11 和表 4.4 可以看出，在正、反向加载过程中，各弯矩-转角曲线斜率均随着摩擦系数的增大而逐渐变陡，这说明摩擦系数的改变对节点的弹性刚度有较明显的影响，节点刚度均随着摩擦系数的增大而增大。

表 4.4　摩擦系数对节点各阶段承载力及典型能力的影响

加载方向	摩擦系数	屈服弯矩 M_y/（kN·m）	屈服转角 θ_y/rad	极限弯矩 M_u/（kN·m）	极限转角 θ_u/rad	屈服弯矩增幅/%	极限弯矩增幅/%
正向加载	μ=0.1	2.56	0.07	3.23	0.14		
	μ=0.2	2.87	0.08	3.46	0.14	11.91	6.97
	μ=0.3	3.26	0.09	3.76	0.14	27.34	16.41
	μ=0.4	3.53	0.09	4.03	0.14	37.70	24.61
	μ=0.5	3.78	0.09	4.32	0.14	47.66	33.75
反向加载	μ=0.1	1.93	0.04	2.85	0.13		
	μ=0.2	2.12	0.05	2.98	0.13	10.13	4.57
	μ=0.3	2.42	0.06	3.09	0.13	25.45	8.44
	μ=0.4	2.56	0.06	3.19	0.13	32.99	12.13
	μ=0.5	2.78	0.07	3.28	0.13	44.16	15.29

摩擦系数对节点屈服弯矩及极限弯矩有明显的影响，对于正向加载，当摩擦系数取 0.1 时，屈服弯矩仅为 2.56kN·m，极限弯矩为 3.23kN·m。随着摩擦系数的增大，节点屈服弯矩和极限弯矩逐渐增大，屈服转角也相应的增大。与摩擦系数为 0.1 时相比，摩擦系数为 0.2、0.3、0.4 和 0.5 时的屈服弯矩分别增加了11.91%、27.34%、37.7%和 47.66%，每级增幅为 11.91%、15.43%、10.36%和9.96%，增幅呈减小趋势；极限弯矩分别增加了 6.97%、16.41%、26.41%和33.75%。

反向加载时，当摩擦系数取 0.1 时，屈服弯矩为 1.93kN·m，极限弯矩为2.85kN·m。随着摩擦系数的增大，节点屈服弯矩和极限弯矩逐渐增大，屈服转角也相应的增大。与摩擦系数为 0.1 时相比，摩擦系数为 0.2、0.3、0.4 和 0.5 时的屈服弯矩分别增加了10.13%、25.45%、32.99%和44.16%，每级增幅为10.13%、15.32%、7.54% 和 11.17%；极限弯矩分别增加了 4.57%、8.44%、12.13%和15.29%。

综上所述，摩擦系数的变化对试件的刚度、屈服弯矩及极限弯矩均有一定的影响。

（1）摩擦系数的变化对透榫节点的刚度有明显影响，随着摩擦系数的增大，节点弹性刚度逐渐增大。这是因为摩擦系数的增大会导致弯矩作用下榫头与卯口之间的摩擦力加大，在榫卯节点中摩擦力起到阻碍相对变形的作用，此时榫头更不易绕卯口转动，刚度也会随之增大。

（2）随着摩擦系数增大，节点屈服弯矩和极限弯矩逐渐增大。比较正、反向加载时极限弯矩增幅可看出，摩擦系数变化对正向加载时的曲线影响相对更大。

4.4.3　横纹弹性模量

在榫卯相互挤压作用的过程中，榫头接触面一般是横纹受压，而卯口接触面一般是顺纹受压。由试验结果可看出榫头横纹受压方向变形较大，初步判断木材横纹方向的弹性模量 E_c 是影响榫头抗震性能的一个主要因素。

为研究横纹弹性模量对透榫节点抗震性能的影响，选取 TJ1 节点各项参数为基准值，保持其他参数不变，仅改变横纹弹性模量。本节分别选取 $0.50E_c$、$0.75E_c$、$1.00E_c$、$1.25E_c$ 和 $1.50E_c$ 的榫卯节点进行参数分析。

横纹弹性模量为 $0.50E_c$、$0.75E_c$、$1.00E_c$、$1.25E_c$ 和 $1.50E_c$ 的节点 $M\text{-}\theta$ 骨架曲线如图 4.12 所示。横纹弹性模量对节点各阶段承载力及变形能力的影响见表 4.5。为更直观表现横纹弹性模量对透榫性能的影响，以横纹弹性模量为 $0.50E_c$ 为基准，分别计算了屈服弯矩增幅及极限弯矩增幅，如表 4.5 所示。

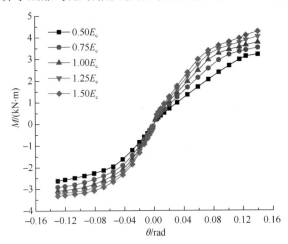

图 4.12　不同横纹弹性模量下节点 $M\text{-}\theta$ 骨架曲线

由图 4.12 和表 4.5 可以看出，无论正反向加载，在转角小于 0.06rad 范围内，随着横纹弹性模量的增大，曲线斜率逐渐增大，这说明横纹弹性模量的改变对节点的弹性刚度有较明显的影响，节点刚度均随着弹性模量的增大而增大。

横纹弹性模量对节点屈服弯矩及极限弯矩有明显的影响，对于正向加载，当横纹弹性模量取 $0.5E_c$ 时，屈服弯矩为 2.86kN·m，极限弯矩为 3.21kN·m。随着横纹弹性模量的增大，节点屈服弯矩和极限弯矩逐渐增大，与 $0.5E_c$ 时相比，横纹弹性模量为 $0.75E_c$、$1.0E_c$、$1.25E_c$ 和 $1.5E_c$ 的屈服弯矩分别增加了 7.71%、14.19%、17.34%和22.59%，每级增幅为 7.71%、6.48%、3.15%和5.25%，增幅呈减小趋势；极限弯矩分别增加了 9.67%、17.32%、25.90%和33.23%。

表 4.5　横纹弹性模量对节点各阶段承载力及变形能力的影响

加载方向	横纹弹性模量	屈服弯矩 M_y/(kN·m)	屈服转角 θ_y/rad	极限弯矩 M_u/(kN·m)	极限转角 θ_u/rad	屈服弯矩增幅/%	极限弯矩增幅/%
正向加载	$0.50E_c$	2.86	0.11	3.21	0.14		
	$0.75E_c$	3.08	0.09	3.52	0.14	7.71	9.67
	$1.00E_c$	3.26	0.09	3.76	0.14	14.19	17.32
	$1.25E_c$	3.35	0.08	4.04	0.14	17.34	25.90
	$1.50E_c$	3.50	0.08	4.27	0.14	22.59	33.23
反向加载	$0.50E_c$	2.14	0.07	2.63	0.13		
	$0.75E_c$	2.32	0.06	2.91	0.13	8.43%	10.86
	$1.00E_c$	2.42	0.06	3.09	0.13	13.11	17.52
	$1.25E_c$	2.57	0.06	3.22	0.13	20.14	22.67
	$1.50E_c$	2.63	0.05	3.32	0.13	23.19	26.48

反向加载，当横纹弹性模量取 $0.5E_c$ 时，屈服弯矩为 2.14kN·m，极限弯矩为 2.63kN·m。随着横纹弹性模量的增大，节点屈服弯矩和极限弯矩逐渐增大，与 $0.5E_c$ 时相比，横纹弹性模量为 $0.75E_c$、$1.0E_c$、$1.25E_c$ 和 $1.5E_c$ 的屈服弯矩分别增加了 8.43%、13.11%、20.14%和23.19%，每级增幅为 8.43%、4.68%、7.03%和3.05%，增幅呈减小趋势；极限弯矩分别增加了 10.86%、17.52%、22.67%和26.48%。

综上所述，横纹弹性模量的变化对试件的刚度、屈服弯矩及极限弯矩均有明显的影响。

（1）随着横纹弹性模量的增大，节点刚度逐渐增大，这是因为榫头与卯口相互挤压作用时，榫头接触面为横纹受压，若横纹弹性模量增大，榫头受压面相对变得更硬，刚度增大。

（2）随着横纹弹性模量增大，节点屈服弯矩和极限弯矩逐渐增大。比较正、反向加载时弯矩增幅可看出，正向加载与反向加载时的弯矩增幅差距不大，说明横纹弹性模量对节点正、反向加载影响程度没有明显区别。

4.4.4　顺纹弹性模量

在试件正、反向加载过程中，榫头绕卯口左右转动，榫头两侧会受到弯矩作用，外侧木纤维顺纹受拉；卯口与榫头接触一侧顺纹受压，所以顺纹弹性模量 E_t

的变化也可能是影响透榫节点抗震性能的一个重要因素。

　　为研究顺纹弹性模量对透榫节点抗震性能的影响，选取 TJ1 节点各项参数为基准值，保持其他参数不变，仅改变顺纹弹性模量 E_t。本节分别选取 $0.50E_t$、$0.75E_t$、$1.00E_t$、$1.25E_t$ 和 $1.50E_t$ 的榫卯节点进行参数分析。

　　顺纹弹性模量为 $0.50E_t$、$0.75E_t$、$1.00E_t$、$1.25E_t$ 和 $1.50E_t$ 的节点 M-θ 骨架曲线如图 4.13 所示。顺纹弹性模量对节点各阶段承载力及变形能力的影响如表 4.6 所示。为更直观表现顺纹弹性模量对透榫性能的影响，以顺纹弹性模量为 $0.50E_t$ 为基准，分别计算了屈服弯矩增幅及极限弯矩增幅，如表 4.6 所示。

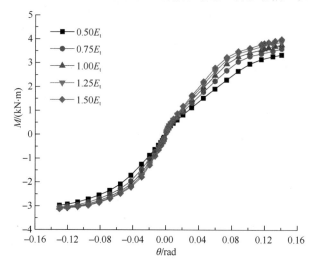

图 4.13　不同顺纹弹性模量下节点 M-θ 骨架曲线

表 4.6　顺纹弹性模量对节点各阶段承载力及变形能力的影响

加载方向	顺纹弹性模量	屈服弯矩 M_y/(kN·m)	屈服转角 θ_y/rad	极限弯矩 M_u/(kN·m)	极限转角 θ_u/rad	屈服弯矩增幅/%	极限弯矩增幅/%
正向加载	$0.50E_t$	2.96	0.10	3.34	0.14		
	$0.75E_t$	3.12	0.09	3.60	0.14	5.24	7.78
	$1.00E_t$	3.26	0.09	3.76	0.14	10.14	12.57
	$1.25E_t$	3.27	0.08	3.90	0.14	10.30	16.77
	$1.50E_t$	3.35	0.08	3.99	0.14	13.18	19.46
反向加载	$0.50E_t$	2.45	0.08	2.98	0.13		
	$0.75E_t$	2.45	0.06	3.06	0.13	0.00	2.52
	$1.00E_t$	2.46	0.06	3.09	0.13	0.41	3.52
	$1.25E_t$	2.50	0.05	3.11	0.13	2.04	4.19
	$1.50E_t$	2.49	0.05	3.13	0.13	1.63	4.87

由图 4.13 和表 4.6 可以看出，在正、反向加载过程中，各 M-θ 骨架曲线斜率均随着顺纹弹性模量的增大而逐渐增大，这说明顺纹弹性模量的改变对节点的弹性刚度有较明显的影响，节点刚度均随着顺纹弹性模量的增大而增大。由图 4.13 可以明显看出，正向加载时，刚度受弹性模量的影响比反向加载时更加明显。

顺纹弹性模量对节点屈服弯矩及极限弯矩有一定的影响，对于正向加载，当顺纹弹性模量取 $0.5E_t$ 时，屈服弯矩为 2.96kN·m，极限弯矩为 3.34kN·m。随着顺纹弹性模量的增大，节点屈服弯矩和极限弯矩逐渐增大，与 $0.5E_t$ 时相比，顺纹弹性模量为 $0.75E_t$、$1.00E_t$、$1.25E_t$ 和 $1.50E_t$ 的屈服弯矩分别增加了 5.24%、10.14%、10.30% 和 13.18%，每级增幅为 5.24%、4.90%、0.15% 和 2.88%，增幅呈减小趋势；极限弯矩分别增加了 7.78%、12.57%、16.77% 和 19.46%。

反向加载时，当顺纹弹性模量取 $0.5E_t$ 时，屈服弯矩为 2.45kN·m，极限弯矩为 2.98kN·m。随着顺纹弹性模量的增大，节点屈服弯矩变化不大，与 $0.5E_c$ 时相比，顺纹弹性模量为 $0.75E_t$、$1.00E_t$、$1.25E_t$ 和 $1.50E_t$ 的屈服弯矩分别增加了 0.00、0.41%、2.04% 和 1.63%，可以看出屈服弯矩稳定在 2.5kN·m 左右，几乎没变化；随顺纹弹性模量的增大，极限弯矩分别增加了 2.52%、3.52%、4.19% 和 4.87%，相比正向加载，增幅明显减小。

综上所述，顺纹弹性模量的变化对试件的刚度、屈服弯矩及极限弯矩均有一定的影响。

（1）顺纹弹性模量对节点刚度有一定的影响，且随着顺纹弹性模量的增大而逐渐增大，这与榫卯节点工作时榫头和卯口的接触方式有关，卯口与榫头主要接触面为顺纹受压，若顺纹弹性模量增大，卯口材性相对变得更硬，此时刚度也就相应的变大。

（2）随着顺纹弹性模量增大，节点屈服弯矩和极限弯矩逐渐增大。比较正、反向加载时弯矩增幅可看出，顺纹弹性模量变化对正向加载时的曲线影响更明显。这是因为无论正反向加载，卯口主要受力均为顺纹受压；而正向加载时榫头的主要应力发生在顺纹方向，而反向加载时榫头的主要应力发生在横纹方向。

4.4.5　顺纹抗拉强度

在本节研究的试验中，榫头的两侧木纤维都会表现出不同程度的顺纹受拉，所以顺纹抗拉强度 f_t 的变化也是影响透榫节点抗震性能的一个重要因素。

为研究顺纹抗拉强度对透榫节点抗震性能的影响，选取 TJ1 节点各项参数为基准值，保持其他参数不变，仅改变顺纹抗拉强度。本节分别选取 $0.6f_t$、$0.8f_t$、f_t、$1.2f_t$ 和 $1.6f_t$ 榫卯节点进行参数分析。

顺纹抗拉强度为 $0.6f_t$、$0.8f_t$、f_t、$1.2f_t$ 和 $1.4f_t$ 的节点 M-θ 骨架曲线如图 4.14 所示。顺纹抗拉强度对节点各阶段承载力及变形能力的影响如表 4.7 所示。为更直观表现评价顺纹抗拉强度对透榫性能的影响，以顺纹抗拉强度 $0.6f_t$ 为基准，分别计算了屈服弯矩增幅及极限弯矩增幅，如表 4.7 所示。

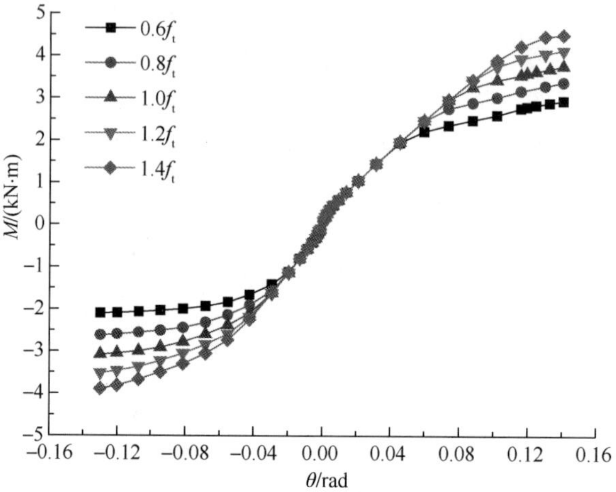

图 4.14　不同顺纹抗拉强度下节点 M-θ 骨架曲线

表 4.7　顺纹抗拉强度对节点各阶段承载力及变形能力的影响

加载方向	顺纹抗拉强度	屈服弯矩 M_y/（kN·m）	屈服转角 θ_y/rad	极限弯矩 M_u/（kN·m）	极限转角 θ_u/rad	屈服弯矩增幅/%	极限弯矩增幅/%
正向加载	$0.6f_t$	2.26	0.06	2.94	0.14		
	$0.8f_t$	2.78	0.08	3.38	0.14	22.79	14.97
	$1.0f_t$	3.26	0.09	3.76	0.14	44.25	27.89
	$1.2f_t$	3.60	0.09	4.14	0.14	59.29	40.65
	$1.4f_t$	3.99	0.11	4.51	0.14	76.55	53.23
反向加载	$0.6f_t$	1.67	0.04	2.10	0.13		
	$0.8f_t$	2.06	0.05	2.62	0.13	23.05	24.76
	$1.0f_t$	2.42	0.06	3.09	0.13	44.61	46.90
	$1.2f_t$	2.85	0.07	3.47	0.13	70.66	65.24
	$1.4f_t$	3.20	0.08	3.90	0.13	91.62	85.48

　　由图 4.14 和表 4.7 可以看出，不同顺纹抗拉强度下的弯矩-转角骨架曲线在加载前期基本重合，后期曲线斜率基本相同，这说明顺纹抗拉强度的变化对节点构件的刚度几乎没有影响。

　　顺纹抗拉强度对节点屈服弯矩及极限弯矩有明显的影响，对于正向加载，当顺纹抗拉强度取 $0.6f_t$ 时，屈服弯矩仅为 2.26kN·m，极限弯矩为 2.94kN·m。随着顺纹抗拉强度的增大，节点屈服弯矩和极限弯矩逐渐增大，屈服转角也相应的增大。与 $0.6f_t$ 时相比，顺纹抗拉强度为 $0.8f_t$、$1.0f_t$、$1.2f_t$ 和 $1.4f_t$ 的屈服弯矩分别增加了 22.79%、44.25%、59.29%和 76.55%，每级增幅为 22.79%、21.46%、15.04%和 16.26%，增幅呈减小趋势；极限弯矩分别增加了 14.97%、24.89%、40.65%和 53.23%。

反向加载时，当顺纹抗拉强度取 $0.6f_t$ 时，屈服弯矩为 1.67kN·m，极限弯矩为 2.10kN·m。随着顺纹抗拉强度的增大，节点屈服弯矩和极限弯矩逐渐增大，屈服转角也相应的增大。与 $0.6f_t$ 时相比，顺纹抗拉强度为 $0.8f_t$、$1.0f_t$、$1.2f_t$ 和 $1.4f_t$ 的屈服弯矩分别增加了 23.05%、44.61%、70.66%和 91.62%，每级增幅为 23.05%、21.56%、26.05%和 20.96%；极限弯矩分别增加了 24.76%、46.90%、65.24%和 85.48%。

综上所述，顺纹抗拉强度的变化对试件的刚度、屈服弯矩及极限弯矩均有一定的影响。

（1）顺纹抗拉强度的变化对透榫节点弹性刚度几乎没有影响，到塑性阶段，刚度也没有随顺纹抗拉强度变化发生明显变化，说明顺纹抗拉强度并不是刚度的主要影响因素。

（2）顺纹抗拉强度大的试件更晚进入屈服阶段，并且随着抗拉强度的增大屈服转角和屈服弯矩逐渐增大；顺纹抗拉强度大的试件极限强度相对更大，并且随着抗拉强度的增大极限强度逐渐增大。

4.4.6　轴向力

在现代结构中，柱所受轴向力 N 是很重要的一个因素，当受压面积和材料强度一定时，轴向力的变化会影响结构的延性，结构延性一般用轴压比这个参数来反映。古建筑木结构中，木材质量相对较轻，且木结构建筑一般高度较低，木柱所受轴向力一般来说是比较小的，但也不排除轴向力对木结构榫卯节点有重要影响。

为研究轴向力对透榫节点抗震性能的影响，选取 TJ1 节点各项参数为基准值，保持其他参数不变，仅改变轴向力。本节分别选取轴向力 N 为 10kN、20kN、30kN 和 40kN 的榫卯节点进行参数分析。

理论上讲，榫卯节点为半刚性节点，对柱施加轴向压力会引起柱子的轴向变形，卯口也会有一定程度的变形，这种变形会使得榫头与卯口之间挤压的更加密实，从而增大节点初始刚度。然而，由图 4.15 可以看出，不同轴向力作用下节点 $M\text{-}\theta$ 骨架曲线在加载过程中基本重合，轴向力对节点刚度、屈服弯矩及极限弯矩几乎没有影响。

出现这种现象是因为柱受轴向力方向为顺纹方向，顺纹受压弹性模量较大，而木结构质量轻，轴向力较小，不足以使卯口产生明显的变形，影响整个节点的受力性能。

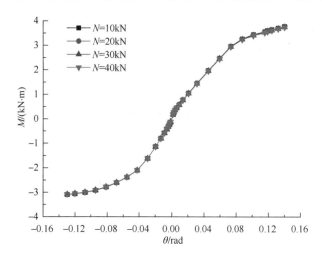

图 4.15　不同轴向力作用下节点 M-θ 骨架曲线

4.5　本章小结

（1）由有限元分析得到的透榫节点应力云图表明，柱、枋本身应力很小，卯口处应力并未达到屈服。主要应力集中在榫头，正向加载时，榫头左侧受拉，应力最大部位发生在左侧榫颈位置，该位置发生受弯破坏；反向加载时，榫头左侧受压屈服，进入塑性阶段；榫头变截面处受拉应力集中，木材横纹受拉强度很小，易出现横纹撕裂破坏，与试验现象基本吻合。

（2）通过试验结果和有限元计算结果的骨架曲线对比，以及在特征点处试验值与有限元计算值的对比情况可以看出，骨架曲线基本吻合，有限元计算结果要略大于试验结果，但是误差在可接受范围内，证明了 ABAQUS 有限元软件模拟具有一定的可行性。

（3）横纹弹性模量、顺纹弹性模量及摩擦系数对节点刚度均有明显的影响，随着各参数的增大，节点刚度逐渐增大。横纹弹性模量和摩擦系数的增大均能提高节点的屈服强度和极限强度，并对正向和反向加载的影响没有明显区别；顺纹弹性模量对正向加载时的屈服弯矩和极限弯矩影响更为显著。

（4）顺纹抗拉强度主要对节点的屈服弯矩及极限弯矩有更为显著的影响，随着顺纹抗拉强度的增大，透榫屈服弯矩和极限弯矩有大幅度的增大；另一方面，顺纹抗拉强度并不是刚度的主要影响因素，对节点各阶段刚度几乎没有影响。

（5）轴向力对透榫的刚度、屈服弯矩和极限弯矩几乎没有影响。

第5章 歪闪斗栱节点受力性能的有限元分析

5.1 概　　述

作为古建筑木结构构架中的重要组成部分，斗栱在木结构的竖向承重和抗震性能结构体系中占有举足轻重的地位。在历经几百年甚至几千年的时间里，斗栱在长期受力作用下，各构件会出现老化、腐朽、虫蛀等多种残损现象，甚至会出现斗栱整体歪闪，这将会对结构的整体受力性能产生严重不利影响。因此，有必要采用数值模拟分析的方法，对歪闪斗栱节点的竖向力学行为和抗震性能进行深入研究。

5.2 斗栱节点有限元模型的建立

5.2.1 无歪闪斗栱节点实体模型的建立

通过有限元软件 ABAQUS 的前处理模块 CAE，建立无歪闪斗栱节点的三维模型 FEM-1，如图 5.1 和图 5.2 所示。模型中各构件的尺寸及构造依据本书课题组之前所做的单朵斗栱试验中所提供的斗栱尺寸取得（薛建阳等，2017a，2017b），具体如图 5.3～图 5.9 所示。其内部构造及隐藏尺寸则参考宋代的《营造法式》和清代的《工程做法则例》，构件分解示意图如图 5.10 所示。

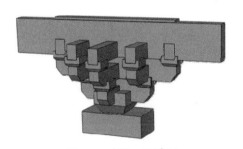

图 5.1　斗栱三维模型　　　　　　图 5.2　斗栱模型网格划分

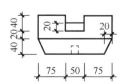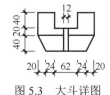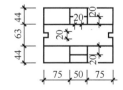

图 5.3　大斗详图

图 5.4　三才升详图

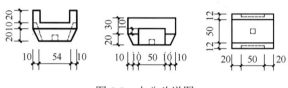

图 5.5　十八斗详图

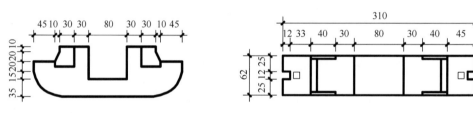

图 5.6　正心瓜栱详图

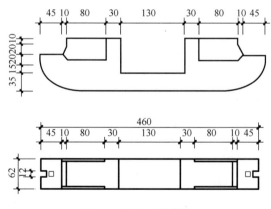

图 5.7　正心万栱详图

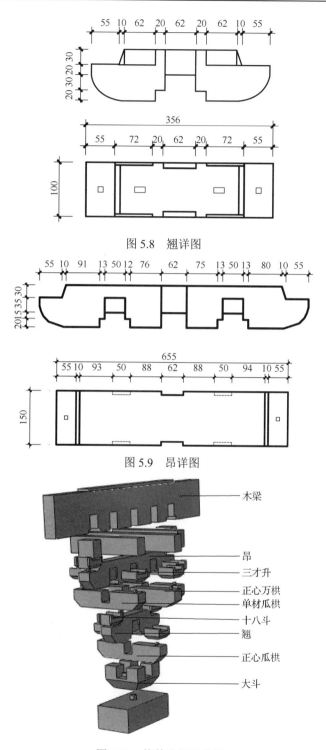

图 5.8　翘详图

图 5.9　昂详图

图 5.10　构件分解示意图

5.2.2　歪闪斗栱节点实体模型的建立

本节中斗栱的"歪闪"定义为斗栱整体倾斜，通过以 θ 角度切削平板枋的方法实现。主要模拟了由于木材的各向异性、荷载偏心出现受力不均、遭虫蛀腐蚀等现象，造成平板枋在受大斗局部横纹承压的条件下，被嵌压程度不同从而导致斗栱歪闪的情况。

1. 歪闪角度的选取

平板枋的受压方向与木材的纤维方向垂直，属于木材嵌压（闫辉，2008）。根据木材弹塑性大变形中的三角形嵌压理论，结合材料参数，可大致确定斗栱的歪闪角度，具体方法如下。

三角形嵌压示意图和受力图如图 5.11 所示。图中示出三角形嵌压形成的受压区分为两部分，第一部分是荷载范围内的压缩部分（x_p 范围内），其压缩量是关于 θ 的线性函数，为 $f(x)=\theta x$；第二部分是荷载范围外的压缩部分（x_1 范围内），其压缩量是一条曲线，由均匀嵌压推导可得，该条曲线函数为 $f(x)=\theta x_p e^{-a_1 x}$，其中 $a_1 \approx 3/2z_0$，如图 5.11（b）在 x 方向上的压缩示意图（秦良彬，2012）。大斗嵌压平板枋使其进入塑性阶段直至破坏时的角度可根据下述公式计算得到。

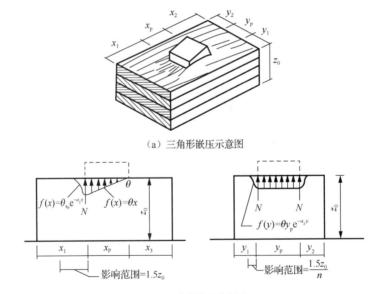

（a）三角形嵌压示意图

（b）三角形嵌压受力图

图 5.11　三角形嵌压示意图和受力图

三角形嵌压进入塑性阶段，产生的弯矩分为两个部分，第一部分位于 x_p 区域，第二部分位于 x_1 区域，其中前者的弯矩又由两部分压缩反力产生分别为 P_1、P_2；后者的压缩反力被定义为 P_3、P_4。

$$P_1 = \frac{1}{2}\frac{E_\perp}{z_0}S_y y_p x_p^2 \frac{\theta_y^2}{\theta} \qquad (5-1)$$

$$P_2 = \frac{E_\perp}{z_0}S_y' y_p x_p^2 \theta_y\left(1 - \frac{\theta_y}{\theta}\right) \qquad (5-2)$$

$$P_3 = -\frac{2z_0}{3}E_\perp S_y' y_p x_p \theta_y \ln\frac{\theta_y}{\theta} \qquad (5-3)$$

$$P_4 = \frac{2}{3}E_\perp S_y y_p x_p \theta\left(e^{-\frac{3x_3}{2z_0}} - e^{-\frac{3x_1}{2z_0}}\right) \qquad (5-4)$$

其中

$$S_y = 1 + \frac{2z_0}{3ny_p}\left(2 - e^{-\frac{3ny_1}{2z_0}} - e^{-\frac{3ny_2}{2z_0}}\right),$$

$$S_y' = \frac{2z_0\delta}{3ny_p\delta_y}\left(e^{-\frac{3ny_3}{2z_0}} - e^{-\frac{3ny_1}{2z_0}} + e^{-\frac{3ny_4}{2z_0}} - e^{-\frac{3ny_2}{2z_0}}\right) + \frac{y_3 + y_4}{y_p} + 1,$$

$$\delta_y = \varepsilon_y z_0 = \frac{f_m z_0}{E_\perp \sqrt{S_x S_y S_{xm} S_{ym}}},$$

$$x_3 = -\frac{2z_0}{3}\ln\frac{\delta_y}{\theta x_p}, \quad y_3 = y_4 = -\frac{2z_0}{3n}\ln\frac{\delta_y}{\theta x_p}, \quad S_{ym} = 1 + \frac{4z_0}{3ny_p},$$

$$S_{xm} = 1 + \frac{4z_0}{3x_p}, \quad \theta_y = \frac{\delta_y}{x_p} = \frac{f_m z_0}{E_\perp x_p \sqrt{S_x S_y S_{xm} S_{ym}}},$$

$$S_x = 1 + \frac{2z_0}{3x_p}\left(2 - e^{-\frac{3x_1}{2z_0}} - e^{-\frac{3x_2}{2z_0}}\right), \quad S_y = 1 + \frac{2z_0}{3ny_p}\left(2 - e^{-\frac{3ny_1}{2z_0}} - e^{-\frac{3ny_2}{2z_0}}\right)$$

式中：$E_\perp$ 为全截面受压时，木材的弹性模量；f_m 为全截面受压时，弹塑性临界应力；z_0 为嵌压木材的厚度；n 取值为 5～7。

根据力平衡条件有

$$P_1 + P_2 + P_3 + P_4 = N \qquad (5-5)$$

式中：$N = 20\text{kN}$，代入材料参数后求解，$\theta = 0.08\text{rad}$，约为 5°。本节斗栱歪闪角度取 $\theta_1 = 2°$、$\theta_2 = 4°$ 和 $\theta_3 = 5°$。

2. 实体模型的建立

本节主要研究对象为清式斗栱，采用图 5.3～图 5.9 的尺寸建模，将大斗置于有角度的平板枋上以使斗栱整体发生歪闪。通过有限元软件 ABAQUS 的前处理模块 CAE，建立斗栱节点的三维模型 FEM-2、FEM-3、FEM-4，分别对应于角度

$\theta_1 = 2°$、$\theta_2 = 4°$ 和 $\theta_3 = 5°$，如图 5.12 所示。模型中各构件的构造与上述 FEM-1 相同。

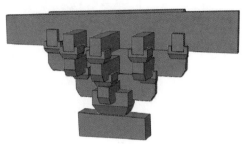

图 5.12　歪闪斗栱三维模型

5.2.3　模型网格的划分

有限元模型中各构件之间的相互关系如图 5.10 构件分解示意图所示，安装完成后，各构件之间接触密实。模型中的每一个构件均使用六面体线性缩减积分实体单元 C3D8R 划分网格（图 5.13）。这种网格一般适用于大变形分析，如网格扭曲问题，接触问题等。网格基本尺寸为 15mm×15mm×15mm，在接触复杂的地方，网格尺寸划分相对较细，少数不参与接触以及悬挑部分的网格尺寸可以相对加大，以节省计算成本（陈志勇等，2011）。

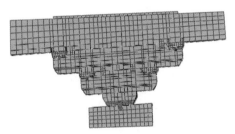

图 5.13　歪闪斗栱模型网格划分

在本节模拟中，有限元模型及荷载布置形式均为对称分布，因此选取模型一半进行模拟。在试件进行水平循环加载时约束平板枋底面的 6 个自由度，并在梁顶部的垫板上施加竖向荷载，梁端部施加水平荷载；试件进行竖向单调加载时需约束平板枋底部 6 个自由度，在梁顶部的垫板上施加竖向荷载即可。

5.3　材性参数的选取

木材应力-应变曲线在荷载作用下包括弹性和塑性两个阶段，并且伴随有松弛和蠕变行为，在数值模拟中，由于加载时间短，不考虑它的松弛和蠕变效应。在 ABAQUS 软件中，弹性阶段的木构件表现出了木材的正交各向异性，需依次输入弹性模量、剪切模量和泊松比等 9 个参数，即 E_1、E_2、E_3、G_{12}、G_{13}、G_{23}、μ_{12}、μ_{13} 和 μ_{23}。考虑到斗栱各构件在实际建造过程中，横纹的径向和弦向指向随机，没有明显的规律，所以本节将木材的横截面视为各向同性，取其弦向与径向材料参数的均值。木材弹性参数指标如表 5.1 所示。

表 5.1　木材弹性参数指标

E_1	E_2	E_3	G_{12}	G_{13}	G_{23}	μ_{12}	μ_{13}	μ_{23}
10 000	460	460	460	460	210	0.300	0.020	0.035

注：表中弹性模量和剪切模量的单位为 MPa；下标 1、2、3 分别表示木材中的纵向、径向和弦向。

当木材进入塑性阶段后，对其需采用弹塑性分析。在本次模拟中，主要考虑木材的横纹与顺纹拉压状态，图 5.14 和图 5.15 分别为木材顺纹、横纹的应力-应变关系曲线，图中对木材的本构关系均做了简化。

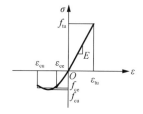

图 5.14　木材顺纹应力-应变关系曲线

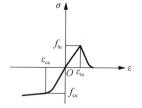

图 5.15　木材横纹应力-应变曲线

图 5.14 中的关系曲线为 Chen 推荐的本构模型。他认为，在弹性阶段，木材顺纹受拉和受压的弹性模量相同，并且受压时考虑其下降段，以等效最大压应力 f_{ce} 代替实际最大压应力 f_{cu}，将其简化为完全塑性的。通过大量计算，Chen 最终得出了等效最大压应力与实际最大压应力的关系 $f_{ce} = 0.93 f_{cu}$。

在图 5.15 中，木材在横纹压力作用下采用线性强化弹塑性模型，并结合材性试验的结果定义木材的弹塑性本构关系。

5.4　接触参数的确定

斗栱模型中各部件之间的相互作用包括切向作用和法向作用两个部分。当两表面发生接触时，在接触面之间会传递法向力和切向力。本节选用库伦摩擦模型来考虑表面之间的相对滑动，如式（5-6）示出在压力 N 不变的作用下，当接触面的切向作用力 f 小于临界力 f_c 时，两接触面不会发生相对滑移，否则发生切向滑动。该模型应用摩擦系数 μ 来表征在两个表面之间的摩擦行为。通常情况下，进入到初始相对滑动的静摩擦系数比处于滑动中的动摩擦系数大，摩擦系数的衰减与滑动速度呈指数衰减关系，由于本次模拟为非动态模拟，速度值偏小，对摩擦系数的减小影响不大，定义摩擦系数为定值。基于课题组以往的木材摩擦系数试验及相关资料，取 μ =0.45。

$$f_c = \mu_s N \tag{5-6}$$

对于两接触面间的法向行为，本节采用硬接触（hard contact）。当接触压力为正值时，两个表面间的间隙为零，接触约束施加成功。当压力从正值变为零或负值时，两个接触面分离，约束即被移开，不传递接触压力。

在 ABAQUS 中，模拟接触相互作用的算法包括通用接触（general contact）和接触对（contact pair）两种。为了更准确真实地模拟斗栱加载过程，采用通用接触。它可以自动地定义模型中所有实体之间的接触面。

5.5　模型求解算法和加载速率的确定

5.5.1　求解算法

ABAQUS 软件中包括了 Standard（隐式）和 Explicit（显式）两种求解方法。两者都是先根据动力平衡方程求解出节点位移，继而根据本构方程求出节点应力，然后将节点应力集合再重复的过程，主要区别在于求解节点位移之前节点加速度的计算方式不同。

隐式计算方法是采用牛顿迭代法，为了精确计算结果，每个增量步需要通过多次的矩阵求解，多次对平衡方程进行迭代，这个过程相当占用内存和磁盘空间。并且由于多次迭代和非线性问题的存在，可能在计算过程中出现不收敛问题。显式算法是通过动力学平衡方程的时间差分法求解的，切线刚度不需要直接计算，所以无须迭代，一般不会出现收敛问题，计算公式见式（5-7）。在求解过程中，显式分析的增量步不宜大，尽量防止计算过程中的分叉和不稳定，减少误差，保证精确度。

$$\dot{u}\bigg|_{\left(t+\frac{\Delta t}{2}\right)} = \dot{u}\bigg|_{\left(t-\frac{\Delta t}{2}\right)} + \frac{\left(\Delta t\big|_{(t+\Delta t)} + \Delta t\big|_{(t)}\right)}{2}\ddot{u}\bigg|_{(t)} \tag{5-7}$$

ABAQUS/Explicit 和 ABAQUS/Standard 都可以进行非线性的模拟分析，对于光滑的非线性求解问题，后者更有效；对于接触或材料的复杂性问题，前者更有效。基于本节木结构的斗栱模型属于材料、几何和接触非线性，为了避免大量的迭代引起的不收敛问题，选取 ABAQUS/Explicit 求解算法。在同样的模拟中，它所需的系统资源，比如磁盘空间和内存，都远远小于隐式求解算法。

5.5.2　加载速率的确定

在静态分析中，结构的最低阶模态通常控制着结构的响应。一阶模态变形图如图 5.16 所示。若一阶模态的频率（基频）和周期已知，则可以得到适当的静态响应所需要的时间，即分析步的时间。基频可通过 ABAQUS/Standard 中的频率分析确定，基频的提取要求删除除模型以外的全部刚性工具包括其接触作用以及附加约束条件。对本节模型而言，需保留平板枋的底部约束，防止出现刚体模态。ABAQUS/Standard 的 Frequency 程序运算结果如图 5.16 所示。

从频率分析可以看出，斗栱节点模型的一阶频率为 250Hz，对应的自振周期是 0.004s。对于模态分析，最短的分析步时间为 0.004s。为了能够得到准静态结果，还应当考虑分析步时间增加 10～50 的倍数，结合运行后的动能与内能结果，最终确定分析步时间为 0.4s。

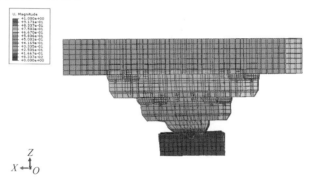

图 5.16　一阶模态变形图

5.6　歪闪斗栱节点竖向受力性能有限元分析

5.6.1　斗栱节点有限元模型的验证

1. 竖向单调加载下材料模拟参数的确定

在竖向单调加载过程中，竖向荷载不断增加，斗栱底部的大斗横纹受压且发生大变形。在木材横纹压缩产生大变形的情况下，木材应力应变曲线在已有的基础上变为三个阶段，分别为弹性变形阶段，线性强化阶段（强度变化不明显）和幂指数强化阶段。幂指数强化阶段是木材横纹受压相较其他方向受压的一个独特的性质，从微观上讲，主要是压缩使细胞壁相互接触，细胞腔完全被填充，细胞壁实质物质被压缩，所以应力随应变的增加而急剧增大（赵钟声，2003）。针对此情况，根据刘一星等（1995）提出的木材横纹压缩大变形应力-应变公式，见式（5-8）和式（5-9），再结合课题组之前所做的材性试验数据，木材横纹受压本构模型如图 5.17 所示。

当 $\varepsilon \leqslant \varepsilon_{\mathrm{y}}$

$$\sigma = E\varepsilon \tag{5-8}$$

当 $\varepsilon > \varepsilon_y$

$$\sigma / \sigma_y = 1 + C \left\{ \frac{\varepsilon_d}{\left[\varepsilon_d - \left(\varepsilon - \sigma_y / E \right) \right]} - 1 \right\} \qquad (5\text{-}9)$$

其中

$$\varepsilon_d = 1 - K \left(\rho / \rho_s \right)$$

上述式中：E 为横纹方向弹性模量；σ_y 为屈服点应力；ε_y 为屈服点应变；ε_d 为细胞壁压密化临界应变；C 为屈服点后应力增大速率的参数；ρ、ρ_s 分别为木材及木材细胞壁物质密度；K 为压缩试验的约束条件等因子所决定的常数，$0 \leqslant K \leqslant 1$。

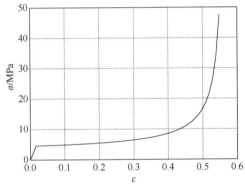

图 5.17　木材横纹受压本构模型

2. 模拟现象

节点模型 FEM-1（$\theta = 0°$）进行 Z 轴方向的竖向单调加载模拟，通过力控制的加载方式实现，直至斗栱节点破坏。整个加载过程中，斗栱主要通过中心轴进行力的传递，且越往下，构件承载力越大，截面积较小。在荷载的作用下，斗栱整体变形主要由大斗的竖向压溃及局部构件的少许弯曲变形引起。斗栱发生破坏时，结构的等效应力云图及变形图分别详见图 5.18 和图 5.19。

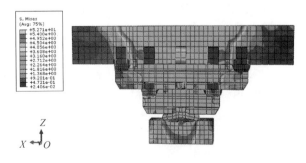

图 5.18　结构的等效应力云图

图 5.19　结构变形图

3. 模拟结果分析

在 ABAQUS 模拟中，选取梁构件中的顶面典型节点进行位移输出，本节选取梁顶面中点作为斗栱的位移值。根据力与反力的关系，选取平板枋底面的所有节点的作用力总和作为斗栱的作用力输出。通过模拟可以得到斗栱在竖向单调荷载作用下的 P-Δ 曲线如图 5.20 所示，显示模拟能量图如图 5.21 所示。

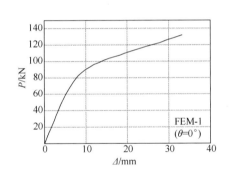

图 5.20　P-Δ 曲线

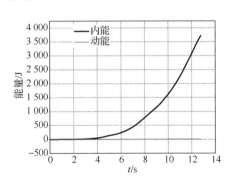

图 5.21　显式模拟能量图

P-Δ 曲线分为两个阶段：线性阶段和强化阶段。斗栱由于木材横纹抗压的特殊性质，应力进入幂指数强化阶段，但是翘与大斗底距离总共为 60mm，且考虑到竖向位移 30mm 左右时整体梁架层由于斗栱竖向位移过大失去稳定性，研究已无实际意义，模拟加载停止。另外从图 5.21 中可以看出，动能与内能的比值远小于 10%且几乎为零，惯性力影响不明显，表明模拟产生了正确的准静态响应。

为了研究斗栱的竖向受力性能，北京工业大学宋晓胜（2014）进行了清代斗栱模型的竖向单调加载试验。试验以清式斗栱为参照对象，以《工程做法则例》为尺寸依据，选用大式建筑单翘单昂柱头科斗栱制作试验模型。斗栱斗口尺寸为 50mm（十等材的斗口，1.5 寸），即按照 1 斗口=50mm 的比例进行斗栱设计。木材的力学性能如表 5.1 所示。

4. 试验及主要结果

（1）加载方案。以 500kN 液压式压力试验机对斗栱顶面施加竖向荷载，整个过程采用力控制的原则，按照 5kN/级进行逐级加载，直至结构的破坏。试验现场加载图及试验试件如图 5.22 和图 5.23 所示。

图 5.22　试验现场加载图　　　　　　　图 5.23　试验试件

（2）单朵斗栱竖向加载试验部分结果。通过拟静力试验得到单朵斗栱在竖向荷载作用下的 P-Δ 曲线如图 5.24 所示。

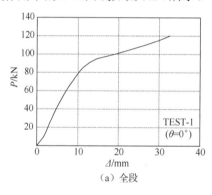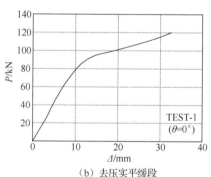

（a）全段　　　　　　　　　　　　（b）去压实平缓段

图 5.24　斗栱 P-Δ 曲线

从图 5.24（a）中可以看出，P-Δ 曲线具有变刚度特性。由于木材的缺陷及斗栱各构件间的加工误差，在荷载初期，斜率较小，第一阶段是斗栱压实阶段；在主要承受荷载阶段，斜率明显增大，为第二阶段；第三阶段，变形不能维持，斜率随之减小。研究斗栱的竖向力学性能，主要是第二阶段，也是斗栱发挥作用的关键阶段，应分离出来单独研究，具体如图 5.24（b）所示。

（3）模拟和试验结果的比较。斗栱节点模型 FEM-1 在竖向单调加载过程中的 P-Δ 曲线与试验中试件 TEST-1 的 P-Δ 曲线对比如图 5.25 所示。

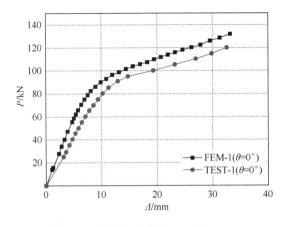

图 5.25　模拟与试验的 P-Δ 曲线对比

斗栱节点模型 FEM-1 的荷载-位移曲线与试验中试件 TEST-1 的趋势相同，其中试验中试件 TEST-1 的曲线去掉加荷初期构件间缝隙挤密时的平缓段，曲线从承受荷载段开始。承受荷载阶段的曲线斜率（竖向刚度）分别为 11.35kN/mm 和 8.97kN/mm，主要特征参数的试验值与模拟值比较见表 5.2。曲线发生明显拐点处的位移值（约 10mm）所对应的荷载值 P_1 分别为 82.03kN 和 80.01kN，之后斗栱进入非线性塑性硬化阶段。加载结束时位移值所对应的荷载值 P_2 分别为 131.85kN 和 121.07kN。由于 TEST-1 存在木材本身的瑕疵（木节、斜纹等），以及加工缺陷及斗栱各构件间存在缝隙，而模拟中各构件间为无缝隙搭接，模拟出的斗栱竖向刚度大于试验竖向刚度，但趋势一致，吻合较好。

表 5.2　主要特征参数的试验值与模拟值比较

内容	P_1/kN	P_2/kN	k_1/（kN/mm）
试验值	80.01	121.07	8.97
模拟值	82.03	131.85	11.35
误差/%	2.52	8.90	26.53

注：表中误差=|[(模拟值-试验值)/试验值]|×100%。

通过无歪闪斗栱的模拟结果与试验结果的对比可知，各构件的荷载值与刚度值均接近，破坏模式相同，斗栱的最终变形类似并且斗栱的荷载-位移曲线吻合，因此本节所建立的有限元模型能够很好地模拟竖向荷载下斗栱的抗震性能，为接下来的歪闪斗栱有限元模拟提供了基础。

5.6.2　歪闪斗栱节点竖向单调加载模拟

节点模型 FEM-2（$\theta=2°$）、FEM-3（$\theta=4°$）和 FEM-4（$\theta=5°$）进行 Z 轴方向的竖向单调加载模拟，通过力控制的加载方式实现，直至斗栱节点破坏。整个加载过程中，斗栱主要通过中心轴进行力的传递，且越往下，构件承载力越大，截面积较小。在荷载的作用下，斗栱整体变形主要为大斗的竖向压溃及局部构件的少许弯曲变形，该现象与无歪闪斗栱现象类似。等效应力云图如图 5.26 所示，斗栱变形图如图 5.27 所示。下面对主要的受力构件进行分析。

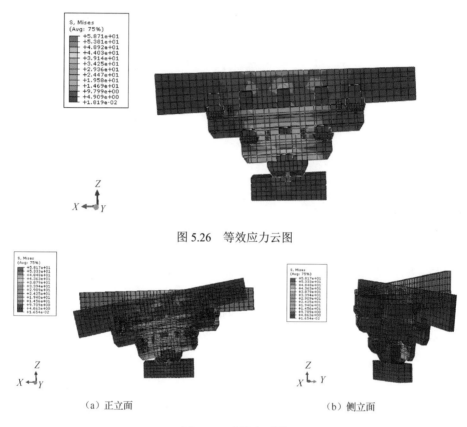

图 5.26　等效应力云图

（a）正立面　　　　　　　　　　　　　（b）侧立面

图 5.27　斗栱变形图

1. 大斗

图 5.28 为大斗应力云图。从图 5.28（a）、（b）可以看出，大斗的应力分布总体呈现出左大、右小的现象，与模拟中出现的大斗受力不对称的情况一致。翘与大斗接触的部位应力较大，尤其是翘底与大斗接触的区域，拉应力大多集中于翘与大斗的接触侧面，符合大斗在材料力学中的空间应力状态分布。在同一应力方向下的大斗，压应力值随角度的增大而增大，应力分布区域大致相同。

当竖向荷载加载至最大值时，大斗的顺纹应力值最大约为 10MPa，未达到顺纹屈服应力值。横纹弦向与切向横纹方向的受压应力分别为 10MPa 与 7MPa 以上，已进入二次强化段，此时大斗被压得越发密实直至破坏。大斗中剪切值主要为 XY 方向，位于大斗与翘的接触面上和大斗左半部分的底部。大斗在与翘接触的底面与侧面边界处、周边区域容易产生裂纹，发生剪切破坏，受荷较大的大斗左半部分底部容易压裂压溃。大斗在整个加载过程中主要为 Y 方向横纹受压。大斗变形图如图 5.29 所示；翘变形图如图 5.30 所示。

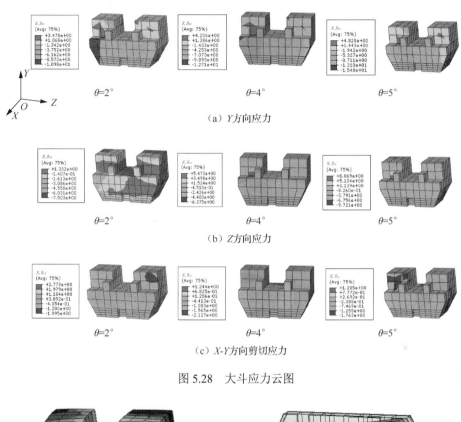

（a）Y 方向应力

（b）Z 方向应力

（c）X-Y 方向剪切应力

图 5.28　大斗应力云图

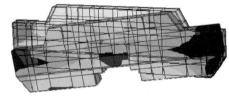

图 5.29　大斗变形图　　　　　　　　　图 5.30　翘变形图

2. 翘

翘应力云图（图 5.31）中，X 方向为翘的顺纹方向，从图 5.31（a）中可以看到，翘主要为上部顺纹受拉，下部顺纹受压，类似梁，且应力集中于翘、正心瓜栱与大斗的接触部位，压应力值较两端的应力值大，这是因为竖向荷载主要沿轴心传递的缘故。

　　当竖向荷载加载至最大时，翘的顺纹压应力约为 20MPa，顺纹拉应力最大值约为 30MPa，主要分布于翘底两端且左右不对称，数值小于木材的顺纹拉压屈服值。在横纹弦向方向，翘主要应力为压应力，且左半部应力值分布区域大于右半部，且随着角度的增加，应力值增大。翘的最大剪切应力发生在翘与大斗接触的外边缘区域，最大值约为 3MPa，小于顺纹的抗剪强度值。由应力云图可知，翘在承受竖向荷载时，可能会发生局部剪切破坏，破坏主要集中于截面削弱的部位，如图 5.31（c）中深色区域，构件整体在加载过程中并未发生过大的变形。

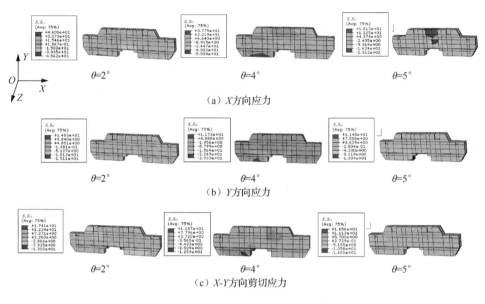

（a）X方向应力

（b）Y方向应力

（c）X-Y方向剪切应力

图 5.31　翘应力云图

3. 昂

　　昂应力云图如图 5.32 所示。图 5.32 中示出昂的顺纹方向为 X 方向，Y 方向为弦向横纹方向，构件中主要分布压应力，拉应力仅分布于昂顶端，形成上部受拉、下部受压的现象，其与翘相同，类似梁。昂的轴心处压应力值最大，说明竖向荷载主要沿轴心传递，散斗所承担的竖向荷载相对较小。随着歪闪角度的增大，截面削弱处的受压区域有左偏的趋势。图 5.32（a）中昂的压应力值约为 18MPa，图 5.32(b)中压应力值最大约为 4MPa，左边底部压应力分布大于右边，应力值均小于屈服强度值。昂的最大剪力值位于 X-Y 平面上[图 5.32（c）]，为顺纹剪切，其分布区域向昂顶部呈发散型扩展，但剪切值均小于顺纹剪断应力值，所以昂通常不会发生整体破坏，但截面削弱处可能会发生局部破坏。昂变形图如图 5.33 所示。

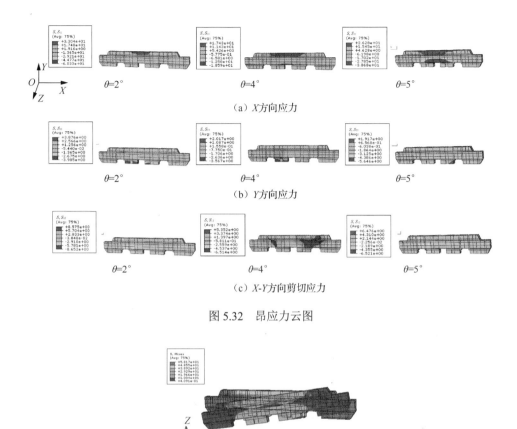

(a) X方向应力

(b) Y方向应力

(c) X-Y方向剪切应力

图 5.32　昂应力云图

图 5.33　昂变形图

4. 正心瓜栱

图 5.34 为正心瓜栱应力云图，正心瓜栱的顺纹方向为 X 方向，表现为顺纹受弯，Y 方向应力分布形式为构件靠近槽口处受压，主要因为翘槽口对其的约束作用，紧接着 Y 方向的红色受拉区域主要是因为瓜栱为整体顺纹受弯构件，上部受拉。在槽口处，明显可以看到与翘接触的侧面右半部分受压应力大于左半部分，这是由于斗栱整体歪闪导致的，正心瓜栱在初始受力时，即在 Y-Z 平面内逆时针歪闪一定角度，右上部分受力较大，应力云图与实际情况相符合。正心瓜栱变形图如图 5.35 所示。

当荷载加至最大时，顺纹受拉、受压应力值均远小于屈服值，说明构件受力较小。最大剪力值发生在 X-Y 平面，数值约为 1.8MPa，小于横纹抗剪强度值；受压受拉及受剪值均较小，说明正心瓜栱在斗栱承受竖向力过程中，与无歪闪斗栱一样，整体不会发生破坏，起到维持斗栱整体性的作用。

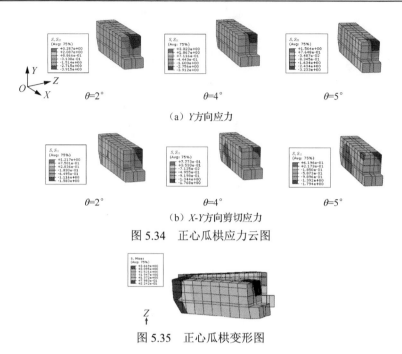

（a）Y方向应力

（b）X-Y方向剪切应力

图 5.34　正心瓜栱应力云图

图 5.35　正心瓜栱变形图

5. 模拟试验结果对比

（1）荷载-位移（P-Δ）曲线。本节选取梁水平面中点作为斗栱的位移值，选取平板枋底面的所有节点的作用力总和作为斗栱的作用力输出。通过模拟可以得到歪闪斗栱在竖向单调荷载作用下的 P-Δ 曲线如图 5.36 所示。

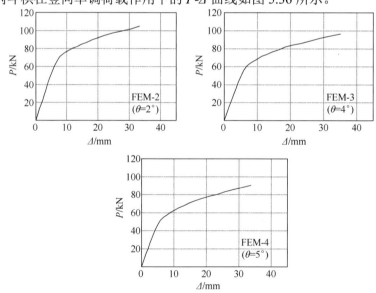

图 5.36　有限元计算得到的 P-Δ 曲线图

从图 5.36 中可以看出，在竖向荷载作用下，斗栱的变形经历两个阶段，所以荷载-位移曲线可用双折线模型表示，在模型强化阶段中，木材横纹抗压已进入材料的二次强化段。

（2）ABAQUS/Explicit 中动能内能比。图 5.37 为有限元模型中的显式模拟能量图。从图 5.37 中可以看出，三个角度的动能与内能的比值均小于 10%，惯性力影响不大，表明模拟产生了正确的准静态响应。

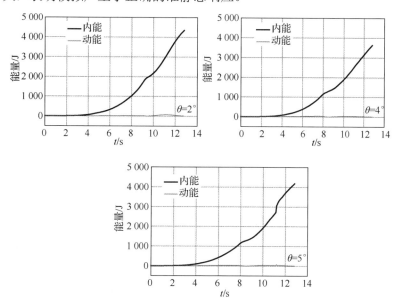

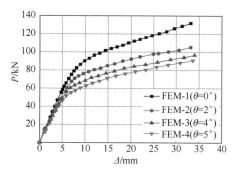

图 5.37　有限元模型中的显式模拟能量图

5.6.3　歪闪斗栱节点竖向受力性能分析

图 5.38 为不同歪闪角度的斗栱在竖向荷载作用下的 $P\text{-}\Delta$ 曲线。

图 5.38　不同歪闪角度的斗栱在竖向荷载作用下的 $P\text{-}\Delta$ 曲线

从整体上来看，各模型的荷载-位移曲线呈现变刚度特性，即随着荷载的增加，曲线斜率不断发生变化。在稳定受荷载阶段，各试件的荷载-位移曲线初始段大致重合，荷载随位移的增加几乎线性上升，曲线斜率均较大，此阶段为第一阶段。歪闪角度对该阶段中各试件的初始刚度影响不明显；在不稳定变形阶段，由于上一阶段的损伤累积，P-Δ 曲线明显向位移轴倾斜，荷载上升缓慢，而变形急剧增加，此阶段为第二阶段。在此阶段，歪闪角度对各试件的承载力有显著的影响，同等位移下的承载力随歪闪角度的增大而降低，例如，$\Delta=15mm$ 时，FEM-1、FEM-2、FEM-3 和 FEM-4 对应的荷载值分别为 101.44kkN、84.88kN、76.33kN 和 71.04kN。

下面分别针对稳定受荷和不稳定变形阶段歪闪斗栱的受力特性展开研究。

1. 稳定受荷阶段

稳定承受荷载阶段是斗栱承重的重要阶段和关键阶段，稳定受荷阶段不同歪闪角度下的 P-Δ 曲线见图 5.39。从图中可以看出，在承受相同的荷载情况下，斗栱的歪闪使其竖向位移值增大。例如，当 P=47kN 时，FEM-1、FEM-2、FEM-3 与 FEM-4 的位移值分别为 3.90mm、4.41mm、4.95mm 和 5.35mm。原因主要是随着歪闪角度的增大，大斗、翘、昂等位于中心轴构件的抗剪强度由顺纹抗剪向斜纹抗剪过渡。由木材材性可知，顺纹抗剪强度＞斜纹抗剪强度＞横纹抗剪强度，故竖向变形量逐渐增大，将对结构产生不利影响。

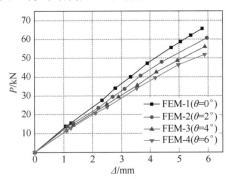

图 5.39　稳定受荷阶段不同歪闪角度下的 P-Δ 曲线

稳定受荷阶段不同歪闪角度下 P-Δ 曲线的拟合直线公式见表 5.3，从表中数据可以看出，斗栱的歪闪程度对其刚度产生了一定影响，歪闪角度越大，斗栱的刚度越低，以模型 FEM-1 的竖向刚度作为参照，不同歪闪角度斗栱的竖向刚度归一化后拟合出的公式如下：

$$k_1 = -2.052x + 0.989 , \quad R^2 = 0.978 \tag{5-10}$$

式中：k_1 为第一阶段斗栱的竖向刚度；x 为斗栱歪闪弧度值，$1° \approx 0.02rad$。

表 5.3 稳定受荷阶段 P-Δ 曲线拟合直线公式汇总

模型	公式	R^2	k_1	k_1 归一化值
FEM-1	$y=11.345x+1.441$	0.998	11.345	1.000
FEM-2	$y=10.259x+1.522$	0.996	10.259	0.904
FEM-3	$y=9.562x+1.164$	0.998	9.562	0.842
FEM-4	$y=8.876x+2.107$	0.992	8.876	0.782

图 5.40 示出不同歪闪角度下斗栱刚度 k_1 的归一值，从图中可看出斗栱的歪闪角度与刚度基本呈线性负相关，主要表现为整体每歪闪 1°，刚度下降 5% 左右。

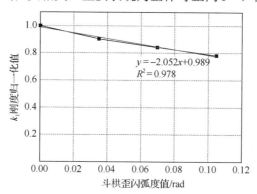

图 5.40 不同歪闪角度下斗栱刚度 k_1 的归一值

2. 不稳定变形阶段

当荷载增加到一定阶段时，不同歪闪角度的斗栱都会出现明显的刚度退化现象，具体表现为在竖向荷载增幅较小的情况下，斗栱竖向位移大幅增加，这是由于大斗的横纹受压应力进入塑性流动阶段导致的，不稳定变形阶段不同歪闪角度下的 P-Δ 曲线如图 5.41 所示，各曲线的拟合直线公式汇总如表 5.4 所示。

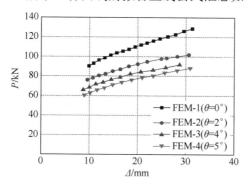

图 5.41 不稳定变形阶段不同歪闪角度下的 P-Δ 曲线

与稳定受荷载阶段的刚度相比，在不稳定变形阶段中，模型 FEM-1、FEM-2、FEM-3 和 FEM-4 的刚度分别降低 85.6%、85.9%、87.2%和 87.9%。此阶段为木结构的最不利阶段，在承受荷载过程中，应该尽量避免构件尤其是横纹承压构件进入此阶段，以此确保结构的安全性。

表 5.4　不稳定变形阶段 P-Δ 曲线的拟合直线公式汇总

模型	公式	R^2	k_2	k_2 归一化值
FEM-1	$y=1.637x+77.615$	0.998	1.637	1.000
FEM-2	$y=1.444x+63.168$	0.997	1.444	0.882
FEM-3	$y=1.226x+58.483$	0.975	1.226	0.749
FEM-4	$y=1.073x+54.922$	0.987	1.073	0.655

从表 5.4 中数据可知，歪闪角度越大，斗栱的刚度值越低，不同歪闪角度斗栱的竖向刚度 k_2 归一化后拟合出的公式见式（5-11），其变化趋势仍呈线性负相关，与稳定受荷载阶段相比，程度加大，具体表现为斗栱整体歪闪 1°，刚度降低 7%左右，不同歪闪角度下斗栱刚度 k_2 的归一值如图 5.42 所示。

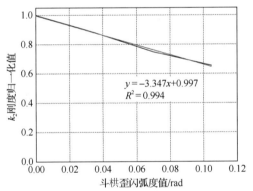

图 5.42　不同歪闪角度下斗栱刚度 k_2 的归一值

$$k_2 = -3.347x + 0.997, \quad R^2 = 0.994 \tag{5-11}$$

式中：k_2 为第二阶段斗栱的竖向刚度；x 为斗栱歪闪弧度值，$1° \approx 0.02\mathrm{rad}$。

3. 斗栱竖向屈服荷载

在竖向荷载作用下，大斗发生竖向大变形，致使斗栱在竖向产生较大位移，而其他部件未发生明显变形。在整个模拟加载过程中，当竖向位移增大时，斗栱的竖向变形不断增加，承载力随之提高，整个过程无法定义明确的屈服值。同时，由于古建筑木结构中建筑物的安全系数非常高，当承载力接近极限值时，斗栱变形量过大，易使木构架整体发生歪闪，结构变形加剧，超过建筑物的正常使用限制。所以，需要定义一个适当的点，衡量斗栱的承载力。从 5.6.3 节中得知，斗栱的荷载-位移曲线分为稳定受荷阶段和不稳定变形阶段，在不稳定变形阶段中，当荷载增幅较小时，变形急剧增加，对结构不利，故定义稳定受荷阶段的最大荷载值为斗栱的允许最大承载力，类似于材料力学中的许用应力$[\sigma]$，要求 $\sigma_{max} \leqslant [\sigma]$。对于歪闪斗栱来说，歪闪角度使其竖向变形增加，刚度降低，同时考虑到斗栱的安全系数，所以按照最大歪闪角度下斗栱的位移值所对应的荷载值为其斗栱的允许最大承载力。

根据模拟结果，模型 FEM-4 曲线中稳定受荷阶段的最大荷载值对应的竖向位移约为 7mm，承载力为 58kN。对应的，斗栱歪闪角度为 $\theta=0°$、$\theta=2°$ 和 $\theta=4°$ 的承载力为 82kN、71kN 和 64kN，斗栱的屈服荷载如图 5.43 所示。显然，斗栱竖向允许的最大承载力随着歪闪角度的增大而降低，下降为 15%～30%，表明歪闪角度对其影响较明显。

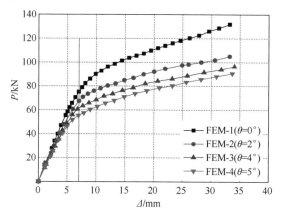

图 5.43　斗栱的屈服荷载

5.6.4　歪闪斗栱在竖向荷载作用下的简化力学模型

为了更好地了解斗栱的传力路径，认识其传力机理，现将竖向荷载作用下歪闪斗栱模型简化为梁-弹簧组合模型，如图 5.44 所示。

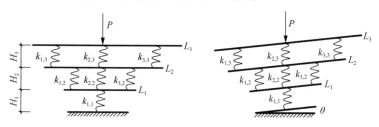

图 5.44　梁-弹簧组合模型

针对斗栱节点，翘（L_1）、昂（L_2）、梁（L_3）主要发生弯曲变形，可以简化为梁；翘昂两端小斗、大斗及正心瓜栱、正心万栱在竖向荷载作用下为横纹受压状态，类似轴心受压的短柱，且木材在横纹受压下变形较大，所以简化为具有一定刚度的弹簧。由 5.6.2 节中的模拟现象可知，斗栱节点在竖向力作用下除大斗发生明显变形以外，其他构件均未破坏，故先假定简化模型中的梁为无限刚度梁。

模型中各弹簧的刚度 $k_{j,q}$ 根据相同荷载下构件对应等效短柱的变形能力推导得到，见下式：

$$k_{j,q} = \frac{A_{j,q} E \cos^2 \theta}{H_{j,q}} \tag{5-12}$$

式中：$A_{j,q}$ 为第 q 层第 j 根弹簧所对应等效短柱的承压面积（mm^2）；$H_{j,q}$ 为第 q 层第 j 根弹簧所对应等效短柱的承压高度（mm）；E 为第 q 层第 j 根弹簧所对应等效短柱的弹性模量（MPa）。

在竖向荷载 P 的作用下，第 q 层第 j 根弹簧所承担的竖向荷载由刚度分配原则推导得出，见下式：

$$P_{j,q} = \frac{k_{j,q} P}{\sum_{j=1}^{n} k_{j,q}} \tag{5-13}$$

然后，第 j 根弹簧的变形量 $\Delta_{j,q}$ 按下式计算求出。

$$\Delta_{j,q} = \frac{P_{j,q}}{k_{j,q}} \tag{5-14}$$

斗栱节点在竖向荷载的作用下，整体的竖向变形量 Δ 与位于斗栱中轴处的构件变形量有关，具体见下式：

$$\Delta = \Delta_{1,1} + \Delta_{2,2} + \Delta_{2,3} \tag{5-15}$$

因此，斗栱节点的初始竖向刚度 k_0 可按下式求得：

$$k_0 = \frac{P}{\Delta} \tag{5-16}$$

将相关参数代入方程后，结果如表 5.5～表 5.7 所示。根据式（5-16）计算出角度为 0°、2°、4° 和 5° 的节点初始刚度分别为 18.306kN/mm、18.276kN/mm、18.216kN/mm 和 18.123kN/mm。

表 5.5　无限刚度梁-弹簧模型主要构件的荷载比值

单位：%

构件名称	荷载比	荷载比值			
		0°	2°	4°	5°
大斗	$P_{1,1}/P$	100.000	100.000	100.000	100.000
正心瓜栱	$P_{2,2}/P$	57.143	57.143	57.143	57.143
正心万栱	$P_{2,3}/P$	45.455	45.455	45.455	45.455

表 5.6　无限刚度梁-弹簧模型主要构件的变形量

单位：mm

构件名称	位移	变形值			
		0°	2°	4°	5°
大斗	$\Delta_{1,1}$	0.397	0.397	0.399	0.401
正心瓜栱	$\Delta_{2,2}$	0.306	0.307	0.308	0.309
正心万栱	$\Delta_{2,3}$	0.389	0.390	0.392	0.394

表 5.7　无限刚度梁-弹簧模型斗栱的竖向变形量

斗栱歪闪角度/（°）	0	2	4	5
竖向变形量/mm	1.092	1.094	1.099	1.104

　　然而，在实际加载过程中，竖向荷载 P 分配时需考虑梁弯曲变形协调对翘、昂和散斗荷载分配的影响，图 5.44 中各弹簧的变形与梁的弯曲变形协调方程如下：

$$\Delta_{3,3} = \Delta_{2,3} + \Delta_{L_3,3,3} - \Delta_{L_2,3,3} \qquad (5\text{-}17)$$

$$\Delta_{3,2} = \Delta_{2,2} + \Delta_{L_2,3,2} - \Delta_{L_1,3,2} \qquad (5\text{-}18)$$

式中：$\Delta_{3,3}$、$\Delta_{2,3}$、$\Delta_{3,2}$、$\Delta_{2,2}$ 分别为第 3 层第 3 根弹簧、第 3 层第 2 根弹簧、第 2 层第 3 根弹簧和第 2 层第 2 根弹簧的变形量；$\Delta_{L_3,3,3}$、$\Delta_{L_2,3,3}$、$\Delta_{L_2,3,2}$、$\Delta_{L_1,3,2}$ 分别为第 L_3 根梁对第 3 层第 3 根弹簧、第 L_2 根梁对第 3 层第 3 根弹簧、第 L_3 根梁对第 2 层第 3 根弹簧和第 L_1 根梁对第 2 层第 3 根弹簧的弯曲变形量。

　　梁的弯曲变形，总共有两种受力模式，如图 5.45 所示。

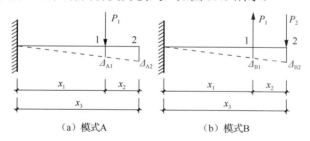

（a）模式A　　　　　　　　（b）模式B

图 5.45　梁受力模式

　　根据材料力学中梁的挠曲变形及图乘法，可求出 A、B 模式下的变形公式如下：

$$\Delta_{A,1} = \frac{Px_1^3}{3EI} \qquad (5\text{-}19)$$

$$\Delta_{A,2}=\frac{Px_1^2}{6EI}(3x_3-x_1) \tag{5-20}$$

$$\Delta_{B,1}=\frac{x_1^2}{6EI}\Big[P_2\big(3x_3-x_1\big)-2P_1x_1\Big] \tag{5-21}$$

$$\Delta_{B,2}=\frac{1}{6EI}\Big[2P_2x^3-P_1x_1^2\big(3x_3-x_1\big)\Big] \tag{5-22}$$

根据梁的弯曲变形公式与每道梁的力的平衡方程联立方程组求解 $p_{j,q}$,力的平衡方程如下式:

$$P_{1,1}=P \tag{5-23}$$

$$P_{1,2}+P_{2,2}+P_{3,2}=P \tag{5-24}$$

$$P_{1,3}+P_{2,3}+P_{3,3}=P \tag{5-25}$$

代入相关参数后,求解每根弹簧承担的竖向荷载比值及竖向变形量如表 5.8~表 5.10 所示。

表 5.8 有限刚度梁-弹簧模型主要构件的竖向荷载比值

单位: %

构件名称	荷载比	荷载比值			
		0°	2°	4°	5°
大斗	$P_{1,1}/P$	100.000	100.000	100.000	100.000
正心瓜栱	$P_{2,2}/P$	95.000	95.000	95.000	95.000
正心万栱	$P_{2,3}/P$	98.980	98.980	98.980	98.980

表 5.9 有限刚度梁-弹簧模型主要构件的竖向变形量

单位: mm

构件名称	位移	竖向变形量			
		0°	2°	4°	5°
大斗	$\Delta_{1,1}$	0.309	0.310	0.310	0.312
正心瓜栱	$\Delta_{2,2}$	0.395	0.396	0.398	0.400
正心万栱	$\Delta_{2,3}$	0.659	0.660	0.664	0.666

表 5.10 有限刚度梁-弹簧模型斗栱的竖向变形量

斗栱歪闪角度/(°)	0	2	4	5
竖向变形量/mm	1.363	1.366	1.372	1.378

根据式(5-16)计算出角度为 0°、2°、4° 和 5° 下的初始刚度分别为 14.659kN/mm、14.636kN/mm、14.587kN/mm 和 14.513kN/mm。

由各构件所承担的竖向荷载比例可知,有限刚度梁-弹簧组合中斗栱中心轴处构件所承担的荷载比无限刚度梁-弹簧组合中的荷载多,斗栱竖向总变形量是无限刚度梁—弹簧组合中变形量的 1.26 倍，与实际结果更相近；在同一简化力学模型中，构件的竖向变形量随歪闪角度的增大而增加，最大增幅为 1.1%，刚度值随歪闪角度的增大而降低，最大降幅为 1%，说明角度对其初始刚度的影响不明显。同时，由两个简化模型所求出无歪闪角度斗栱的竖向刚度分别是 18.306kN/mm 和 14.659kN/mm，后者与模拟中无歪闪角度的初始刚度 12.965kN/mm 更接近，表明了有限刚度梁—弹簧组合模型能够更好地反映斗栱竖向传力机理。

5.7　歪闪斗栱节点抗震性能有限元分析

5.7.1　斗栱节点有限元模型的验证

1. 模拟现象

斗栱节点模型 FEM-1 在竖向荷载 N=20kN 的情况下，进行 X 轴方向（沿翘方向）的水平低周循环加载模拟，通过位移控制的加载方式实现。竖向荷载施加后，斗栱整体受力均匀对称，无应力突变情况。在模拟加载的初期，荷载较小，模型的变形很小，几乎无滑移现象出现。随着荷载的不断增加，模型水平变形增加，各构件开始相对滑动，产生相对转角及滑移，其中大斗与平板枋现象明显。继而，榫头与散斗间、馒头榫与大斗和平板枋间先后出现挤压。随着试验的继续往复加载，馒头榫、大斗底和平板枋的卯口处均发生塑性变形，模拟破坏情况如图 5.46 所示。在模拟的整个过程中，斗栱自身未发生破坏，但是过大的水平滑移量会导致榫头受剪破坏、铺作层以上的梁架层破坏。所以加载停止，界定结构破坏。

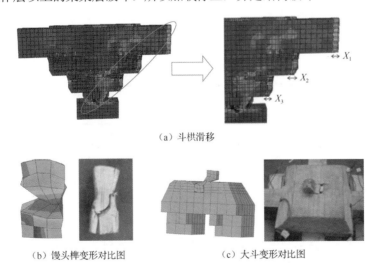

（a）斗栱滑移

（b）馒头榫变形对比图　　　　　　（c）大斗变形对比图

图 5.46　模拟破坏情况示意图

2. 模拟结果分析

1）斗栱变形特征

在水平循环加载过程中，斗栱主要构件之间产生了相对转动和相对滑动，使得斗栱发生回转、滑移变形。主要构件大斗、翘、昂和梁的回转、滑移变形图如图5.47所示。

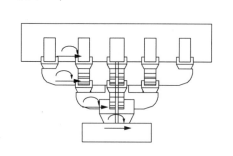
（a）主要构件回转、滑移标示图

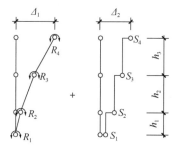
（b）回转变形与滑移变形图

图 5.47　回转、滑移变形图

根据有限元计算结果并对其进行分析，分别得到加载结束时主要构件的回转角度与滑移变形、总变形量，分别如表 5.11 和表 5.12 所示。斗栱节点的总变形 Δ（$\Delta=\Delta_1+\Delta_2$）如图 5.47（b）所示。主要构件的变形比例条形图如图 5.48 所示。

表 5.11　主要构件的回转角度与滑移变形

构件名称	相对转角/rad	相对滑移量/mm
大斗	0.544 2	24.967 8
翘	0.338 2	0.839 7
昂	0.114 4	1.762 0
梁	0.003 1	0.981 6

表 5.12　主要构件的总变形量

构件名称	回转变形 Δ_1/mm	滑移变形 Δ_2/mm	总变形 Δ/mm	（Δ_1/Δ）/%	（Δ_2/Δ）/%
大斗	2.564 5	24.967 8	27.532 3	7.88	76.67
翘	1.239 5	0.839 7	2.079 2	3.81	2.58
昂	0.209 6	1.762 0	1.971 6	0.64	5.41
梁	0.008 7	0.981 6	0.990 3	0.03	3.01

为了更符合斗栱的真实受力情况，构件间采用非刚性连接，导致斗栱在水平循环加载过程中产生转动及剪切滑移变形。从表5.11～表5.12及图5.48中可知：在水平循环加载过程中，斗栱主要构件大斗、翘、昂和梁的相对转角、相对滑移

量逐渐减小；回转变形占总变形比重分别为 7.88%、3.81%、0.64%和 0.03%；滑移变形占总变形比重分别为76.67%、2.58%、5.41%和3.01%；斗栱节点整体变形以剪切滑移变形为主，其中大斗的滑移量最大。

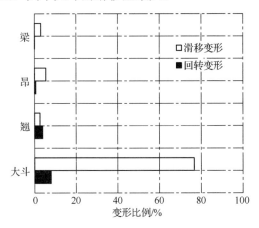

图 5.48　主要构件的变形比例条形图

2）滞回曲线与骨架曲线

通过模拟可以得到斗栱在低周反复荷载作用下的 P-Δ 滞回曲线与骨架曲线，如图 5.49（a）和（b）所示。

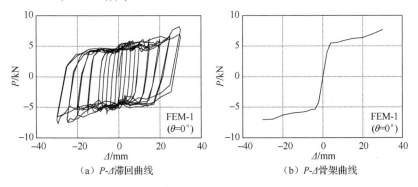

（a）P-Δ滞回曲线　　　　　　　（b）P-Δ骨架曲线

图 5.49　P-Δ 曲线

水平荷载作用下的滞回曲线是其抗震性能的综合体现，能反映结构的承载力、变形能力、耗能能力、刚度等。滞回环面积越大，说明构件的耗能能力越强；反之则说明构件耗能能力退化。

从图 5.49 中可以看出，斗栱的滞回曲线近似平行四边形，具有良好的耗能能力。加载初期，结构处于弹性段，随着荷载的不断增加，大斗底部产生滑移及轻微转动，斗栱刚度随之降低，但是强度继续提高。

从图 5.49 中的骨架曲线看出，在构件的弹性阶段，骨架曲线类似直线，大斗与平板枋之间的摩擦力抵抗水平荷载。当骨架曲线出现明显拐点时，水平荷载大于最大静摩擦，大斗发生侧移，此时位移值是 4mm 左右，同时馒头榫由于剪切作用开始受到挤压。当位移达到 30mm 左右，馒头榫在塑性阶段发生过大变形，模拟加载结束。

3）ABAQUS/Explicit 中动能内能比

图 5.50 为显式模拟能量图。从图 5.50 可以看出，动能与内能的比值远小于 10% 且几乎为零，惯性力影响不显著，表明模拟产生了正确的准静态响应。

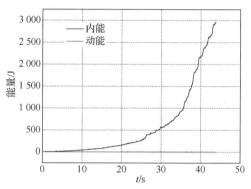

图 5.50　显式模拟能量图

3. 试验研究概况

为了研究斗栱层的结构性能，本书作者及其课题组之前按照宋代《营造法式》及清代《工程做法则例》制作的斗栱模型进行了单朵斗栱水平低周反复加载拟静力试验，试验试件如图 5.51 所示。试件用材为俄罗斯红松，力学性能如表 5.1 所示。

图 5.51　试验试件

（1）加载方案。竖向恒定荷载 N，由千斤顶施加于木梁上，通过木梁传递给斗栱，千斤顶可水平自由滑动。水平荷载由水平电液伺服仪施加。单朵斗栱拟静力试验：$N=20$kN，加载装置示意图如图 5.52 所示。试验采用位移控制加载，初始值 $\Delta_0=\pm 10$mm，每级位移增量为 10mm。模型构件发生滑移前每级荷载循环 1 次，滑移后每级荷载循环 2 次。加载制度示意图如图 5.53 所示（Sui, et al., 2010）。

图 5.52　加载装置示意图

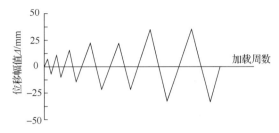

图 5.53　加载制度示意图

（2）单朵斗栱拟静力试验部分结果。

① P-Δ 滞回曲线与骨架曲线。通过拟静力试验得到单朵斗栱在低周反复荷载作用下的荷载-位移（P-Δ）滞回曲线如图 5.54 所示。在低周反复加载的拟静力试验中，把 P-Δ 滞回曲线所有每次循环的峰值点连接起来，得到斗栱节点骨架曲线如图 5.55 所示。

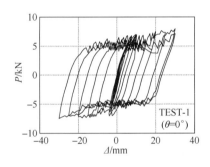

图 5.54　斗栱节点滞回曲线

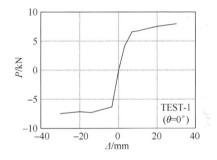

图 5.55　斗栱节点骨架曲线

② 位移比。通过单朵斗栱的低周反复荷载试验，运用通用屈服弯矩法，可以得到斗栱构件的屈服位移 δ_y。试验过程中斗栱产生大量的滑移会导致屋盖梁架破坏，继续加载已无意义，选取试验加载结束点处的位移值为极限位移 δ_u，斗栱极限位移与屈服位移比 μ 可用下式计算得到：

$$\mu = \delta_u/\delta_y \tag{5-26}$$

式中：δ_u 为极限位移；δ_y 为屈服位移。

③ 等效黏滞阻尼系数。在反复荷载作用下滞回环面积受到强度和刚度退化的影响，为了表达这一特性，在研究中用等效黏滞阻尼系数 h_e 来表达，h_e 由式（5-27）计算，其计算方法示意图如图 5.56 所示。

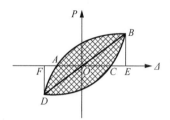

图 5.56　等效黏滞阻尼系数计算方法示意图

$$h_e = \frac{E_d}{2\pi}, \quad E_d = \frac{S_{(ABC+CDA)}}{S_{(\triangle OBE + \triangle ODF)}} \tag{5-27}$$

式中：E_d 为能量耗散系数。

表 5.13 为试件主要特征参数。根据公式所求得的单铺作的等效黏滞阻尼系数 h_e，如表 5.13 所示。

表 5.13　试件 TEST-1 主要特征参数

受荷方向	屈服位移 δ_y /mm	极限位移 δ_u /mm	位移比 μ （均值）	h_c
推	6.99	29.99		
拉	3.08	30.01	7.02	0.41
平均值	5.03	30.00		

（3）模拟和试验结果的比较。

① P-Δ 滞回曲线比较图。斗栱模型 FEM-1、试件 TEST-1 在水平低周循环加载时的滞回曲线对比图如图 5.57 所示。从图中可以看出，曲线形状相同，类似平行四边形且形状饱满，耗能良好。曲线趋势相同，受荷载初期，荷载与位移呈线性关系，随着荷载增加，刚度减小，但荷载仍然不断增加。试验加载过程中由于相互搭接的构件之间存在缝隙，而在模拟过程中，构件均为无缝隙搭接，故模拟的初始刚度大于试验初始刚度值。模拟过程中材料参数根据材性试验数据取得，化零为整之后整体偏小，故模拟值与试验值相较偏小。

② P-Δ 骨架曲线比较图。模拟与试验的骨架曲线对比图如图 5.58 所示。从图 5.58 中可以看出，斗栱 FEM-1 的骨架曲线与试验中试件的骨架曲线趋势相同，试件弹性阶段的曲线斜率（侧向刚度）分别为 1.42kN/mm 和 1.38kN/mm。斗栱的水平向屈服荷载分别为 5.39kN 和 6.44kN，之后斗栱进入非线性塑性硬化阶段。

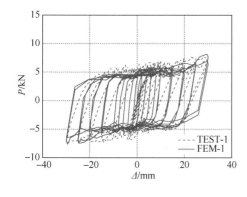 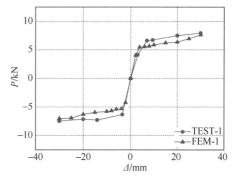

图 5.57　模拟与试验的滞回曲线对比图　　　　图 5.58　模拟与试验的骨架曲线对比图

③ 斗栱试件主要参数比较。主要特征参数的试验值与模拟值比较如表 5.14 所示。

表 5.14　主要特征参数的试验值与模拟值比较

内容	P_y/kN	k_1/（kN/mm）	k_2/（kN/mm）	δ_y/mm	δ_u/mm	μ	h_e
试验值	6.44	1.38	0.06	5.03	30.00	7.02	0.41
模拟值	5.39	1.42	0.07	5.00	30.13	6.25	0.35
误差/%	16.30	2.90	16.67	0.60	0.43	10.97	14.63

注：表中误差=|[(模拟值-试验值)/试验值]|×100%。

由于木材存在各向异性、加工缺陷等，表 5.14 中有限元模拟值与试验值对比后，误差控制在 20%以内，模拟与试验吻合较好。模拟各构件的承载力和刚度接近、构件破坏模式相同、最终变形相似。所以，本节所建立的斗栱模型能够很好地模拟水平力作用下斗栱的工作性能，为之后歪闪斗栱的模拟分析提供了基础。

5.7.2　歪闪斗栱节点水平循环加载模拟

1. 歪闪斗栱节点（θ=2°）有限元模拟

（1）模拟现象。斗栱节点模型 FEM-2 在竖向荷载 N=20kN 的情况下，进行 X 轴方向（沿翘方向）的水平低周循环加载模拟，通过位移控制的加载方式实现。正向加载定义为减缓斗栱歪闪程度的方向，反向加载定义为加快其歪闪的方向。竖向荷载施加后，斗栱整体无应力突变情况出现，由于斗栱整体倾斜，将其轴力传递路径与无歪闪斗栱进行对比，整体左偏，但仍沿着中心轴方向竖向传递，θ=2°时的轴压应力分布图如图 5.59 所示。在模拟加载的过程中，随着水平荷载的不断增加，大斗与平板枋开始产生相对滑移及转动。榫头与散斗间、馒头榫与大斗和平板枋间先后出现挤压。随着试验的继续往复加载，侧移量逐步增大，馒头榫、大斗底和平板枋的卯口处均发生塑性变形。整个加载过程中，与无歪闪的斗栱水平低周加载模拟现象类似，斗栱自身未发生破坏，通过大的水平滑移量导致榫头发生塑性变形和铺作层以上的梁架层破坏来界定模拟加载结束。

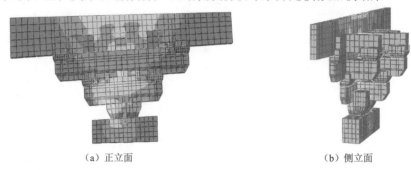

（a）正立面　　　　　　　　　　　　（b）侧立面

图 5.59　θ =2°时的轴压应力分布图

作为模拟中主要破坏构件，大斗在施加竖向荷载期间，主要处于横纹受压状态。θ =2°时的竖向荷载作用下大斗应力分布图如图 5.60 所示。从图 5.60 中可以看出弦向横纹拉应力 S_{22}（下标 1、2、3 分别对应 X、Y、Z 轴）从大斗、翘与正心瓜栱的接触面处（包括斗耳）开始扩展；切向横纹压应力 S_{33} 随着竖向荷载的增加，压应力范围向周边扩散，拉应力区域逐渐减小，由于歪闪角度原因，扩散速率不对称导致拉压应力水平向分布不对称。竖向加载结束后，右半部分切向横纹压应力分布面积稍小于左半部分，整体压应力分布呈现出左大右小的现象，与无歪闪斗栱的应力对称分布不同，但数值远小于横纹受压屈服应力。大斗轴向应力云图与斗栱轴压应力分布图中的应力传递路径一致。

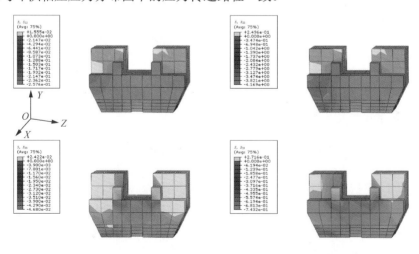

（a）施加竖向荷载期间　　　　　　　　　　（b）施加竖向荷载后

图 5.60　θ =2°时的竖向荷载作用下大斗应力分布图

在往复荷载作用下，当水平位移推至-1.9mm 时（规定正向加载为"+"，反向加载为"-"，以下均同），剪应力 S_{23} 尚未达到屈服，切向横纹压应力 S_{33} 达到屈服应力；当位移推至+3mm 时，S_{33} 达到屈服应力值，大斗底部卯口处发生塑性变形，如图 5.61 所示 θ =2°时的大斗底部的椭圆形区域。当位移推至-28.8mm 时，大斗底剪应力 S_{23} 约为 6MPa，大于横纹抗剪屈服值 3.78MPa，切向横纹拉压应力 S_{33} 约 20MPa，大于横纹抗压屈服值 4.57MPa。由于斗栱整体歪闪，大斗应力分布呈左大右小现象；当位移推至+36.5mm 时，大斗卯口处在 S_{33}、S_{23} 作用下发生较大塑性变形。在整个加载过程中，由于斗栱歪闪，在施加相同位移时，承载力不相等，屈服位移值也不尽相同。

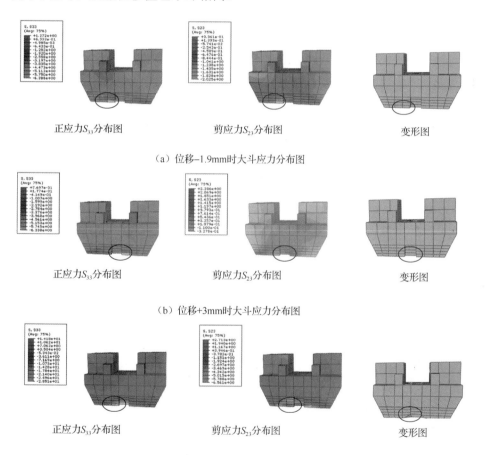

正应力S_{33}分布图　　　　　剪应力S_{23}分布图　　　　　变形图

（a）位移-1.9mm时大斗应力分布图

正应力S_{33}分布图　　　　　剪应力S_{23}分布图　　　　　变形图

（b）位移+3mm时大斗应力分布图

正应力S_{33}分布图　　　　　剪应力S_{23}分布图　　　　　变形图

（c）位移-28.8mm时大斗应力分布图

图 5.61　θ =2°时的水平荷载作用下大斗应力分布图

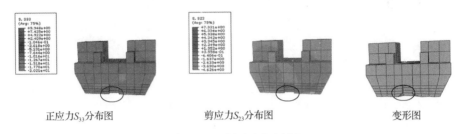

正应力S_{33}分布图　　　　　剪应力S_{23}分布图　　　　　变形图

（d）位移+36.5mm时大斗应力分布图

图 5.61（续）

　　馒头榫在施加竖向荷载过程中，主要受顺纹压应力 S_{11} 和切向横纹压应力 S_{22}，且应力都有增大的趋势，最大约为 1MPa，远小于屈服强度，$\theta=2°$ 时的竖向荷载作用下馒头榫应力分布图如图 5.62 所示。由于馒头榫中部受到大斗底卯口和平板枋的共同约束，中部应力值明显大于两端。

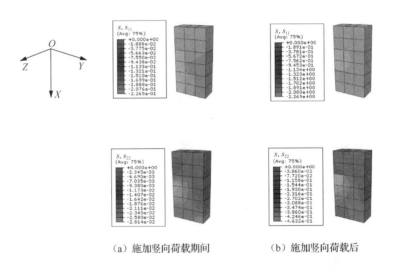

（a）施加竖向荷载期间　　　　　（b）施加竖向荷载后

图 5.62　$\theta=2°$时的竖向荷载作用下馒头榫应力分布图

　　在水平往复荷载作用下，当水平位移推至-1.9mm（+3mm）时，横纹压应力 S_{22} 和剪应力 S_{12} 导致馒头榫受挤压屈服，大斗底、平板枋与馒头榫的交界处最先开始发生塑性变形。当水平位移推至-28.8mm（+36.5mm）时，受力增大，变形加剧。由于斗栱整体歪闪，馒头榫反向加载时的变形大于正向加载。位移继续增加，榫头发生过大塑性变形，水平抗力很小，对于整个梁架屋盖系统来说无实际意义，模拟加载停止。$\theta=2°$时的水平荷载作用下馒头榫应力分布图如图 5.63 所示。

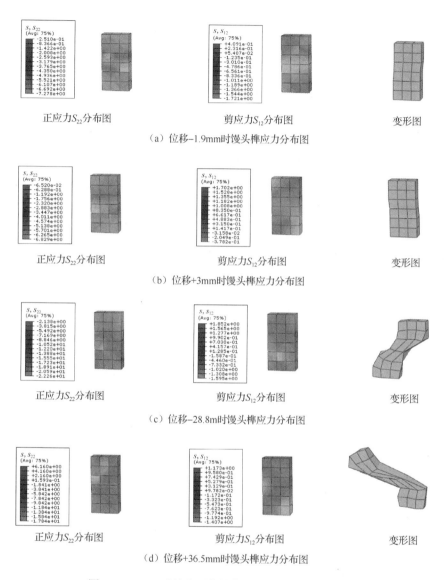

（a）位移−1.9mm时馒头榫应力分布图

正应力S_{22}分布图　　　剪应力S_{12}分布图　　　变形图

（b）位移+3mm时馒头榫应力分布图

正应力S_{22}分布图　　　剪应力S_{12}分布图　　　变形图

（c）位移−28.8m时馒头榫应力分布图

正应力S_{22}分布图　　　剪应力S_{12}分布图　　　变形图

（d）位移+36.5mm时馒头榫应力分布图

图 5.63　$\theta=2°$时的水平荷载作用下馒头榫应力分布图

（2）模拟试验结果。

① 变形特征。对有限元计算结果进行分析，分别得到 $\theta=2°$ 时的正向及反向加载主要构件的相对转角与相对滑移量，以及主要构件的总变形量，如表 5.15～表 5.18 所示；$\theta=2°$ 时的变形比例条形图如图 5.64 所示。

表 5.15　$\theta=2°$时的正向加载主要构件相对转角与相对滑移量

构件名称	相对转角/rad	相对滑移量/mm
大斗	0.620 4	18.801 8
翘	0.079 6	2.321 2
昂	0.098 1	5.533 2
梁	0.004 5	1.443 9

表 5.16　$\theta=2°$时的反向加载主要构件相对转角与相对滑移量

构件名称	相对转角/rad	相对滑移量/mm
大斗	0.530 7	29.135 9
翘	0.186 6	-0.606 9
昂	0.053 5	0.493 9
梁	0.005 3	0.973 0

表 5.17　$\theta=2°$时的正向加载主要构件的总变形量

构件名称	回转变形 Δ_1/mm	滑移变形 Δ_2/mm	总变形 Δ/mm	(Δ_1/Δ)/%	(Δ_2/Δ)/%
大斗	2.923 6	18.801 8	21.725 4	9.28	59.67
翘	0.291 7	2.321 2	2.612 9	0.93	7.37
昂	0.179 8	5.533 2	5.713 0	0.57	17.56
梁	0.012 6	1.443 9	1.456 5	0.04	4.58

表 5.18　$\theta=2°$时的反向加载主要构件的总变形量

构件名称	回转变形 Δ_1/mm	滑移变形 Δ_2/mm	总变形 Δ/mm	(Δ_1/Δ)/%	(Δ_2/Δ)/%
大斗	2.500 9	29.135 9	31.636 8	7.51	87.51
翘	0.683 8	-0.606 9	0.076 9	2.05	-1.82
昂	0.098 1	0.493 9	0.592 0	0.29	1.48
梁	0.014 8	0.973 0	0.987 8	0.04	2.92

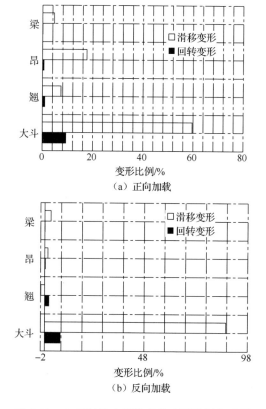

图 5.64　θ =2°时的主要构件的变形比例条形图

　　为了更符合斗栱的真实受力情况,构件间采用非刚性连接,歪闪斗栱在水平循环加载过程中产生转动及剪切滑移变形。从表 5.15～表 5.18 及图 5.64 中可知:在水平循环加载过程中,歪闪斗栱主要构件大斗、翘、昂和梁的相对转角、相对滑移量逐渐减小;在正向加载过程中,回转变形占总变形比例分别为 9.28%、0.93%、0.57%和 0.04%,滑移变形占总变形比例分别为 59.67%、7.37%、17.56%和 4.58%;反向加载过程中,回转变形占总变形比例分别为 7.51%、2.05%、0.29%和 0.04%,滑移变形占总变形比例分别为 87.51%、-1.82%、1.48%和2.92%。在反向加载过程中,斗栱整体沿加载方向滑移,但翘相对于大斗滑移量减小,故为负值。

　　经过分析得到:歪闪斗栱(θ=2°)在正向加载与反向加载过程中,主要构件的滑移变形与回转变形比例不相同,但斗栱节点整体变形仍以剪切滑移变形为主,其中大斗的滑移量最大,且反向加载滑移变形大于正向加载。

　　② P-Δ 滞回曲线与骨架曲线。通过试验可以得到斗栱在低周反复荷载作用下 θ=2°时的 P-Δ 滞回曲线和骨架曲线,如图 5.65(a)、(b)所示。

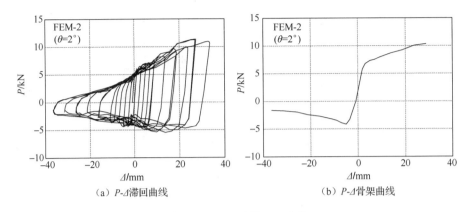

（a）P-Δ滞回曲线　　　　　　　（b）P-Δ骨架曲线

图 5.65　θ=2°时的 P-Δ 曲线

从图 5.65（a）中可以看出，斗栱的滞回曲线呈现正反向加载不对称的现象，具体表现为：在正向加载过程中，荷载值随着加载点位移值的增加而增大，在反向加载过程中，荷载值随着加载点位移值的增加先增大后减小。原因是：针对斗栱整体逆时针旋转 2°这种情况，在正向加载过程中，水平力使斗栱各部件间挤压更加充分，从而增大了部件间及斗栱节点整体的摩擦力，不易产生滑移，馒头榫的变形受到限制，斗栱节点整体承载力逐渐提高；由于构件发生相对转角，正向卸载过程是大斗底左侧与平板枋脱离后再接触的过程，在 Δ 较小的情况下，荷载卸载速率快；在反向加载过程中，大斗底左侧与平板枋首先发生挤压，水平力 P 不断提高，大斗底右侧与平板枋脱离，产生转角。之后，斗栱整体发生滑移，在滑移过程中，斗栱各部件间相互挤压程度降低，摩擦力降低，加之自身重力作用，水平力 P 降低，馒头榫变形不断加大，馒头榫变形如图 5.63（a）、（c）所示。整个循环加载过程是斗栱各部件间不断啮合与脱离的过程，所以曲线呈现不断波动的现象，但总体趋势明显。反向加载时的摩擦力、水平力均小于正向加载，滞回面积相对较小，耗能能力相对较弱。

从图 5.65（b）中的骨架曲线可以看出，歪闪斗栱在水平力作用下的骨架曲线主要经历了弹性阶段和塑性阶段。正向加载时，斗栱在曲线产生明显的拐点前，处于弹性阶段，曲线近似为直线，大斗与平板枋之间的摩擦力抵抗水平荷载；当骨架曲线向位移轴偏转时，水平荷载大于最大静摩擦力，斗栱主要发生滑移，节点进入强化阶段，此时位移值约为 2mm。随着位移的不断增加，位于正半轴的曲线向位移轴倾斜，荷载增速放缓。反向加载时，斗栱在出现拐点前，骨架曲线类似一条直线，荷载随位移的增加而增大；当骨架曲线出现明显拐点时，斗栱主要发生滑移，荷载值随位移的增大而减小，此时位移值约为-3.5mm。当位移约为+28.8mm（-36.5mm）时，模拟加载因馒头榫发生过大塑性变形而结束。

③ ABAQUS/Explicit 中动能内能比。从 θ=2°时的显式模拟能量图（图 5.66）可以看出，动能与内能的比值远小于 10%，且几乎为零，惯性力影响不显著，表

明模拟产生了正确的准静态响应。

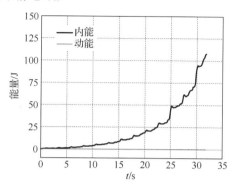

图 5.66　θ=2°时的显式模拟能量图

2. 歪闪斗栱节点（θ=4°）有限元模拟

（1）模拟现象。斗栱节点模型 FEM-3 在竖向荷载 N=20kN 的情况下，进行 X 轴方向（沿翘方向）的水平低周循环加载模拟，与 FEM-2 模型的加载方式一致。竖向荷载施加后，斗栱整体无应力突变情况出现，将其竖向传力路径与歪闪角度 θ=2°斗栱进行对此，整体左偏，但仍沿着斗栱的中轴方向竖向传递，θ=4°时的轴压应力分布图如图 5.67 所示。在模拟加载的过程中，随着荷载的不断增加，大斗与平板枋开始相对转动与滑动。榫头与散斗间、馒头榫与大斗和平板枋间先后出现挤压。随着模拟的继续往复加载，水平滑移量逐步增大，馒头榫、大斗底和平板枋的卯口处均已发生塑性变形。在整个加载过程中，与歪闪角度 θ=2°的斗栱在水平低周加载下的模拟现象类似，斗栱自身仍未发生破坏。

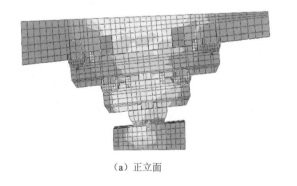 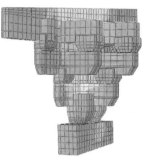

（a）正立面　　　　　　　　　　　　　（b）侧立面

图 5.67　θ=4°时的轴压应力分布图

图 5.68 为 θ=4°时的竖向荷载作用下大斗应力分布图。图中示出作为模拟中的主要破坏构件，大斗在施加竖向荷载期间，主要处于横纹受压状态，如图 5.68（a）所示，弦向横纹压应力 S_{22} 与切向横纹压应力 S_{33} 相比，占主导作用。随着竖

向荷载的增加，压应力逐步向周边扩散，由于歪闪角度的原因，大斗右半部分较左半部分扩散区域大，竖向加载结束后，右边压应力区域小于左边，应力分布大致均匀，如图 5.68（b）。在竖向荷载下，大斗斗耳由于受翘、正心瓜栱的挤压，弦向横纹拉应力 S_{33} 值较大，但仍远小于横纹受压屈服应力。大斗轴向应力云图与斗栱轴压应力分布图中的应力传递路径一致。

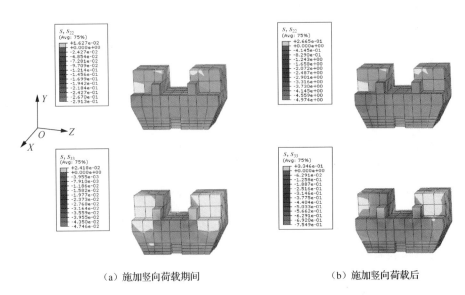

（a）施加竖向荷载期间　　　　　　　　　（b）施加竖向荷载后

图 5.68　θ =4°时的竖向荷载作用下大斗应力分布图

图 5.69 为 θ =4°时的水平荷载作用下大斗应力分布图。在水平往复荷载作用下，当水平位移推至-1.5mm 时，切向横纹压应力 S_{33} 达到屈服应力值。当水平位移推至+3.3mm 时，切向横纹压应力 S_{33} 达到屈服值，导致大斗底部卯口处开始发生塑性变形，如图 5.69（a）、（b）中大斗底部黑色区域。当水平位移推至-24.5mm 时，S_{33} 值约为 16MPa，远远大于横纹屈服强度。大斗底剪应力 S_{23} 接近 5MPa，横纹压应力 S_{33} 大约为 20MPa，均远大于屈服强度值。当水平位移推至+36mm 时，大斗底卯口处在 S_{33}、S_{23} 的应力值分别约为30MPa、6MPa，大斗发生较大塑性变形。从图 5.69 可以整体看出斗栱在加载点正负向加载相同位移的情况下，大斗左右滑移量不同，这是由于模拟中平板枋切削一定角度后，斗栱整体歪闪导致的结果与预期效果相吻合。由于大斗在平面内发生逆时针歪闪，竖向应力的分布呈现左大右小的现象。

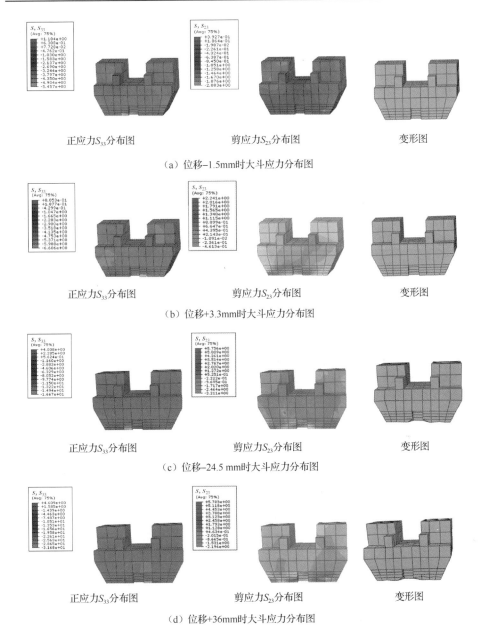

（a）位移−1.5mm时大斗应力分布图

正应力S_{33}分布图　　　　　剪应力S_{23}分布图　　　　　变形图

（b）位移+3.3mm时大斗应力分布图

正应力S_{33}分布图　　　　　剪应力S_{23}分布图　　　　　变形图

（c）位移−24.5 mm时大斗应力分布图

正应力S_{33}分布图　　　　　剪应力S_{23}分布图　　　　　变形图

（d）位移+36mm时大斗应力分布图

图 5.69　θ=4°时的水平荷载作用下大斗应力分布图

馒头榫在施加竖向荷载过程中，主要受顺纹压应力 S_{11} 和切向横纹压应力 S_{22}，且应力都有增大的趋势，但都远小于屈服强度。在歪闪角度 θ=4°的情况下，斗栱在自身重力及轴压的影响下，会产生沿平板枋切削面向下的滑移量，约为 1mm，这与馒头榫中部受到压应力（黑色区域）、两端受到拉应力的应力分布情况相吻合，θ=4°时的竖向荷载作用下馒头榫应力分布图如图 5.70 所示。

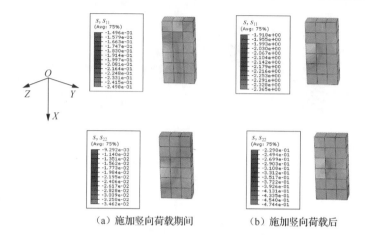

（a）施加竖向荷载期间　　　　　（b）施加竖向荷载后

图 5.70　θ=4°时的竖向荷载作用下馒头榫应力分布图

图 5.71 为 θ=4°时的水平荷载作用下馒头榫应力分布图。图中示出在水平往复荷载作用下，当水平位移推至−1.5mm 时，横纹压应力 S_{22} 达到屈服应力值，剪应力 S_{12} 接近屈服应力值，继续加载会导致馒头榫受挤压屈服，使大斗底、平板枋与馒头榫的交界处最先开始发生塑性变形。当加载点水平位移拉至相同位移值处，即斗栱实际水平位移+3.3mm 时，切向横纹压应力达到屈服应力值 4.75MPa，馒头榫已经发生塑性变形。当水平位移推至−24.5mm（+36mm）时，受力增加，变形加剧，荷载继续增加馒头榫变形过大，水平力过小，对于整个梁架屋盖系统来说已无实际意义，模拟加载停止。从馒头榫的最终变形图 5.71（c）、（d）可以看出馒头榫在 X 轴正反两个方向的变形图不对称，反向加载时水平位移更大。

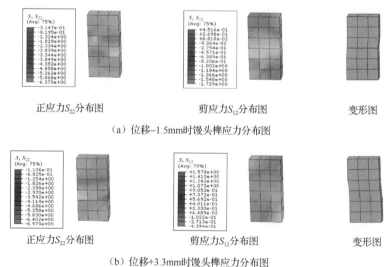

正应力S_{22}分布图　　　　　剪应力S_{12}分布图　　　　　变形图

（a）位移−1.5mm时馒头榫应力分布图

正应力S_{22}分布图　　　　　剪应力S_{12}分布图　　　　　变形图

（b）位移+3.3mm时馒头榫应力分布图

图 5.71　θ=4°时的水平荷载作用下馒头榫应力分布图

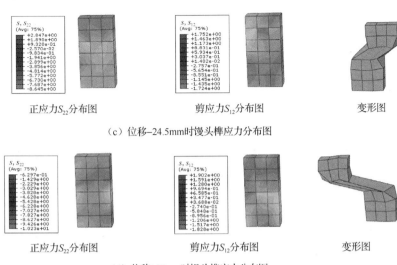

正应力S_{22}分布图　　　　　　剪应力S_{12}分布图　　　　　　变形图

（c）位移-24.5mm时馒头榫应力分布图

正应力S_{22}分布图　　　　　　剪应力S_{12}分布图　　　　　　变形图

（d）位移+36mm时馒头榫应力分布图

图 5.71（续）

（2）模拟试验结果。

① 变形特征。对有限元计算结果进行分析，分别得到 θ =4°时的正向、反向加载主要构件的相对转角与相对滑移变形量，以及主要构件的总变形量，如表 5.19～表 5.22 所示；主要构件的变形比例条形图如图 5.72 所示。

表 5.19　θ =4°时的正向加载主要构件相对转角与相对滑移变形量

构件名称	相对转角/rad	相对滑移量/mm
大斗	0.575 8	15.348 4
翘	0.442 3	1.496 2
昂	0.102 8	3.791 4
梁	0.008 7	0.479 7

表 5.20　θ =4°时的反向加载主要构件相对转角与相对滑移变形量

构件名称	相对转角/rad	相对滑移量/mm
大斗	0.943 1	24.894 5
翘	0.346 3	-1.199 2
昂	0.062 9	0.978 2
梁	0.012 4	1.027 5

表 5.21 θ=4°时的正向加载主要构件总的变形量

构件名称	回转变形 Δ_1/mm	滑移变形 Δ_2/mm	总变形 Δ/mm	(Δ_1/Δ)/%	(Δ_2/Δ)/%
大斗	2.713 3	15.348 4	18.061 7	10.58	59.82
翘	1.621 1	1.496 2	3.117 3	6.32	5.83
昂	0.188 3	3.791 4	3.979 7	0.73	14.78
梁	0.018 8	0.479 7	0.498 5	0.07	1.87

表 5.22 θ=4°时的反向加载主要构件的总变形量

构件名称	回转变形 Δ_1/mm	滑移变形 Δ_2/mm	总变形 Δ/mm	(Δ_1/Δ)/%	(Δ_2/Δ)/%
大斗	4.444 7	24.894 5	29.339 2	14.08	78.89
翘	1.269 3	-1.199 2	0.070 1	4.02	-3.80
昂	0.115 2	0.978 2	1.093 4	0.37	3.10
梁	0.026 8	1.027 5	1.054 3	0.08	3.26

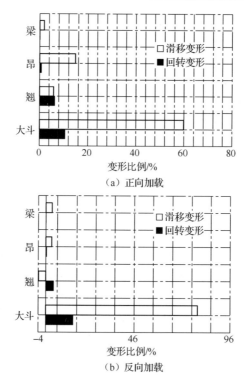

图 5.72 θ=4°时的主要构件的变形比例条形图

与 θ=2°斗栱类似，θ=4°斗栱在加载过程中产生转动及滑移变形。从

表 5.19～表 5.22 及图 5.72 中可知，在加载过程中，歪闪斗栱中大斗、翘、昂和梁的相对转角和滑移量逐渐减小；在正向加载过程中，Δ_1/Δ 分别为 10.58%、6.32%、0.73%和 0.07%，Δ_2/Δ 分别为 59.82%、5.83%、14.78%和 1.87%；在反向加载过程中，Δ_1/Δ 分别为 14.08%、4.02%、0.37%和 0.08%，Δ_2/Δ 分别为 78.89%、−3.80%、3.10%和 3.26%。在反向加载过程中，斗栱整体沿加载方向滑移，但翘的滑移量与大斗相比较小，故表现为负值，且与 θ=2° 斗栱中翘的滑移变形相比较有增大的趋势。

经过分析得到，歪闪斗栱（θ=4°）在正向加载与反向加载过程中，主要构件的滑移变形与回转变形比例不相同，但斗栱节点整体变形仍以剪切滑移变形为主，其中大斗的滑移量最大，且反向加载滑移变形大于正向加载，与 θ=2° 的斗栱类似。

② P-Δ 滞回曲线与骨架曲线。通过试验可以得到 θ =4°时的斗栱在低周反复荷载作用下的 P-Δ 滞回曲线和骨架曲线，如图 5.73（a）、（b）所示。

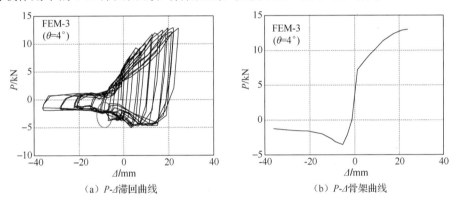

（a）P-Δ滞回曲线　　　　　　　　（b）P-Δ骨架曲线

图 5.73　θ =4°时的 P-Δ 曲线

从图 5.73（a）中可以看出，斗栱的滞回曲线呈现正反向加载不对称的情况，与 θ=2°时的情况类似，在正向加载过程中，荷载值随着加载点位移值的增加而增大，在反向加载过程中，荷载值随着加载点位移值的增加先增大后减小。其原因是在正向加载过程中，水平力使斗栱各部件间挤压更加充分，从而增大了部件间及斗栱节点整体的摩擦力，不易产生滑移，馒头榫的变形受到限制，斗栱节点整体承载力逐渐提高；正向卸载过程中，Δ 在较小的情况下，荷载卸载速率快；在反向加载过程中，大斗底左侧与平板枋首先发生挤压，水平力 P 不断提高，大斗底右侧与平板枋脱离，当 P 大于最大静摩擦力之后，斗栱发生滑移与轻微转动（滑移为主）。在滑移过程中，斗栱各部件间相互挤压程度降低，摩擦力降低，加之自身重力作用，水平力 P 不断降低。与歪闪角度 θ=2° 的斗栱滞回曲线不同的是 [图 5.73（a）圆圈标注区域]：当具有较大塑性变形的榫头与大斗底卯口充分挤压后，P 值随滑移量的增加会短暂提高，继续加载之后，馒头榫变形继续加大。整个循环加载过程是斗栱各部件间不断啮合与脱离的过程,所以曲线呈现不断波动的现象,但总体趋势明显。反向加载时的摩擦力、水平力均小于正向加载,滞回面积相对较小,耗能能力相对较弱。

从图5.73(b)中的骨架曲线可以看出,歪闪斗栱在水平力作用下的骨架曲线主要经历了弹性阶段和塑性阶段。正向加载时,斗栱在曲线出现明显拐点前,处于弹性阶段,曲线近似为直线,大斗与平板枋之间的摩擦力抵抗水平荷载;当骨架曲线出现明显拐点时,水平荷载大于最大静摩擦力,斗栱主要发生滑移,表明斗栱节点进入塑性强化阶段,此时位移值约为+1.6mm。随着位移的不断增加,位于正半轴的曲线向位移轴倾斜,荷载增速放缓。反向加载时,斗栱在曲线出现拐点前,骨架曲线类似一条直线,荷载随位移的增加而增大;当骨架曲线出现明显拐点时,斗栱主要发生滑移,荷载值随位移的增大而减小,此时位移值约为-5.3mm。当位移约为+24.5mm(-36mm)时,模拟加载因馒头榫发生过大塑性变形而结束。

③ ABAQUS/Explicit中动能内能比。从 $\theta=4°$ 时的显式模拟能量图(图5.74)可以看出,动能与内能的比值远小于10%且几乎为零,惯性力影响不显著,表明模拟产生了正确的准静态响应。

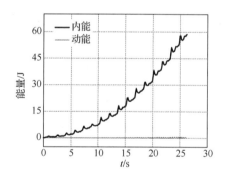

图5.74　$\theta=4°$ 时的显式模拟能量图

3. 歪闪斗栱节点($\theta=5°$)有限元模拟

(1)模拟现象。斗栱节点($\theta=5°$)在竖向荷载 $N=20$kN 的情况下,进行 X 轴方向(沿翘的方向)的水平低周循环加载模拟,与FEM-2模型的加载方式一致。竖向荷载加载完毕后,斗栱整体竖向传力路径与 $\theta=4°$ 时的模型结果类似,整体左偏,但仍沿着轴压方向竖向传递,$\theta=5°$ 时的轴压应力分布图如图5.75所示。在模拟加载的过程中,馒头榫与大斗和平板枋间先后出现挤压。随着试验的继续往复加载,水平滑移量逐步增大,馒头榫、大斗底和平板枋的卯口处均发生塑性变形。整个加载过程中,与歪闪角度 $\theta=4°$ 的斗栱在水平低周加载下的模拟现象类似,斗栱自身仍未发生破坏。

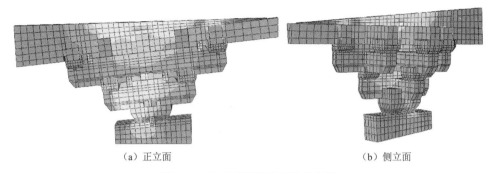

（a）正立面　　　　　　　　　　　　　（b）侧立面

图 5.75　$\theta=5°$ 时的轴压应力分布图

大斗在施加竖向荷载期间，主要处于横纹受压状态，$\theta=5°$ 时的竖向荷载作用下大斗应力分布图如图 5.76 所示，切向横纹压应力 S_{11} 随着竖向荷载的增加，由中心处开始向周边扩散，由于歪闪角度原因，大斗右半部分受压应力值较小，左半部分受压应力值较大。竖向加载结束后，应力分布较均匀。由于接触面摩擦作用产生弦向横纹拉应力 S_{33}，主要分布于斗耳处，数值小于 1MPa，远小于横纹受拉压屈服应力。大斗轴向应力云图与斗栱轴压应力分布图中的应力传递路径一致。

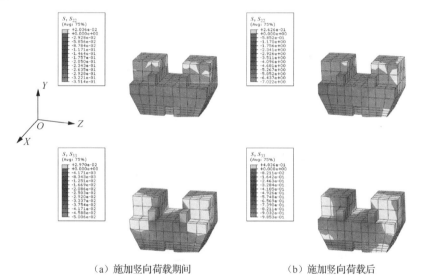

（a）施加竖向荷载期间　　　　　　　　（b）施加竖向荷载后

图 5.76　$\theta=5°$ 时的竖向荷载作用下大斗应力分布图

$\theta=5°$ 时的水平荷载作用下大斗应力分布图如图 5.77（a）、（b）所示。在水平往复荷载作用下，当水平位移推至-1.3mm 时，切向横纹压应力 S_{33} 值约为 6MPa，剪应力 S_{23} 值约为 2.3MPa，横纹压应力 S_{33} 已达到屈服应力值 4.57MPa；当水平位移推至+4mm 时，S_{33} 达到屈服值，剪应力值约为+2MPa，接近屈服应力值，在横纹压应力与剪应力的共同作用下，大斗底部卯口处开始发生塑性变形。

当水平位移推至−22mm 时，S_{33} 值为 15MPa，远远大于横纹屈服强度。大斗底由于剪应力 S_{23}、横纹拉压应力 S_{33} 作用下发生较大塑性变形；当水平位移推至 +32mm 时，大斗卯口处在 S_{33}、S_{23} 作用下同样发生大变形。斗栱在加载点正反向施加相同位移的情况下，大斗左右滑移量不同，这是由于模拟中平板枋切削一定角度后，斗栱整体歪闪导致的结果，与预期效果相吻合。由于大斗逆时针角度歪闪，造成竖向应力分布呈现左大右小的现象，与 θ=4° 情况下的现象类似。

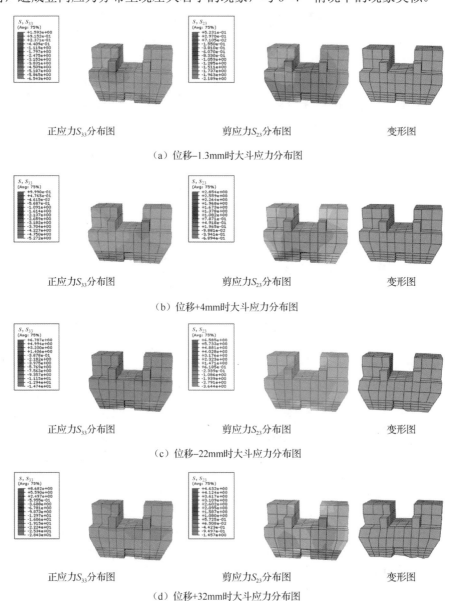

正应力S_{33}分布图　　　　　　剪应力S_{23}分布图　　　　　　变形图

（a）位移−1.3mm时大斗应力分布图

正应力S_{33}分布图　　　　　　剪应力S_{23}分布图　　　　　　变形图

（b）位移+4mm时大斗应力分布图

正应力S_{33}分布图　　　　　　剪应力S_{23}分布图　　　　　　变形图

（c）位移−22mm时大斗应力分布图

正应力S_{33}分布图　　　　　　剪应力S_{23}分布图　　　　　　变形图

（d）位移+32mm时大斗应力分布图

图 5.77　θ=5°时的水平荷载作用下大斗应力分布图

　　θ=5°时的竖向荷载作用下馒头榫应力分布图如图 5.78 所示。从图中可以看出，馒头榫在施加竖向荷载过程中，主要受顺纹压应力 S_{11} 和切向横纹压应力 S_{22}，应力值均远小于屈服强度。在歪闪角度 θ=5°的情况下，斗栱在自身重力及轴压的影响下，会产生沿平板枋切削面向下的滑移量，约为 2mm，大于 θ=4°时的滑移量，主要是因为在竖向加载过程中，馒头榫的抗剪应力由顺纹向斜纹过渡，而斜纹剪应力＜顺纹剪应力，馒头榫左侧中部与平板枋挤压程度提高，与图 5.78 中馒头榫中部压应力值大于两端压应力值的应力分布情况相吻合。

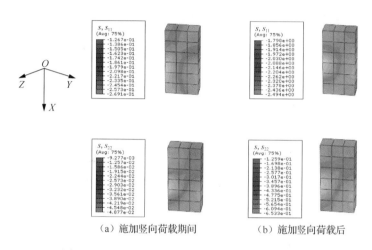

（a）施加竖向荷载期间　　　　　　（b）施加竖向荷载后

图 5.78　θ=5°时的竖向荷载作用下馒头榫应力分布图

　　图 5.79 为 θ=5°时的水平荷载作用下馒头榫应力分布图。从图中可以看出，在水平往复荷载作用下，当水平位移推至-1.3mm 时，横纹压应力 S_{22} 达到屈服应力值，剪应力中主要为顺纹抗剪 S_{12}，应力值接近 2MPa，继续加载会导致馒头榫受挤压屈服，使大斗底、平板枋与馒头榫的交界处最先开始发生塑性变形；当加载点水平位移拉至相同位移值处，即斗栱实际水平位移+4mm 时，切向横纹压应力值大于屈服应力值 4.75MPa，馒头榫已经发生塑性变形，在横纹拉压的作用下，馒头榫开始出现剪切塑性变形。当水平位移推至-22mm（+32mm）时，受力增加，变形加大。继续增加榫头变形过大，水平力对于整个梁架屋盖系统来说已无实际意义，模拟加载停止。从馒头榫的最终变形图 5.79（c）、（d）可以看出馒头榫在正反两个方向的变形图不对称，反向加载时的水平位移更大，但正反向加载时的应力分布形式仍基本呈轴对称关系。

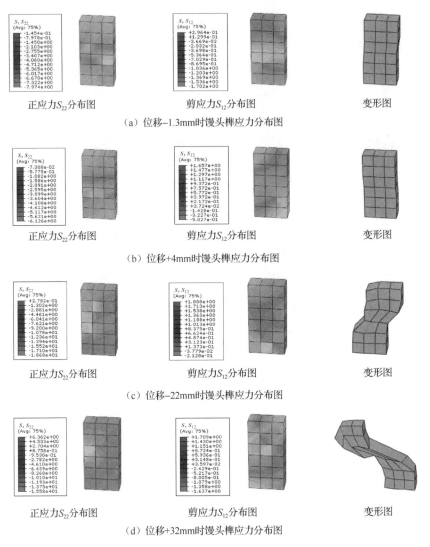

（a）位移−1.3mm时馒头榫应力分布图

（b）位移+4mm时馒头榫应力分布图

（c）位移−22mm时馒头榫应力分布图

（d）位移+32mm时馒头榫应力分布图

图 5.79　θ=5°时的水平荷载作用下馒头榫应力分布图

（2）模拟试验结果。

① 变形特征。对有限元计算结果进行分析，分别得到 θ=5°时的正向、反向加载时相对转角与相对滑移变形量，以及主要构件的总变形量，如表 5.23～表 5.26 所示；主要构件的变形比例条形图如图 5.80 所示。

表 5.23　θ=5°时的正向加载相对转角与相对滑移变形量

构件名称	相对转角/rad	相对滑移量/mm
大斗	1.340 5	9.925 9

续表

构件名称	相对转角/rad	相对滑移量/mm
翘	0.555 1	5.532 6
昂	0.132 3	5.018 1
梁	0.019 6	0.042 4

表 5.24　$\theta=5°$时的反向加载相对转角与相对滑移变形量

构件名称	相对转角/rad	相对滑移量/mm
大斗	1.229 2	24.103 1
翘	0.272 3	-2.881 0
昂	0.079 5	0.662 0
梁	0.046 5	1.507 8

表 5.25　$\theta=5°$时的正向加载主要构件的总变形量

构件名称	回转变形 Δ_1/mm	滑移变形 Δ_2/mm	总变形/mm	(Δ_1/Δ)/%	(Δ_2/Δ)/%
大斗	6.317 9	9.925 9	16.243 8	21.67	34.04
翘	2.034 8	5.532 6	7.567 4	6.98	18.98
昂	0.242 4	5.018 1	5.260 5	0.83	17.21
梁	0.042 4	1.287 7	1.330 1	0.15	4.42

表 5.26　$\theta=5°$时的反向加载主要构件的总变形量

构件名称	回转变形 Δ_1/mm	滑移变形 Δ_2/mm	总变形/mm	(Δ_1/Δ)/%	(Δ_2/Δ)/%
大斗	5.793 3	24.103 1	29.896 4	19.04	79.23
翘	0.997 9	-2.881 0	-1.883 1	3.28	-9.47
昂	0.145 6	0.662 0	0.807 6	0.48	2.18
梁	0.093 4	1.507 8	1.601 2	0.31	4.96

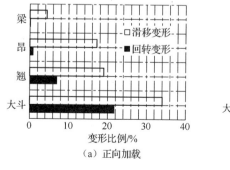
（a）正向加载

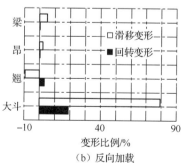
（b）反向加载

图 5.80　$\theta=5°$时的主要构件的变形比例条形图

与 $\theta=4°$ 斗栱类似，$\theta=5°$ 斗栱在水平循环加载过程中产生转动及滑移变形。从表 5.23～表 5.26 及图 5.80 中可知，在加载过程中，歪闪斗栱中的大斗、翘、昂和梁的相对转角和滑移量逐渐减小；在正向加载过程中，Δ_1/Δ 分别为 21.67%、6.98%、0.83% 和 0.15%，Δ_2/Δ 分别为 34.04%、18.98%、17.21% 和 4.42%；反向加载过程中，Δ_1/Δ 分别为 19.04%、3.28%、0.48% 和 0.31%，Δ_2/Δ 分别为：79.23%、-9.47%、2.18% 和 4.96%。在反向加载过程中，斗栱整体沿加载方向滑移，但翘的滑移量与大斗相比较小，故表现为负值，且与 $\theta=4°$ 斗栱中翘的滑移变形相比有增大的趋势。

经过分析得到：歪闪斗栱（$\theta=5°$）在正向加载与反向加载过程中，主要构件的滑移变形与回转变形比重不相同，但斗栱节点整体变形仍以剪切滑移变形为主，其中大斗的滑移量最大，且反向加载滑移变形大于正向加载，与 $\theta=4°$ 的斗栱类似。

② P-Δ 滞回曲线与骨架曲线。通过试验可以得到斗栱在低周反复荷载作用下的 $\theta=5°$ 时的 P-Δ 滞回曲线和骨架曲线，如图 5.81 所示。

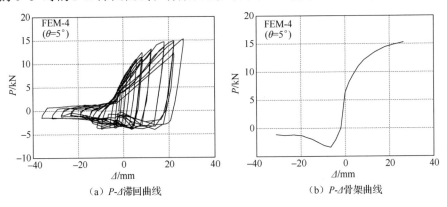

| (a) P-Δ滞回曲线 | (b) P-Δ骨架曲线 |

图 5.81 $\theta=5°$时的 P-Δ 曲线

从图 5.81（a）中可以看出，斗栱的滞回曲线与前三个歪闪斗栱一致都呈现正反向加载时曲线不对称的情况，有正向加载时的面积增大，反向加载时面积减小的趋势。这是斗栱歪闪角度加大导致的结果。

从图 5.81（b）中的骨架曲线看出，骨架曲线有初始位移值，为-2.08mm，在构件的弹性阶段，骨架曲线类似直线，大斗与平板枋之间的摩擦力抵抗水平荷载。当骨架曲线出现明显拐点时，水平荷载大于最大静摩擦力，大斗主要发生滑移，此时正半轴的位移值（去初始位移值）为+2mm 左右，负半轴的位移值约为-2.4mm。随着位移的不断增加，正向加载时的荷载不断增大，而反向加载时的荷载则明显减小。同时馒头榫由于剪切作用开始受到挤压。当位移达到+22mm（-32mm）左右时，馒头榫发生过大塑性变形，模拟加载结束。

③ ABAQUS/Explicit 中动能内能比。从 $\theta=5°$ 时的显式模拟能量图（图 5.82）可以看出，动能与内能的比值远小于 10%且几乎为零，惯性力影响不显著，表明模拟产生了正确的准静态响应。

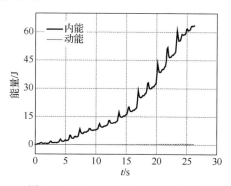

图 5.82　$\theta=5°$ 时的显式模拟能量图

5.7.3　歪闪斗栱节点抗震性能分析

1. 滞回曲线比较分析

根据有限元模拟，可得到不同歪闪角度斗栱节点在水平循环加载下的 P-Δ 滞回曲线，如图 5.83 所示。

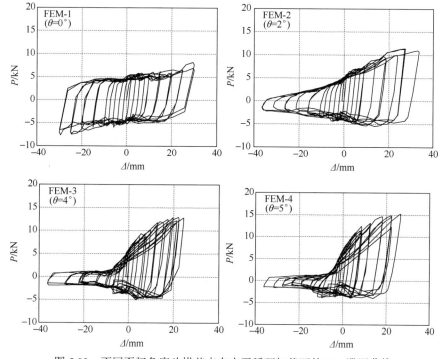

图 5.83　不同歪闪角度斗栱节点在水平循环加载下的 P-Δ 滞回曲线

　　无歪闪角度和有歪闪角度斗栱在加载初期（最初的两个循环）的滞回曲线形状为类平行四边形，随着加载点位移的加大，滞回曲线形状有了明显的不同，主要特征是随着歪闪角度的增加，斗栱节点的滞回曲线在正反向加载时表现出显著的不对称性，如图5.83所示。这是因为加载点在正向施加一定位移的过程中，馒头榫榫头、平板枋和大斗底相互充分挤压，完全发挥了木材的抗压性能，P值随角度的增大逐渐提高；而在反向加载的过程中，加载点施加同等位移的情况下，由于榫头、大斗底与平板枋挤压程度减弱，摩擦力减小，曲线面积不断减小，耗能减弱。将四条滞回曲线叠加后可以明显看出，在水平侧移很小的时候，各曲线的量值基本吻合，歪闪对节点性能的影响很小。当进入到两个循环之后，与无歪闪斗栱的量值比较不难发现，斗栱在同等位移下，正向加载时的荷载值随歪闪角度的增大而急剧增加，反向加载时的荷载值随歪闪角度的增大而减小，不同歪闪角度下斗栱节点滞回曲线的比较如图5.84所示。

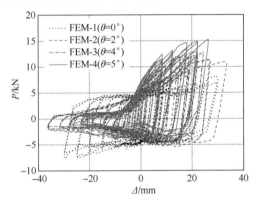

图5.84　不同歪闪角度下斗栱节点滞回曲线的比较

2. 骨架曲线比较分析

　　骨架曲线是初始加载曲线以及后继目标位移第一次滞回环的峰值荷载点的连线的轨迹线。骨架曲线的包络线是结构在一定目标位移下所能承担的最大荷载。

　　不同歪闪角度下斗栱节点骨架曲线的比较，如图5.85所示。由图5.85可知，不同歪闪角度下斗栱的骨架曲线正负向加载不对称：①正向加载时，主要分为弹性阶段及塑性强化阶段，同等位移下的P值随角度的增大而增大，歪闪角度越小的节点越先进入塑性段。这主要是因为歪闪角度越大，在正向加载过程中，构件间的相互挤压更充分，木材的抗压特性更大程度得以发挥。节点极限位移处FEM-1、FEM-2、FEM-3和FEM-4的荷载值分别为7.56kN、9.78kN、13.00kN和14.88kN，最大增幅将近1倍。②反向加载时主要分为弹性阶段及塑性软化阶段。在同等位移下，P值随角度的增大而减小，主要原因是在斗栱产生滑移的过程中，构件相互间的挤压程度降低，构件间接触面逐渐脱离，馒头榫变形加剧导致其承载力不断下降；在位移控制后期，承载力几乎不变，斗栱整体滑移现象显著，主要是因为馒头榫的大变形使其几乎丧失承载能力，斗栱主要通过构件间的摩擦力抵抗水平荷载。节点极限位移处 FEM-1、FEM-2、FEM-3 和 FEM-4 的荷载值分别为-7.04kN、-1.60kN、-1.25kN 和-1.09kN，最大降幅约为 80%。

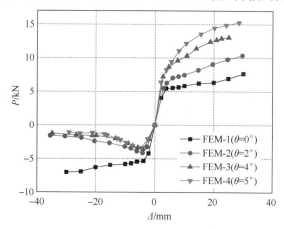

图 5.85　不同歪闪角度下斗栱节点骨架曲线的比较

3. 侧向刚度退化规律

试件进入塑性状态后，在位移幅值不变的条件下，结构构件的刚度随反复加载次数的增加而降低的特性叫刚度退化，在一定意义上反映了斗栱节点的损伤积累。对于本节模拟的试件，骨架曲线出现明显转折的位移约为 5mm，小于 5mm 的骨架曲线基本为弹性段，无明显刚度退化现象，所以图 5.86 中刚度退化的位移值最小取 5mm。

不同歪闪角度下斗栱节点的刚度退化比较，如图 5.86 所示。由图 5.86 可以得出如下试件刚度退化的主要特点。

（1）各斗栱节点的刚度随着加载点位移的增大均出现退化现象，其原因主要是馒头榫、大斗卯口材料发生屈服后的累计损伤，这种损伤主要表现在馒头榫中部受挤压（类似颈缩现象），大斗卯口尺寸变大等。

（2）无歪闪角度的斗栱 FEM-1，正负向刚度退化曲线基本对称，在斗栱侧移较小时，刚度退化速率较快，随着侧移量的增大，退化速率减缓，这是因为在位移加载后期，馒头榫发生过大塑性变形，锚固作用不显著，主要由构件间的摩擦力抵抗水平荷载。

（3）整个模拟过程中，歪闪斗栱的正负向刚度退化曲线呈现不对称的现象：同一角度下的正反向刚度初始值相差较大，这是由于正反向加载过程中，承载力不同导致的；正向加载时同等位移下的歪闪斗栱刚度值随角度的增大而增大，主要是因为构件间挤压程度随角度的增大而提高，继而导致承载力逐渐提高；反向加载时同等位移下的歪闪斗栱刚度值随角度的增大变化不大。不论是正向加载还是反向加载过程中，斗栱节点的刚度都会因损伤的累积作用随位移的增大而降低，趋势大体一致。

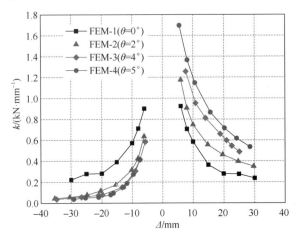

图 5.86　不同歪闪角度下斗栱节点的刚度退化比较

4. 耗能能力比较分析

古建筑木结构主要依靠结构的变形以及内力重分配来消耗地震作用下的能量。等效黏滞阻尼系数与《建筑抗震试验规程》(JGJ/T 101—2015)中的能量耗散系数 E 求法接近，是评价节点抗震性能的一个重要指标，本节选取等效黏滞阻尼系数 h_e 来衡量斗栱节点在加载过程中耗能的能力。

选取各斗栱节点在 10mm、20mm 和 30mm 加载过程中的 E_d、h_e 值进行比较，计算模型耗能指标汇总见表 5.27。

表 5.27　模型耗能指标汇总

模型编号	能量耗散系数 E_d			等效黏滞阻尼系数 h_e		
	10mm	20mm	30mm	10mm	20mm	30mm
FEM-1	2.91	2.48	2.14	0.46	0.39	0.35
FEM-2	2.86	2.81	2.7	0.45	0.44	0.42
FEM-3	2.43	2.00	1.71	0.39	0.32	0.27
FEM-4	2.14	1.77	1.51	0.34	0.28	0.24

由表 5.27 可以看出：各斗栱节点总体的能量耗散系数和等效黏滞阻尼系数均随着加载位移的增大而逐渐减小，主要原因有以下几点。

（1）无歪闪斗栱节点（FEM-1）在加载位移为 10mm 时主要受力构件馒头榫和大斗已经发生塑性变形，模型已经具有一定的耗能能力；当加载位移增大到 20mm 时，斗栱在水平荷载的作用下，整体发生顺时针小角度的旋转，使大斗与平板枋及其他各部件间的接触摩擦面与位移 10mm 相较减少，节点整体耗能能力降低；当加载位移增大到 30mm 时，部件间的相互脱离程度提高，接触面进一步减少，且馒头榫已经发生过大的塑性变形，想要继续发生塑性变形来耗能已无显著的效果；根据图 5.85 中 FEM-1 的骨架曲线可知，在位移大于 10mm 的情况下，P 值变化不大，所以通过构件间挤压所导致的摩擦耗能（摩擦力平行于瓜栱方向）在 10mm、20mm 和 30mm 下基本相同。

（2）歪闪斗栱节点与无歪闪斗栱节点类似，当加载位移为 10mm 时，已具有一定的耗能能力；与无歪闪斗栱节点不同，歪闪斗栱节点在正向加载过程中，承载力不断增加，构件间的挤压程度逐渐提高，沿瓜栱方向的摩擦力增大，对耗能产生积极影响，然而在反向加载过程中，承载力不断减小，构件间的挤压程度逐渐降低，沿瓜栱方向的摩擦力减小，耗能能力减弱。等效黏滞阻尼系数对比如图 5.87 所示。由图 5.87 可知，反向加载对耗能的影响较大，使斗栱节点整体耗能能力逐渐降低。

在同等加载位移条件下，歪闪斗栱节点的耗能能力随角度的增大而降低，这主要是由于歪闪斗栱在正反向加载过程中，反向承载力不断下降使沿瓜栱方向的摩擦力逐渐减小导致的。从表 5.27 中可以得到，FEM-1、FEM-2、FEM-3 和 FEN-4 在最大加载位移 30mm 处的等效黏滞阻尼系数分别为 0.35、0.42、0.27 和 0.24，仍高于钢筋混凝土结构，总体来说，斗栱节点具有较强的耗能能力。

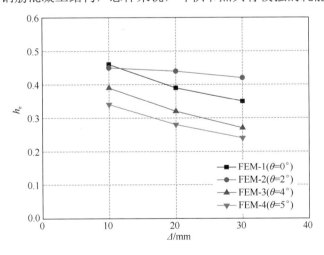

图 5.87　等效黏滞阻尼系数对比

5.8　本　章　小　结

（1）在竖向荷载作用下，不同歪闪角度斗栱的破坏形式类似：局部破坏主要发生在部件的截面薄弱位置如翘中部开口位置，是由于应力集中而导致的；节点整体破坏形式为大斗被压溃继而发生竖向大变形。

（2）在竖向荷载作用下，歪闪斗栱的受力过程经历稳定受荷载阶段与变形不稳定两个阶段。在前一阶段，歪闪角度对斗栱竖向刚度有较大的影响，刚度与角度之间呈线性变化关系，表现为：歪闪角度每增加 1°，刚度降低约 5%；在第二阶段，歪闪角度对刚度的影响仍为线性变化关系，但影响程度加大。

（3）斗栱歪闪一定角度之后，竖向允许最大承载力随角度的增大而降低，下降范围为 15%～30%（θ 为 0°～5°），影响程度明显。

（4）根据有限元结果，建立斗栱竖向力作用下的简化力学模型。其中，有限刚度梁–弹簧组合模型能够更好地反映斗栱模型各构件的受力机理及整体刚度，且与模拟结果相吻合。

（5）在水平向荷载作用下，不同歪闪角度斗栱的破坏形式类似：局部破坏主要发生在部件的截面薄弱位置如大斗的斗耳位置，是由于应力集中而导致的；节点整体变形以剪切滑移变形为主，破坏形式为榫头发生过大的塑性变形从而失去锚固能力。

（6）在不同歪闪角度下，斗栱节点模型的水平向滞回曲线与骨架曲线均呈现出正反向加载不对称的情况，在正向加载过程中，荷载随加载位移的增大而提高；在反向加载过程中，荷载随加载位移的增大先提高再降低。节点承载能力随歪闪角度的增大呈现逐渐降低的趋势。

（7）斗栱节点在进入塑性阶段之前，刚度退化速率较快，当节点完全进入塑性段之后，退化速率逐渐平缓。不同歪闪角度下的退化趋势基本一致。

（8）歪闪斗栱的等效黏滞阻尼系数随歪闪角度的增大而较小，节点的耗能能力降低，极限位移下 FEM-1、FEM-2、FEM-3 和 FEN-4 的等效黏滞阻尼系数分别为 0.35、0.42、0.27 和 0.24，高于钢筋混凝土结构，说明斗栱节点具有较好的耗能能力。

第6章 古建筑木结构地震损伤识别研究

6.1 概　述

在漫长的历史长河中，地震作用下古建筑木结构反复累积损伤，导致构件开裂、榫卯松动拔出、斗栱歪闪松动、木柱倾斜和滑移，结构体系破坏并可能存在坍塌的风险。为做好古建筑的监测预警和震损评价工作，本章根据古建筑木结构缩尺模型振动台试验、有限元模型分析及理论推导，定量研究材料、构件、节点和子结构地震损伤演化特征和反演识别。

在木材损伤理论、劣化机理及影响因素的基础上，对古建筑木材力学性能进行标准测定，利用傅里叶变换红外光谱（FT-IR）采集含氢基基团 C—O、O—H、N—H 振动倍频和含频信息，运用偏最小二乘法对采集近红外光谱信息与木材弹性模量进行相关分析，建立糟朽开裂木材微观损伤光谱信息与木材宏观力学性能识别模型。结果表明，古建筑旧材弹性模量较新材有所降低。随不同位置处损伤程度增加，弹性模量衰减度增大；1 510～1 512/cm^{-1}、1 423～1 428/cm^{-1}、1 055～1 058/cm^{-1} 和 615～619/cm^{-1} 原始光谱均值谱吸收强度峰值均不同程度增大。

设计不同位置和不同深度扇形裂缝矩形截面木梁12组、圆形截面木柱8组，建立纵向裂缝古建筑梁和柱有限元模型，分别研究其自振频率、曲率模态、模态应变能及灵敏度系数。基于单元模态应变能一阶摄动理论，对纵向裂缝古建筑梁和柱的震动损伤位置和程度进行识别。

基于榫卯连接古建筑木结构振动台试验和有限元模型，建立结构简化力学模型，推导结构量测和观测矩阵、状态和观测方程。采用振动台试验结果确定地震作用下榫卯节点转动刚度损伤演化特征，利用静动力凝聚方法建立结构刚度与榫卯节点转动刚度相关关系。进行力锤敲击测试试验和仿真计算，获得结构柱架层和乳栿层的位移、速度及加速度响应。考虑 5%水平噪声干扰，利用静动力凝聚、奇异值分解偏最小二乘（PLS-SVD）和扩展卡尔曼滤波（EKF）混合方法，编制 MATLAB 程序对榫卯节点转动刚度进行损伤识别。

基于斗栱二维简化力学模型，在剪切-滑移和弯矩-转角运动方程基础上，推导歪闪斗栱量测和观测矩阵、状态和观测方程。利用 ABAQUS 模拟歪闪角度为 0°、2°、4°和 5°斗栱三维有限元模型，研究水平地震和脉冲作用下歪闪斗栱各层的变形、基频及阻尼系数损伤演化特征。在歪闪斗栱滑动和转动层间刚度先验值基础上，对 5%水平噪声干扰下的斗栱滑动及转动层间刚度进行识别。

根据缩尺比为 1:3.52 殿堂式古建筑当心间模型振动台试验，研究不同地震和脉冲作用下模型层间等效抗侧刚度、侧移响应损伤演化特征，以及侧移对刚度损伤敏感性。在考虑柱脚滑移结构简化力学模型的基础上，推导模型量测和观测矩阵、状态和观测方程，定量识别模型等效抗侧刚度。强震作用下考虑柱脚滑移的模型量测和观测矩阵、状态和观测方程可推广应用到古建筑木结构损伤识别中。

6.2 古建筑劣化木材力学性能损伤识别研究

由于长期受所处外部环境的物理、化学和生物等因素影响，古建筑木材力学性能呈现明显劣化损伤。木材材性的劣化损伤与古建筑木结构的寿命息息相关，是影响木结构性能的内在因素。有关学者概括了温度、光辐射、雨水、生物和机械力等几种形式能量对木材外观的损害（李旋，2013），如表 6.1 所示。

表 6.1 各种形式能量对木材外观的损害

能量形式	户内	程度	户外	程度
光-热（温度）	颜色变暗	轻微	变黑	较轻
光与紫外线辐射	变色	较轻	明显变色、化学降解	严重
废气、雨水等化学作用	变色、褪色	轻微	变色、强度下降	严重
生物侵蚀	变色和开裂	严重	变色、强度下降、化学降解	严重
机械力	磨损与开裂	轻微	粗糙、纤维脱落、磨损开裂	严重

《古建筑木结构维护与加固技术规范》编制组对我国古建筑旧木构件进行了实地勘查，对落叶松、柏木和云衫 3 个树种做了新材和旧材材性指标对比试验（《古建筑木结构维护与加固技术规范》编制组，1994）。结果表明，木材材性各项指标均有不同程度下降，其中抗弯强度和弹性模量衰减最大。目前《古建筑木结构维护与加固技术标准》（GB/T 50165—2020）仅按照腐朽面积与整截面面积之比作为参数对残损点进行评定，评定方法略显粗糙，不能反映腐朽构件承载力降低的程度。因此，考虑木材微观劣化损伤，对古建筑木结构安全性分析更具实际意义。

6.2.1 材性劣化主要类型

木材实体可认为是由许多空腔细胞和细胞壁构成的。木材细胞壁主要由纤维素、半纤维素、木质素、少量的果胶及无机盐构成。纤维素分子链聚集成束以有序排列微纤丝状态长于细胞壁里，形成木材骨架，为木材提供抗拉强度；半纤维素则以无定形形式渗透于骨架的物质纤维素中，为木材细胞壁提供刚性；木质素则形成于细胞分化最后阶段,渗透在细胞壁骨架物质中,使得细胞壁更加坚硬,常被称为细胞壁结壳物质或硬固物质。作为一种天然高分子有机材料,木材既具有鲜明的生物特性,又有其特有的缺陷。根据规范《原木缺陷》(GB/T 155—2017),木材的缺陷主要表现为节子、裂缝、干形缺陷、结构缺陷、真菌腐朽、空洞、虫害和机械损伤等几大类,其中自然老化、腐朽和虫蛀,以及裂缝是古建筑木材材性劣化的主要类型。

(1)自然老化。暴露于大气中的古建筑木材,由于受到周围环境如光照、氧、温度和化学介质等影响,会引起表面、物理力学等性能发生不可逆改变,而逐渐失去原有优良性能。在这些因素中,太阳辐射的光能是室外环境中对木材最有害的因素,在某种程度上,决定了木材产品的使用年限。太阳辐射光谱中紫外线所占光谱比例最少,但光谱能却最高,它是导致木材表面光氧化降解最主要的因素。

(2)腐朽和虫蛀。腐朽和虫蛀是木材由于微生物菌和昆虫(白蚁、甲虫等)的侵入,逐渐改变其颜色或结构,木材细胞壁受到破坏,物理、力学性质随之发生变化,最后变得松软易碎,呈筛孔状或粉末状等形态。腐朽和虫蛀能破坏木材中纤维素和木质素,使其物理和力学性能大大降低。现存古建筑木结构经过长期的微生物侵蚀或昆虫侵害,均存在不同程度的腐朽或虫蛀。

(3)裂缝。裂缝是木材由于长期受外力或干湿交替变化的影响,木纤维之间发生分离的一种现象。裂缝按照开裂部位和开裂方向可分为径裂、轮裂及由于木材干燥不均而引起的干裂三种。裂缝对木材力学性能影响取决于裂缝相对的尺寸、裂缝与作用力方向的关系,以及裂缝与危险断面的关系等。裂缝破坏了木材的完整性,从而降低木材的强度。

6.2.2　材性劣化损伤理论

木材为非匀质、多孔的各向异性材料,其在压力作用下发生塑性变形,在拉力或剪力作用下发生脆性破坏,且拉压强度不相等。

木材弹性本构关系为

$$\begin{Bmatrix} \sigma_{11} \\ \sigma_{22} \\ \sigma_{33} \\ \sigma_{12} \\ \sigma_{23} \\ \sigma_{31} \end{Bmatrix} = \begin{bmatrix} H_{1111} & H_{1122} & H_{1133} & 0 & 0 & 0 \\ H_{1122} & H_{2222} & H_{2233} & 0 & 0 & 0 \\ H_{1133} & H_{2233} & H_{3333} & 0 & 0 & 0 \\ 0 & 0 & 0 & H_{1212} & 0 & 0 \\ 0 & 0 & 0 & 0 & H_{2323} & 0 \\ 0 & 0 & 0 & 0 & 0 & H_{3131} \end{bmatrix} \begin{Bmatrix} \varepsilon_{11} \\ \varepsilon_{22} \\ \varepsilon_{33} \\ \varepsilon_{12} \\ \varepsilon_{23} \\ \varepsilon_{31} \end{Bmatrix} \quad (6\text{-}1)$$

其中

$$H_{1111} = E_1 / (1 - \nu_{23}\nu_{32})\gamma \; ; \quad H_{2222} = E_2 / (1 - \nu_{13}\nu_{31})\gamma \; ; \quad H_{3333} = E_3 / (1 - \nu_{12}\nu_{21})\gamma \; ;$$

$H_{1122} = E_1 / (v_{21} - v_{31}v_{23})\gamma$;　　$H_{1133} = E_3 / (v_{13} - v_{12}v_{23})\gamma$;

$H_{2233} = E_2 / (v_{32} - v_{12}v_{31})\gamma$;　　$H_{1212} = 2G_{12}$;　　$H_{2323} = 2G_{23}$;　　$H_{3131} = 2G_{31}$;

$\gamma = (1 - v_{12}v_{21} - v_{23}v_{32} - v_{31}v_{13} - 2v_{21}v_{32}v_{13})^{-1}$;　　$\varepsilon_{12} = \gamma_{12}/2$;　　$\varepsilon_{23} = \gamma_{23}/2$;　　$\varepsilon_{31} = \gamma_{31}/2$

式中：E_1、E_2 和 E_3 分别为木材顺纹纵向 L、横纹径向 R 和切向 T 三向的弹性模量；G_{12}、G_{23} 和 G_{31} 分别为木材 L-R，R-T 和 T-L 平面内的剪切模量；v_{ij} 为泊松比；σ_{ij} 和 ε_{ij} 为应力和应变分量。

　　木材的弹性模量与树种、木材密度和含水率等因素有关。木材的横纹弹性模量分为径向 E_2 和切向 E_3，它们与木材顺纹弹性模量 E_1 的比值随木材的树种不同而不同。横纹弹性模量可近似地取为

$$\frac{E_2}{E_1} \approx 0.1 , \quad \frac{E_3}{E_1} \approx 0.05$$

　　木材的剪切模量随树种、密度的不同而有差异。剪切模量与顺纹弹性模量 E_1 的相对比值，可以近似地取为

$$\frac{G_{12}}{E_1} \approx 0.075 , \quad \frac{G_{31}}{E_1} \approx 0.06 , \quad \frac{G_{23}}{E_1} \approx 0.018$$

　　损伤理论主要研究木材或构件从原生缺陷到形成宏观劣化现象直至破坏的全过程，也就是通常指的裂纹、腐朽和虫蛀等的萌生、扩展或演变，体积元的破裂、裂纹形成、裂纹稳定扩展和失稳扩展的全过程。损伤理论旨在建立损伤材料的本构关系，解释材料的劣坏机理，建立损伤演变方程，计算构件的损伤程度，从而达到评估其寿命的目的。根据损伤力学理论，损伤变量的定义主要有两种方法，一种是基于几何损伤中材料有效承载面积定义的，另一种是基于能量损伤中材料性质"劣化"，弹性模量折减定义的。本节以弹性模量折减定义损伤变量。

　　法国学者 Lematre 提出了等效应变原理（Chow, et al.，1987），名义应力在受损材料上引起的应变与有效应力在无损材料上引起的应变等效，用四阶张量表示各向异性损伤，设 $\boldsymbol{M}(D)$ 为受损材料损伤张量矩阵，$\bar{\sigma}$ 为有效应力矩阵，可以表达为

$$\bar{\sigma} = \boldsymbol{M}(D) : \sigma \tag{6-2}$$

其中损伤张量矩阵可表示为六阶对角阵，即

$$\boldsymbol{M}(D) = \mathrm{diag}\left\{ 1/1 - D_1, 1/1 - D_2, 1/1 - D_3, 1/\sqrt{(1-D_1)(1-D_2)}, 1/\sqrt{(1-D_2)(1-D_3)}, \right.$$
$$\left. 1/\sqrt{(1-D_1)(1-D_3)} \right\}$$

设损伤弹性矩阵为 $\bar{H}$，即

$$\bar{H}_{1111} = H_{1111}/(1-D_1) , \quad \bar{H}_{2222} = H_{2222}/(1-D_2) , \quad \bar{H}_{3333} = H_{3333}/(1-D_3) ,$$
$$\bar{H}_{1212} = H_{1212}/\sqrt{(1-D_1)(1-D_2)} , \quad \bar{H}_{2323} = H_{2323}/\sqrt{(1-D_2)(1-D_3)} ,$$

$$\bar{H}_{3131} = H_{3131} / \sqrt{(1-D_1)(1-D_3)}$$

6.2.3　木材材性劣化研究

1. 材性劣化影响因素

（1）老化和干湿交替等环境因素。当外界环境的温湿度发生变化时，木材不同部位的含水率随之发生变化。由于其径向和切向干缩率的不同，在木材内部产生干缩应力，当干缩应力大于木材的横向抗拉强度时，干缩裂缝产生。古建筑长期处于变化的外界环境中，受温湿度变化的影响非常明显，许多古建筑木构件都出现了开裂现象，如柱头受压劈裂、柱身劈裂、大梁劈裂以及普拍枋等构件的劈裂等，其抗拉、弯、压和剪等力学性能降低。大梁劈裂会对抗剪承载力造成很大影响，柱头压劈会导致柱头发生受压屈服破坏，连接松动、脱卯等会导致结构整体的坍塌等。

（2）菌虫腐蛀等生物因素。古建筑木结构在大气环境中，由于大气湿度较高，木构件一直处于潮湿的环境中，结构各个构件的含水率从建造到气干状态过程，一直高于纤维饱和点，会促使木腐菌的生长繁殖。木腐菌以木材作为营养基质使木材分解，导致木材腐朽及其材料力学性能退化。木腐菌中主要的一大类叫作真菌，真菌在有性繁殖生长发育过程中生成子实体。大多数破坏木材的腐朽菌子实体或成痂皮状平铺在木材表面，或成托叶状直立于木材上；发育成熟后，子实体产生孢子，孢子随风传播，落到木材上，遇合适环境，即生长成无色或有颜色的菌丝；菌丝生长，穿透和破坏木材。与木腐菌比较，细菌的危害主要体现侵蚀古建筑木材细胞壁，可使木材变色，但细菌对木材强度降低很小，对木材的损伤要轻得多。细菌和真菌同时危害，可以加速木材的降解。

古建筑木材生物虫害中蛀木甲虫和白蚁危害最大。蛀木甲虫一般分属于天牛科、长蠹科、窃蠹科、小蠹科、粉蠹科，象虫科和长小蠹科，蛀木甲虫一般将木材蛀成针孔大小虫眼，或在木材内部蛀成纵横交错的虫道。天牛科类甲虫在木材中形成较大的虫眼，虫道很深，当形成数量较多的虫道时会对建筑造成毁灭性危害。长蠹科的害虫常常形成粉虫眼，主要在木材内部蛀成纵横交错的各种虫道，危害初期不易被发现，严重时整个木材成蜂糕状，木材表面一触即坏。在我国古建筑中常见的有家白蚁、散白蚁、土白蚁和木白蚁，各种白蚁对木结构造成的危害不同。家白蚁专门蛀食木材年轮中的早材部分，在木材中形成沟状和深缝状，严重时整个木材仅剩下片状或条状的晚材部分。散白蚁常常会危害近地面木材、门窗、墙角木柱等。土白蚁在木材表面由外向内逐渐深入蛀食，严重时木材仅剩下一条不规则的芯子。木白蚁在木材表面不易发现，一经察觉时木材内部已被蛀空，再进行维修相当困难。

（3）长期荷载等力学因素。木材长期在恒载、超载、地面沉降、振动或对相连结构的撞击等力学因素影响下，材料强度会出现随时间降低的现象。木材的这种长期荷载效应主要是由于木材受外界温湿度变化、内部应力发生变化的蠕变或流变特性引起的，一般蠕变或流变过程是不可逆的。目前，木材强度降低的研究集中在两方面：外界条件恒定的情况下，木材强度随时间变化的关系；在外界条件变化（主要是含水量变化）情况下，木材强度随时间变化的关系。持续荷载效应不仅会引起木材长期强度的降低，更重要的是会引起木构件变形的增大。在古建筑中，有些构件正是因为变形过大致使构件不能正常使用或需要更换。

在木材干燥过程中，由于内部各层含水率的不同，各层的干缩也不一致，受到相邻层的制约而产生干燥应力。Hanhijiirv（2000）在考虑了机械吸附应变基础上，结合木梁的计算给出了蠕变模型参数：

$$E_t = E_{t,12\%}\left[1-0.5(u-12\%)\right], \quad E_c = E_{c,12\%}\left[1-0.7(u-12\%)\right] \tag{6-3}$$

式中：$E_{t,12\%}$=14 200MPa；$E_{c,12\%}$=12 400MPa。

2. 材性劣化机理

木材力学性能劣化，从微观上表现为木材的细胞壁结构发生破坏，从成分上表现为木材纤维素、半纤维素和木质素主要化学成分结构及含量发生改变，从结晶度上表现为纤维素结晶区内部排列规整、有序的纤维素分子链降解破坏（李瑜，2008）。

高悦文（2015）通过扫描电子显微镜观察腐朽试件表面超微结构变化，利用傅里叶变换红外光谱分析技术测试各类试件主要化学官能团和化学键的改变，以及通过多晶衍射分析试件纤维素相对结晶度的变化情况，探究了古木力学性能损伤机理。表 6.2 给出了损伤引起的变化与材性劣化情况：光老化导致木材微观构造纹孔出现裂缝及木材纤维素少量降解，木质素在紫外线照射下被大量降解，木材颜色变棕、变暗，力学性能降低。褐腐导致木材细胞壁的瓦解，致使木材纤维素、半纤维素含量大量降低，木材质量及力学性能下降。干湿交替导致木质试件产生干缩裂缝，物理力学性能下降。

表6.2 损伤引起的变化与材性劣化情况

内容	加速劣化方法	加速劣化天数（次数）	试验现象	材质劣化情况
切片细胞壁结构	紫外线辐射	0 天	细胞壁表面比较光滑，规整性较好	
		64 天	纹孔出现裂缝，管胞壁出现螺纹裂隙	力学性能下降明显
	褐腐菌腐朽	0 天	横切面管胞壁上纹孔排列清晰，周围没有真菌物质	
		56 天	管胞附近生长出大量菌丝已经侵入到细胞壁内部，破坏分解细胞壁	质量损失率明显降低，力学性能大幅减弱
		98 天	细胞壁已经腐烂严重，随着褐腐朽对细胞壁的降解愈发严重	木材质量和力学性能劣化严重
	干湿交替	0 次	纹孔及管壁周围无变化	
		35 次	管胞间距减小	试件尺寸变化和力学性能降低

续表

内容	加速劣化方法	加速劣化天数（次数）	试验现象	材质劣化情况
纤维素、半纤维素、木质素化学结构	紫外线辐射	56 天前	芳环碳骨架振动吸收峰强度明显减弱，甲基 C—H 的变形振动、O—H 缔合吸收带、C—O 伸缩振动峰高略有下降	木质素含量大量减少
		56 天后	芳环碳骨架振动吸收峰强度下降幅度减小，木质素降解速度变慢。甲基 C—H 的变形振动、O—H 缔合吸收带、C—O 伸缩振动峰高略有下降	木质素含量下降幅度减小
	褐腐菌腐朽	42 天前	甲基 C—H 的变形振动、O—H 缔合吸收带、C—O 伸缩振动吸收峰强度下降显著	质量损失率和力学性能降低
		42 天后	甲基 C—H 的变形振动、O—H 缔合吸收、C—O 伸缩振动吸收峰强度较之前减弱	质量损失率和力学性能大幅度降低
	干湿交替	15 次前	甲基 C—H 的变形振动、O—H 缔合吸收带、C—O 伸缩振动的峰高略有下降	木质素和半纤维素降解程度较轻
		15 次后	芳环碳骨架振动吸收峰强度略有下降	木质素和半纤维素降解程度较轻
纤维素结晶度	紫外线辐射	128 天前	随老化时间，木材结晶度有小幅度减少，但变化幅度不明显	纤维素、半纤维素降解程度较轻
	褐腐菌腐朽	42 天前	结晶度下降趋势不明显	纤维素、半纤维素降解程度较轻
		42 天后	结晶度下降趋势明显，下降速率变快	纤维素、半纤维素降解加速
	干湿交替	35 次	结晶度略微降低	力学性能大大降低

6.2.4　材质微观损伤试验

近红外光谱法具有操作简单、结果准确和对样品无损坏等优点，广泛应用于木材材性识别研究。木材中的纤维素和木质素分子内含有大量含氢基团，在近红外光谱区域有丰富的吸收信息。利用近红外光谱识别古建筑木材微观损伤步骤为：①对木材样品力学性能进行标准测定；②选取具有代表性的古建筑木材标准样品，利用近红外光谱仪扫描采集相关近红外光谱信息；③运用 PLS 对采集到的光谱信息与试验测得木材试样的材料强度和弹性模量进行相关分析；④建立光谱信息与木材力学性能的识别模型；⑤对古建筑木材样品力学性能识别，为古建筑木结构震损分析和监测预警提供参考。

本节以建成于辽代、距今有近 1000 年的我国山西应县木塔修复替换下来的糟朽且开裂的落叶松木构件作为试验材料。在测定材料力学性能基础上，利用傅里叶变换红外光谱（FT-IR）采集含氢基基团 C—O，O—H，N—H 等振动的倍频和合频信息，研究糟朽、开裂、损伤木质材料的微观损伤与宏观力学性能的相关模型。

1. 老化木构件材料性能测试

木材顺纹抗压强度和横纹抗压弹性模量是表征木材力学性质的重要材性指标。本节按照现行国家标准《木材物理力学试验方法》(GB 1935—2009)、《木材物理力学试材锯解及试样截取方法》(GB 1929—2009)和《木材物理力学试材采集方法》(GB 1927—2009)制作试样。试验利用老化、开裂木构件距表面 0~20mm、20~40mm 处旧材,按位置编号为 W-1、W-2,每个位置制作 3 个试样。木材顺纹抗压强度测定和测定后试样破坏情况分别如图6.1和图6.2所示,试样的(长×宽×厚尺寸)为 30mm×20mm×20mm,长度方向为顺纹方向,并垂直于受压面。加压钢块的(长×宽×厚尺寸)为 30mm×20mm×10mm。木材顺纹抗压弹性模量测定试样的长×宽×厚尺寸为 60mm×20mm×20mm,长度方向为顺纹方向;顺纹抗压弹性模量测点布置:在弦向试样的两弦面上,距长度两端 20mm 处各划两条标距线,在径向试样两径面上划线。于试验前一天,在试样各标距线中点,用胶黏剂贴上厚 0.5~1mm、面积为 5mm×5mm 的黄铜片。测试中将试样放在试验机支座中心位置,沿试样顺纹方向以均匀速度加荷。加荷的下限、上限为 1~4kN,在 30~40s 内加荷至上限,记录变形值,反复 6 次,记录荷载-变形图。试验后,测定试样含水率。

图 6.1　顺纹抗压强度测定　　　　　图 6.2　测定后试样破坏情况

试验得到古建筑木材 6 组试样的应力-应变关系曲线如图6.3所示。古建筑旧材含水率、顺纹抗压强度和弹性模量测试结果如表6.3所示。

表 6.3 中测试结果表明,距古建筑旧木构件边缘 0~20mm 处顺纹抗压强度和弹性模量较 20~40mm 处劣化损伤严重,强度衰减了 17.24%,弹性模量衰减了 34.96%。与有关文献比较发现,古建筑不同位置处旧材顺纹抗压强度较新材均有一定降低,顺纹抗压弹性模量较新材大幅降低。其中距古建筑旧木构件边缘 0~20mm 处的顺纹抗压强度降低了 48.65%,顺纹抗压弹性模量降低了 77.75%;距

古建旧木构件边缘 20～40mm 处的顺纹抗压强度降低了 78.6%，顺纹抗压弹性模量降低了 65.79%。这说明，古建筑木结构地震损伤分析时，不仅要考虑老化木材材质损伤影响，还要考虑构件内部不同位置力学性质差异损伤的影响。

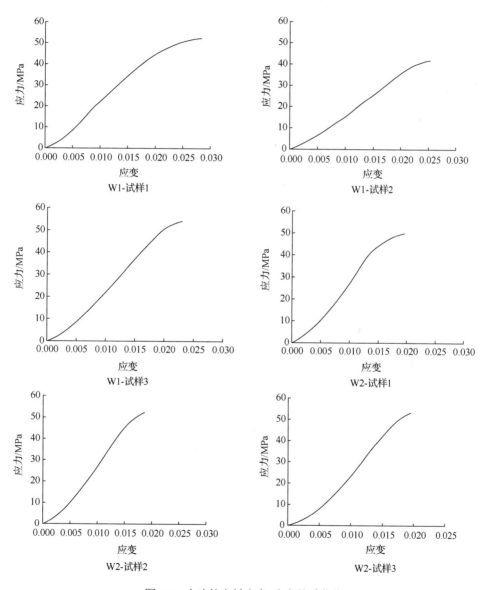

图 6.3　古建筑木材应力-应变关系曲线

表 6.3　古建筑旧材顺纹抗压强度和弹性模量测试结果

W-1 含水率（7.5%）	测试抗压强度/MPa	53.94	52.02	50.37	49.84	50.52	51.61
	均值/MPa	51.38					
	标准差	1.49					
W-2 含水率（7.9%）	测试抗压强度/MPa	65.89	61.79	59.34	56.28	65.12	64.08
	均值/MPa	62.08					
	标准差	3.73					
W-1 含水率（8.1%）	测试弹性模量/MPa	2583	1909	2254	2349	2016	2381
	均值/MPa	2249					
	标准差	248.55					
W-2 含水率（8.5%）	测试弹性模量/MPa	3400	3503	3471	3479	3410	3485
	均值/MPa	3458					
	标准差	42.5					

2. 力学性能校正模型建立

表 6.4 为古建筑旧材力学指标校正集和识别集描述统计结果。根据试验所测得的落叶松木材力学性能指标数据，W-1 和 W-2 顺纹抗压强度指标校正集范围为 49.84～65.89MPa，识别集范围为 50.52～65.12MPa；顺纹抗压弹性模量指标校正集范围为 1909～3503MPa，识别集范围为 2016～3485MPa。从表 6.4 中可以看出，试样顺纹抗压强度和顺纹抗压弹性模量指标的校正集分布范围均大于识别集，说明试样校正集有一定代表性，可以防止模型外推。

表 6.4　古建筑旧材力学指标校正集和识别集描述统计结果

力学性质指标	类别	校正集			识别集		
		范围	平均值	标准差	范围	平均值	标准差
顺纹抗压强度/ MPa	W-1	49.84～53.94	51.54	1.85	50.52～51.61	51.07	0.77
	W-2	56.28～65.89	60.83	4.06	64.08～65.12	64.6	0.74
顺纹抗压弹性 模量/MPa	W-1	1 909～2 583	2 274	279.72	2 016～2 381	2 199	258.09
	W-2	3 400～3 503	3 463	44.3	3 410～3 485	3 448	53.03

3. 木材微观损伤的 FT-IR 测试

由于自然老化、干湿循环和长期荷载影响，木梁截面不同位置处出现不同程度的老化、开裂现象。本节分别取据构件外表面 0～20mm、20～40mm 处材质，按位置编号为 W-1、W-2，两种样品各制作 4 组样本，分别为采样组 2 组和对照组 2 组。通过比较木质样本不同位置处细胞壁结构及主要化学成分的变化，分析木质样本不同位置糟朽、开裂木材材料微观损伤和宏观损伤程度。

　　样品红外光谱采集仪器采用傅里叶变换红外光谱（FT-IR），实验室内温度、湿度基本恒定，室内温度控制在（20±1）℃，平均相对湿度为50%。烘干样品，称量 0.2～1.5mg。称量样本载体溴化钾末 200～300mg，真空下在玛瑙乳钵中将结石样品与溴化钾混合后研磨20～30s；在一特制工具中以 8 000kg/cm² 压制溴化钾片 30s，直径为 13mm，制作总时约 5min。在全光谱范围内对样品进行扫描，在相连接的计算机上显示所采集样品光谱，设置每个纪录为一个信息点，每个样品扫描并自动平均为一个光谱。将所采集的光谱进行平滑处理和校正处理，并消除背景噪声及基线影响，提高光谱的信噪比（赵荣军等，2012），如图 6.4 所示。

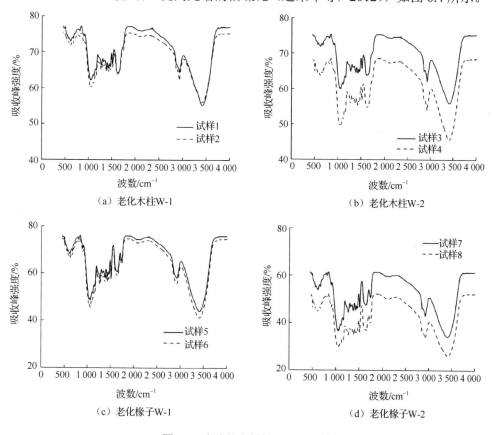

图 6.4　古建筑木材的 FT-IR 光谱

　　古建筑木材 FT-IR 均值谱吸收峰强度如表 6.5 所示。由表 6.4 和表 6.5 老化木材顺纹抗压强度、弹性模量与 FT-IR 均值谱吸收峰强度结果表明，距构件外表面 0～20mm 处的顺纹抗压强度较距构件外表面 20～40mm 处降低了 17%，1 510～1 512cm⁻¹ 范围均值谱吸收峰强度均值提高了 11%，1 423～1 428cm⁻¹ 范围均值谱吸收峰强度均值提高了 10%，1 055～1 058cm⁻¹ 范围均值谱吸收峰强度均值提高了 13%，615～619cm⁻¹ 范围均值谱吸收峰强度均值提高了 10%。

表 6.5　古建筑木材 FT-IR 均值谱范围吸收峰强度值

样品编码	吸收峰强度值/%			
	$1\,510\sim1\,512\mathrm{cm}^{-1}$	$1\,423\sim1\,428\mathrm{cm}^{-1}$	$1\,055\sim1\,058\mathrm{cm}^{-1}$	$615\sim619\mathrm{cm}^{-1}$
柱 W-1	66.25	64.52	61.10	72.45
柱 W-2	59.88	58.59	54.22	66.07
橡 W-1	58.49	57.48	47.19	67.27
橡 W-2	41.48	40.32	33.29	49.24

为消除基线漂移或平缓背景干扰信息对近红外光谱的影响，采用导数预处理光谱。导数预处理方法是一种常用的光谱处理方法，导数预处理后的光谱可以提供比原光谱更高的分辨率和更清晰的光谱轮廓变化。导数预处理有 1 阶导数和 2 阶导数预处理，通过对原始光谱进行 1 阶导数和 2 阶导数预处理，有助于对光谱分析和波段选择。

罗莎等（2012）对近红外光谱进行 1 阶导数和 2 阶导数预处理，获得木材力学性能识别效果均较好，2 阶导数预处理后的效果更好。本节采用 2 阶导数预处理方法建立校正模型，古建筑木材的 2 阶导数预处理的 FT-IR 光谱图如图 6.5 所示。

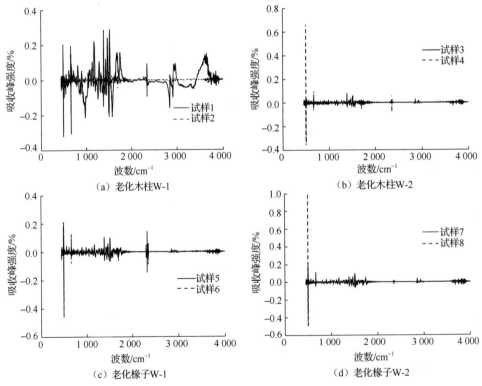

图 6.5　古建筑木材的 2 阶导数预处理 FT-IR 光谱

6.2.5　奇异值分解的偏最小二乘理论

偏最小二乘理论（projection latent structures）是一种关于多因变量对多自变量的回归建模方法，在对多变量进行辨识和筛选过程中，通过一系列变换从自变量信息中有效提取出能最好解释系统综合变量。偏最小二乘方法提出了一种新的回归模式，能够较好地解决自变量间的多重相关性、样本不足和噪声影响等问题（王惠文，2005）。偏最小二乘计算中，利用奇异值分解方法求解权向量，不需要多次迭代，过程计算量少，计算快速稳定。奇异值分解的偏最小二乘理论算法具体过程如下。

首先对数据进行标准化处理。自变量样本矩阵 $\boldsymbol{X}$ 经标准化处理后得到的数据矩阵记为 $\boldsymbol{X}_0 = \left(\boldsymbol{X}_{01}, \boldsymbol{X}_{02}, \cdots, \boldsymbol{X}_{0P}\right)_{n \times p}$，因变量样本矩阵 $\boldsymbol{Y}$ 经标准化处理后得到的数据矩阵记为 $\boldsymbol{Y}_0 = \left(\boldsymbol{Y}_{01}, \boldsymbol{Y}_{02}, \cdots, \boldsymbol{Y}_{0q}\right)_{n \times q}$；

计算自变量空间的权向量 $\boldsymbol{w}_h$ 和其相关的因变量空间的权向量 $\boldsymbol{c}_h$：

$\boldsymbol{w}_h$ 为 $\boldsymbol{X}_{h-1}^{\mathrm{T}} \boldsymbol{Y}_{h-1}$ 的最大奇异值对应的左奇异向量；

$\boldsymbol{c}_h$ 为 $\boldsymbol{X}_{h-1}^{\mathrm{T}} \boldsymbol{Y}_{h-1}$ 的最大奇异值对应的右奇异向量。

求解自变量的潜变量成分向量 $\boldsymbol{t}_h$ 和因变量的潜变量成分向量 $\boldsymbol{u}_h$，即

$$\boldsymbol{t}_h = \boldsymbol{X}_{h-1} \boldsymbol{w}_h \tag{6-4}$$

$$\boldsymbol{u}_h = \boldsymbol{Y}_{h-1} \boldsymbol{c}_h \tag{6-5}$$

求解自变量成分 $\boldsymbol{t}_h$ 和因变量成分 $\boldsymbol{u}_h$ 的载荷向量 $\boldsymbol{p}_h$ 和 $\boldsymbol{q}_h$ 及两组成分之间的回归系数 $\boldsymbol{b}_h$ 为

$$\boldsymbol{p}_h^{\mathrm{T}} = \left(\boldsymbol{t}_h^{\mathrm{T}} \boldsymbol{t}_h\right)^{-1} \boldsymbol{t}_h^{\mathrm{T}} \boldsymbol{X}_{h-1} \tag{6-6}$$

$$\boldsymbol{q}_h^{\mathrm{T}} = \left(\boldsymbol{t}_h^{\mathrm{T}} \boldsymbol{t}_h\right)^{-1} \boldsymbol{t}_h^{\mathrm{T}} \boldsymbol{Y}_{h-1} \tag{6-7}$$

$$\boldsymbol{b}_h^{\mathrm{T}} = \left(\boldsymbol{t}_h^{\mathrm{T}} \boldsymbol{t}_h\right)^{-1} \boldsymbol{t}_h^{\mathrm{T}} \boldsymbol{u}_h \tag{6-8}$$

将古建筑老化木材的近红外光谱数据作为矩阵 $\boldsymbol{X}$，将试验测定老化木材的强度或弹性模量作为力学指标矩阵 $\boldsymbol{Y}$，将矩阵经标准化处理后即可求解二者相关模型。

6.2.6　损伤识别模型及其外部验证

将待测样品分为校正集、预测集 2 组，样品光谱数据和力学性质指标一一对应。模型建立后利用识别集进行外部验证，分析识别值与实测值的相关性。最后，根据相关系数，校正均方差（RMSEC）以及预测均方差（RMSEP）评价模型质量。

利用近红外光谱技术，对每个试样力学指标建立原始光谱和 2 阶导数预处理光谱校正模型。模型相关系数和标准偏差之间差异说明，2 阶导数预处理光谱校

正模型效果更好。选择主成分数为 4，利用 2 阶导数预处理光谱建立木材顺纹抗压强度和顺纹抗压弹性模量校正模型。选择试样预测集建立识别模型，木材顺纹抗压强度和顺纹抗压弹性模量识别模型的相关系数均小于 0.88，标准偏差均小于 7。近红外光谱识别值和实测值之间具有一定的相关性，表明利用近红外光谱技术建立糟朽开裂落叶松木材力学性能识别模型，可以实现对劣化落叶松木材顺纹抗压强度和顺纹抗压弹性模量的无损识别。

6.3　纵向裂缝梁柱模态应变能地震损伤识别研究

梁和柱作为古建筑木结构体系的典型受力构件，其重要性不言而喻。在长期外力作用下，梁和柱构件原有干缩裂缝因材质下降不断加剧发展（马炳坚，2006）。古建筑梁和柱的这些纵向裂缝不仅会削弱构件的有效截面，影响木构件的使用性能，降低构件承载力与刚度，还会在地震作用下给构件和整个结构安全带来不利影响（朱忠漫，2015；周乾，2015）。因此，在进行古建筑木结构地震损伤监测预警前，需要首先对这些纵向开裂梁、柱构件震损情况进行预测，准确判定这些裂缝构件的安全状态。基于此，设计了不同位置和不同深度扇形裂缝矩形截面木梁构件 12 组、圆形截面木柱构件 8 组，建立了古建筑纵向裂缝木梁和木柱有限元模型，用于研究其自振频率、曲率模态、模态应变能及其灵敏度系数。基于单元模态应变能一阶摄动的最小二乘理论，提出了古建筑纵向裂缝木梁和木柱损伤识别方法。

6.3.1　典型构件裂损类型

古建筑木梁属于抗弯构件，主要承受上层屋面荷载。由于长期承受屋面自重荷载及雨雪等传递下来的荷载，大梁弯曲是历史建筑中常见的一种变形。木梁和枋产生此现象的原因，一方面由于随着构件材质的劣化，构件出现刚度变小现象；另一方面由于材质干缩导致构件出现裂缝，受弯承载力下降导致挠度增大。挠度变大还会进一步导致梁枋发生劈裂和折断等破坏现象，如图 6.6（a）所示。

古建筑木柱裂缝包括自然因素引起的干缩裂缝和外力作用下引起的破坏性裂缝，如图 6.6（b）所示。柱开裂产生的裂缝一般与其受压方向相同，且有效受压截面尺寸减小，使得柱子易产生倾斜，降低承载力。在地震作用下，柱受力方向要产生偏离轴心，这使得柱子处于偏心受力状态，很容易造成柱开裂破坏，甚至导致柱折断。参照《古建筑木结构维护与加固技术标准》（GB/T 50165—2020）规定，对于承重结构的圆木或方木构件，在连接件的受剪面上不允许出现裂缝，在受剪面附近的裂缝深度不得大于一等材圆木直径的 1/4 或方木宽的 1/4，不得大于二等材圆木直径的 1/2 或方木宽的 1/3。对于不符合上述规定的裂缝应根据其深度、宽度的开展程度采取嵌补、加铁箍、更换构件等措施加固维修。

（a）纵向裂缝木梁　　　　　　　　　　（b）纵向裂缝木柱

图 6.6　古建筑木结构纵向开裂典型构件

6.3.2　模态应变能指标

在考虑一均匀的连接梁结构时，将其划分为 NE 个单元和 N 个节点（唐天国等，2005），假设该梁已经通过计算或试验获得部分固有频率和模态振型，则该梁在未受到裂缝损伤时第 i 阶模态刚度 K_i 可表示为

$$K_i = \int_0^L k(x)\left[\Phi_i''(x)\right]^2 \mathrm{d}x \tag{6-9}$$

式中：$\Phi_i''(x)$ 为第 i 阶振型函数；$k(x)$ 为梁的抗弯刚度；L 为梁的长度，则梁上第 j 单元对第 i 阶模态刚度的分量为

$$K_{ij} = k_j \int_j \left[\Phi_i''(x)\right]^2 \mathrm{d}x \tag{6-10}$$

式中：k_j 为第 j 单元的模态刚度；积分号表示沿单元长度方向进行积分。根据有限元离散技术，有

$$K_i = \sum_{j=1}^{NE} K_{ij} \tag{6-11}$$

则对于梁的第 i 阶模态，第 j 单元所占有的模态应变能分量为

$$F_{ij} = K_{ij} / K_i \tag{6-12}$$

式中：如果 $NE\gg1$，则有 $F_{ij}\ll1$。

当梁遭受裂缝损伤时，则等式（6-9）～式（6-12）可以表示为类似方程为

$$F_{ij}^* = K_{ij}^* / K_i^* = F_{ij} + \delta F_{ij} \tag{6-13}$$

式中：*表示梁遭受裂缝损伤后，同理可得

$$K_{ij}^* = k_i^* \int_j \left[\Phi_i''^*(x)\right]^2 \mathrm{d}x \tag{6-14}$$

$$K_i = \int_0^L k^* \left[\Phi_i''^*(x)\right]^2 \mathrm{d}x \tag{6-15}$$

等式（6-13）中 δF_{ij} 表示当梁遭受裂缝损伤后，第 j 单元所占有的第 i 阶模态应变能变化分量，又依据等式（6-12）可得

$$\delta F_{ij} = \frac{\delta K_{ij}}{K_i} - \frac{K_{ij}\delta K_i}{K_i^2} \qquad (6\text{-}16)$$

因为 $NE \gg 1$，则有 $K_i \gg K_{ij}$，$\delta K_i \gg \delta K_{ij}$ 等，式(6-16)可以近似为

$$\delta F_{ij} \cong \frac{\delta K_{ij}}{K_i} \qquad (6\text{-}17)$$

变化量 δF_{ij} 可根据模态参数的变化来求取。假设梁遭受 $ND(ND > 1)$ 个位置裂缝损伤，且损伤程度相同，则可近似表示为

$$\delta K_{ij} \approx \delta K_i / ND \qquad (6\text{-}18)$$

由无量纲变量 $g_i \approx \delta K_{ij} / K_i$ 可得

$$g_i = \frac{\delta K_{ij}}{K_i} = \frac{\delta K_i}{ND \cdot K_i} \cong \frac{\delta \lambda_i}{ND \cdot \lambda_i} \qquad (6\text{-}19)$$

式中：λ_i 为梁未遭受裂缝损伤时的第 i 阶特征值；$\delta \lambda_i$ 为梁由于遭受裂缝损伤后的第 i 阶特征值的变化量。这时，δK_{ij} 表示第 j 单元遭受裂缝损伤后对第 i 阶模态刚度所引起的变化量。根据式（6-10）～式（6-15）可以推出

$$\delta K_{ij} = K_{ij}^* - K_{ij} = \gamma_{ij}^* k_j^* - \gamma_{ij} k_j \qquad (6\text{-}20)$$

式中

$$\gamma_{ij} = \int_j \left[\varPhi_i''(x) \right]^2 \mathrm{d}x \; ; \quad \gamma_{ij}^* = \int_j \left[\varPhi_i''^*(x) \right]^2 \mathrm{d}x$$

因梁弹性常数 E 及惯性矩 I 通常为常数（梁的材料、尺寸参数确定），抗弯刚度也为常量，故将式(6-9)、式（6-10）和式（6-14）进行简化，代入式（6-17）可得

$$\frac{\delta K_{ij}}{K_i} = \frac{k_j^* \gamma_{ij}^* - k_j \gamma_{ij}}{k_j \gamma_i} \qquad (6\text{-}21)$$

式中：$\gamma_i = \int_0^L \left[\varPhi_i''(x) \right]^2 \mathrm{d}x$。裂缝在第 j 单元时，综合式（6-19）和式（6-21）可得当第 i 阶模态能量变化的损伤指标为

$$\beta_{ij} = \frac{k_j}{k_j^*} = \frac{\gamma_{ij}^*}{\gamma_i g_i + \gamma_{ij}} \qquad (6\text{-}22)$$

当获得多阶模态参数时，则综合所得的损伤指标定义为

$$\beta_j = \frac{\sum_i \gamma_{ij}^*}{\sum_i \left(\gamma_i g_i + \gamma_{ij} \right)} \qquad (6\text{-}23)$$

6.3.3　基本动力参数损伤演化分析

1. 纵向裂缝损伤木梁

为定量分析纵向裂损对古建筑木梁模态参数影响提供参考依据，参照宋代《营造法式》、清代工部《工程做法则例》和《木结构试验方法标准》（GB/T 50329—2012），模拟相同尺寸的完好矩形截面木梁 1 组，纵向裂缝矩形截面木梁 11 组，在构件侧面梁长方向上人工开槽不同位置和不同深度的扇形裂缝。人工裂缝宽度为 15mm、长度分别为 600mm 和 400mm，各构件的裂缝深度有所不同，具体裂缝位置及构件详细尺寸参数见表 6.6。

表 6.6　古建筑纵向裂缝损伤木梁参数

单位：mm

工况	构件尺寸			纵向裂缝					备注
	梁长	梁宽	梁高	位置	条数	长度	宽度	深度	
0	2 000	80	100						完整
1	2 000	80	100	0～600	1	600	15	10	单面
2	2 000	80	100	700～1 300	1	600	15	10	单面
3	2 000	80	100	0～400 800～1 200	2	400	15	20	单面
4	2 000	80	100	400～800 1 200～1 600	2	400	15	20	单面
5	2 000	80	100	700～1 300	1	600	15	20	单面
6	2 000	80	100	700～1 300	1	600	15	35	单面
7	2 000	80	100	0～400 800～1 200	4	400	15	20	双面
8	2 000	80	100	400～800 1 200～1 600	4	400	15	20	双面
9	2 000	80	100	700～1 300	2	600	15	10	双面
10	2 000	80	100	700～1 300	2	600	15	20	双面
11	2 000	80	100	700～1 300	2	600	15	35	双面

通过 ABAQUS/CAE 前处理模块，建立完好木梁构件的三维实体模型；通过不同位置和程度裂缝的布尔运算，建立裂缝损伤木梁构件的三维实体模型，材料三个正交方向上的弹性模量 E_1 取为 3.46GPa，E_2 取为 0.346GPa，E_3 取为 0.173GPa，泊松比 r_{12} 取为 0.29、r_{23} 取为 0.04、r_{13} 取为 0.02，密度 ρ 取为 440kg/m³。有限元分析选取 ABAQUS 单元库中四面体二次单元 C3D10 单元模拟木构件单元。由于木梁两端连接为半刚性连接，选取转动弹簧单元模拟梁两端连接，依据本书作者及其课题组振动台试验获得的榫卯节点刚度，将转动弹簧单元的初始刚度值设置为 279.8kN·m/rad，屈服刚度值设置为 36.6kN·m/rad。在初始步中对木梁模型两端施加边界条件，分别约束三个平动方向 U1、U2 和 U3，以及两个平面外转动方向 UR1 和 UR3 的自由度。木梁的网格划分为采用扫掠网格划分的方式。古建筑纵向裂缝损伤木梁有限元模型，如图 6.7 所示。

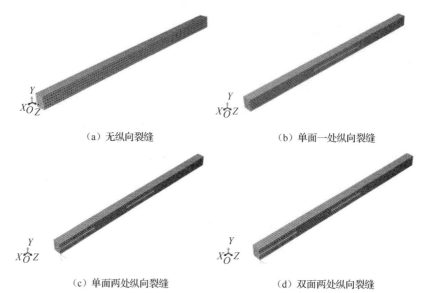

（a）无纵向裂缝 　　　　　　　　　　（b）单面一处纵向裂缝

（c）单面两处纵向裂缝 　　　　　　　（d）双面两处纵向裂缝

图 6.7　古建筑纵向裂缝损伤木梁有限元模型

　　表 6.7 给出了不同开裂损伤的两端半刚性连接梁前 4 阶固有频率及绝对差值，对于裂缝损伤梁各阶频率而言，梁前 4 阶频率减小，第 1 阶频率减小范围在 3.3%～4.9%，第 2 阶频率减小范围在 3.7%～4.4%，第 3 阶频率减小范围在 3.7%～4.5%，第 4 阶频率减小范围在 1.0%～6.1%。表 6.7 表明，单面一处裂缝损伤位置从支撑向跨中变化，梁第 1 阶频率减小，后 3 阶频率增大。单面两处裂缝损伤位置从支撑向跨中变化，梁第 1 阶和第 4 阶频率减小，第 2 阶和第 3 阶频率增大。双面两处裂缝损伤位置从支撑向跨中变化，梁前 4 阶频率减小。

表 6.7　古建筑纵向裂缝损伤木梁固有频率及绝对差值

工况	固有频率及绝对差值							
	1 阶		2 阶		3 阶		4 阶	
	频率/Hz	绝对差值	频率/Hz	绝对差值	频率/Hz	绝对差值	频率/Hz	绝对差值
0	12.150		33.247		64.529		99.445	
1	11.687	0.463	31.987	1.260	62.031	2.498	98.459	0.986
2	11.690	0.460	31.940	1.306	61.902	2.626	98.386	1.058
3	11.740	0.410	31.937	1.310	61.897	2.632	97.888	1.557
4	11.634	0.516	31.951	1.296	61.936	2.593	95.794	3.651
5	11.731	0.419	31.931	1.316	62.115	2.414	96.460	2.985
6	11.701	0.449	32.031	1.216	62.160	2.369	98.308	1.137
7	11.702	0.448	32.008	1.239	62.093	2.436	98.286	1.159
8	11.726	0.424	32.006	1.241	62.087	2.442	98.017	1.428
9	11.553	0.598	31.828	1.419	61.583	2.946	93.346	6.098
10	11.746	0.404	31.792	1.455	61.936	2.593	94.578	4.866
11	11.654	0.496	31.946	1.301	62.065	2.464	95.010	4.435

单面裂缝深度增加，梁第 2 阶频率减小，第 1 阶、3 阶、4 阶频率先增大后减小。双面裂缝深度增加，梁第 1 阶、2 阶频率先减小后增大，第 3 阶、4 阶频率减小。

这说明裂缝损伤梁的固有频率是一个复杂的变量，其原因为本研究采用三维实体梁有限元模型，在进行裂缝损伤模拟时，既存在梁的刚度损伤，也存在梁的质量损伤，导致梁的刚度和质量的相对损伤量变化复杂。由此可以看出，若在测量噪声条件下，单纯从结构的固有频率变化来识别梁的不同位置损伤，要获得正确的识别结果比较困难。

模态振型是结构上各点之间相对位移关系的一组比值，是结构在某阶固有频率下振动时发生变形的形状，是结构的固有属性。纵向裂缝损伤木梁位移模态振型（图 6.8）与其内部构造、外部约束条件以及运行状态有关，随着这些条件的变化而变化（郑明刚等，2000）。

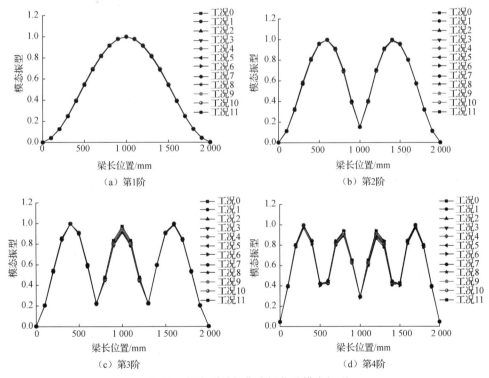

图 6.8　纵向裂缝损伤木梁位移模态振型

（注：图中各条曲线高度重合）

从图 6.8 可以看出，不同裂缝损伤对第 1、2 阶振型的影响程度较小。裂缝损伤对第 3 阶振型影响明显的区域在梁跨中附近，梁跨中附近处振型变化的相对值在 0.7%～4.8%。裂缝损伤对第 4 阶振型影响明显的区域在分别在 800mm 附近区域和 1 200mm 附近区域，800mm 和 1 200mm 处振型变化的相对值在 0.7%～3.8%。

纵向裂缝损伤木梁曲率模态振型如图 6.9 所示。图 6.8 和图 6.9 表明，曲率模态振型和位移模态振型的变化都不明显。以第 1 阶曲率模态为例，单面一处裂缝损伤位置：工况 1 曲率模态振型相对变化范围为 0.46%～11.7%，工况 2 曲率模态振型相对变化范围为 3.6%～7.5%。单面两处裂缝损伤位置：工况 3 曲率模态振型相对变化范围为 0.28%～4.29%，0～400mm 损伤位置曲率模态振型变化幅度大于 800～1 200mm 损伤位置；工况 4 曲率模态振型相对变化范围为 0.57%～3.3%，400～800mm 和 1 200～1 600mm 损伤位置曲率模态振型变化相同。双面两处裂缝损伤位置：工况 7 曲率模态振型相对变化范围为 0.49%～8.58%，0～400mm 损伤位置曲率模态振型变化幅度大于 800～1 200mm 损伤位置；工况 8 曲率模态振型相对变化范围为 1.1%～6.9%，400～800mm 和 1 200～1 600mm 损伤位置曲率模态振型变化相同。工况 7 和工况 8 曲率模态振型相对变化近似为工况 3 和工况 4 的 2 倍。

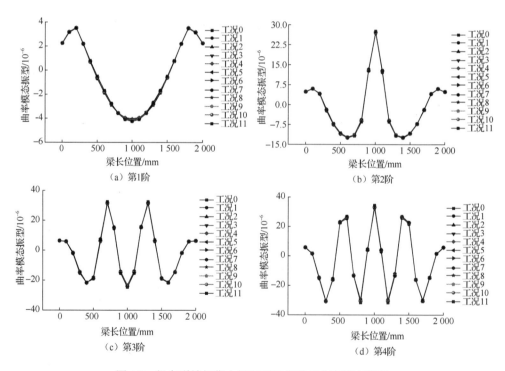

图 6.9　纵向裂缝损伤木梁开裂损伤前后曲率模态振型

（注：图中各条曲线高度重合）

工况 5 曲率模态振型变化相对值范围 0.71%～1.26%，工况 6 曲率模态振型相对变化范围为 0.71%～1.51%，工况 5 曲率模态振型变化相对最大值是工况 2 的 1.5 倍，工况 6 曲率模态振型变化相对最大值是工况 2 的 2 倍。

工况 9 曲率模态振型变化相对值范围 0.71%～1.45%，工况 10 曲率模态振型相对变化范围为 1.43%～2.51%，工况 11 曲率模态振型相对变化为 1.79%～3.02%。工况 10 曲率模态振型相对变化最小值近似为工况 9 的 2 倍，最大值近似为工况 9 的 1.7 倍；工况 11 曲率模态振型相对变化最小值近似为工况 9 的 2.5 倍，最大值近似为工况 9 的 2.1 倍。

可以看出，在实际测试中考虑到噪声影响，单纯使用位移模态振型和曲率模态振型识别损伤比较困难。

2. 纵向裂缝损伤木柱

为定量分析纵向裂损对古建筑木柱模态参数影响提供参考依据，参照宋代《营造法式》、清代工部《工程做法则例》和《木结构试验方法标准》（GB/T 50329—2012），模拟相同尺寸的完好圆形截面木柱构件 1 组，纵向裂缝圆形截面木柱构件 7 组，在柱身轴向上人工开槽不同位置和不同深度的扇形裂缝。人工裂缝宽 15mm、长分别 600mm 和 400mm，各构件的裂缝深度有所不同，具体裂缝位置、类型及构件参数见表 6.8。

表 6.8　古建筑纵向裂缝位置、类型及参数

单位：mm

工况	构件尺寸		纵向裂缝位置、类型及构件参数						备注
	柱高	截面直径	位置	类型	条数	长度	宽度	深度	
0	1 800	100		完整					完整
1	1 800	100	0～1 500	设缝	1	1 500	15	10	设缝
2	1 800	100	150～1 650	设缝	1	1 500	15	10	设缝
3	1 800	100	300～1 800	设缝	1	1 500	15	10	设缝
4	1 800	100	150～1 650	设缝	1	1 500	15	20	设缝
5	1 800	100	150～1 650	设缝	1	1 500	15	35	设缝
6	1 800	100	400～900 1 300～1 800	设缝	2	1 500	15	10	设缝
7	1 800	100	0～500 1 300～1 800	设缝	2	1 500	15	10	设缝

通过 ABAQUS/CAE 前处理模块，建立古建筑纵向完好木柱构件三维实体模型，通过不同位置和程度裂缝的布尔运算，建立古建筑纵向裂损木柱构件的三维实体有限元模型如图 6.10 所示。木柱材料三个正交方向上的弹性模量、泊

松比和密度参数与上述木梁材料参数相同。选取的木柱四面体二次单元 C3D10 和柱头端转动弹簧单元及其单元属性与上述木梁相同。由于柱脚摩擦滑移特性，在定义接触属性时，柱脚法向行为采用硬接触（"hard contact"），切向行为主要是接触面上的摩擦力，其摩擦公式采用罚（"penalty"）函数。依据本书课题组对柱脚摩擦系数研究结论，将接触面的摩擦系数取为 0.4，且接触面摩擦为各向同性。木柱的网格划分同样采用扫略网格划分的方式。在初始步中对柱头端施加边界条件，约束 U3、UR3；对柱底端施加边界条件，约束 U3、UR1、UR2 和 UR3。

（a）无纵向裂缝损伤　　　　　　　　　　　　　（b）柱身纵向裂缝损伤

（c）柱端纵向裂缝损伤　　　　　　　　　　　　（d）两处纵向裂缝损伤

图 6.10　古建筑纵向裂损木柱的三维实体有限元模型

　　古建筑纵向裂缝损伤木柱固有频率如表 6.9 所示。对于纵向开裂木柱各阶频率而言，前 4 阶频率呈降低趋势，第 1 阶频率较完好木柱降低 0.47%~1.4%，第 2 阶频率降低范围为 0.66%~1.3%，第 3 阶频率降低范围为 0.51%~1.55%，第 4 阶频率降低范围为 0.66%~1.67%。表 6.9 表明：当柱上存在一处裂缝，损伤从柱脚向柱头转移，柱第 1 阶频率增大，后 3 阶频率先增大后减小。当柱上存在两处裂缝，其中一处裂缝从柱脚向跨中转移，柱前 3 阶频率减小，第 4 阶频率不变。裂缝损伤程度增加，柱前 4 阶频率减小。

表6.9　古建筑纵向裂缝损伤木柱 x 向固有频率

工况	固有频率							
	1 阶		2 阶		3 阶		4 阶	
	频率/Hz	绝对差值	频率/Hz	绝对差值	频率/Hz	绝对差值	频率/Hz	绝对差值
0	4.092		21.884		53.174		96.801	
1	4.051	0.041	21.695	0.189	52.682	0.492	95.887	0.915
2	4.065	0.027	21.737	0.148	52.770	0.404	96.017	0.785
3	4.073	0.019	21.709	0.175	52.678	0.496	95.899	0.903
4	4.048	0.045	21.644	0.240	52.513	0.661	95.515	1.286
5	4.037	0.056	21.590	0.294	52.348	0.826	95.185	1.617
6	4.078	0.015	21.736	0.149	52.901	0.273	96.164	0.637
7	4.043	0.049	21.727	0.158	52.852	0.322	96.164	0.637

　　纵向裂缝损伤木柱模态振型如图 6.11 所示。从图 6.11 可以看出，不同裂缝损伤对前 4 阶振型的影响较为明显。裂缝损伤对前 3 阶振型影响显著的区域在柱头附近，对第 4 阶振型影响显著的区域在 700mm 附近。柱头处第 1 阶振型较无损木柱变化 12.78%~25.22%，第 2 阶振型较无损木柱变化 16.44%~29.45%，第 3 阶振型较无损木柱变化 19.78%~33.18%，700mm 附近处第 4 阶振型较无损木柱变化 3.17%~86.86%。

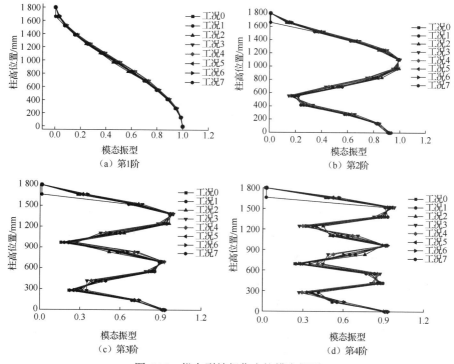

（a）第1阶　　　　　　　　　　　　（b）第2阶

（c）第3阶　　　　　　　　　　　　（d）第4阶

图 6.11　纵向裂缝损伤木柱模态振型

（注：图中部分曲线高度重合）

纵向裂缝损伤木柱曲率模态振型如图 6.12 所示。图 6.12 表明,柱不同高度处曲率模态振型变化程度不同,其中 1 000mm 附近处 1 阶曲率模态变化最大。工况 1、工况 2 和工况 3 比较说明不同裂缝损伤对柱身中间附近一阶模态影响最大,柱身中间附近区域的裂缝损伤影响最大,靠近柱脚区域次之,靠近柱头区域最小。工况 2、工况 4 和工况 5 比较说明裂缝损伤程度增加,1 阶曲率模态变化幅度先减小后增大。工况 7 和工况 8 比较说明当柱上存在两处裂缝,其中一处裂缝从跨中向柱脚转移,1 阶曲率模态变化幅度减小。

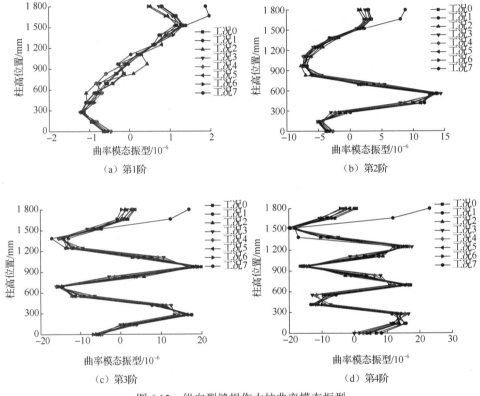

图 6.12　纵向裂缝损伤木柱曲率模态振型

模态振型不仅与木梁和木柱自身材料、尺寸属性有关,还与木梁和木柱两端定义的边界条件有关,由于本节模拟古建筑木柱两端边界约束较木梁两端边界约束少很多,因此,纵向裂缝对木梁模态振型影响小,对木柱模态振型影响显著。

6.3.4　模态能量损伤演化分析

1. 不同位置裂损木梁

由于固有频率对结构弱损伤有时并不十分敏感,且无法确定损伤的确切位置;位移模态对局部损伤的位置和程度不敏感,而模态能量变化能反映结构局部特性的变化，并且可通过各阶振型获得，对局部结构的敏感性大大高于位移模态。不同位置一处纵向裂损木梁模态能量指标如图 6.13 所示。

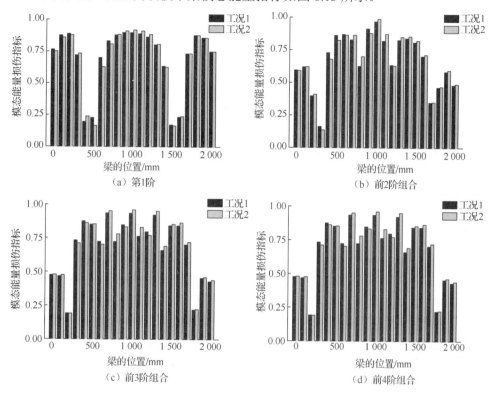

图 6.13　不同位置一处纵向裂损木梁模态能量损伤指标

图 6.13 示出梁各阶模态组合的损伤指标表明，梁模态应变能损伤指标大小沿梁长方向基本呈对称分布。纵向裂缝位置变化，梁各个位置模态应变能损伤指标均发生不同程度变化。由前四阶模态能量组合指标可得，工况 1 梁支座处和跨中附近位置模态应变能损伤指标均略小于工况 2。

以前 4 阶组合模态能量指标为例，工况 1 梁 200mm 处模态应变能损伤指标值较工况 2 大 0.03，工况 1 梁 1 100mm 处模态应变能损伤指标值较工况 2 小 0.07。说明裂缝位置从梁端向跨中转移时，近支座位置处模态应变能损伤指标减小，近跨中位置处模态能量损伤指标增大。对模态应变能损伤指标而言，梁支座及支座附近处裂缝较跨中及跨中附近处裂缝更敏感。

图 6.14 为单面不同位置两处纵向裂损木梁模态能量指标。图 6.14 表明，工况 3 和工况 4 梁模态应变能损伤指标大小沿梁长方向基本呈对称分布。随着梁上 2 处裂缝位置变化，梁各个位置模态应变能损伤指标均发生不同程度的变化。图 6.14（d）表明，工况 3 梁上各位置处模态应变能损伤指标大于工况 4，相差最大位置在梁长 200mm 和 900mm 处，相差最大值为 0.11。说明当梁上存在 2 处裂

缝损伤，裂缝位置从梁端向跨中转移时，梁上各位置处模态应变能损伤指标减小。梁裂缝区域的 1/2 处为梁上模态应变能损伤敏感部位。

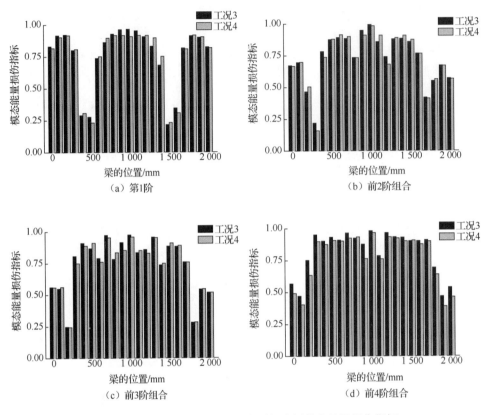

图 6.14　单面不同位置两处纵向裂损木梁模态能量损伤指标

图 6.15 为双面不同位置纵向裂损木梁模态能量指标。图 6.15 表明，工况 7 和工况 8 梁模态应变能损伤指标大小沿梁长方向基本呈对称分布。梁上两个侧面 2 处裂缝位置变化，梁各个位置模态应变能损伤指标均发生不同程度的变化。图 6.15（d）表明，梁上 0～400mm 处和 1 800～2 000mm 处工况 3 模态应变能损伤指标大于工况 4，梁 400～1 800mm 处各相邻位置工况 3 和工况 4 模态应变能损伤指标呈增大和减小交替变化。说明当梁上两个侧面存在 2 处裂缝损伤，裂缝位置从梁端向跨中转移时，梁上靠近支座处模态应变能损伤指标减小，远离支座处模态应变能损伤指标交替增大和减小。

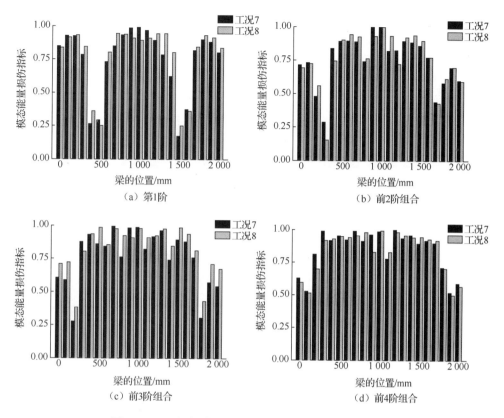

图 6.15　双面不同位置纵向裂损木梁模态能量损伤指标

2. 不同程度裂损木梁

图 6.16 为单面不同程度纵向裂损木梁模态能量指标。图 6.16 表明，工况 2、工况 4 和工况 5 梁的模态应变能损伤指标大小沿梁长方向基本呈对称分布。梁上裂缝损伤变化，梁各个位置模态应变能损伤指标均发生不同程度的变化。图 6.16（d）表明，梁上一个侧面裂缝损伤程度增加，梁上各位置模态应变能损伤指标增加。梁跨中 1 000mm 处模态应变能损伤指标最大，分别为 0.980、0.985 和 0.991。这说明，梁模态应变能损伤指标突变系数与梁侧面纵向裂缝程度之间具有一定的线性相关性。

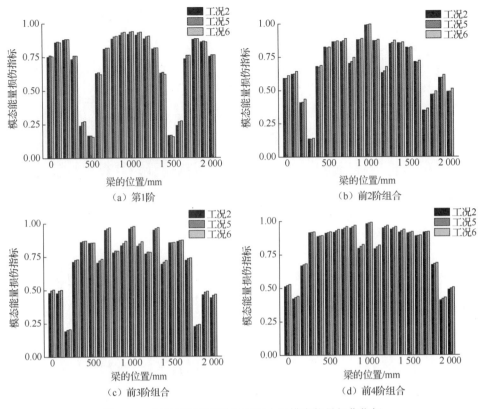

（a）第1阶　　　　　　　　　　（b）前2阶组合

（c）前3阶组合　　　　　　　　　（d）前4阶组合

图 6.16　单面不同程度纵向裂损木梁模态能量损伤指标

图 6.17 为双面不同程度纵向裂损木梁模态能量指标。图 6.17 表明，工况 9、工况 10 和工况 11 梁模态应变能损伤指标大小沿梁长方向基本呈对称分布。梁上两侧面裂缝损伤变化，梁各个位置模态应变能损伤指标均发生不同程度的变化。

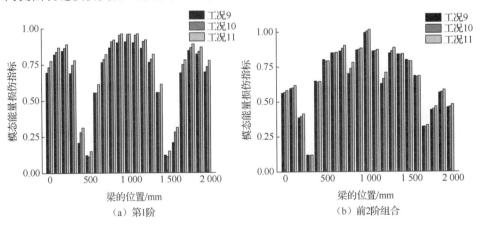

（a）第1阶　　　　　　　　　　（b）前2阶组合

图 6.17　双面不同程度纵向裂损木梁模态能量损伤指标

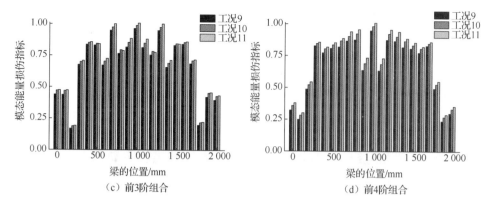

图 6.17（续）

图 6.17（d）表明，梁上两个侧面裂缝损伤程度增加，梁上各位置模态应变能损伤指标增加。梁跨中 1 000mm 处模态应变能损伤指标最大，分别为 0.949、0.982、1.009。这说明，梁模态应变能损伤指标突变系数与两个侧面裂缝损伤程度之间具有一定的线性相关性。

3. 不同位置裂损木柱

图 6.18 为一处纵向裂损木柱模态能量指标。图 6.18 表明，柱的模态应变能损伤指标大小沿柱高方向呈不对称分布。裂缝位置变化，柱各个位置的模态应变能损伤指标均发生不同程度变化。各阶模态组合的模态应变能变化存在一定差异，低阶模态能量组合指标存在一定失真。

从图 6.18 可以看出，柱 1/2 高度至柱头区域各位置处，工况 2 模态应变能损伤指标最大，工况 1 次之，工况 3 最小；靠近柱底区域各位置处，工况 1 模态应变能损伤指标最大，工况 3 次之，工况 2 最小。1 700mm 高度处，工况 2 模态应变能损伤指标为 1.19、工况 1 为 2.04、工况 3 为 1.05。柱底端处，工况 1 模态应变能损伤指标为 0.74，工况 3 为 0.35，工况 2 为 0.55。这说明，在柱 1/2 高度至柱头区域同一位置，柱间区域裂缝产生的模态应变能最大，柱底端区域裂缝次之，柱头端区域裂缝最小。在柱底端附近同一位置，柱底端区域裂缝产生的模态应变能最大，柱头端区域裂缝次之，柱间区域裂缝最小。

图 6.19 为两处纵向裂损木柱模态能量指标。图 6.19 表明，柱头端附近各位置处，工况 6 模态应变能损伤指标为 0.67，工况 7 模态应变能损伤指标为 28.03，工况 6 约为工况 7 的 1/42。这说明，在柱头端位置，柱头端与柱间区域 2 处裂缝产生的模态应变能远小于柱头端和柱脚端 2 处区域裂缝产生的模态应变能。在进行损伤识别时，可选用柱头端位置模态应变能损伤指标作为识别。

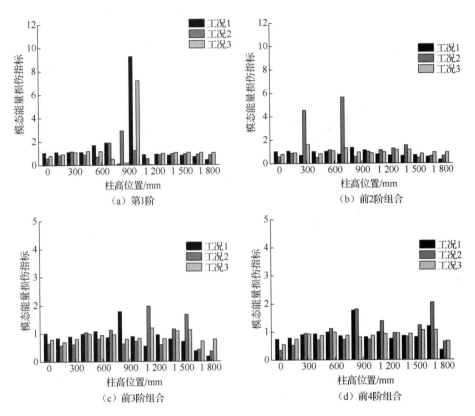

图 6.18　一处纵向裂损木柱模态能量损伤指标

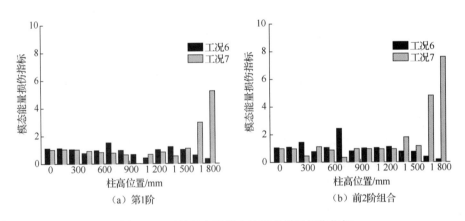

图 6.19　两处纵向裂损木柱模态能量损伤指标

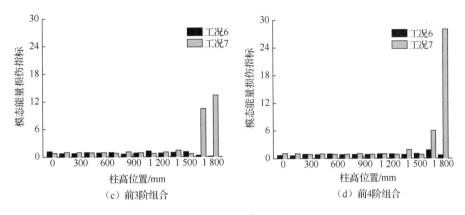

图 6.19（续）

4. 不同程度裂损木柱

图 6.20 为不同程度纵向裂损木柱模态能量指标。图 6.20 表明，随着柱裂缝损伤程度增加，柱的不同位置处模态应变能损伤指标变化不同。变化明显的位置为 850mm 和 1 700mm 柱高附近处。800mm 柱高处，工况 2、工况 5 和工况 6 模态应变能损伤指标分别为 1.81、1.17 和 0.87；1 700mm 柱高处，工况 2、工况 5 和工况 6 模态应变能损伤指标分别为 2.04、1.35 和 1.27；850mm、1 700mm 柱高附近处的工况 2 与工况 5 的损伤指标变化幅度最大。可选用 850mm 和 1 700mm 柱高附近处模态应变能损伤指标作为识别。

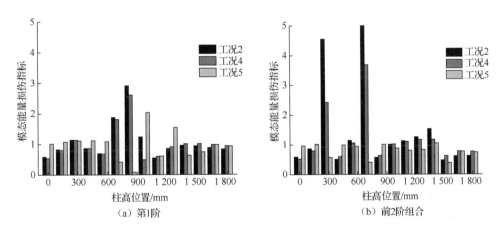

图 6.20　不同程度纵向裂损木柱模态能量损伤指标

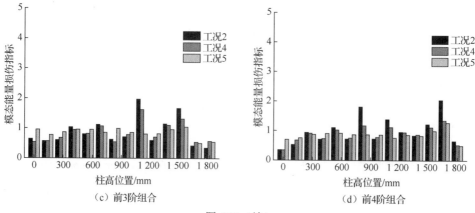

图 6.20（续）

6.3.5 灵敏度系数损伤演化分析

结构动力参数灵敏度是研究结构动态响应特征与结构物理参数之间的变化关系。在结构损伤识别中，这种变化关系反映在动力方程中，为具体损伤引起结构刚度、质量和阻尼矩阵中特定元素的变化。单元模态应变能必然对有些损伤工况灵敏度高，对另一些损伤工况灵敏度低。为了衡量灵敏度的高低，可用灵敏度系数 S_{ik} 表示第 i 阶模态应变能对裂缝在第 k 个位置的灵敏度（刘龙，2007），即

$$S_{ik} = \int_k \{\varPhi_i''\}^2 \mathrm{d}x \, / \int_0^L \{\varPhi_i''\}^2 \mathrm{d}x \qquad (6\text{-}24)$$

因此，可根据损伤工况曲率模态，获得不同连续裂缝损伤构件模态应变能的灵敏度系数。

表 6.10 为纵向裂缝木梁模态应变能的灵敏度系数。如表 6.10 所示：工况 1 和工况 2 比较，单面一处裂缝损伤位置从支座向跨中变化，各阶的灵敏度系数增加；工况 3 和工况 4 比较，单面两处裂缝损伤位置从支座向跨中变化，第 1 阶和前 4 阶灵敏度系数增加，前 2 阶和前 3 阶灵敏度系数减小；工况 7 和工况 8 比较，双面两处裂缝损伤位置从支座向跨中变化，第 1 阶、前 2 阶和前 4 阶灵敏度系数增加，前 3 阶灵敏度系数减小；工况 2、工况 5 和工况 6 比较，单面裂缝深度增加，第 1 阶灵敏度系数减小，前 2 阶灵敏度系数先减小后增加，前 3 阶和前 4 阶灵敏度系数增加。双面裂缝深度增加，第 1 阶灵敏度系数减小，前 2 阶灵敏度系数先增加后减小，前 3 阶和前 4 阶灵敏度系数增加。

表 6.10 纵向裂缝木梁模态应变能灵敏度系数

损伤工况	应变能灵敏度系数			
	第 1 阶	前 2 阶	前 3 阶	前 4 阶
1	0.998 9	1.001 5	0.966 5	0.985 5
2	1.001 1	1.005 3	1.005 5	1.016 4
3	0.997 4	1.010 4	0.970 6	0.990 7

续表

损伤工况	应变能灵敏度系数			
	第 1 阶	前 2 阶	前 3 阶	前 4 阶
4	1.003 9	0.994 3	0.996 4	1.010 2
5	1.001 1	1.001 4	1.012 1	1.021 7
6	0.999 8	1.002 7	1.039 4	1.037 5
7	0.997 4	1.004 0	1.009 1	1.005 5
8	1.003 5	1.011 4	0.996 0	1.013 3
9	0.999 9	1.000 6	1.009 0	1.023 7
10	0.999 2	1.001 2	1.019 4	1.036 4
11	0.997 4	0.989 2	1.041 3	1.054 2

表 6.11 示出纵向裂缝木柱模态应变能的灵敏度系数。如表 6.11 所示：工况 1、工况 2 和工况 3 比较，说明纵向裂缝从柱脚区域向柱头区域转移，第一阶灵敏度系数减小，前二阶灵敏度系数先增加后不变，前 3 阶灵敏度系数先增大后减小，前 4 阶灵敏度系数先减小后增大。

工况 7 和工况 8 比较说明，在柱头端与柱身区域 2 处裂缝损伤工况下，裂缝位置从柱身区域向柱头端方向变化，各阶灵敏度系数均增大。

工况 2、工况 5 和工况 6 比较，说明柱身区域连续裂缝深度增大，第 1 阶灵敏度系数先不变后减小，前 2 阶灵敏度系数减小，前 3 阶灵敏度系数先减小后增大，前 4 阶灵敏度系数增大。

综上所述，在古建筑木梁、木柱模态应变能损伤识别时，选用多阶模态应变能组合的指标，识别灵敏度会更高。

表 6.11　纵向裂缝木柱模态应变能灵敏度系数

损伤工况	应变能灵敏度系数			
	第 1 阶	前 2 阶	前 3 阶	前 4 阶
1	1.050 0	1.050 0	1.040 0	1.070 0
2	1.020 0	1.070 0	1.050 0	1.030 0
3	1.000 0	1.070 0	0.991 0	1.060 0
4	1.020 0	1.030 0	1.000 0	1.050 0
5	0.975 0	1.020 0	1.070 0	1.080 0
6	0.987 0	1.060 0	1.030 0	1.030 0
7	1.530 0	1.270 0	1.360 0	1.410 0

6.3.6　观测噪声水平

在实际观测结构模态振型时，会受到噪声的影响，因此本节对古建筑裂缝损伤构件抗噪能力进行了探究。假定由有限元模型求取的模态振型数据为准确值，在此精确值的基础上考虑噪声的影响，作为实测数据进行分析。假定同阶次模态振型的测量噪声水平相同，采用高斯白噪声来模拟测量噪声。因此，考虑观测噪

声后结构在损伤后的第 i 阶模态振型表达式（张效忠等，2013）为

$$\Phi_i^* = \Phi_i^d[1 + \varepsilon \cdot \mathrm{rand}(0,1)] \qquad (6\text{-}25)$$

式中，Φ_i^d、Φ_i^* 表示加入观测噪声前后的模态振型，随机数 ε 为噪声水平，服从标准正态分布。

6.3.7　基于模态应变能的损伤识别方法

三维结构受力和变形复杂，识别过程灵敏度指标更高，对三维结构损伤识别难度更大。在实际损伤识别过程中，受测量仪器、噪声以及手段的限制，识别指标常应用连续有限低阶振型及相关参数。但是，有些低阶模态对结构损伤位置并不敏感甚至产生负面影响，特别对于三维结构可能造成识别错误。因此，需要选择对三维结构识别具有较高灵敏度的损伤判别指标。模态应变能变化量较振型对局部损伤更敏感，对三维结构具有更好的识别能力。本节通过模态应变能与纵向裂缝位置和深度对应关系，提出了纵向裂缝损伤的识别方法。

1. 裂损位置识别

获得模态参数计算后所得的 $\beta_j(j = 1, 2, \cdots, NE)$ 数据量较大（单元数较多），而 β_j 值又与单元位置以及模态阶数有关，还受到测量噪声、振型曲线拟合误差等因素影响。此时可把 β_j 看作一随机变量，就可采用统计相关性进行分析，把第 i 阶模态对应的损伤指标 β_j 当作一组统计样本，并且假定它们服从正态分布。将损伤指标 β_j 进行标准化处理得

$$Z_j = (\beta_j - \overline{\beta}_i) / \sigma_i \qquad (6\text{-}26)$$

式中：$\overline{\beta}_i$ 为统计样本 β_j 的平均值；σ_i 为统计样本 β_j 的平均标准差。

β_j 作为总体样本，并假设服从正态分布，关于 β_j 的相关参数(平均值 $\overline{\beta}_i$、标准差 σ_i)可以算出，现在需要对分布中参数作出判断，即对参数的假设检验。于是，在进行损伤位置检测时，用参数假设检验方法，即假设 H_0 代表结构第 j 单元未出现裂缝损伤；H_1 代表结构第 j 单元出现裂缝损伤。对于具体的损伤位置采用下面的判定准则：①如果 $Z_j > Z_0$，则选择 H_1；②如果 $Z_j < Z_0$，则选择 H_0，而 Z_0 是指裂缝损伤位置检测的置信水平。

2. 裂损程度识别

根据有关文献中提出的结构遭受损伤以后的一阶摄动分析方法，当结构受到裂缝损伤时，其特征值和模态应变能具有如下的变化关系：

$$\frac{\delta W_i}{W_i} = \frac{\delta \lambda_i}{\lambda_i} \qquad (6\text{-}27)$$

式中：W_i 为结构的第 i 阶模态应变能；δW_i 为结构遭受损伤后第 i 阶模态应变能的损失量；$\delta \lambda_i / \lambda_i$ 为结构出现损伤后的第 i 阶特征值变化分量。结构第 i 阶模态灵敏性系数 δ_i 为

$$\delta_i = -\frac{\delta \lambda_i}{\lambda_i} \tag{6-28}$$

对于以抗弯为主的三维结构，单元的模态应变能为

$$W_i = \frac{1}{2} \iiint_{V_j} (EI)_j \left[\left(\frac{\partial^2 \Phi_i}{\partial x_m^2} \right)^2 + v \left(\frac{\partial^4 \Phi_i}{\partial x_m^2 \partial x_l^2} \right)^4 + (1-v) \left(\frac{\partial^2 \Phi_i}{\partial x_m \partial x_l} \right)^2 \right] dx_1 dx_2 dx_3 \tag{6-29}$$

式中：$(EI)_j$ 为结构第 j 个单元抗弯刚度；v 为泊松比；V_j 为结构 j 单元的体积域；$m=1,2,3$；$l=1,2,3$；$m \neq l$。有关文献给出

$$\delta_i = \sum_{j=1}^{n} \alpha_j F_{ij} \xi_{ij} \tag{6-30}$$

式中：α_j 为单元损伤程度因子，在 $0\sim1$；$\xi_{ij} = \dfrac{\gamma_{ij}^* / \gamma_{ij} + 1}{\gamma_i^* / \gamma_i + 1}$，为单元损伤修正因子，是损伤位置和损伤程度的函数；F_{ij} 为单元损伤灵敏度因子，在 $0\sim1$，F_{ij} 越大，灵敏度越高。若获得多阶模态，就可以写成如下形式：

$$\boldsymbol{BA} = \boldsymbol{C} \tag{6-31}$$

其中

$$\boldsymbol{B} = \begin{bmatrix} F_{11} \times \xi_{11} & F_{12} \times \xi_{12} & \cdots & F_{1(d-1)} \times \xi_{1(d-1)} & F_{1d} \times \xi_{1d} \\ F_{21} \times \xi_{21} & F_{22} \times \xi_{22} & \cdots & F_{2(d-1)} \times \xi_{2(d-1)} & F_{2d} \times \xi_{2d} \\ F_{31} \times \xi_{31} & F_{32} \times \xi_{32} & \cdots & F_{3(d-1)} \times \xi_{3(d-1)} & F_{3d} \times \xi_{3d} \\ \vdots & \vdots & \vdots & \vdots & \vdots \\ F_{m1} \times \xi_{m1} & F_{m2} \times \xi_{m2} & \cdots & F_{m(d-1)} \times \xi_{m(d-1)} & F_{md} \times \xi_{md} \end{bmatrix}$$

$$\boldsymbol{A} = \begin{bmatrix} \alpha_1 & \alpha_2 & \alpha_3 & \cdots & \alpha_d \end{bmatrix}^T, \quad \boldsymbol{C} = \begin{bmatrix} \delta_1 & \delta_2 & \delta_3 & \cdots & \delta_m \end{bmatrix}^T$$

式中：m 为模态阶数；d 为总的损伤单元数。

应用奇异值分解的最小二乘法近似得到结构的损伤程度因子为

$$\boldsymbol{A} = (\boldsymbol{B}^T \boldsymbol{B})^{-1} \boldsymbol{B}^T \boldsymbol{C} \tag{6-32}$$

在损伤程度因子识别过程中，本节结合降噪方法降低特征值和模态振型噪声影响，以便与实际工程识别处理方法结果保持一致。

6.3.8　识别分析与验证

用前四阶模态参数，按照 20 个单元号进行位置识别，每个单元长度为 100mm，算法的分辨率为 5%。实际对梁进行损伤模拟时，造成的单元损伤情况

至多两处。而损伤指标 β_j 统计样本可选择与裂缝位置相关置信水平 $Z_0 = 1$，这相当于假设检验中给定的最小正数 α 取 0.01，置信度为 99%。0 噪声和 2%噪声纵向裂缝木梁损伤位置识别如图 6.21 和图 6.22 所示，各位置损伤指标均出现一定的变化，其中 400mm、900mm 和 1 400mm 处变化明显，为引起模态应变能损伤指标的敏感部位。

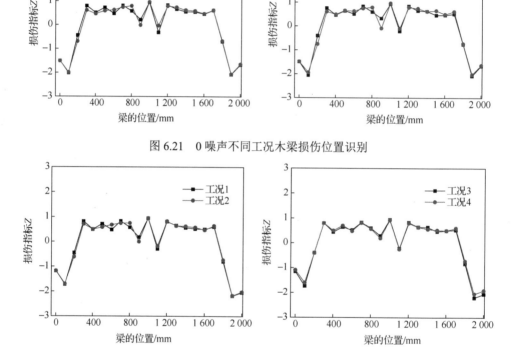

图 6.21　0 噪声不同工况木梁损伤位置识别

图 6.22　2%噪声不同工况木梁损伤位置识别

图 6.22 可以看出，各工况木梁模态加入 2%水平噪声后，损伤指标识别值整体变动幅度减小，不同位置处变化不同，其中 400mm 处、900mm 处和 1 400mm 处变化明显。纵向裂缝木梁敏感损伤位置识别结果如表 6.12 所示，400mm 处，各工况含 2%水平噪声干扰的识别值较无干扰相对偏差分别为-0.511、-0.508、-0.565 和-0.51；900mm 处，各工况含 2%水平噪声干扰的识别值较无干扰相对偏差分别为-0.824、-1、-0.714 和-0.807；1 400mm 处，各工况含 2%水平噪声干扰的识别值较无干扰相对偏差分别为-0.44、-0.385、-0.369 和-0.443。在含 2%水平噪声干扰下对梁上述四种工况的损伤位置识别效果较好。梁跨中附近处识别值相对偏差大于两端附近处识别值相对偏差。

表 6.12　纵向裂缝木梁敏感损伤位置识别结果

裂缝位置/mm	损伤位置识别结果					
	400mm 处		900mm 处		1 400mm 处	
	无干扰	2%噪声	无干扰	2%噪声	无干扰	2%噪声
0～600	0.512	0.489	0.214	0.176	0.552	0.56
700～1 300	0.463	0.492	−0.014	0	0.620	0.615
0～400 800～1 200	0.468	0.435	0.325	0.286	0.630	0.631
400～800 1 200～1 600	0.492	0.49	−0.087	0.193	0.623	0.557

图 6.23 为不同工况损伤程度识别结果。由图 6.23 可以看出，各工况木梁模态加入 2%水平噪声后，损伤指标识别值整体的变动幅度减小，不同程度损伤各位置处变化不同，其中 300mm 处、600mm 处和 1 000mm 处变化明显，工况 6 的 1 000mm 处峰值最明显。如表 6.12 所示，300mm 处，各工况含 2%水平噪声干扰的识别值较无干扰相对偏差分别为-0.968、-1.044 和-0.975；600mm 处，各工况含 2%水平噪声干扰的识别值较无干扰相对偏差分别为-0.981、-1.029 和-0.984；1 000mm 处，各工况含 2%水平噪声干扰的识别值较无干扰相对偏差分别为 -1.135、-1.084 和-1.131。在含 2%水平噪声干扰下对梁上述三种工况的损伤程度识别效果一般。梁跨中附近处识别值相对偏差大于两端附近处识别值相对偏差。纵向裂缝木梁损伤程度因子识别结果如图 6.23 所示。

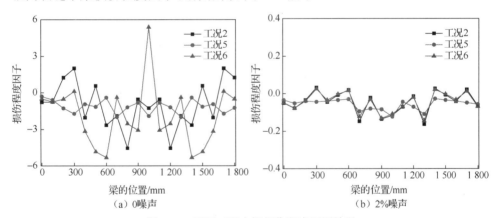

图 6.23　不同工况木梁损伤程度识别结果

表 6.13　纵向裂缝木梁损伤程度因子识别结果

裂缝深度/mm	损伤程度因子识别结果					
	300mm 处		600mm 处		1 000mm 处	
	无干扰	2%噪声	无干扰	2%噪声	无干扰	2%噪声
10	2.018	0.032 2	−2.650	0.019 5	−1.260	−0.134 8
20	−1.716	−0.043 7	−0.394	−0.029 2	−1.903	−0.083 5
30	0.117	0.024 9	−5.321	0.016 1	5.388	−0.131 2

用前四阶模态参数进行位置识别，木柱识别过程按照 13 个单元号进行，每个单元长度为 138.5mm，算法的分辨率为 7.7%。实际对木柱进行损伤模拟时，损伤指标 β_j 统计样本可选择与裂缝位置相关置信水平 $Z_0 = 1$，置信度为 99%。连续裂缝木柱损伤位置识别如图 6.24 所示，各位置损伤指标均出现一定的变化，其中 400mm、900mm 和 1 400mm 处变化明显，为引起模态应变能损伤指标的敏感部位。

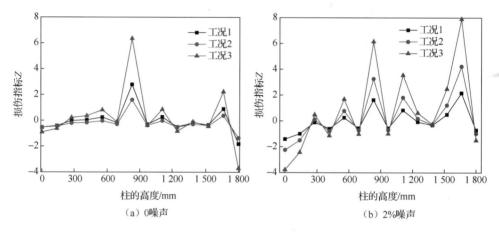

（a）0噪声　　　　　　　　　　　　　（b）2%噪声

图 6.24　不同工况木柱损伤位置识别结果

从图 6.24 可以看出，各工况柱模态加入 2%水平噪声后，除柱头约束处，柱高度处各位置损伤指标识别值变动幅度增加，其中 0mm 处、831mm 处和 1 662mm 处峰值变化明显。纵向裂缝木柱敏感损伤位置识别结果如表 6.14 所示，0mm 处，各工况含 2%水平噪声干扰的识别值较无干扰相对偏差分别为 1.627、3.188 和 3.127；831mm 处，各工况含 2%水平噪声干扰的识别值较无干扰相对偏差分别为-0.415、1.041 和-0.031；1 662mm 处，各工况含 2%水平噪声干扰的识别值较无干扰相对偏差分别为 1.398、9.904 和 2.533。在含 2%水平噪声干扰下对木柱上述三种工况的损伤位置识别效果较好。柱身中间处识别值相对偏差小于柱头和柱脚附近处识别值相对偏差。

表 6.14　纵向裂缝木柱敏感损伤位置识别结果

裂缝位置/mm	损伤位置识别结果					
	0 处		831mm 处		1 662mm 处	
	无干扰	2%噪声	无干扰	2%噪声	无干扰	2%噪声
0~1 500	-0.539	-1.416	2.786	1.63	0.902	2.163
150~1 650	-0.538	-2.253	1.596	3.257	0.387	4.22
300~1 800	-0.916	-3.78	6.349	6.153	2.233	7.89

图6.25为不同工况木柱损伤程度识别结果。从图6.25可以看出，各工况木柱模态加入 2%水平噪声后，不同位置处损伤指标识别值变化不同，其中 693mm 处、970mm 处和 1 524mm 处变化相对明显。纵向裂缝木柱损伤程度因子识别结果如表 6.15 所示，693mm 处，各工况含 2%水平噪声干扰的识别值较无干扰相对偏差分别为0.550、0.722 和 4.667；970mm 处，各工况含2%水平噪声干扰的识别值较无干扰相对偏差分别为-1.400、0.000 和 0.750；1 524mm 处，各工况含 2%水平噪声干扰的识别值较无干扰相对偏差分别为-0.688、-0.442 和-0.045。在含 2%水平噪声干扰下对木柱上述三种工况的损伤程度识别较困难。

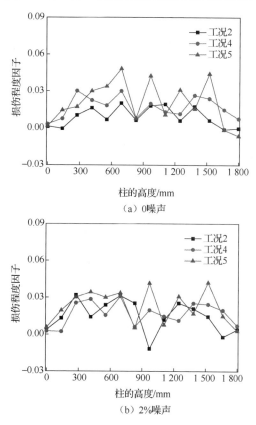

图 6.25　不同工况木柱损伤程度识别结果

表 6.15　纵向裂缝木柱损伤程度因子识别结果

裂缝深度/mm	损伤程度因子识别结果					
	693mm 处		970mm 处		1 524mm 处	
	无干扰	2%噪声	无干扰	2%噪声	无干扰	2%噪声
10	0.020	0.031	0.030	-0.012	0.048	0.015
20	0.018	0.031	0.020	0.020	0.043	0.024
30	0.006	0.034	0.024	0.042	0.044	0.042

6.4　榫卯节点转动刚度地震损伤识别研究

反复地震作用下，古建筑木结构榫卯连接部位容易松动和拔榫（King, et al.,1996）。为了建立松动拔榫节点的地震损伤识别方法，本节根据 1∶3.52 殿堂式古建筑木结构振动台试验模型，建立结构简化力学模型，推导结构量测观测矩阵和状态观测方程。通过振动台试验确定地震作用下榫卯节点转动刚度损伤演化特征，利用静动力凝聚方法建立了结构刚度与榫卯节点转动刚度之间关系。进行了力锤敲击试验和仿真计算，获得了结构柱架层和乳栿层位移、速度和加速度响应。考虑噪信比 5%噪声干扰，利用偏最小二乘和扩展卡尔曼滤波方法对榫卯节点转动刚度进行了识别。

6.4.1　地震损伤类型

中国古代木结构建筑的各个构件之间连接主要采用由榫头和卯口组成榫卯节点构造，具有很好的抵抗水平荷载的作用，能够有效减少结构的地震响应（薛建阳等，2000，2004）。榫卯节点构造介于铰接与刚接之间，可同时承受荷载和转动，表现较强的半刚性特性，刚度变化呈现由小到大再到小的非线性变化。在漫长的历史长河中，由于材料老化腐朽、环境侵蚀、荷载的长期效应以及地震灾害等因素的耦合作用，现存古木结构梁柱连接处不可避免地会出现榫头拔出现象，导致榫卯节点构造松动。在地震和周边复杂环境激励下，节点转动刚度降低，梁柱连接损伤，结构体系潜伏遭受破坏甚至倒塌的危险（薛建阳等，2019）。

作为木结构主要耗能途径，榫卯节点对古建筑的稳定性和安全性起着至关重要作用。及时准确地发现古建筑木结构损伤位置和程度，具有重大的理论意义和社会价值。榫卯松动导致节点刚度减小，节点连接松动是古建筑木结构的重要损伤特征，基于此，本书作者及其课题组对燕尾榫节点在不同松动程度下的抗震性能进行了研究，并应用现代抗震理论对燕尾榫节点连接松动的形制构造、结构特性和抗震性能进行科学的阐释，分析燕尾榫节点在不同松动程度下的受力机理、承载力、变形能力和刚度，并进行完善的性能评价。

6.4.2　刚度损伤指标

为了研究古建筑木结构榫卯节点在地震下的刚度损伤指标，本书作者及其课题组制作了一个缩尺比为 1∶3.52 的殿堂式古建筑木结构模型，进行振动台试验，如图6.26所示。模型原材料选用红松，材料的抗弯强度为67MPa、顺纹抗压强度为 35MPa、顺纹抗剪强度 8MPa，顺纹抗压弹性模量为 10 109MPa，径向弹性模量 674MPa，弦向弹性模量为 274MPa。模型上面嵌固配重为14kN/m² 的钢筋混凝土板作为等效屋盖荷载，4 块柱础固定在 2.0m×2.2m 的振动台上。试验中分别在台面、柱脚、柱顶和乳栿处布置磁电式位移传感器、磁电式速度传感器和差容式加速度传感器。对模型分别输入 50Gal、75Gal、100Gal、150Gal、200Gal 和 300Gal 的 El Centro 波、taft 波、兰州波，400Gal、500Gal、600Gal、800Gal 和 900Gal 的 El Centro 地震波，获得模型柱脚、柱架层和乳栿层在不同损伤工况下的位移、速度和加速度响应。在柱端和梁端位置布置电阻应变片，量测梁柱端部应变来获取榫卯节点弯矩。

　　试验表明，随着地震作用增加，柱脚滑移和榫头拔出量越来越大，直至榫头劈裂和卯口撕裂破坏，结构模型倒塌。当输入激励小于 150Gal 时，榫卯张角变形不明显；输入激励 200Gal 时，榫卯节点转动幅度较小，未出现拔榫；当输入激励达 300Gal 时，柱脚开始滑移，榫头开始从卯口拔出，试验现象如图 6.27 所示，柱脚滑移量约为 11.736mm，榫头拔出量约为 3mm；当输入激励达 600Gal 时，柱脚滑移量约为 28.836mm，榫头拔出量约为 8mm。

图 6.26　古建筑木结构振动台试验　　　　　　图 6.27　试验现象

　　定义工况 1 为震前无损工况，工况 2 为 200Gal 地震加载完时刻工况，工况 3 为 300Gal 地震加载完时刻工况，工况 4 为 600Gal El Centro 波加载完时刻损伤工况。各工况榫卯节点的滞回曲线如图 6.28 所示；根据滞回曲线拟合榫卯节点的骨架曲线，不同工况下榫卯节点的 M-θ 骨架曲线如图 6.29 所示，不同工况榫卯节点转动刚度如表 6.16 所示。

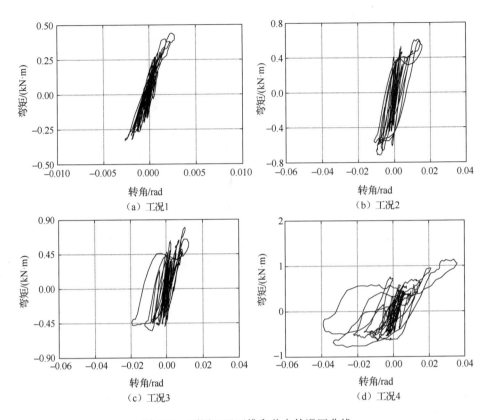

图 6.28　不同工况下榫卯节点的滞回曲线

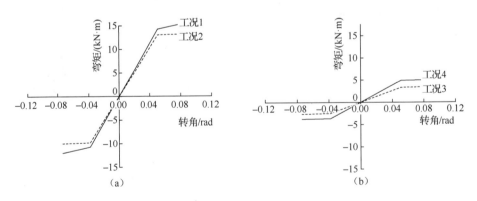

图 6.29　不同工况榫卯节点 M-θ 骨架曲线

表 6.16　不同工况榫卯节点转动刚度值

损伤工况	加载时刻	R_1/(kN・m/rad)		R_2/(kN・m/rad)	
		试验值	损伤程度/%	试验值	损伤程度/%
1	加载前	279.8	0.00	36.6	0.00
2	200Gal 后	256.0	8.50	5.06	86.20
3	300Gal 后	64.88	76.81	2.90	92.08
4	600Gal 后	96.23	65.61	4.14	88.69

工况 3 的榫卯节点刚度损伤最大，初始刚度只有工况 1 的 23.19%，屈服刚度只有工况 1 的 11.31%；而工况 4 初始刚度较工况 3 增大；增大 48.32%，屈服刚度较工况 3 减小，减小 29.95%。榫卯节点初始和屈服转动刚度损伤程度先增大后减小。原因是：随着地震开始加载，榫头从卯口拔出，榫头受卯口挤压加剧，榫卯之间摩擦力增大，初始抗弯承载力增大，随着地震作用累积增加，榫卯松动和榫卯从卯口拔出，榫卯接触面减小，初始抗弯承载力减小。地震前榫卯节点初始刚度 279.8kN·m/rad、地震后榫卯节点初始刚度最小为 64.88kN·m/rad，发现榫卯节点初始刚度变化范围与不同松动程度下古建筑燕尾榫节点初始刚度试验 50～300kN·m/rad 的范围基本一致，说明了地震前后榫卯节点初始转动刚度试验结果的准确性。

本书作者及其课题组根据榫卯连接模型低周反复荷载试验，拟合榫卯节点恢复力模型，获得了榫卯节点初始刚度和屈服刚度呈一定的比例关系（姚侃等，2009）。根据各工况榫卯节点割线刚度 R_1 和 R_2，得到屈服前后割线刚度 R_2 和 R_1 的比值如表 6.17 所示。

表 6.17　R_2 和 R_1 的比值

工况	工况 1	工况 2	工况 3	工况 4
R_2/R_1	0.131	0.020	0.045	0.043

6.4.3　榫卯节点损伤识别方法研究

关于损伤识别方法研究中，王晓燕等（2005）采用最小二乘和扩展卡尔曼滤波方法反演系统地震载荷和识别结构动态参数，何浩祥等（2015）用静动力凝聚和扩展卡尔曼滤波对连续梁进行了刚度和阻尼损伤识别，赵博宇等（2014）完成了扩展卡尔曼滤波算法对在噪声较大环境下的结构质量、阻尼和刚度识别，更新了长期不确定振动台模型；Weng 等（2009）对随机激励作用下的古木结构梁上各节点的加速度响应信号进行小波包分解，提出了小波包能量曲率差损伤识别指标，通过此指标进行古木结构的损伤识别；Wu 等（2006）提出了识别节点模态参数的子空间、有限元模型修正和非线性最小二乘结合的方法，这种方法识别过程耗时。同时，王鑫等（2014）还提出了加权最小二乘和贝叶斯结合的方法，以及节点损伤指数和二阶特征灵敏度近似方法。

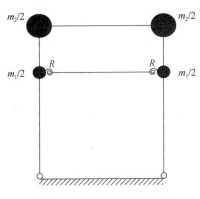

图 6.30　平面简化力学模型

1. 简化力学模型

根据殿堂式古建筑木结构振动台试验模型的受力变形特征，忽略结构空间和梁柱轴向变形作用，选取其一榀构架为研究对象，假定柱与础石之间为理想库仑摩擦，柱脚滑移过程上部结构不出现倾覆，建立平面简化力学模型，如图 6.30 所示。模型木柱与额枋榫卯连接用弹簧单元模拟，梁柱及斗栱用梁单元模拟，将结构每个区域质量分别集中于榫卯连接柱架层和乳栿层处，其中 R 为榫卯节点转动刚度，m_1 为柱架层集中质量，m_2 为乳栿层集中质量。

2. 结构动力方程

$$[M]\{\ddot{\delta}\} + [C]\{\dot{\delta}\} + [K]\{\delta\} = -[M]\{\ddot{\delta}_g\} \qquad (6\text{-}33)$$

式中：$\{\ddot{\delta}\}$、$\{\dot{\delta}\}$ 和 $\{\delta\}$ 分别为加速度、速度和位移响应列向量；$\{\ddot{\delta}_g\}$ 为地面加速度列向量；$[M]$ 为结构质量矩阵；$[K]$ 为结构刚度矩阵，即

$$[K] = \begin{bmatrix} k_{11} & k_{12} & k_{13} & k_{14} & k_{15} & k_{16} \\ & k_{22} & k_{23} & k_{24} & k_{25} & k_{26} \\ & & k_{33} & k_{34} & k_{35} & k_{36} \\ & 对 & & k_{44} & k_{45} & k_{46} \\ & & 称 & & k_{55} & k_{56} \\ & & & & & k_{66} \end{bmatrix} \qquad (6\text{-}34)$$

阻尼矩阵 $[C] = 2\zeta\omega^{-1}[K]$，其中 ζ 为阻尼比，ω 为结构各阶自振频率。

设木材顺纹抗弯弹性模量为 E，梁枋截面惯性矩为 I_B、额枋截面惯性矩为 I_L、木柱截面惯性矩为 I_C，斗栱等效抗弯刚度为 EI_C，榫卯节点转动刚度为 R，柱架层高度为 h_1，铺作层高度为 h_2。忽略梁柱轴向变形，考虑榫卯节点半刚性连接特性，根据 Chopra（2007）给出的两端半刚性连接杆件、一端铰接一端固定杆件的刚度矩阵，组装确定结构整体刚度矩阵 $[K]$ 各元素如下所示。

$k_{11} = 6EI_C / h_1^3 + 24EI_D / h_2^3$;

$k_{12} = -24EI_D / h_2^3$;

$k_{13} = k_{14} = 3EI_C / h_1^2 + 6EI_D / h_2^2$;

$k_{15} = k_{16} = 6EI_D / h_2^2$;

$k_{22} = 24EI_D / h_2^3$;

$k_{23} = k_{24} = -6EI_D / h_2^2$;

$k_{25} = k_{26} = -6EI_D / h_2^2$;

$k_{33} = k_{44} = 3EI_C / h_1 + (4 + 12\mu)EI_L / (R^*L) + 4EI_D / h_2$;

$k_{34} = 2EI_L / (R^*L)$;

$k_{35} = 2EI_D / h_2$ ， $k_{36} = 0$ ， $k_{45} = 0$ ， $k_{46} = 2EI_D / h_2$ ， $k_{56} = 2EI_B / L$;

$k_{55} = k_{66} = 4EI_B / L + 4EI_D / h_2$; $\mu = EI_L / (RL)$; $R^* = 1 + 8\mu + 12\mu^2$ 。

随着材料抗弯弹性模量降低，结构整体刚度矩阵各元素减小。基于上述平面简化力学模型利用 Newmark$-\beta$ 法计算模型各层的位移、速度和加速度响应，得到各层位移、速度和加速度响应均随材料抗弯弹性模量降低而增大。

3. 结构状态方程和观测方程

动力方程分块形式为

$$\begin{bmatrix} M_{tt} & 0 \\ 0 & 0 \end{bmatrix} \begin{Bmatrix} \ddot{\delta} \\ \ddot{\theta} \end{Bmatrix} + \begin{bmatrix} C_{tt} & C_{ts} \\ C_{st} & C_{ss} \end{bmatrix} \begin{Bmatrix} \dot{\delta} \\ \dot{\theta} \end{Bmatrix} + \begin{bmatrix} K_{tt} & K_{ts} \\ K_{st} & K_{ss} \end{bmatrix} \begin{Bmatrix} \delta \\ \theta \end{Bmatrix} = \begin{Bmatrix} -M_{tt}\ddot{\delta}_g \\ 0 \end{Bmatrix} \tag{6-35}$$

式中：$\{\ddot{\theta}\}$、$\{\dot{\theta}\}$ 和 $\{\theta\}$ 分别为节点转动加速度、速度和位移列向量。质量矩阵 $[M_{tt}] = \begin{bmatrix} m_{11} & \\ & m_{22} \end{bmatrix}$；$[K_{tt}]$、$[K_{ts}]$、$[K_{st}]$ 和 $[K_{ss}]$ 为刚度分块矩阵，分块规则为

$$[K_{tt}] = \begin{bmatrix} k_{11} & k_{12} \\ k_{21} & k_{22} \end{bmatrix}, \quad [K_{ts}] = [K_{st}]^{-1} = \begin{bmatrix} k_{13} & k_{14} & k_{15} & k_{16} \\ k_{23} & k_{24} & k_{25} & k_{26} \end{bmatrix},$$

$$[K_{ss}] = \begin{bmatrix} k_{33} & k_{34} & k_{35} & k_{36} \\ k_{43} & k_{44} & k_{45} & k_{46} \\ k_{53} & k_{54} & k_{55} & k_{56} \\ k_{63} & k_{64} & k_{65} & k_{66} \end{bmatrix} 。$$

静力减缩法为将有限元模型的自由度分为主自由度和副自由度，忽略副自由度上质量的影响，将系统的副自由度减缩掉，这种处理对结构系统的低阶模态的影响不大，对高阶模态经常造成很大误差。本节静动力凝聚法是利用静力凝聚消去榫卯节点的转动自由度，同时实现阻尼力和静力同时凝聚的一种改进的自由度凝聚法。利用静动力凝聚法，消除具有零质量转动项，凝聚后结构动力方程为

$$[M_t]\{\ddot{\delta}\} + [C_t]\{\dot{\delta}\} + [K_t]\{\delta\} = -[M_t]\{\ddot{\delta}_g\} \tag{6-36}$$

式中：质量矩阵为 $[M_t]=[M_{tt}]$；刚度矩阵为 $[K_t]=[K_{tt}]-[K_{ts}][K_{ss}]^{-1}[K_{st}]=$ $\begin{bmatrix} k_{11} & k_{12} \\ k_{21} & k_{22} \end{bmatrix}$；阻尼矩阵为 $[C_t]=2\zeta\omega^{-1}[K_t]$；位移向量 $\{\delta\}=\{\delta_1 \quad \delta_2\}^T$，其中 δ_1、δ_2 分别为古建筑木结构榫卯连接柱架层和乳栿层位移。

将上述动力方程转化为状态方程为

$$\frac{\mathrm{d}}{\mathrm{d}t}\begin{pmatrix} \delta \\ \dot{\delta} \end{pmatrix}=\begin{bmatrix} 0_x & I_x \\ -[M_t]^{-1}[K_t] & -2\zeta\omega^{-1}[M_t]^{-1}[K_t] \end{bmatrix}\begin{bmatrix} \delta \\ \dot{\delta} \end{bmatrix}+\begin{bmatrix} 0_x \\ -I_x \end{bmatrix}\ddot{\delta}_g \tag{6-37}$$

令结构柱架层和乳栿层平动速度 δ_3、δ_4，将结构刚度 k_{11}、k_{12}（k_{21}）、k_{22}，阻尼比 ζ 和结构固有频率 ω 看成结构的 5 个状态向量，则结构状态方程为

$$\begin{cases} \dot{\delta}_1=f_1=\delta_3 \\ \dot{\delta}_2=f_2=\delta_4 \\ \dot{\delta}_3=f_3=-(k_{11}\delta_1+k_{12}\delta_2)/m_{11}-2\zeta\omega^{-1}(k_{11}\delta_3+k_{12}\delta_4)/m_{11}-\ddot{\delta}_g \\ \dot{\delta}_4=f_4=-(k_{21}\delta_1+k_{22}\delta_2)/m_{22}-2\zeta\omega^{-1}(k_{21}\delta_3+k_{22}\delta_4)/m_{22}-\ddot{\delta}_g \\ \dot{\delta}_5=\dot{\delta}_6=\dot{\delta}_7=\dot{\delta}_8=\dot{\delta}_9=0 \end{cases} \tag{6-38}$$

结构观测方程为

$$\begin{cases} Z_1=h_1=-(k_{11}\delta_1+k_{12}\delta_2)/m_{11}-2\zeta\omega^{-1}(k_{11}\delta_3+k_{12}\delta_4)/m_{11} \\ Z_2=h_2=-(k_{21}\delta_1+k_{22}\delta_2)/m_{22}-2\zeta\omega^{-1}(k_{21}\delta_3+k_{22}\delta_4)/m_{22} \end{cases} \tag{6-39}$$

4. 扩展卡尔曼滤波理论

在实际问题中，系统输入与输出时程信息不可避免地存在测量噪声，这必然会影响系统参数的识别精理为了消除观测噪声的影响，可以采用扩展采样区间的方式。由于方程数目大于未知量数目，可利用最小二乘解。系统在任意时点表示为

$$h_j\theta=z_j \tag{6-40}$$

其中 $z_j=f(t_j)$，$h_j=[\ddot{x}(t_j),\dot{x}(t_j),x(t_j)]$，$\theta=(m,c,k)^T$，则式（6-40）写成下式：

$$H\theta=Z \tag{6-41}$$

$Z=(z_1,z_2,\dots z_N)^T$，$H=(h_1,h_2,\dots h_N)^T$

式（6-41）的最小乘解为

$$\theta=(H^TH)^{-1}H^TZ \tag{6-42}$$

利用系统的输入、输出时程测量信息可以初步确定结构的物理参数。

对于确定性 n 自由度线性动力系统的动力方程可用 $2n$ 维的状态方程表示为

$$\dot{X}+AX=DF(t) \tag{6-43}$$

其中 $X = \begin{Bmatrix} Y \\ \dot{Y} \end{Bmatrix}$; $A = \begin{bmatrix} 0_x & -I_x \\ M^{-1}K & M^{-1}C \end{bmatrix}$; $D = \begin{Bmatrix} 0_x \\ M^{-1} \end{Bmatrix}$。

假定为等时距采样上式可写为

$$X_{k+1} = \boldsymbol{\Phi}_k X_k + \boldsymbol{\Gamma}_k F_k \tag{6-44}$$

式中：X_k、F_k 分别为状态变量与输入在 k 时点采样值，有

$$\boldsymbol{\Gamma}_k = D \int_0^{\Delta t} \mathrm{e}^{At} \mathrm{d}\tau \tag{6-45}$$

$\boldsymbol{\Phi}_k$ 表示自 k 时点向 $k+1$ 时点的状态转移矩阵。由于采用等时距采样，有

$$\boldsymbol{\Phi}_k = \mathrm{e}^{-A\Delta t} \tag{6-46}$$

若 Δt 足够小，则可近似取

$$\boldsymbol{\Phi}_k = I - A\Delta t \tag{6-47}$$

对于离散型状态方程，补充如下观测方程为：

$$Y_{k+1} = H_{k+1} X_{k+1} + v_{k+1} \tag{6-48}$$

式中，Y_{k+1} 为 m 维观测向量（$m \leqslant n$）；H 为观测矩阵，可根据具体问题确定，v 为零均值观测噪声向量。

卡尔曼滤波是根据状态方程与观测方程，在已知第 k 时刻的状态 X_k 的估计值 $\hat{X}_k$ 和输入 F_k 条件下，对第 $k+1$ 时刻的状态做出最优估计。求解这一问题是利用状态方程式给出 $k+1$ 时刻的值，但由于 $\hat{X}_k$ 仅为一个估计值，故所得 X_{k+1} 亦为估计值，即

$$\tilde{X}_{k+1} = \boldsymbol{\Phi}_k \hat{X}_k + \boldsymbol{\Gamma}_k F_k \tag{6-49}$$

上式一般称为状态预测方程。此处~符号表示预测。

考虑到 $k+1$ 时刻的观测信息，可设 X_{k+1} 的最小方差估计 $\hat{X}_{k+1}$ 是 $\hat{X}_{k+1}$ 与 Y_{k+1} 的线性组合为

$$\hat{X}_{k+1} = K_{1k+1} \tilde{X}_{k+1} + K_{k+1} Y_{k+1} \tag{6-50}$$

估计误差为

$$\boldsymbol{\varepsilon}_{k+1} = X_{k+1} - \hat{X}_{k+1} \tag{6-51}$$

$$\tilde{\boldsymbol{\varepsilon}}_{k+1} = X_{k+1} - \tilde{X}_{k+1} \tag{6-52}$$

则将式（6-48）及上两式代入式（6-50），有

$$X_{k+1} - \boldsymbol{\varepsilon}_{k+1} = K_{1k+1}(X_{k+1} - \tilde{\boldsymbol{\varepsilon}}_{k+1}) + K_{k+1}(H_{k+1}X_{k+1} + v_{k+1})$$

即

$$\boldsymbol{\varepsilon}_{k+1} = -(K_{1k+1} + K_{k+1}H_{k+1} - I)X_{k+1} + K_{1k+1}\tilde{\boldsymbol{\varepsilon}}_{k+1} - K_{k+1}v_{k+1} \tag{6-52}$$

对上式两边取数学期望值，考虑到 $E(v_{k+1}) = 0$ 且无偏估计要求误差 $\boldsymbol{\varepsilon}_{k+1}$，$\tilde{\boldsymbol{\varepsilon}}_k$ 的期望值为零，故有

$$K_{1k+1} + K_{k+1}H_{k+1} - I = 0$$

亦即

$$K_{1k+1} = I - K_{k+1}H_{k+1} \qquad (6\text{-}53)$$

将上式代入式（6-50）得

$$\hat{X}_{k+1} = \tilde{X}_{k+1} + K_{k+1}(Y_{k+1} - H_{k+1}\tilde{X}_{k+1}) \qquad (6\text{-}54)$$

上式一般称为状态滤波（校正）方程。H_{k+1} 称为增益矩阵，选择增益矩阵的原因是使估计误差 ε_{k+1} 的协方差矩阵为

$$P_{k+1} = E\left\{(X_{k+1} - \hat{X}_{k+1})(X_{k+1} - \hat{X}_{k+1})^{\mathrm{T}}\right\} \qquad (6\text{-}55)$$

取极小值。为此，从状态方程中减去（6-49），得

$$\tilde{\varepsilon}_{k+1} = \Phi_k \varepsilon_k \qquad (6\text{-}56)$$

将上式两端右乘自身转置取数学期望，利用式（6-55）有

$$\tilde{P}_{k+1} = \Phi_k P_k \Phi_k^{\mathrm{T}} \qquad (6\text{-}57)$$

此为误差协方差预测方程。

将式（6-48）代入式（6-54），然后将所得结果代入式（6-55），有

$$\varepsilon_{k+1} = (I - K_{k+1}H_{k+1})(X_{k+1} - \tilde{X}_{k+1}) - K_{k+1}v_{k+1} \qquad (6\text{-}58)$$

注意到 $\tilde{\varepsilon}_{k+1} = X_{k+1} - \tilde{X}_{k+1}$ 与 v_{k+1} 独立无关，故将上式两端分别右乘以自身的转置后取数学期望，并利用式（6-55），可得

$$P_{k+1} = (I - K_{k+1}H_{k+1})\tilde{P}_{k+1}(I - K_{k+1}H_{k+1})^{\mathrm{T}} + K_{k+1}R_{k+1}K_{k+1}^{\mathrm{T}} \qquad (6\text{-}59)$$

其中

$$R_{k+1} = E(vv^{\mathrm{T}}) \qquad (6\text{-}60)$$

为观测噪声协方差矩阵。

根据 P_{k+1} 取极小值的原则，可以推得

$$K_{k+1} = \tilde{P}_{k+1}H^{\mathrm{T}}_{k+1}(H_{k+1}\tilde{P}_{k+1}H_k^{T} + R_{k+1})^{-1} \qquad (6\text{-}61)$$

将上式代入式（6-59），并经过整理，可得误差协方差滤波（校正）方程为

$$P_{k+1} = (I - K_{k+1}H_{k+1})\tilde{P}_{k+1} \qquad (6\text{-}62)$$

式（6-49）、式（6-54）、式（6-57）、式（6-60）和式（6-61）共同构成了离散系统式（6-44）、式（6-48）的卡尔曼滤波估计基本公式。从给定的初始估计 $\hat{X}_0$ 和初始误差协方差 P_0 出发，利用已知的 $R_k, \Phi_k, H_k, \Gamma_k, F_k$ 等，即可从上述递推公式进行系统状态量的卡尔曼滤波估计计算。

扩展卡尔曼滤波是用递推状态空间方程一阶泰勒公式代替非线性方程进行线性估计的一种方法。结构状态向量微分方程和反应的观测方程为

$$\dot{X}(t_{i+1}) = f\left[X(t_i), t_i\right] + W(t_i) \qquad (6\text{-}63)$$

$$Z(t_{i+1}) = h\left[X(t_{i+1}), t_{i+1}\right] + V(t_{i+1}) \qquad (6\text{-}64)$$

$X(t_i)$、$X(t_{i+1})$ 为 t_i 和 t_{i+1} 时刻状态向量，$Z(t_{i+1})$ 为 t_{i+1} 时刻观测向量，$W(t_i)$ 为系统噪声向量，$V(t_{i+1})$ 为 t_{i+1} 时刻观测噪声向量。$W(t_{i+1})$ 和 $V(t_{i+1})$ 均为相互独立的零

均值高斯白噪声，Q 和 R 分别为 $W(t_{i+1})$ 和 $V(t_{i+1})$ 的协方差矩阵。扩展卡尔曼滤波
方程如下。

状态预测：

$$\hat{X}\left(t_{i+1}/t_{i}\right)=\hat{X}\left(t_{i}/t_{i}\right)+\int_{t_{i}}^{t_{i+1}}\boldsymbol{f}\left[\hat{X}\left(t_{i}/t_{i}\right),t\right]\mathrm{d}t \qquad (6\text{-}65\mathrm{a})$$

$$\boldsymbol{P}\left(t_{i+1}/t_{i}\right)=\boldsymbol{\Phi}\left[\hat{X}\left(t_{i+1}/t_{i}\right),t_{i},t_{i+1}\right]\boldsymbol{P}\left(t_{i}/t_{i}\right)\times\boldsymbol{\Phi}\left[\hat{X}\left(t_{i+1}/t_{i}\right),t_{i},t_{i+1}\right]+\boldsymbol{Q}\left(t_{i}\right) \qquad (6\text{-}65\mathrm{b})$$

增益矩阵：

$$\boldsymbol{G}\left[\hat{X}\left(t_{i+1}/t_{i}\right),t_{i+1}\right]=\boldsymbol{P}\left(t_{i+1},t_{i}\right)\boldsymbol{H}^{\mathrm{T}}\left[\hat{X}\left(t_{i+1}/t_{i},t_{i+1}\right)\right]\left\{\boldsymbol{H}\left[\hat{X}\left(t_{i+1}/t_{i}\right),t_{i+1}\right]\times\boldsymbol{P}\left(t_{i+1},t_{i}\right)\right.$$

$$\left.\boldsymbol{H}\left[\hat{X}\left(t_{i+1}/t_{i}\right),t_{i+1}\right]^{\mathrm{T}}+\boldsymbol{R}\left(t_{i+1}\right)\right\}^{-1} \qquad (6\text{-}65\mathrm{c})$$

状态滤波：

$$\hat{X}\left(t_{i+1}/t_{i+1}\right)=\hat{X}\left(t_{i+1}/t_{i}\right)+\boldsymbol{G}\left[\hat{X}\left(t_{i+1}/t_{i}\right),t_{i+1}\right]\left\{\boldsymbol{Z}\left(t_{i+1}\right)-\boldsymbol{H}\left[\hat{X}\left(t_{i+1}/t_{i}\right),t_{i+1}\right]\right\} \qquad (6\text{-}65\mathrm{d})$$

式中：R 为观测噪声；ν 为协方差矩阵。状态转移矩阵为

$$\boldsymbol{\Phi}_{k}=\mathrm{e}^{A(\hat{x}_{k})\Delta t}\approx\boldsymbol{I}+\Delta t\cdot\boldsymbol{A}\left(\hat{X}_{k}\right),$$

$$\boldsymbol{A}=\left[\frac{\partial f_{i}\left(\hat{X}_{k}\right)}{\partial\hat{x}_{j}}\right],\quad\boldsymbol{H}_{k}=\left[\frac{\partial h_{j}\left(\hat{X}_{k}\right)}{\partial\hat{x}_{j}}\right]$$

式中：A 为状态雅可比矩阵；H_k 为观测雅可比矩阵；I 为单位矩阵。

5. 结构观测矩阵和量测矩阵

对木构架乳栿层配重块施加脉冲激励 P_0，有

$$\begin{cases} \boldsymbol{K}_{11}\delta_{1}+\boldsymbol{K}_{12}\delta_{2}+2\zeta\omega^{-1}(\boldsymbol{K}_{11}\dot{\delta}_{1}+\boldsymbol{K}_{12}\dot{\delta}_{2})=-m_{11}\ddot{\delta}_{1} \\ \boldsymbol{K}_{21}\delta_{1,0}+\boldsymbol{K}_{22}\delta_{2,0}+2\zeta\omega^{-1}(\boldsymbol{K}_{21}\delta_{3,0}+\boldsymbol{K}_{22}\delta_{4,0})=P_{0}-m_{22}\ddot{\delta}_{2} \end{cases} \qquad (6\text{-}66)$$

观测柱架层和乳栿层位移、速度和加速度响应；获得观测矩阵 H、刚度参
数 X、量测 Z 为

$$\boldsymbol{H}=\begin{bmatrix} \delta_{1}+2\zeta\omega^{-1}\dot{\delta}_{1} & \delta_{2}+2\zeta\omega^{-1}\dot{\delta}_{2} & 0 \\ 0 & \delta_{1}+2\zeta\omega^{-1}\dot{\delta}_{1} & \delta_{2}+2\zeta\omega^{-1}\dot{\delta}_{2} \end{bmatrix}$$

$$\boldsymbol{X}=\begin{bmatrix} K_{11} & K_{12} & K_{22} \end{bmatrix}^{\mathrm{T}}$$

$$\boldsymbol{Z}=\begin{bmatrix} -m_{11}\ddot{\delta}_{1} & P_{0}-m_{22}\ddot{\delta}_{2} \end{bmatrix}^{\mathrm{T}}$$

考虑结构微振动响应数量级很小，计算过程系数矩阵存在病态性、不可逆
性，利用奇异值分解的信号特征提取方法处理，将奇异值分解阶次反应的噪声分
离出去，反应的有用信号作为最小二乘使用，获得结构刚度参数初步估计 $\tilde{X}$。

已知柱架层和乳栿层位移和速度状态向量、初始误差协方差矩阵、柱架层和
乳栿层加速度观测向量，以上述 $\tilde{X}_k$ 为初值，应用扩展卡尔曼滤波估计公式重复

迭代计算直至收敛，识别结构刚度。

6.4.4　榫卯连接模型有限元分析

1. 有限元模型的建立

依据燕尾榫榫卯连接古建筑木结构振动台试验，采用 ANSYS 建立木构架有

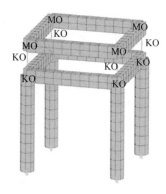

图 6.31　木构架有限元模型

限元模型，如图 6.31 所示，其中，KO 表示弹簧单元，MO 表示质量单元，四个柱脚节点在 UZ 和 ROTZ 方向设置约束。

柱、额枋和梁枋采用三维线性两节点单元模拟；柱与额枋榫卯连接采用 COMBIN39 非线性转动弹簧单元模拟，柱脚与础石滑移连接采用 COMBIN40 单元模拟，斗栱采用 COMBIN39 水平弹簧-阻尼器单元和 COMBIN14 竖向弹簧-阻尼器单元模拟，弹簧单元和阻尼器假定为无质量和尺寸。屋盖质量等效到乳栿相交四个节点上，用 2D 单元模拟。模型材料密度为 550kg/m³，材料顺纹抗弯弹性模量为67.27MPa，榫卯节点刚度根据表 6.16 定义，斗栱水平抗侧刚度、竖向

抗压刚度由低周反复荷载试验和竖向承载力试验测得，柱脚与础石的滑动摩擦系数取为 0.4，四种工况下有限元仿真计算采用的阻尼比例系数从振动台试验获得，分别为 0.029、0.035、0.039 和 0.044。

2. 各阶频率对节点刚度损伤敏感性

柱脚、柱架层和乳栿层加速度时程曲线如图 6.32 所示。由图 6.32 可以看出，柱脚、榫卯连接柱架层和乳栿层加速度时程响应曲线基本吻合，峰值出现的时刻和大小基本相同。由于仿真模型中未完全模拟榫卯节点的滞回关系，响应曲线形状和走向略有不同，尤其是在 6～8s 和 12～14s，榫卯节点产生了塑性变形，构件间的摩擦增大，整个结构的阻尼比变大、耗能能力增强，而计算模型却不能进行考虑，致使所计算的加速度变大。无损工况下仿真模型自振频率为1.88Hz，与试验获得的1阶自振频率2.05Hz 比较，相对误差为 8.29%。由此可以说明，仿真模型可满足计算精度要求。

图 6.33 为前 6 阶不同损伤工况下结构自振频率的比较，可以看出，随节点损伤程度增加，前 3 阶频率变化较大，后 3 阶频率没有变化。仿真计算振型结果显示，第 1 阶振型和第 2 阶振型为平动，第三阶振型为结构的整体扭转，第 4 阶至第 6 阶振型表现为斗栱的竖向振动。由于累积地震作用，榫卯节点刚度损伤变小，木结构层间水平和竖向刚度损伤均变化明显，结构前 3 阶自振频率对应的振型变化明显。说明榫卯节点刚度损伤对结构低频振型敏感，计算中应选取低频部分的响应作为刚度识别主要依据。

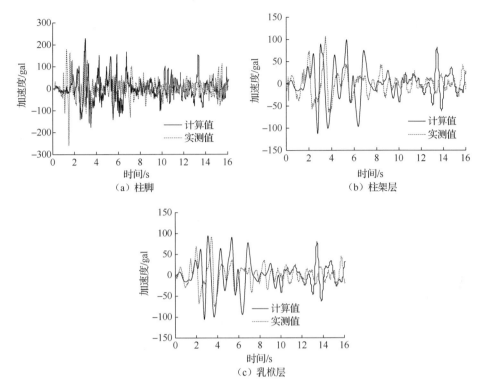

图 6.32　柱脚、柱架层和乳栿层加速度时程曲线

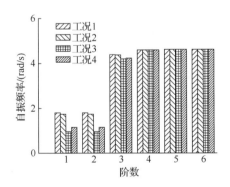

图 6.33　不同损伤工况下结构自振频率

3. 节点模型脉冲激励反应分析

仿真模拟了脉冲力锤锤击木结构上混凝土配重块，使结构产生微振动响应。忽略脉冲力锤的质量影响，脉冲激励如图 6.34 所示，由于实际施加脉冲激励时间很短，仿真计算中激励时间取为 0.2s，结构位移、速度和加速度响应采样时间设为 10s，时间步长为 0.009 8s。

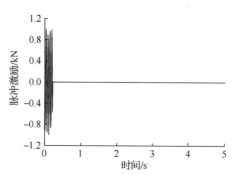

图6.34 脉冲激励

比较不同损伤工况柱架层位移、速度和加速度响应发现，各工况最大负位移 −0.238mm、−0.24mm、−0.286mm 和−0.263mm，出现时刻为 0.107s、0.107s、0.205s 和 0.205s；最大正位移 0.204mm、0.209mm、0.116mm 和 0.132mm，出现时刻为0.420s、0.430s、0.701s 和 0.520s。图6.35 为各工况榫卯连接柱架层位移响应，可以看出：随榫卯节点刚度损伤加剧，柱架层负位移峰值增大，正位移峰值减小；工况 3 较工况 1 负位移峰值增大 4.8%，正位移峰值减小 35.3%，负位移峰值时间延后 0.102s，正位移峰值时间延后 0.281s。四种工况下结构的位移和速度响应在4s 后都基本趋于平稳。

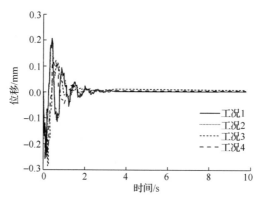

图6.35 各工况榫卯连接柱架层位移响应

6.4.5 榫卯节点转动刚度识别

根据集中质量法，各工况质量矩阵中：柱架层集中质量 m_{11}=250kg，乳栿层集中质量 m_{22}=3600kg；根据木柱 EI_C 为 9.5×10^5N·m^2，斗栱 EI_D 为 5.4×10^6N·m^2，梁枋 EI_L 为 5.8×10^5N·m^2，额枋 EI_B 为 5.8×10^5N·m^2，h_1=1.5m，h_2=0.27m，L=1.4m，h_B=0.18m 及转动刚度试验值，利用 MATLAB 计算各工况整体刚度矩阵为

$$[K_t]^1 = \begin{bmatrix} 107.99 & -115.6 \\ -115.6 & 124.84 \end{bmatrix}, \quad [K_t]^2 = \begin{bmatrix} 107.47 & -115.07 \\ -115.07 & 124.32 \end{bmatrix},$$

$$[K_t]^3 = \begin{bmatrix} 102.87 & -110.50 \\ -110.50 & 119.77 \end{bmatrix}, \quad [K_t]^4 = \begin{bmatrix} 103.67 & -111.30 \\ -111.30 & 120.56 \end{bmatrix},$$

刚度矩阵上标代表不同损伤工况，刚度单位为 kN/m。

　　根据静动力凝聚方法，获得了结构刚度参数 K_{11} 试验值与榫卯节点初始刚度 R_1 的关系，如图 6.36 所示，四种工况刚度参数 K_{11} 试验值分别为 107.99kN/m、107.47kN/m、102.87kN/m 和 103.67kN/m。

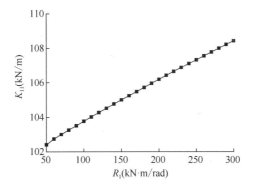

图 6.36　结构刚度 K_{11} 和节点刚度 R_1 的关系

　　假定阻尼比例系数已知，采样点数取 100 个。在无噪声干扰下，利用观测得到的榫卯连接层位移、速度、加速度响应组装观测矩阵和量测值，反演计算中观测矩阵呈病态性，对其进行奇异值分解，选取奇异值分解阶次为 2，分离阶数为 1，根据偏最小二乘利用 MATLAB 初步估计各工况刚度参数。噪信比为 0 时各工况 K_{11} 的收敛曲线如图 6.37 所示。

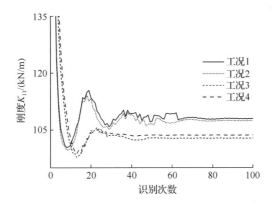

图 6.37　噪信比为 0 时各工况的 K_{11} 收敛曲线

在力锤敲击测试模型响应中，根据输出噪声均方根与不含噪纯信号均方根之比，确定各阶段噪声水平值约为 5%。因此，模拟计算中在观测位移、速度和加速度响应中加入了噪声水平为5%的高斯随机噪声。设定参数收敛区域 K_{11} 识别值上限为 108kN/m，下限为 102kN/m，剔除识别结果中的超限不合理数据。5%噪声干扰下，各工况 K_{11} 的收敛曲线如图 6.38 所示。四种工况刚度 K_{11} 整体收敛性均较好，K_{11} 识别值分别为 107.91kN/m、107.35kN/m、102.77kN/m 和 103.57kN/m，若设误差为相对误差，该相对误差按（识别值-试验值）/试验值×100%进行计算，识别值与真实值相对误差分别为-0.15%、-0.11%、-0.1%和-0.1%。

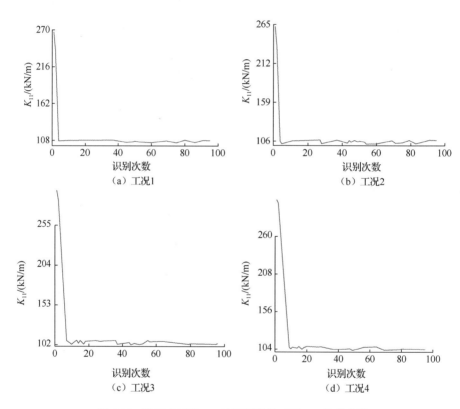

图 6.38　噪声水平为 5%的不同损伤工况 K_{11} 收敛曲线

在近似估计基础上，以上述近似识别值为初值，给定初始协方差和量测值，利用扩展卡尔曼滤波方法识别噪声水平 5%时各工况的 K_{11} 收敛曲线如图 6.39 所示。

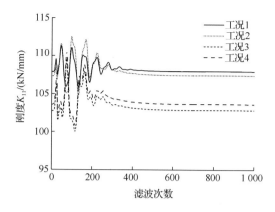

图 6.39　噪声水平 5%时各工况的 K_{11} 收敛曲线

震前无损工况下柱架层水平位移识别值与真实值的比较如图 6.40 所示，可见两者时程轨迹吻合较好，说明结构刚度 K_{11} 识别效果较好。结构刚度 K_{11} 识别值如表 6.18 所示。

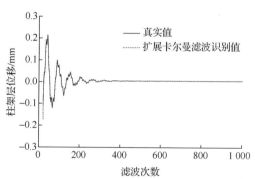

图 6.40　震前无损工况下柱架层位移识别值与真实值的比较

表 6.18　古建筑木结构刚度 K_{11} 识别值

损伤工况	R_1 损伤程度/%	K_{11}/(kN/m)	相对误差
工况 1	0.00	107.96	−0.03
工况 2	8.50	107.42	−0.05
工况 3	76.81	102.85	−0.02
工况 4	65.61	103.64	−0.03

注：表中相对误差=|[(识别值−先验值)/先验值]|×100%。

由结构刚度参数 K_{11} 与 R_1 关系线性插值计算，进一步确定榫卯节点初始刚度 R_1 识别值，再根据榫卯节点屈服前后刚度比例系数确定 R_2 损伤识别值。表 6.19 为榫卯节点转动刚度识别值，可以看出，脉冲激励下静动力凝聚、偏最小二乘和扩展卡尔曼滤波混合算法能够根据结构位移和速度响应对榫卯节点刚度进行损伤识别，识别结果精度较高，稳定性较好，具有较好的适用性；随榫卯节点地震损伤增加，初始刚度和屈服刚度识别值与试验值相对偏差增大。

表 6.19 榫卯节点转动刚度识别值

损伤工况	R_1/（kN·m/rad）	相对误差	R_2/（kN·m/rad）	相对误差
工况 1	278.18	−0.58	36.44	−0.44
工况 2	253.91	−0.82	5.02	−0.79
工况 3	64.23	−1.00	2.87	−1.03
工况 4	95.00	−1.28	4.09	−1.21

注：表中相对误差=|[（识别值−先验值)/先验值]|×100%。

6.4.6 识别效果分析

El Centro 300Gal 地震作用下前两个工况刚度 K_{11} 和工况 3 阻尼比 ζ 的扩展卡尔曼滤波识别值分别如图 6.41 与图 6.42 所示，脉冲作用下前两个工况刚度 K_{11} 和工况 3 阻尼比 ζ 的扩展卡尔曼滤波识别值分别如图 6.43 与图 6.44 所示，进一步获得榫卯节点转动刚度的识别效果比较值如表 6.20 所示。表 6.20 说明脉冲作用榫卯节点刚度损伤识别结果精度更高，损伤识别效果更好。

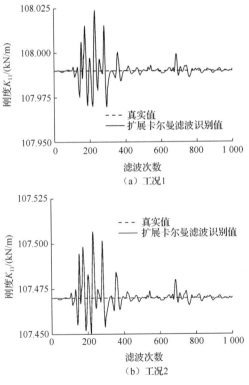

图 6.41 El Centro 300Gal 地震作用下前两个工况刚度 K_{11} 识别值

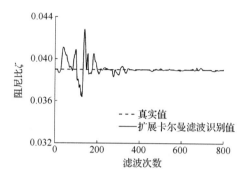

图 6.42　El Centro 300Gal 地震作用下工况 3 阻尼比 ζ 识别值

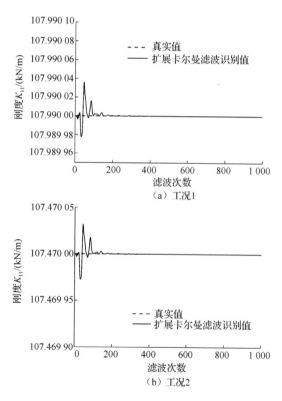

（a）工况1

（b）工况2

图 6.43　脉冲作用下前两个工况刚度 K_{11} 识别值

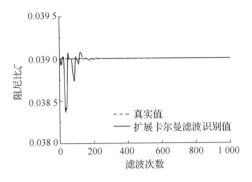

图 6.44　脉冲作用下工况 3 阻尼比 ζ 识别值

表 6.20　榫卯节点转动刚度识别效果比较值

损伤工况	El Centro 300Gal 地震		力锤脉冲	
	$R_1/$（kN·m/rad）	$R_2/$（kN·m/rad）	$R_1/$（kN·m/rad）	$R_2/$（kN·m/rad）
工况 1	272.54	35.34	278.18	36.44
	−2.59%	−3.44%	−0.58%	−0.44%
工况 2	250.09	4.95	253.91	5.02
	−1.99%	−2.17%	−0.82%	−0.79%

6.5　歪闪斗栱层间刚度地震损伤识别研究

由于榫卯连接松动、构件局部受力不均，斗栱在往复地震作用下容易出现整体或局部歪闪，应县木塔斗栱歪闪损伤状态如图 6.45 所示。斗栱歪闪引起的层间刚度损伤，会对木结构整体安全状态产生不利影响。为了建立歪闪斗栱层间刚度地震损伤演化机制和识别方法，本节基于斗栱二维简化力学模型，推导斗栱的量测和观测矩阵、状态和观测方程，并通过对不同歪闪工况斗栱模型水平单调加载模拟试验，确定斗栱层间滑动和转动刚度损伤演化特征，以及斗栱各层滑动和转动变形行为特征。在斗栱各层间刚度先验值基础上，对 5%噪声干扰下斗栱各层间滑动刚度和转动刚度进行了识别。

图 6.45　应县木塔斗栱歪闪损伤状态

6.5.1　地震损伤类型

在长期受力作用下，斗与栱之间相交处高度减小，相互挤压严重，较易出现受压劈裂或折断现象；栌斗或交互斗会因为集中受力而出现横纹受压劈裂破坏。在长期受拉受压情况下，斗栱由于浮搁于普拍枋，其截面较小，横纹受压强度降低，在中部或端部会产生顺纹压裂和斜裂破坏现象（陈国莹，2003）。斗栱中的木构件都是以榫卯方式结合的，位于栌斗与平板枋之间的馒头榫受力复杂，既受剪又受压，在往复地震作用下，往往因剪力的作用而松动甚至断裂（王雪亮，2008；董晓阳，2015）。斗栱的主要震损类型有栌斗的裂缝、劈裂，栱、斗的劈裂、折断、残缺及栌斗榫卯节点的拔榫、松动等。

通过振动台试验发现，输入 El Centro 波 400Gal 以后，斗栱开始滑移，栌斗底部的馒头榫发生了剪切挤压变形，栌斗沿着加载方向滑动，如图 6.46 所示。在地震波输入过程中，斗栱转动如图 6.47 所示，栱构件倾斜，上部散斗由于大梁及屋盖质量约束产生与下部反向转动。随着加载的进行，柱头的馒头榫产生了挤压塑性变形，个别柱头馒头榫纵向纤维被剪断。

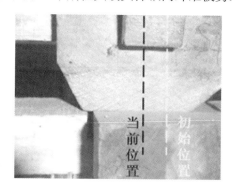 

图 6.46　栌斗滑动　　　　　　　　　　　　图 6.47　斗栱转动

6.5.2　层间刚度损伤指标

振动台试验结果表明，水平反复荷载下斗栱整体变形主要分为水平滑移和转动变形，且以水平滑移为主，表现出较大的柔性特征。在出现水平滑移之前，斗栱类似空间弹性铰支座，具有良好的整体转动能力，斗栱实体状态如图 6.48 所示。

地震作用下斗栱各部件会出现一定位移，其中栌斗随着木柱水平摆动而滑移；华栱由于上部承托竖向荷载较大，其水平位移不大：斗栱的各层散斗均浮搁于栱头之上，在水平荷载作用下，散斗既可适当滑移也可转动，故可将栌斗和上部各层部件假设为若干刚性弹簧串联，共同抵抗水平荷载。

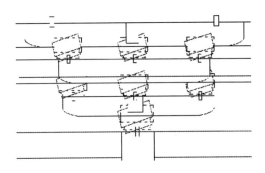

图 6.48 斗栱实体状态

根据国外学者给出的斗栱的二维简化力学模型（如图 6.49 所示），得到斗栱的弯矩 M 和转角 θ、剪力 Q 和滑移 S 的关系为

$$M = R_J \cdot \theta \tag{6-67}$$

$$Q = K_S \cdot S \tag{6-68}$$

式中：R_J 为斗栱的转动刚度；K_S 为滑动刚度。

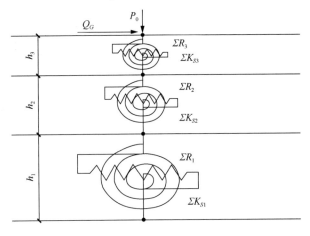

图 6.49 斗栱的二维简化力学模型

假设相同层内的斗栱转角变形和滑移变形效应相同，将斗栱模型中的斗拆分为三层，栌斗层为第一层，华栱齐心斗、泥道栱散斗、骑昂斗层为第二层，慢栱散斗和令栱散斗层为第三层（李哲瑞等，2017）。

1. 层间转动刚度

斗栱承受弯矩总和 M 可拆分为斗与栱榫卯连接处弯矩 m_d（王雪亮，2008），上部栱作用于斗耳的弯矩 M_G 及斗相对于下部栱或柱的弯矩 M_D，有

$$M = m_d + M_G + M_D = \left(R_{JDW} + R_{JD} + R_{JG}\right) \cdot \theta = R \cdot \theta \tag{6-69}$$

栌斗层承受弯矩 M_1 为

$$M_1 =_c M_1 = m_d + M_G + M_D = \left(R_{JDW} + R_{JD} + R_{SG} \right) \cdot \theta_1 = R_1 \cdot \theta_1 \qquad (6\text{-}70)$$

华栱齐心斗、泥道栱散斗、骑昂斗层承受弯矩 M_2 为

$$M_2 =_f M_2 + 2_c M_2 +_b M_2 =_f \left(m_d + M_D \right)_2 + 2_c \left(m_d + M_G + M_D \right)_2 +$$
$$_b \left(m_d + M_G + M_D \right)_2 = [(_f R_{JDW2} + 2_c R_{JDW2} +_b R_{JDW2}) + (_f R_{JD2} +$$
$$2_c R_{JD2} +_b R_{JD2}) + (_f R_{JD2} + 2_c R_{JD2} +_b R_{JD2}) +$$
$$(2_c R_{JG2} +_b R_{JG2})] \cdot \theta_2 = R_2 \cdot \theta_2 \qquad (6\text{-}71)$$

慢栱散斗和令栱散斗层承受弯矩 M_3 为

$$M_3 = 2_c M_3 + 3_b M_3 = 2_c \left(m_d + M_G + M_D \right)_3 + 3_b \left(m_d + M_G + M_D \right)_3 =$$
$$\left[\left(2_c R_{JDW3} + 3_b R_{JDW3} \right) + \left(2_c R_{JD3} + 3_b R_{JD3} \right) + \left(2_c R_{JG3} + 3_b R_{JG3} \right) \right] \cdot \theta_3 = R_3 \cdot \theta_3 \quad (6\text{-}72)$$

上述式中：R_{JDW1}、R_{JDW2}、R_{JDW3} 为各层榫连接处转动刚度；R_{JG1}、R_{JG2}、R_{JG3} 为各层栱相对于斗耳的转动刚度；R_{JD1}、R_{JD2}、R_{JD3} 为各层斗相对于栱或柱的转动刚度；R_1、R_2、R_3 为各层间的转动刚度；θ_1、θ_2、θ_3 为各层相对于底部的转动角度。

2. 层间滑动刚度

斗栱各层间承受的剪力包括栌斗层间，华栱齐心斗、泥道栱散斗、骑昂斗层间，慢栱散斗和令栱散斗层间承受的剪力，其中，栌斗层承受的剪力为

$$Q_1 =_c Q_1 = K_{S1} \cdot S_1 \qquad (6\text{-}73)$$

华栱齐心斗、泥道栱散斗、骑昂斗层承受的剪力为

$$Q_2 =_f Q_2 + 2_c Q_2 +_b Q_2 = \left(_f K_{S2} + 2_c K_{S2} +_b K_{S2} \right) \cdot S_2 = \sum K_{S2} \cdot S_2 \qquad (6\text{-}74)$$

慢栱散斗和令栱散斗层承受的剪力为

$$Q_3 = 2_c Q_3 + 3_b Q_3 = \left(2_c K_{S3} + 3_b K_{S3} \right) \cdot S_3 = \sum K_{S3} \cdot S_3 \qquad (6\text{-}75)$$

式中：K_{S1}、K_{S2}、K_{S3} 为各层间的滑动刚度；S_1、S_2、S_3 为各层相对于其底部的滑动变形。

6.5.3 斗栱损伤识别方法研究

1. 斗栱简化动力模型

斗栱简化动力模型的主要构件栌斗、华栱、交互斗和慢栱，散斗和顶部及其回转、滑移变形图如图 6.50 所示。图中，θ_1 为栌斗回转角；θ_2 为华栱交互斗与泥道栱上散斗回转角之和；θ_3 为慢栱和泥道栱上散斗回转角之和；S_3 为慢栱和泥道栱上散斗相对栱的滑移位移；S_2 为华栱交互斗与泥道栱上散斗相对栱的滑移位移；S_1 为栌斗的滑移位移；$u_3 = \theta_3 \times h_3$ 为慢栱和泥道栱上散斗回转位移；$u_2 = \theta_2 \times (h_2 + h_3)$ 为华栱交互斗与泥道栱上散斗回转位移；$u_1 = \theta_1 \times (h_1 + h_2 + h_3)$ 为栌斗回转位移。

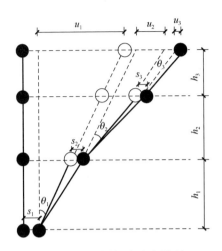

图 6.50　斗栱简化动力模型

斗栱的侧向总变形量由各层回转变形和滑动变形叠加求得，其中：

栌斗层提供的总变形量

$$\varDelta_1 = S_1 + (h_1 + h_2 + h_3) \cdot \theta_1 \qquad (6\text{-}76)$$

华栱齐心斗、泥道栱散斗、骑昂斗层提供的总变形量

$$\varDelta_2 = S_2 + (h_2 + h_3) \cdot \theta_2 \qquad (6\text{-}77)$$

慢栱散斗和令栱散斗层提供的总变形量

$$\varDelta_3 = S_3 + h_3 \cdot \theta_3 \qquad (6\text{-}78)$$

在水平地震作用下，斗栱主要构件之间产生的相对转动和相对滑动，使得斗栱发生回转角度和滑动位移。回转角度 θ 是各部分两端的垂直变位差除以两端之间的水平距离求得，转动角度引起的水平向位移忽略不计；滑动位移是各部分两端因滑动而产生的相对滑移。

2. 结构动力方程

水平地震作用下，斗栱系统剪切-滑移运动方程为

$$m_{D1} \left[\ddot{S}_1 + (h_1 + h_2 + h_3) \ddot{\theta}_1 \right] + C_{S1} \dot{S}_1 + K_{S1} S_1 = -m_{D1} \ddot{x}_g \qquad (6\text{-}79)$$

$$m_{D2} \left[\ddot{S}_2 + (h_2 + h_3) \ddot{\theta}_2 \right] + C_{S2} \dot{S}_2 + K_{S2} S_2 = -m_{D2} \ddot{x}_g \qquad (6\text{-}80)$$

$$m_{D3} \left(\ddot{S}_3 + h_3 \ddot{\theta}_3 \right) + C_{S3} \dot{S}_3 + K_{S3} S_3 = -m_{D3} \ddot{x}_g \qquad (6\text{-}81)$$

斗栱系统弯矩-转角运动方程为

$$m_{D1} \left[\ddot{S}_1 + (h_1 + h_2 + h_3) \ddot{\theta}_1 \right] (h_1 + h_2 + h_3) + C_{\theta1} \dot{\theta}_1 + R_1 \theta_1 = -m_{D1} \ddot{x}_g (h_1 + h_2 + h_3) \qquad (6\text{-}82)$$

$$m_{D2} \left[\ddot{S}_2 + (h_2 + h_3) \ddot{\theta}_2 \right] (h_2 + h_3) + C_{\theta2} \dot{\theta}_2 + R_2 \theta_2 = -m_{D2} \ddot{x}_g (h_2 + h_3) \qquad (6\text{-}83)$$

$$m_{D3} \left(\ddot{S}_3 + h_3 \ddot{\theta}_3 \right) h_3 + C_{\theta3} \dot{\theta}_3 + R_3 \theta_3 = -m_{D3} \ddot{x}_g h_3 \qquad (6\text{-}84)$$

式中：$\ddot{x}_g$ 为斗栱组各层水平振动加速度；m_{D1}、m_{D2}、m_{D3} 为斗栱组各层等效质量。式（6-79）～式（6-81）确定斗栱各层剪切-滑移运动方程为

$$[M]\{\ddot{S}\}+[C_s]\{\dot{S}\}+[K_s]\{S\}=-[M][I]\{\dot{x}_g\}-[H][M]\{\ddot{\theta}\} \tag{6-85}$$

式（6-82）～式（6-84）确定斗栱各层弯矩-转角运动方程为

$$[M][H]\{\ddot{\theta}\}[H]+[C_\theta]\{\dot{\theta}\}+[R]\{\theta\}=-[M][I]\{\ddot{x}_g\}[H]-[M]\{\ddot{S}\}[H] \tag{6-86}$$

式中质量矩阵：$[M]=\text{diag}\{m_{D1}\quad m_{D2}\quad m_{D3}\}$；

阻尼矩阵：$[C_s]=\text{diag}\{C_{S1}\quad C_{S2}\quad C_{S3}\}$；$\lceil C_\theta\rfloor=\text{diag}\{C_{\theta1}\quad C_{\theta2}\quad C_{\theta3}\}$；

刚度矩阵：$[K]=\text{diag}\{K_{S1}\quad K_{S2}\quad K_{S3}\}$；$[R]=\text{diag}\{R_1\quad R_2\quad R_3\}$；

位移列向量：$\{\theta\}=\{\theta_1\quad \theta_2\quad \theta_3\}^T$；$\{S\}=\{S_1\quad S_2\quad S_3\}^T$；

速度列向量：$\{\dot{\theta}\}=\{\dot{\theta}_1\quad \dot{\theta}_2\quad \dot{\theta}_3\}^T$；$\{\dot{S}\}=\{\dot{S}_1\quad \dot{S}_2\quad \dot{S}_3\}^T$；

加速度列向量：$\{\ddot{\theta}\}=\{\ddot{\theta}_1\quad \ddot{\theta}_2\quad \ddot{\theta}_3\}^T$；$\{\ddot{S}\}=\{\ddot{S}_1\quad \ddot{S}_2\quad \ddot{S}_3\}^T$；

台面水平加速度列向量：$\{\ddot{x}_g\}=\{\ddot{x}_g\quad \ddot{x}_g\quad \ddot{x}_g\}^T$；

高度矩阵：$[H]=\text{diag}\{h_1+h_2+h_3\quad h_2+h_3\quad h_3\}$。

3. 结构状态观测方程和量测观测矩阵

由剪切-滑移系统速度列向量得

$$\frac{d}{dt}\{S\}=[I]_3\{\dot{S}\} \tag{6-87}$$

将剪切-滑移系统动力方程中阻尼项和刚度项移到等号右侧，等号两侧各项乘以$[M]^{-1}$得

$$\frac{d}{dt}\{\dot{S}\}=-[M]^{-1}[C_s]\{\dot{S}\}-[M]^{-1}[K_s]\{S\}-[I]_3\{\ddot{x}_g\}-[H]\{\ddot{\theta}\} \tag{6-88}$$

将式（6-87）和式（6-88）合并为斗栱滑移状态方程为

$$\frac{d}{dt}\begin{pmatrix}S\\\dot{S}\end{pmatrix}=\begin{bmatrix}0_3 & I_3\\-[M]^{-1}[K_s] & -[M]^{-1}[C_s]\end{bmatrix}\begin{pmatrix}S\\\dot{S}\end{pmatrix}+\begin{bmatrix}0_3\\-I_3\end{bmatrix}\{\ddot{x}_g\}+\begin{bmatrix}0_3\\-I_3\end{bmatrix}[H]\{\theta\} \tag{6-89}$$

由弯矩-转角系统速度列向量得

$$\frac{d}{dt}\{\theta\}=[I]_3\{\dot{\theta}\} \tag{6-90}$$

将弯矩-转角系统动力方程中阻尼项和刚度项移到等号右侧，等号两侧各项乘以$[M]^{-1}$得

$$\frac{d}{dt}\{\dot{\theta}\}=-[M]^{-1}[C_\theta]\{\dot{\theta}\}-[M]^{-1}[R]\{\theta\}-[H]^{-1}[I]_3\{\ddot{x}_g\}-[H]^{-1}\{\ddot{S}\} \tag{6-91}$$

将式（6-90）和式（6-91）合并为斗栱转动状态方程为

$$\frac{\mathrm{d}}{\mathrm{d}t}\binom{\theta}{\dot{\theta}}=\begin{bmatrix}0_3 & I_3 \\ -[M]^{-1}[R] & -[M]^{-1}[C_\theta]\end{bmatrix}\binom{\theta}{\dot{\theta}}+\begin{bmatrix}0_3 \\ -I_3\end{bmatrix}[H]^{-1}\{\ddot{x}_g\}+\begin{bmatrix}0_3 \\ -I_3\end{bmatrix}[H]^{-1}\{\ddot{S}\} \quad (6\text{-}92)$$

将状态方程中的未知层间滑动刚度、层间转动刚度和阻尼参数看成斗栱系统的 12 个状态包括：x_1 为栌斗层滑动相对位移，x_2 为栌斗层转动角度，x_3 为华栱齐心斗、泥道栱散斗、骑昂斗层滑动相对位移，x_4 为华栱齐心斗、泥道栱散斗、骑昂斗层转动角度，x_5 为慢栱散斗和令栱散斗层滑动相对位移，x_6 为慢栱散斗和令栱散斗层转动角度，x_7 为栌斗层滑动相对速度，x_8 为栌斗层转动角速度，x_9 为华栱齐心斗、泥道栱散斗、骑昂斗层滑动相对速度，x_{10} 为华栱齐心斗、泥道栱散斗、骑昂斗层转动角速度，x_{11} 为慢栱散斗和令栱散斗层滑动相对速度，x_{12} 为慢栱散斗和令栱散斗层转动角速度。将状态方程中的未知层间滑动刚度和阻尼参数看成斗栱系统的另外 12 个状态：$x_{13}=K_{S1}$，$x_{14}=K_{S2}$，$x_{15}=K_{S3}$，$x_{16}=R_1$，$x_{17}=R_2$，$x_{18}=R_3$，$x_{19}=C_{S1}$，$x_{20}=C_{S2}$，$x_{21}=C_{S3}$，$x_{22}=C_{\theta1}$，$x_{23}=C_{\theta2}$，$x_{24}=C_{\theta3}$。斗栱系统滑动的状态方程和观测方程如式 (6-93)～式 (6-94) 所示。斗栱系统状态方程如下：

$$\dot{x}_1=f_1=x_7 \quad (6\text{-}93\text{a})$$
$$\dot{x}_2=f_2=x_8 \quad (6\text{-}93\text{b})$$
$$\dot{x}_3=f_3=x_9 \quad (6\text{-}93\text{c})$$
$$\dot{x}_4=f_4=x_{10} \quad (6\text{-}93\text{d})$$
$$\dot{x}_5=f_5=x_{11} \quad (6\text{-}93\text{e})$$
$$\dot{x}_6=f_6=x_{12} \quad (6\text{-}93\text{f})$$
$$\dot{x}_7+(h_1+h_2+h_3)\dot{x}_{10}=-C_{S1}x_7-K_{S1}x_1-\ddot{x}_g \quad (6\text{-}93\text{g})$$
$$\dot{x}_8+(h_2+h_3)\dot{x}_{11}=-C_{S2}x_8-K_{S2}x_2-\ddot{x}_g \quad (6\text{-}93\text{h})$$
$$\dot{x}_9+h_3\dot{x}_{12}=-C_{S3}x_9-K_{S3}x_3-\ddot{x}_g \quad (6\text{-}93\text{i})$$
$$\dot{x}_7+(h_1+h_2+h_3)\dot{x}_{10}=-C_{\theta1}x_{10}/(h_1+h_2+h_3)-R_1x_4/(h_1+h_2+h_3)-\ddot{x}_g \quad (6\text{-}93\text{j})$$
$$\dot{x}_8+(h_2+h_3)\dot{x}_{11}=-C_{\theta2}x_{11}/(h_2+h_3)-R_2x_5/(h_2+h_3)-\ddot{x}_g \quad (6\text{-}93\text{k})$$
$$\dot{x}_9+h_3\dot{x}_{12}=-C_{\theta3}x_{12}/h_3-R_3x_6/h_3-\ddot{x}_g \quad (6\text{-}93\text{l})$$
$$\dot{x}_{13}=\dot{x}_{14}=\dot{x}_{15}=\dot{x}_{16}=\dot{x}_{17}=\dot{x}_{18}=0 \quad (6\text{-}93\text{m})$$
$$\dot{x}_{19}=\dot{x}_{20}=\dot{x}_{21}=\dot{x}_{22}=\dot{x}_{23}=\dot{x}_{24}=0 \quad (6\text{-}93\text{n})$$

斗栱系统观测方程：

$$\dot{x}_7+(h_1+h_2+h_3)\dot{x}_{10}=-C_{S1}x_7-K_{S1}x_1 \quad (6\text{-}94\text{a})$$
$$\dot{x}_8+(h_2+h_3)\dot{x}_{11}=-C_{S2}x_8-K_{S2}x_2 \quad (6\text{-}94\text{b})$$
$$\dot{x}_9+h_3\dot{x}_{12}=-C_{S3}x_9-K_{S3}x_3 \quad (6\text{-}94\text{c})$$
$$\dot{x}_7+(h_1+h_2+h_3)\dot{x}_{10}=-C_{\theta1}x_{10}/(h_1+h_2+h_3)-R_1x_4/(h_1+h_2+h_3) \quad (6\text{-}94\text{d})$$
$$\dot{x}_8+(h_2+h_3)\dot{x}_{11}=-C_{\theta2}x_{11}/(h_2+h_3)-R_2x_5/(h_2+h_3) \quad (6\text{-}94\text{e})$$

$$\dot{x}_9 + h_3 \dot{x}_{12} = -C_{\theta 3} x_{12} / h_3 - R_3 x_6 / h_3 \qquad (6\text{-}94f)$$

通过观测斗栱各层位移、速度和加速度状态向量，斗栱观测矩阵 **H**、量测矩阵 **Z**、层间滑动和层间转动刚度参数 **X** 为

$$
\boldsymbol{H} =
\begin{bmatrix}
x_7 & 0 & 0 & 0 & 0 & 0 & x_1 & 0 & 0 & 0 & 0 & 0 \\
0 & x_8 & 0 & 0 & 0 & 0 & 0 & x_2 & 0 & 0 & 0 & 0 \\
0 & 0 & x_9 & 0 & 0 & 0 & 0 & 0 & x_3 & 0 & 0 & 0 \\
0 & 0 & 0 & \dfrac{x_{10}}{h_1+h_2+h_3} & 0 & 0 & 0 & 0 & 0 & \dfrac{x_4}{h_1+h_2+h_3} & 0 & 0 \\
0 & 0 & 0 & 0 & \dfrac{x_{11}}{h_2+h_3} & 0 & 0 & 0 & 0 & 0 & \dfrac{x_5}{h_2+h_3} & 0 \\
0 & 0 & 0 & 0 & 0 & \dfrac{x_{12}}{h_3} & 0 & 0 & 0 & 0 & 0 & \dfrac{x_6}{h_3}
\end{bmatrix}
$$

$$(6\text{-}95)$$

$$
\boldsymbol{Z} =
\begin{Bmatrix}
-m_{D1}\left[\ddot{x}_1 + \left(h_1+h_2+h_3\right)\ddot{x}_4 + \ddot{x}_g\right] \\
-m_{D2}\left[\ddot{x}_2 + \left(h_2+h_3\right)\ddot{x}_5 + \ddot{x}_g\right] \\
-m_{D3}\left(\ddot{x}_3 + h_3\ddot{x}_6 + \ddot{x}_g\right) \\
-m_{D1}\left[\ddot{x}_1 + \left(h_1+h_2+h_3\right)\ddot{x}_4 + \ddot{x}_g\right] \\
-m_{D2}\left[\ddot{x}_2 + \left(h_2+h_3\right)\ddot{x}_5 + \ddot{x}_g\right] \\
-m_{D3}\left(\ddot{x}_3 + h_3\ddot{x}_6 + \ddot{x}_g\right)
\end{Bmatrix}
$$

$$(6\text{-}96)$$

$$\boldsymbol{X} = \begin{bmatrix} K_{S1} & K_{S2} & K_{S3} & R_1 & R_2 & R_3 & C_{S1} & C_{S2} & C_{S3} & C_{\theta 1} & C_{\theta 2} & C_{\theta 3} \end{bmatrix} \qquad (6\text{-}97)$$

考虑结构观测和量测矩阵存在病态性和不可逆性，利用奇异值分解的信号特征提取方法处理，将有用信号作为偏最小二乘使用，获得结构刚度估计值 $\tilde{\boldsymbol{X}}$。

6.6 木构架地震损伤识别

在地震作用下，结构超越变形和反复累积损伤是其遭受破坏的主要原因（Zhang，et al.，2011）。古建筑木结构构架由于其独特的榫卯连接、斗栱铺作、柱脚摩擦滑移特性，具有复杂的抗侧能力。强震作用下，木结构柱脚残余滑移和榫卯连接柱架变形较大，结构倒塌危险性较大。汶川地震调查表明，造成木结构倒塌的主要原因包括构件腐朽和开裂、榫卯松动拔出、斗栱受损、木柱倾斜和滑移和屋架受损等（谢启芳等，2010）；简单的观测可以发现这些局部震害情况，但却无法从全局上把握古建筑的受损情况（程亮等，2009）。确定基于结构层间等效抗侧刚度的地震损伤特征，准确识别柱架各层的等效抗侧刚度，对古建筑损伤评估

和抗倒塌监测更具有实用性。

　　本节在本书作者及其课题组以往研究基础上，根据缩尺比 1：3.52 殿堂结构振动台试验模型建立了考虑柱脚摩擦滑移的结构简化力学模型，推导了模型的状态方程和观测方程。振动台试验确定了不同地震损伤工况下结构模型的动力抗侧刚度和阻尼比。考虑不同工况不同噪声水平干扰，根据简化模型和试验模型测试的位移、速度和加速度响应，利用奇异值分解偏最小二乘和扩展卡尔曼滤波定量识别了结构模型动力等效抗侧刚度。所用方法和所得结果可为古建筑木结构整体震前评估和监测保护提供理论依据。

6.6.1　等效抗侧刚度损伤指标

　　地震作用下，结构各层间剪力等于该层以上各质点惯性力之和。根据模型在不同工况下各位置处测得的实时加速度响应可求得结构各层间剪力值。由各层间顶部相对底部的位移值，得到水平地震作用下各层结构荷载-位移滞回曲线，将层间荷载-位移关系进行线性拟合得到结构层间等效抗侧刚度 k_1 和 k_2。

　　古建筑木结构振动台试验如图 6.51 所示。振动台试验将结构模型上面嵌固配重为 14kN·m^2 的钢筋混凝土板作为等效屋盖荷载，4 块柱础固定在 2.0m×2.2m 的振动台上。试验发现，随着地震作用增加，柱脚滑移量越来越大，直至结构模型倒塌。当输入 50Gal 时，柱脚未发生摩擦滑移，当输入达 300Gal 时，柱脚开始滑移，柱脚残余滑移量约为 12mm；当输入达 600Gal 时，柱脚残余滑移量约为 29mm；当输入达 900Gal 时，柱脚残余滑移量约为 50mm。根据柱脚滑移程度，定义 50Gal El Centro 地震加载为工况 1，200Gal El Centro 地震加载为工况 2，400Gal-El Centro 地震加载为工况 3，600Gal El Centro 地震加载为工况 4，800Gal El Centro 地震加载为工况 5，900Gal El Centro 地震加载为工况 6。各工况柱架层、乳栿层滞回曲线和拟合直线分别如图 6.52 和图 6.53 所示。

（a）柱脚滑移　　　　　　　　　　　　　（b）柱架变形

图 6.51　古建筑木结构振动台试验

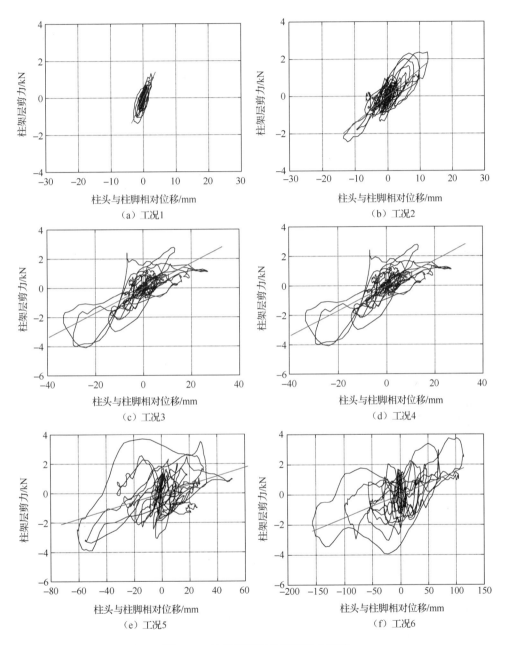

图 6.52　柱架层滞回曲线和拟合直线

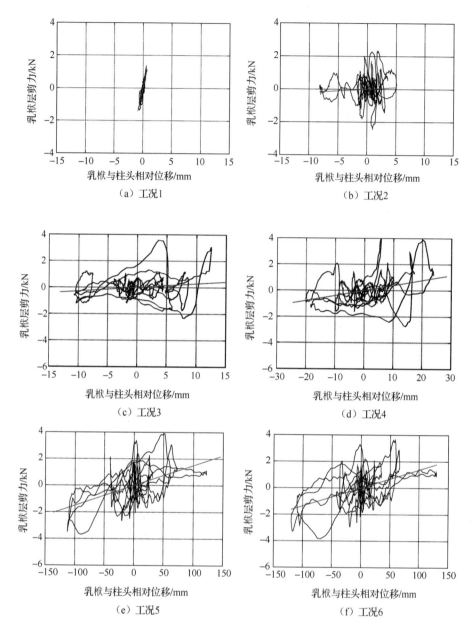

图 6.53 乳栿层滞回曲线和拟合直线

工况 1 结构层间剪力和层相对位移呈近似线性关系。工况 2～工况 6 柱头和乳栿层结构层间剪力和层相对位移滞回曲线变得不规则，均表现出一定的非线性特征。随着地震激励强度增加，结构层间剪力和层相对位移滞回环包络面积不断增大，结构耗能能力不断增大。将层间剪力和层相对位移滞回曲线进行拟合，得到结构层间等效动力抗侧刚度。不同工况下层间结构等效抗侧刚度值如表 6.21 所示。工况 1 为无损工况，工况 2 柱架层等效抗侧刚度较无损工况损伤 60.81%，乳栿层等效抗侧刚度较无损工况损伤达 98.67%，乳栿层水平变形、歪闪角度和自身耗能较大。工况 3 至工况 6 柱架层等效抗侧刚度损伤程度分别为无损工况的 68.65%、77.03%、92.16%和 95.95%，乳栿层等效抗侧刚度损伤程度较工况 2 变化不大。

表 6.21　不同工况下层间结构等效抗侧刚度值

损伤工况	El Centro 地震加载/Gal	k_1/(kN/mm)		k_2/(kN/mm)	
		真实值	损伤程度/%	真实值	损伤程度/%
1	50	0.370	0.00	1.582	0.00
2	200	0.145	60.81	0.021	98.67
3	400	0.116	68.65	0.028	98.23
4	600	0.085	77.03	0.039	97.53
5	800	0.029	92.16	0.015	99.05
6	900	0.015	95.95	0.014	99.12

工况 3 以后斗栱开始滑移，普柏枋上的栌斗沿着加载方向滑动了一定位移，栌斗底部的馒头榫发生了一定剪切挤压变形。工况 5 斗栱中的散斗及栱构件变得倾斜，上部散斗由于约束产生与下部散斗及横栱反方向转动，柱头馒头榫与栌斗卯口、上部散斗的暗榫与大梁卯口挤压变形增大，使得乳栿层等效侧向刚度 k_2 的损伤程度出现一定减小。随着地震波继续加载，柱头馒头榫产生了挤压塑性变形，个别柱头馒头榫的纵向纤维出现被剪断声音，导致乳栿层等效侧向刚度 k_2 损伤程度达 99.05%。

定义等效抗侧刚度 k_1 与 k_2 比值为层间抗侧刚度比，则 6 种工况层间抗侧刚度比值分别为 0.23、6.90、4.14、2.18、1.93 和 1.07，呈先增大后减小趋势。无损工况下，柱架层相对乳栿层承受的水平荷载小；随着地震损伤增加，结构层间抗侧刚度比一直减小，柱架层对结构抗侧移起主要作用。及时辨识古建筑木结构的等效抗侧刚度，对于控制结构残余承载能力、预警古建筑木结构可能发生的倾覆或者倒塌、监测保护古建筑木结构具有重要意义。

6.6.2　构架损伤识别方法研究

1. 简化力学模型

选取缩尺比 1∶3.52 殿堂古建筑模型一榀构架作为研究对象，按照杠杆原理和静力等效原则将模型和配重块质量按照静力等效原则分别集中于柱脚、柱架节点及斗栱顶端等各个节点处，如图 6.54 所示；再分别将柱脚层、柱架层和乳栿层各层节点处质量集中到一块构成层质量。

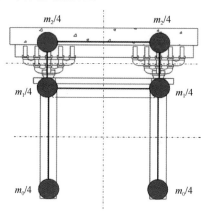

图 6.54　模型中节点质量的集中

　　假定古建筑柱脚与柱础之间为理想库仑摩擦，滑动摩擦力大小与接触面积和滑动速度无关，摩擦滑移面各向同性、滑移过程中木柱不会倾覆，各柱脚水平滑移量相等，忽略梁、额枋、柱及斗栱轴向变形，不考虑质点转动惯性的影响，质点处只有沿水平方向的动力自由度，对应于每个质点处的水平位移的大小与层间抗侧刚度有关。对于殿堂结构而言，抗侧刚度主要由柱与额枋组成的柱架层及斗栱与梁枋组成的乳栿层两部分提供。若假设模型柱脚、柱架层和乳栿层集中质量分别为 m_0、m_1、m_2，柱架层抗侧刚度为 k_1，乳栿层抗侧刚度为 k_2，柱架层等效黏滞阻尼系数为 c_1，乳栿层等效黏滞阻尼系数为 c_2，振动台台面位移为 δ_g，柱脚、柱头、斗栱顶端位移分别为 δ_0、δ_1、δ_2，则强震作用下考虑柱脚滑移的构架简化力学模型为如图 6.55 所示的"糖葫芦串"模型。

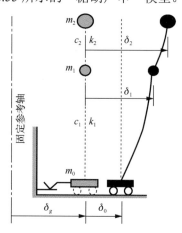

图 6.55　构架简化力学模型

2. 考虑柱脚滑移构架动力方程

模型的动力方程为

$$[M]\{\ddot{\delta}\}+[C]\{\dot{\delta}\}+[K]\{\delta\}=-[M]\{\ddot{\delta}_g\}+\{F_f\} \tag{6-98}$$

其中质量矩阵：

$$[M]=\begin{bmatrix} m_0 & & \\ & m_1 & \\ & & m_2 \end{bmatrix}$$

阻尼矩阵：

$$[C]=\begin{bmatrix} c_1 & -c_1 & 0 \\ -c_1 & c_1+c_2 & -c_2 \\ 0 & -c_2 & c_2 \end{bmatrix}$$

侧向刚度矩阵：

$$[K]=\begin{bmatrix} k_1 & -k_1 & 0 \\ -k_1 & k_1+k_2 & -k_2 \\ 0 & -k_2 & k_2 \end{bmatrix}$$

位移列向量：

$$\{\delta\}=\begin{Bmatrix} \delta_0 & \delta_1 & \delta_2 \end{Bmatrix}^{\mathrm{T}}$$

速度列向量：

$$\{\dot{\delta}\}=\begin{Bmatrix} \dot{\delta}_0 & \dot{\delta}_1 & \dot{\delta}_2 \end{Bmatrix}^{\mathrm{T}}$$

加速度列向量：

$$\{\ddot{\delta}\}=\begin{Bmatrix} \ddot{\delta}_0 & \ddot{\delta}_1 & \ddot{\delta}_2 \end{Bmatrix}^{\mathrm{T}}$$

台面水平加速度列向量：

$$\{\ddot{\delta}_g\}=\begin{Bmatrix} \ddot{\delta}_g & \ddot{\delta}_g & \ddot{\delta}_g \end{Bmatrix}^{\mathrm{T}}$$

滑动摩擦力列向量：

$$\{F_f\}=\begin{Bmatrix} F_f & 0 & 0 \end{Bmatrix}^{\mathrm{T}}$$

$$F_f=-\mu mg\,\mathrm{sgn}(\dot{\delta}_0) \tag{6-99}$$

式中：μ 为柱脚与础石之间的动摩擦系数。

3. 构架状态方程和观测方程

由速度列向量得

$$\frac{\mathrm{d}}{\mathrm{d}t}\{\delta\}=\boldsymbol{I}_3\{\dot{\delta}\} \tag{6-100}$$

将动力方程中阻尼项和刚度项移到等号右侧，等号两侧各项乘以 $[M]^{-1}$ 得

$$\frac{\mathrm{d}}{\mathrm{d}t}\{\dot{\delta}\} = -[M]^{-1}[C]\{\dot{\delta}\} - [M]^{-1}[K]\{\delta\} - I_3\{\ddot{\delta}_g\} + I_3[M]^{-1}\{F_f\} \qquad (6\text{-}101)$$

将式（6-100）和式（6-101）合并为结构状态方程为

$$\frac{\mathrm{d}}{\mathrm{d}t}\binom{\delta}{\dot{\delta}} = \begin{bmatrix} 0_x & I_x \\ -[M]^{-1}[K] & -[M]^{-1}[C] \end{bmatrix}\binom{\delta}{\dot{\delta}} + \begin{bmatrix} 0_x \\ -I_x \end{bmatrix}\ddot{\delta}_g + \begin{bmatrix} 0_x \\ -I_x \end{bmatrix}[M]^{-1}\{F_f\} \qquad (6\text{-}102)$$

将状态方程中的未知等效抗侧刚度参数 k_1、k_2 和等效黏滞阻尼参数 c_1、c_2 看成系统的另外 4 个状态，这样全部 9 个状态量包括：δ_0 为柱脚水平侧移，δ_1 为柱架层柱头水平侧移，δ_2 相当乳栿层顶端水平侧移，δ_3 为柱脚水平速度，δ_4 为柱架层柱头水平速度，δ_5 相当乳栿层顶端水平速度，$\delta_6 = k_1$、$\delta_7 = k_2$、$\delta_8 = c_1$、$\delta_9 = c_2$，系统的状态方程和观测方程如式（6-103）～式（6-104）所示。

系统状态方程为

$$\dot{\delta}_0 = f_1 = \delta_3 \qquad (6\text{-}103\text{a})$$

$$\dot{\delta}_1 = f_2 = \delta_4 \qquad (6\text{-}103\text{b})$$

$$\dot{\delta}_2 = f_3 = \delta_5 \qquad (6\text{-}103\text{c})$$

$$\dot{\delta}_3 = f_4 = k_1(\delta_1 - \delta_0)/m_{00} + c_1(\delta_4 - \delta_3)/m_{00} - F_f/m_{00} - \ddot{\delta}_g \qquad (6\text{-}103\text{d})$$

$$\dot{\delta}_4 = f_5 = k_1(\delta_0 - \delta_1)/m_{11} + k_2(\delta_2 - \delta_1)/m_{11} + c_1(\delta_3 - \delta_4)/m_{11} + c_2(\delta_5 - \delta_4)/m_{11} - \ddot{\delta}_g \qquad (6\text{-}103\text{e})$$

$$\dot{\delta}_5 = f_6 = k_2(\delta_1 - \delta_2)/m_{22} + c_2(\delta_4 - \delta_5)/m_{22} - \ddot{\delta}_g \qquad (6\text{-}103\text{f})$$

$$\dot{\delta}_6 = \dot{\delta}_7 = \dot{\delta}_8 = \dot{\delta}_9 = 0 \qquad (6\text{-}103\text{g})$$

系统观测方程为

$$Z_1 = k_1(\delta_1 - \delta_0)/m_{00} + c_1(\delta_4 - \delta_3)/m_{00} - F_f/m_{00} \qquad (6\text{-}104\text{a})$$

$$Z_2 = k_1(\delta_0 - \delta_1)/m_{11} + k_2(\delta_2 - \delta_1)/m_{11} + c_1(\delta_3 - \delta_4)/m_{11} + c_2(\delta_5 - \delta_4)/m_{11} \qquad (6\text{-}104\text{b})$$

$$Z_3 = k_2(\delta_1 - \delta_2)/m_{22} + c_2(\delta_4 - \delta_5)/m_{22} \qquad (6\text{-}104\text{c})$$

4. 构架观测矩阵和量测矩阵

通过观测古建筑柱脚、柱头和乳栿层初始位移、速度和加速度状态向量，柱脚滑移时观测矩阵 $\boldsymbol{H}$、量测矩阵 $\boldsymbol{Z}$、刚度参数 $\boldsymbol{X}$，有

$$\boldsymbol{H} = \begin{bmatrix} \delta_0 - \delta_1 & 0 & \delta_3 - \delta_4 & 0 \\ \delta_1 - \delta_0 & \delta_1 - \delta_2 & \delta_4 - \delta_3 & \delta_4 - \delta_5 \\ 0 & \delta_2 - \delta_1 & 0 & \delta_5 - \delta_4 \end{bmatrix} \qquad (6\text{-}105)$$

$$\boldsymbol{Z} = \begin{bmatrix} F_f - m_{00}(\ddot{\delta}_0 + \ddot{\delta}_g) & -m_{11}(\ddot{\delta}_1 + \ddot{\delta}_g) & -m_{22}(\ddot{\delta}_2 + \ddot{\delta}_g) \end{bmatrix}^{\mathrm{T}} \qquad (6\text{-}106)$$

$$\boldsymbol{X} = \begin{bmatrix} k_1 & k_2 & c_1 & c_2 \end{bmatrix}^{\mathrm{T}} \qquad (6\text{-}107)$$

利用奇异值分解的偏最小二乘法（PLS-SVD）计算结构刚度参数初步估计 $\tilde{\boldsymbol{X}}$，

在初步估计 $\tilde{X}$ 基础上，利用扩展卡尔曼滤波方法进一步识别木构架等效抗侧刚度。

6.6.3 构架模型侧移响应分析

1. 地震作用下

振动台试验模型拾振器布置和编号如图 6.56 所示，其中拾振器标号 1553a5 和 1540a3 所在层为乳栿层（乳栿为宋代《营造法式》的叫法，是梁首放在古建筑铺作上、梁尾插入古建筑内柱柱身或放在铺作上的一种结构构件）。根据振动台台面、模型东北柱脚、柱架节点及乳栿处位移拾振器测试，确定地震作用下模型柱脚、柱架层及乳栿层侧移响应信息。

图 6.56 拾振器布置和编号

试验得到四种工况结构自振频率分别为 2.05Hz、1.6Hz、1.6Hz 和 1.5Hz。结构自振频率均较低，说明古建筑木结构试验模型为柔性结构体系，结构的位移信号可以充分反映结构的振动特性。试验发现随着等效抗侧刚度损伤程度增加，前 3 阶频率变化较大，后 3 阶频率基本没有变化；第 1 阶振型和第 2 阶振型为平动，第 3 阶振型为结构的整体扭转，第 4 阶至第 6 阶振型表现为斗栱的竖向振动。由于地震累积作用，结构等效抗侧刚度损伤均变化明显，结构前 3 阶自振频率对应的振型变化明显，说明古建筑木结构低频振型对等效抗侧刚度的损伤比较敏感，计算中应选取低频部分的响应作为刚度识别的主要依据。

设位移信号采样时间为 20s，时间步长为 0.009 8s。四种损伤工况台面侧移，模型柱脚、柱头、乳栿层侧移时程响应曲线如图 6.57 所示。可以看出，随着等效抗侧刚度降低，各部位侧移存在一定的相位滞后、侧移峰值增大，其中柱头侧移峰值增大幅度大于柱脚和乳栿位移增大幅度，说明古建筑木构柱架较斗栱和柱脚具有更强的变形和耗能能力。

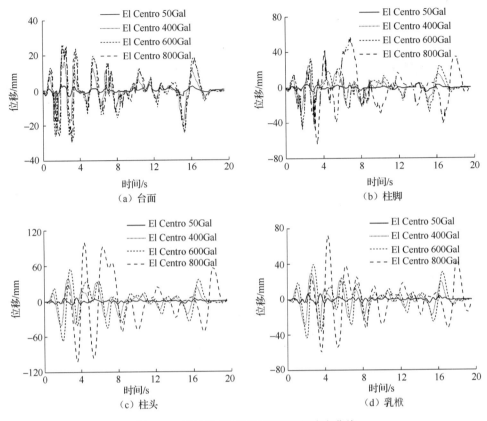

图 6.57　四种损伤工况下位移时程响应曲线

　　图 6.58 示出侧移峰值对刚度损伤的敏感性，它定性反映了结构层的等效抗侧刚度损伤，即峰值变化越大，结构层损伤越严重。侧移峰值对柱架层结构抗侧刚度的损伤相对乳栿层更加敏感，说明实际中需更加严格监测受损古建筑木结构榫卯连接柱架层等效抗侧刚度。

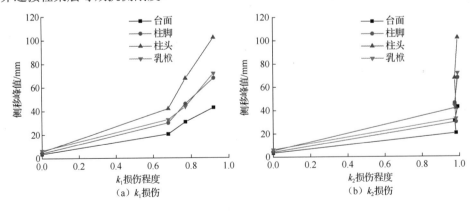

图 6.58　侧移峰值对刚度损伤的敏感性

2. 脉冲作用下

采用激励锤敲击的人工激励法对古建筑木结构模型混凝土配重块施加冲击，使结构产生微振动信号，然后进行测试。忽略脉冲力锤的质量影响，由于实际施加脉冲激励时间很短，柱脚只发生转动不发生滑动，侧移可以忽略不计；力锤锤击脉冲试验获得的柱头和乳栿层侧移时程响应如图 6.59 所示。随着等效抗侧刚度累积损伤，柱头和乳栿层侧移信号产生相位超前效应。

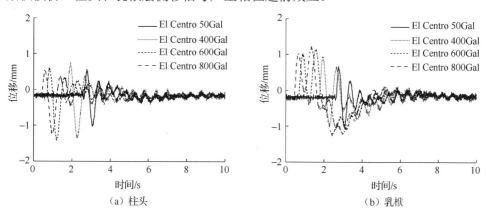

图 6.59　脉冲作用下柱头和乳栿层的位移时程响应

随着等效抗侧刚度累积损伤，工况 3、工况 4 和工况 5 柱头侧移峰值分别较工况 1 增加了 33%、44% 和 27%，峰值出现时间分别提前了 0.75s、1.85s 和 2.1s；工况 3、工况 4 和工况 5 柱脚侧移峰值分别较工况 1 增加了 33%、44% 和 27%，峰值出现时间分别提前了 0.75s、1.85s 和 2.1s。

对各工况柱头和乳栿全程侧移信号进行傅里叶变换，得到试验模型频谱函数实部、虚部及幅值曲线。随着加载持时的增加，实部曲线的零点、虚部及幅值曲线的峰值点逐渐向低频移动，主要是由于持续加载导致结构等效刚度累积损伤，结构自振频率不断降低。计算模型各工况阻尼比分别为 2.9%、4.3%、4.8% 和 3.8%，由于地震累积作用，模型各工况阻尼比波动在 3.8%～4.8%，较工况 1 分别提高了 48%、66% 和 31%。

6.6.4　测试噪声特性指标

由于测试噪声水平对结构等效抗侧刚度损伤识别结果存在一定影响，在观测侧移响应中应准确评价不同工况侧移信号测量噪声水平。通常用噪声估计分布的均值、标准差、方差、偏度和峰态评价噪声特性。选取工况 1、工况 3、工况 4 及工况 5 分析，截取不同工况下 0～0.4s 时间段侧移时程作为噪声样本，则不同工况试验噪声特性指标如表 6.22 所示。

表 6.22　不同工况试验噪声特性指标

工况	均值/mm	标准差/mm	偏度	峰态
1	-0.148	0.028	28.300	110
3	-0.158	0.030	6.882	806
4	-0.162	0.032	6.493	654
5	-0.152	0.032	7.493	502

表 6.22 说明，不同工况噪声均值主要集中在-0.15mm 左右，离散度较小，噪声概率密度函数右侧的尾部比左侧长，绝大多数值位于平均值的左侧，噪声分布峰态值较大，呈尖顶分布。将输出噪声水平用噪声均方根与无噪声信号均方根比值衡量。不同工况试验柱头处测量的噪声水平为 17%，乳栿处测量的噪声水平为 21%。

6.6.5　等效抗侧刚度损伤识别

以工况 1、工况 3～工况 5 为例，各工况质量矩阵：m_{00}=50kg，m_{11}=200kg，m_{22}=3 600kg；各工况刚度矩阵为

$$[K_t]^1 = \begin{bmatrix} 0.37 & -0.37 & 0 \\ -0.37 & 1.952 & -1.582 \\ 0 & -1.582 & 1.582 \end{bmatrix} \quad [K_t]^2 = \begin{bmatrix} 0.116 & -0.116 & 0 \\ -0.116 & 0.144 & -0.028 \\ 0 & -0.028 & 0.028 \end{bmatrix}$$

$$[K_t]^3 = \begin{bmatrix} 0.085 & -0.085 & 0 \\ -0.085 & 0.124 & -0.039 \\ 0 & -0.039 & 0.039 \end{bmatrix} \quad [K_t]^4 = \begin{bmatrix} 0.029 & -0.029 & 0 \\ -0.029 & 0.044 & -0.015 \\ 0 & -0.015 & 0.015 \end{bmatrix}$$

刚度矩阵上标代表不同损伤工况，刚度单位为 kN/mm。根据各工况阻尼比例系数和自振频率可计算各工况阻尼矩阵。

为测定接近真实持荷条件下木柱石础接触面的摩擦力，西安建筑科技大学古建筑木结构课题组开展了木柱石础摩擦滑移试验研究，实测得到两者之间最大静摩擦因数为 0.4～0.5。水平地震作用下，柱与柱础临界滑移条件为地震影响系数与摩擦因数相等。根据振动台试验加速度峰值达到0.4g后木柱柱础间滑移增加加快及位置情况，确定两者之间的滑动摩擦因数约为 0.4。

利用 Newmark-β 逐步积分法得到不同损伤工况柱头、乳栿的位移、速度和加速度响应组装观测矩阵；由于反演计算中观测矩阵呈病态性，应对观测矩阵进行奇异值分解。对位移、速度和加速度响应进行快速傅里叶变换，确定各响应主频个数均为 2，有效秩的阶数均为 2；选取观测矩阵奇异值分解阶次为 2，分离阶数为 2。

利用偏最小二乘初步估计各工况刚度参数，采样点数取 100 个，设定参数收

敛区域 k_1 识别值上限为 0.37kN/mm，下限为 0.029kN/mm；k_2 识别值上限为 1.582kN/mm，下限为 0.015kN/mm，剔除识别结果中的超限不合理数据。各工况刚度识别值与真实值相对误差如表 6.23 所示。

表 6.23　各工况刚度识别值与真实值相对误差

工况	k_1		k_2	
	识别值/（kN/mm）	误差%	识别值/（kN/mm）	误差%
1	0.321	13.2	1.396	11.8
3	0.096	17.2	0.022	21.4
4	0.071	16.5	0.031	20.5
5	0.023	20.7	0.012	20.0

各工况等效黏滞阻尼系数 c_1 识别值分别为 0.009、0.005、0.004 和 0.001，等效黏滞阻尼系数 c_2 识别值分别为 0.039、0.001、0.002 和 0.000 6。在近似估计基础上，以上述近似识别值为初值，给定初始协方差和量测值，根据振动台试验获得模型柱脚、柱头和乳栿层侧移时程响应，利用扩展卡尔曼滤波方法进一步识别各工况抗侧刚度 k_1 和 k_2 结果如表 6.24 所示。

表 6.24　各工况抗侧刚度 k_1 和 k_2 结果

工况	k_1		k_2	
	识别值/（kN/mm）	误差%	识别值/（kN/mm）	误差%
1	0.335 0	9.5	1.420 0	10.2
3	0.096 2	17.1	0.022 4	20.0
4	0.071 5	15.9	0.031 3	19.7
5	0.023 0	20.0	0.012 0	20.0

各损伤工况下，结构等效抗侧刚度的识别误差在 10%～20%。各损伤工况下柱头水平位移识别值和真实值时程曲线存在一定偏差，参考已往研究成果，表明古建筑木结构等效抗侧刚度 k_1 和 k_2 识别值尚在合理的范围内。

6.6.6　基于震损识别的传感器布置和优化

随着结构健康监测技术的发展，传感器在结构中的优化布置问题越来越突出。应用有限数量的传感器从被噪声干扰的信号中采集到最充分，最有价值的振动信息，是复杂结构监测亟须解决的问题。针对大型复杂的结构，由于构件连接和损伤特征多样、动力特性复杂、准确测量振动信号较难，需要合理布置传感器位置来降低损伤识别方程的不适定性，测量更加完备和更加准确的响应和模态信息（伊廷华等，2010）。

　　传感器布置准则一般通过构造函数使识别误差最小。传统布置准则包括损伤可识别准则、Fisher 信息阵准则、信息熵准则、可控度/可观度准则、模态应变能准则以及模型缩减准则。根据损伤可识别准则，假设 α_i 为结构第 i 个单元刚度的变化率（$-1 \leqslant \alpha_i \leqslant 0$），$\partial \ddot{x} / \partial \alpha_i$ 为加速度灵敏度向量，对时间步积分获得灵敏度向量。假设结构总单元数为 NE，时间步数为 nt，加速度传感器位置为 N_c 个，计划布置加速度传感器 N_m 个，会有 $C_{N_c}^{N_m}$ 种组合的布置方法。每种布置方法的加速度灵敏度矩阵为

$$S_{\alpha_i^a} = \begin{bmatrix} S_{\alpha_1^\alpha}^1 & \cdots & S_{\alpha_i^\alpha}^1 & \cdots & S_{\alpha_{NE}^\alpha}^1 \\ \vdots & \ddots & \vdots & \ddots & \vdots \\ S_{\alpha_1^\alpha}^j & \cdots & S_{\alpha_i^\alpha}^j & \cdots & S_{\alpha_{NE}^\alpha}^j \\ \vdots & \ddots & \vdots & \ddots & \vdots \\ S_{\alpha_1^\alpha}^{N_m} & \cdots & S_{\alpha_i^\alpha}^{N_m} & \cdots & S_{\alpha_{NE}^\alpha}^{N_m} \end{bmatrix} = \begin{bmatrix} S_{\alpha_1^a} & \cdots & S_{\alpha_i^a} & \cdots & S_{\alpha_{NE}^a} \end{bmatrix} \quad (6\text{-}108)$$

式中：j 为加速度传感器编号，$S_{\alpha_i^a}$ 为与第 i 个单元刚度变化相关的加速度灵敏度向量。

　　计算灵敏度矩阵列与列之间相关系数为

$$e_{i,j} = \left| S_{a_j^a} \left(S_{a_j^a} \right)^{\mathrm{T}} \right| \Big/ \sqrt{S_{a_i^a} \left(S_{a_i^a} \right)^{\mathrm{T}}} \sqrt{S_{a_j^a} \left(S_{a_j^a} \right)^{\mathrm{T}}} \quad (6\text{-}109)$$

将相关系数组装加速度传感器之间相关性矩阵为

$$S_{\alpha_i^a} = \begin{bmatrix} e_{1,1} & \cdots & e_{i,i} & \cdots & e_{1,NE} \\ \vdots & \ddots & \vdots & \ddots & \vdots \\ e_{i,1} & \cdots & e_{i,i} & \cdots & e_{i,NE} \\ \vdots & \ddots & \vdots & \ddots & \vdots \\ e_{NE,1} & \cdots & e_{NE,1} & \cdots & e_{NE,NE} \end{bmatrix}_{NE} \quad (6\text{-}110)$$

定义加速度传感器布置指标为

$$\beta(e) = \sum_{i=1, j=1}^{NE} e_{i,j} \quad (6\text{-}111)$$

　　不适定性是由加速度灵敏度之间相关性造成的。$\beta(e)$ 越小，说明传感器之间相关性越小，识别方程不适定性越小，识别精度越高，由此 $\beta(e)$ 最小的那组传感器布置便是局部相对最优的一组传感器布置（裴元义等，2018）。

6.7　本　章　小　结

（1）随古建筑旧木构件不同位置处材质劣化损伤增加，木材力学性能衰减增加，$1\,510\sim1\,512\mathrm{cm}^{-1}$、$1\,423\sim1\,428\mathrm{cm}^{-1}$、$1\,055\sim1\,058\mathrm{cm}^{-1}$ 和 $615\sim619\mathrm{cm}^{-1}$ 原始光谱均值谱吸收强度峰值均不同程度增大。糟朽、开裂落叶松木材近红外光谱识别值和实测值之间相关性较好。采用 PLS 方法，利用近红外光谱技术建立糟朽、开裂落叶松木材力学性能识别模型，适用于劣化损伤木材力学性能的快速识别。

（2）古建筑木结构梁柱纵向裂缝对不同阶次频率、模态振型、曲率模态及不同阶次组合灵敏度系数影响不同，梁纵向裂缝深度与模态应变能变化量具有一定相关性。古建筑木结构梁柱损伤指标宜选用多阶模态应变能组合指标。在一定噪声干扰下，利用模态应变能一阶摄动的最小二乘法对古建筑纵向裂缝木梁、木柱损伤位置识别效果较好，对木梁损伤程度识别效果一般，对木柱损伤程度识别较困难。

（3）基于榫卯连接木结构简化力学模型，采用静动力凝聚方法建立了结构刚度与榫卯节点转动刚度之间关系，推导结构观测和量测矩阵，状态和观测方程。在燕尾榫榫卯节点转动刚度地震损伤演化特征基础上，采用 PLS-SVD 和 EKF 方法并编制 MATLAB 程序，研究榫卯节点地震累积损伤识别，得到以下结论：随着结构累积损伤加剧，榫头从卯口拔出，榫头受卯口挤压加剧，榫卯节点屈服刚度损伤一直增加，榫卯节点初始刚度损伤程度先增大后减小。榫卯节点损伤对低阶频率部分的振型敏感。随着榫卯节点刚度损伤加剧，力锤激励达峰值点所用时间越来越短；柱头、柱脚、乳栿的位移和速度最大峰值越来越大。在一定的噪声干扰下，静动力凝聚、偏最小二乘和扩展卡尔曼滤波的混合算法能定量识别木结构刚度损伤程度，识别精度较好。仅在结构某一位置施加脉冲激励实际操作更简单，识别结果稳定性和适用性较好。力锤敲击的人工激励获取微振动响应方法可以在识别榫卯节点刚度参数中应用。

（4）基于剪切-滑移和弯矩-转角运动方程，推导的不同歪闪状态下斗栱的观测和量测矩阵、状态和观测方程，适用斗栱各层间刚度损伤识别。采用 PLS-SVD 和 EKF 方法对含噪声干扰下斗栱层间刚度识别可控制在一定范围内。

（5）基于柱脚滑移状态下古建筑木结构简化力学模型，推导结构观测和量测矩阵、状态和观测方程，建立考虑柱脚滑移条件下结构振动响应和等效抗侧刚度的地震损伤识别方法。在无损伤工况下，柱架层相对乳栿层承受水平荷载小；地震损伤增加，结构层间抗侧刚度比一直减小，柱架层对结构抗侧移起主要作用。古建筑等效抗侧刚度的损伤对结构低频振型敏感。随着等效抗侧刚度损伤，力锤敲击激励下的柱头和乳栿层侧移响应存在一定的相位超前；地震激励下各部位侧移存在一定的相位滞后、侧移峰值增大，侧移峰值对柱架层结构的损伤相对乳栿层更加敏感。强震作用下考虑柱脚滑移的简化力学模型，以及模型的观测和量测矩阵、状态和观测方程可推广应用到古建筑木结构或其子结构的损伤识别中。在地震累积作用下，构架层刚度损伤变小，结构前 3 阶振型变化明显，木结构层间水平和竖向刚度损伤均变化明显，采用加速度信号灵敏度相关方法优化测试古建筑木结构的传感器布置具有较好适用性。

第7章 基于震损识别的古建筑木结构状态评估方法

7.1 概 述

由于长期荷载和历史环境的影响，古建筑木结构的材料性能下降，构件开裂，节点松动、拔榫，斗栱错位歪闪，构架倾斜等进而产生不同类型的破坏。这些破坏将直接影响结构的整体稳定性和耐久性，在震后评估和震前预警必须给予充分考虑（潘毅等，2016）。鉴于目前古建筑木结构状态评估方法存在较大的人为主观性，无法考虑历史作用对当前结构状态的影响，不能准确地反映出结构当前的震损状态。本章针对古建筑木结构状态评估问题，在模糊综合评估理论基础上，通过考虑权重因子和损伤隶属度影响，对受损状态结构进行等级划分和状态评估。

7.2 现有古建筑木结构地震损伤评估的现状

日本和韩国等学者利用木结构抗震加固技术，对古建筑木结构地震反应做了许多探索，形成了一套实用有效的古建筑抗震评估方法和评估体系，其主要思路是通过三等级的抗震鉴定分析，计算得到结构基本抗震性能指数和结构抗震性能指标，并与结构抗震安全指标做比较，从而对结构进行震后评估。通过不同层次的评估，依据量化结果做出判断的方法可为我国的古建筑木结构震后评估提供借鉴（王玮等，2010）。

根据我国《古建筑木结构维护与加固技术标准》（GB/T 50165—2020），目前针对结构评定方法主要有基于外观的调查评定法、参照有关规范的验算评定法和荷载试验评定法等具体如下所述。

（1）调查评定法。对现存木结构古建筑现状进行现场调查、检查和原位检测或取样分析，确定建筑物的现状与原始资料相符合的程度及维护状况，发现相关的缺陷；对调查、检查、检测的数据和成果资料进行全面分析，对现有建筑整体抗震性能做出评价。

（2）验算评定法。根据定性和定量调查结果对木结构残损等级进行分类鉴定。此类评定技术主要依据的仍是大量定性信息和检测经验，导致隐蔽结构部分很难甚至无法进行检查评定，并且不能反映全部结构性能。

（3）荷载试验评定法。根据实测材料性能、结构几何尺寸、支承条件、外观缺陷以及荷载情况，确定若干影响承载能力的系数及其取值范围，这种方法具有坚实的理论基础并得到广泛应用，但是评定结果往往偏于保守，难以反映结构性能损伤后的实际工作状态。

一般来说，在地震作用下，结构损伤定量分析分为以下几个步骤。

（1）选取地震时古建筑木结构的损伤参数。

（2）建立以一个或多个损伤参数为变量的损伤指数模型。

（3）划分古建筑木结构的状态等级及宏观描述结构的损伤特征。

（4）确定结构的损伤状态评估模型。

7.2.1 结构震损参数

结构地震破坏参数是反映结构力学性能和结构地震破坏机理的量（王广军等，1993）。国内外公认的结构地震破坏机理是"结构最大反应和累计损伤的破坏界限将相互影响；随着结构累积损伤的增加，结构最大反应破坏的控制界限不断地降低。同样，随着结构最大反应的增加，结构累积损伤破坏的控制界限不断地降低"。目前应用广泛的结构地震破坏参数有基底剪力、层间剪力、位移、层间位移、延性比和累积耗能等。

本节基于古建筑木结构自身特性及上述研究基础，确定古建筑木结构 7 个地震损伤参数，分别为劣化材料力学性能 X_1、梁模态应变能 X_2、柱模态应变能 X_3、梁柱榫卯节点转动刚度 X_4，斗栱滑动刚度 X_5、斗栱转动刚度 X_6、柱架等效抗侧刚度 X_7。

7.2.2 结构震损指数

震损指数是描述结构或构件在受到地震时破坏状态的无量纲指数，是特定破坏状态的函数，是人们在地震后对受损建筑做出处理决策的重要理论依据（杜修力等，1991）。

结构的震损指标用一震损指数 D 表示，其一般表达式（郭子雄等，2004）为

$$D = f\left(X_1, X_2, X_3, \cdots X_n\right) \tag{7-1}$$

震损指标在[0,1]之间取值。当 $D=0$ 时，对应结构无损状态；当 $D \geqslant 1$ 时，地震作用下结构或构件超出了极限损伤状态；$0<D<1$ 表示结构不同程度的受损状态。

7.2.3 结构震损分级

破坏等级的分类主要有3种：以建筑或构件的破坏程度评估等级；以建筑或构件破坏程度+破坏修复难易程度评估等级；以构件破坏程度确定其破坏等级+破坏修复难易程度评价等级等。参考《民用建筑可靠性鉴定标准》（GB 50292—2015）、

《建筑抗震鉴定标准》(GB 50023—2009)、《建筑结构可靠性设计统一标准》(GB 50068—2018)、《古建筑木结构维护与加固技术标准》(GB/T 50165—2020)等规范和标准，我国按震后宏观调查和震害预测中采用的结构破坏等级标准划分如表 7.1 所示。

表 7.1　结构破坏等级标准划分

破坏等级	破坏现象
基本完好	建筑结构完好无损；或个别非承重构件有轻微损坏，不需修理可继续使用。
轻微破坏	个别承重构件出现可见裂缝，少数非承重构件有明显裂缝，不需修理或稍加修理可继续使用。
中等破坏	多数承重构件出现细微裂缝，部分构件有明显裂缝，个别非承重构件破坏严重，需要一般修理。
严重破坏	多数承重构件破坏严重，或有局部倒塌，需要大修，个别建筑修复困难。
毁坏	多数承重构件严重破坏，结构濒于崩溃或已倒毁，已无修理可能

结合古建筑木结构有关规范和结构承重构件和非承重构件遭受地震损坏的状况，同时，参考震后宏观调查和震害预测中我国采用的标准划分震害等级的相关资料，对破坏等级通常可以划分为四个等级，即基本完好、轻微破坏、中等破坏、严重破坏。木结构破坏的主要特征及损伤指标区间如表 7.2 所示。

表 7.2　木结构破坏的主要特征及损伤指标区间

震损等级	破坏特征	破坏指数
基本完好	木构架完好，屋盖侧移量很小，附属构件发生局部破坏，斗栱无损坏或脱落；不经修缮可以继续使用。	$0.1 \geqslant D$
轻微破坏	承重构架完好或轻微倾斜，局部构件轻微倾斜，梁柱局部油漆层裂缝，个别檐柱柱脚位移，屋盖侧移量稍大，斗栱有少量滑移，附属构件较多损坏、需经少量修缮即可继续使用。	$0.1 < D \leqslant 0.35$
中等破坏	承重构架多数轻微倾斜或部分明显倾斜，出现拔榫现象，拉脱节点不多，柱脚发生位移，梁柱连接处有裂缝，斗栱局部劈裂或脱落。	$0.35 < D \leqslant 0.60$
严重破坏	承重构架明显倾斜，部分柱压劈，节点拔榫较多，柱脚大幅度移位，构架整体倾斜，斗栱劈裂折断移位较多	$0.60 < D \leqslant 0.90$

7.3　状态评估理论

7.3.1　层次分析法

层次分析法(analytic hierarchy process，AHP)是 20 世纪 70 年代初期由美国运筹学家 T.L.Saaty 教授首次提出来的，是一种定性分析和定量分析相结合的系统分析方法。应用 AHP 对结构状态进行评估，首先要把问题条理化、层次化，构造出一个层次分析的结构模型，然后通过加权综合的方法逐层评估，最终得到综合状态，具体步骤（李嘉等，2006）如下所述。

第一步：建立层次结构。根据问题所含因素及其相互关系，建立目标层、系统层和因素层，必要时建立子层次结构。

第二步：构造判断矩阵。对于同层次的各因素对上一层某因素水平的影响程度进行两两比较，采用比例标度赋值，构造判断矩阵，两两比较重要性赋值如表 7.3 所示。

表 7.3　两两比较重要性赋值

V_i/V_j	相同	稍强	强	很强	绝对强	稍弱	弱	很弱	绝对弱
r_{ij}	1	3	5	7	9	1/3	1/5	1/7	1/9

注：V_i、V_j 表示同层次因素；r_{ij} 表示 V_i 和 V_j 重要性比值；相邻程度中间值取 2、4、6、8、1/2、1/4、1/6、1/8。

第三步：进行因素层单排序和一致性检验。构造判断矩阵 A 之后，求出最大特征值 $\lambda_{\max}$ 和相应的特征向量 W，将特征向量 W 归一化处理后，得到的特征向量即为因素层各因素相对系统层中某因素水平的影响权重值。

第四步：系统层总排序及组合一致性检验，方法与第三步类似。根据最大特征值 $\lambda_{\max}$ 可进行一致性检验。计算一致性指示 $C \cdot I$ 为

$$C \cdot I = (\lambda_{\max} - n) / (n - 1) \qquad (7\text{-}2)$$

根据实际情况建立判断矩阵和得出平均随机一致性指标 $I \cdot R$，如表 7.4 所示。将其代入式(7-2)即可一致性检验。当 $C \cdot I$ 小于 0.1 时，即认为一致性通过。

表 7.4　平均随机一致性指标 $I \cdot R$

矩阵阶数	1	2	3	4	5	6	7	8	9
$I \cdot R$	0.00	0.00	0.58	0.90	1.12	1.24	1.32	1.41	1.45

计算随机一次性比率 $C \cdot R$，得

$$C \cdot R = C \cdot I / I \cdot R \qquad (7\text{-}3)$$

上述初步确定的权重值，在实际问题中还需要进行修正。因为在应用过程中，因素间能两两比较重要性的前提是假设两因素的性能条件处于同一水平，这与实际情况不符。因此在实际工程中用层次分析法初步求得影响因子的权重值，应根据各影响因子的自身性能条件对其进行调整（杨伦标，2005）。具体调整方法如下：

首先，假设各因素的性能条件水平相等，仅考虑各因素对整体评价的重要性，应用层次分析法，求得权重向量 $\boldsymbol{\alpha}^{\mathrm{T}} = (\alpha_1, \alpha_2, \cdots, \alpha_n)$。

其次，根据各因素的实际性能条件水平的优劣，按照性能越差的因素对整体性能影响越大的原则，应用层次分析法，求得权重向量 $\boldsymbol{\beta}^{\mathrm{T}} = (\beta_1, \beta_2, \cdots, \beta_n)$。

最后，定义最终的权重向量 $\boldsymbol{W}^{\mathrm{T}} = (w_1, w_2, \cdots, w_n)$，其中

$$w_i = \frac{\alpha_i \beta_i}{\alpha^{\mathrm{T}} \beta^{\mathrm{T}}} \tag{7-4}$$

7.3.2　损伤指标隶属度

模糊评估结果反映了目标元素所处的评估等级，是在多个级别中都有数值分布的概率分布，表明目标元素隶属于各级别的程度大小，并应用最大隶属度原则进行评估。对于弹性常数、刚度和模态能量这些定量指标，在评估标准中其评估标准值越大越安全，因此，采用隶属函数中偏大型升岭形分布处理。设 x 为损伤参数评估值，若 $x > x_1$ 为 A 级，$x_1 > x > x_2$ 为 B 级，$x_2 > x > x_3$ 为 C 级，$x < x_3$ 为 D 级，对于损伤参数评估值建立各等级隶属函数 $V_A(x)$、$V_B(x)$、$V_C(x)$、$V_D(x)$，同时考虑连续化，即可得到该因素相应于 A、B、C、D 各等级隶属函数表达式。

A 级隶属函数表达式：

$$V_{\mathrm{A}}(x) = \begin{cases} 0 & x \leqslant (x_1 + x_2)/2 \\ \dfrac{1}{2} + \dfrac{1}{2}\sin\dfrac{2\pi}{x_1 - x_2}\left(x - \dfrac{3x_1 + x_2}{4}\right) & (x_1 + x_2)/2 < x \leqslant x_1 \\ 1 & x > x_1 \end{cases} \tag{7-5}$$

B 级隶属函数表达式：

$$V_{\mathrm{B}}(x) = \begin{cases} 0 & x > x_1 \\ \dfrac{1}{2} - \dfrac{1}{2}\sin\dfrac{2\pi}{x_1 - x_2}\left(x - \dfrac{3x_1 + x_2}{4}\right) & (x_1 + x_2)/2 < x \leqslant x_1 \\ \dfrac{1}{2} + \dfrac{1}{2}\sin\dfrac{2\pi}{x_1 - x_3}\left(x - \dfrac{x_1 + x_3 + 2x_2}{4}\right) & (x_3 + x_2)/2 < x \leqslant (x_1 + x_2)/2 \\ 0 & x \leqslant (x_3 + x_2)/2 \end{cases} \tag{7-6}$$

C 级隶属函数表达式：

$$V_{\mathrm{C}}(x) = \begin{cases} 0 & x > (x_1 + x_2)/2 \\ \dfrac{1}{2} - \dfrac{1}{2}\sin\dfrac{2\pi}{x_3 - x_1}\left(x - \dfrac{x_1 + x_3 + 2x_2}{4}\right) & (x_1 + x_2)/2 < x \leqslant x_1 \\ \dfrac{1}{2} + \dfrac{1}{2}\sin\dfrac{2\pi}{x_3 - x_1}\left(x - \dfrac{3x_3 + x_2}{4}\right) & x_3 < x \leqslant (x_3 + x_2)/2 \\ 0 & x \leqslant x_3 \end{cases} \tag{7-7}$$

D 级隶属函数表达式：

$$V_{\mathrm{D}}(x) = \begin{cases} 0 & x > (x_3 + x_2)/2 \\ \dfrac{1}{2} - \dfrac{1}{2}\sin\dfrac{2\pi}{x_3 - x_1}\left(x - \dfrac{3x_3 + x_2}{4}\right) & x_3 < x \leqslant (x_3 + x_2)/2 \\ 1 & x \leqslant x_3 \end{cases} \tag{7-8}$$

7.3.3 模糊综合评估理论

模糊综合评估是应用模糊变换原理和最大隶属度原则，考虑与被评估事物相关的各个因素，对其所作的综合评估（汪大洋等，2014）。由于很多事物难以划分严格的边界，存在亦此亦彼的特性，评估时很难将其归于某个类别，因此需要对影响该事物各个因子进行评估，然后再对所有因子进行综合模糊评估，防止遗漏任何统计信息和信息，以避免确定性评估带来的对客观真实的偏离问题，使评估结果更趋合理。

将评估因子记为 $u_i=(i=1, 2, \cdots, m)$，评估等级记为 $v_j=(j=1, 2, \cdots, n)$，即可建立评估因子集合 U 和评估等级集合 V 为

$$U=\{u_1,u_2,\cdots,u_m\} \qquad V=\{v_1,v_2,\cdots,v_m\} \qquad (7-9)$$

对评估因子集合 U 中的单因子 u_i 进行单因子评估，从因子 u_i 确定评估等级 v_j 的隶属度 r_{ij}，即可得出第 i 个评估因子 u_i 单因子评估集，有

$$r_i=\{r_{i1},r_{i2},\cdots,r_{in}\} \qquad (7-10)$$

式中：r_i 为评估等级集合 V 上的模糊子集；m 个评估因子的评估集合就构造出一个总的评估矩阵 R，即

$$R=\begin{Bmatrix} r_{11} & \cdots & r_{1n} \\ \vdots & \cdots & \vdots \\ r_{m1} & \cdots & r_{mn} \end{Bmatrix} \qquad (7-11)$$

式中：R 记为评估因子论域 U 到评估等级论域 V 的一个模糊关系，$\mu R(u_i,v_j)=r_{ij}$ 表示评估因子 u_i 到评估等级 v_j 的隶属度。

在多因子评估中，评估因子集合 U 中各因子有不同的侧重，需要对各个因子赋予不同的权重，它可表示为 U 上的一个模糊子集 $A=(a_1, a_2, \cdots, a_m)$，且满足 $\sum a_i=1$，其中 a_i 称为评估因子 u_i 的权重系数，是 u_i 在综合评估中影响程度大小的度量。当模糊权重向量 A 和模糊关系矩阵 R 已知时，作模糊变换可得

$$C=A\cdot R=\{c_1,c_2,\cdots,c_n\}=(a_1,a_2,\cdots,a_m)\begin{Bmatrix} r_{11} & \cdots & r_{1n} \\ \vdots & \cdots & \vdots \\ r_{m1} & \cdots & r_{mn} \end{Bmatrix} \qquad (7-12)$$

式中：C 中的各元素 c_j 是在广义合成模糊运算下得出的计算结果，具体为

$$c_j=(a_1*r_{1j})*\wedge(a_2*r_{2j})*\wedge\cdots*\wedge(a_m*r_{mj}) \qquad (7-13)$$

上式可简记为模型 $M(*\cdot, *\wedge)$，其中 $*\cdot$ 为广义模糊"与"运算，$*\wedge$ 为广义模糊"或"运算。在广义模糊合成运算下综合评估模型 $M(*\cdot, *\wedge)$ 的意义在于：r_{ij} 为单独考虑评估因子 u_i 时，u_i 的评估对等级 v_j 的隶属度；而通过广义模糊"与"运算 (a_m*r_{mj}) 所得的结果（记为 r_{ij}）在全面考虑各种评估因子时，因子 u_i 的评估对等级 v_j 的隶属度，也就是在考虑因子 u_i 在总评估中的影响程度 a_m 时，隶属度 r_{ij}

所进行的调整；最后通过广义模糊"或"运算对各个调整后的隶属度 r_{ij} 进行综合处理，即可得到合理的评估结果。

7.4　古建筑木结构震损系数向量及其评判矩阵

根据上述对古建筑木结构损伤指标的探讨，初步选取劣化材料性能、梁和柱模态应变能、榫卯节点转动刚度、斗栱的滑动和转动割线刚度和单层柱架等效抗侧刚度作为古建筑木结构评价因子。由于古建筑木结构这些评估因素间相互影响，权重值很难确定。通过古建筑木结构专家打分，并将这些指标进行两两比较重要性赋值，确定结构各项损伤指标的权系数如表 7.5 所示。

表 7.5　结构各项损伤指标的权系数

判断矩阵	劣化材料	柱模态应变能	梁模态应变能	榫卯节点转动刚度	斗栱滑动割线刚度	斗栱转动割线刚度	单层柱架等效抗侧刚度
劣化材料	1	3	3	2	3	3	4
柱模态应变能	1/3	1	1/3	1	2	2	3
梁模态应变能	1/3	3	1	1	2	2	3
榫卯节点转动刚度	1/2	1	1	1	2	3	3
斗栱滑动割线刚度	1/3	1/2	1/2	1/3	1	3	3
斗栱转动割线刚度	1/3	1/2	1/2	1/3	1/3	1	4
单层柱架等效抗侧刚度	1/4	1/3	1/3	1/3	1/3	1/4	1

根据表 7.5 得出古建筑木结构地震损伤各因素的权系数判断矩阵 A，有

$$A \cdot W = \lambda_{\max} \cdot W$$

采用 MATLAB 计算程序，可得到 $\lambda_{\max} = 7.4730$。计算得到一致性指标为 $C \cdot I = (7.4730-7)/(7-1) = 0.0788 < 0.1$，满足一致性原则。根据 $\lambda_{\max}$ 求出其对应的特征向量[0.7062　0.2958　0.4117　0.3732　0.2442　0.1863　0.1027]^T，并将其进行归一化处理，得到权系数向量 W=[0.3044　0.1275　0.1774　0.1609　0.1052　0.0803　0.0443]^T。各因子的评判矩阵是由对应因素层各因素的隶属向量构造得来，而因素层各影响因子的隶属向量则根据其各自的特点，利用单一指标隶属度函数和类比法确定。

根据古建筑木结构老化材料、裂损梁柱、榫卯节点及结构各项震损指标演化特征，参考《危险房屋鉴定标准》（JGJ 125—2016）中将构件承载力小于作用

效应 90%定义为危险构件；《建筑抗震鉴定标准》（GB 50023—2009）中规定 B 类建筑的抗震鉴定，当抗震措施鉴定满足要求时，主要抗侧力构件的抗震承载力不低于规定的 95%、次要抗侧力构件的抗震承载力不低于规定的 90%，可不要进行加固处理；参考《古建筑木结构维护与加固技术标准》（GB/T 50165—2020）的抗震鉴定规定计算木构架水平抗力，应考虑梁柱节点连接的有限刚度；依据有关标准和规范，在古建筑木结构专家打分基础上，建议确定古建筑木结构震损指标评定标准如表 7.6 所示。

表 7.6　古建筑木结构震损指标评定标准

单位：%

评估等级标准	A 级	B 级	C 级	D 级
材质力学性能损伤指标λ_1	$99 \leq \lambda_1 < 100$	$95 \leq \lambda_1 < 99$	$90 \leq \lambda_1 < 95$	$60 \leq \lambda_1 < 90$
跨中梁模态应变能损伤指标λ_2	$99 \leq \lambda_2 < 100$	$98 \leq \lambda_2 < 99$	$95 \leq \lambda_2 < 98$	$90 \leq \lambda_2 < 95$
柱头柱模态应变能损伤指标λ_3	$99 \leq \lambda_3 < 100$	$85 \leq \lambda_3 < 99$	$70 \leq \lambda_3 < 85$	$70 \leq \lambda_3 < 60$
榫卯节点转动刚度损伤指标λ_4	$99 \leq \lambda_4 < 100$	$95 \leq \lambda_4 < 99$	$90 \leq \lambda_4 < 95$	$60 \leq \lambda_4 < 90$
斗栱栌斗转动刚度损伤指标λ_5	$99 \leq \lambda_6 < 100$	$90 \leq \lambda_6 < 99$	$80 \leq \lambda_6 < 90$	$60 \leq \lambda_6 < 80$
斗栱栌斗滑动刚度损伤指标λ_6	$99 \leq \lambda_6 < 100$	$90 \leq \lambda_6 < 99$	$80 \leq \lambda_6 < 90$	$60 \leq \lambda_6 < 80$
柱架层等效抗侧刚度损伤指标λ_7	$99 \leq \lambda_7 < 100$	$95 \leq \lambda_7 < 99$	$90 \leq \lambda_7 < 95$	$60 \leq \lambda_7 < 90$

参考有关文献（薛建阳等，2012b），古建筑木结构震后评估等级、破坏状态和维修措施的对应关系如表 7.7 所示，A、B、C 和 D 四个等级对应震损状态分别为基本完好、轻微损伤、中等损伤和严重损伤，对应措施为小修、中修、大修和抢救性保护。

表 7.7　评估等级、破坏状态和维修措施的对应关系

评估等级	震损状态	维修措施
A 级	基本完好	小修
B 级	轻微损伤	中修
C 级	中等损伤	大修
D 级	严重损伤	抢救性保护

7.5　古建筑木结构受损状态评估——以应县木塔为例

7.5.1　木塔历史状态与当前状态

佛宫寺释迦塔又称应县木塔，坐落于山西省应县县城西北佛宫寺内，建于辽清宁二年（公元 1056 年），是我国保存最完好、年代最久远的木构塔式建筑。木

塔构架承重，榫卯节点连接，灵活布置和使用斗栱是中国木构古建筑最为明显的构造特征。应县木塔总高66.7m，塔底台基高3.66m，塔顶塔刹高9.91m，中部塔身高53.13m。塔身共有九层，五明层四暗层，明层柱高2.73～2.86m，暗层柱高1.35～1.63m（陈明达，1996）。木塔使用木构件约3 000m³。全塔所有构件皆由榫卯节点搭接而成，据统计，应县木塔所用榫卯形式达62 种，应用的斗栱形式多达54 种（俞正茂，2014），堪称"斗栱博物馆"。

木塔除一层平面有三周柱列外，其余各层皆为两圈柱列。内圈八角设置八根柱，外圈八面，每面四柱三开间，共 24 根柱。全塔柱列由下而上逐层收分，各层柱顶端较底端皆有内倾，暗层柱内倾为3%～8%，明层为1.7%～4.8%。单层各柱间枋额贯联，普拍枋、阑额、地栿、木梁等将内外槽柱紧密结合。结构在水平方向层次分明，明暗交错，明暗层间以庞大的斗栱层衔接，暗层夹层处多设有斜撑，使得各构件在各方向相互制约不易变形，形成刚度较大的加强层。

据陈明达先生所述，自建塔至新中国成立以前，应县木塔共经历五次大修。分别为：①金明昌二年至六年（1191～1195 年），距建塔 135 年。②元延祐七年（1320 年），距上次维修 125 年。③明正德三年（1508 年），距上次维修 188 年。④清康熙六十一年（1722 年），距上次维修 214 年。⑤清同治五年（1866 年），距离上次维修 144 年。进入近代后，由于时代动乱，对于应县木塔的加固维护工作有所停滞，在这期间应县木塔更是经历了战火的考验。由于年久失修，再加上1935 年当地人士维修木塔时拆掉明层夹泥墙和斜撑，从而严重削弱塔身刚度，致使应县木塔产生了许多不可逆的破坏现象（梁思成，1985；侯卫东，2016）。目前，从木塔整体残损特征来看，木塔各层中心都有偏移现象，除木塔二层柱底向西北方向偏移外，其余各层基本向东北方向偏移。二层明层作为当前倾斜最为严重的楼层，为木塔变形测量的重点观察部位。

相关资料显示，应县木塔各层柱头在建造时就存在一定侧脚（武国芳，2011）。历经近千年外部及内部因素作用和影响，木塔整体构架发生平动和扭转，整体已呈倾斜状态。木塔各层典型倾斜木柱水平偏移量如表 7.8 所示。本书作者及其课题组于 2017 年最新测试结果显示，木塔各层中心皆有水平偏移现象，且各层偏移方向均不一致，其中一层明层副阶柱整体外倾，梁柱节点发生松动，侧脚形成的向心力不足以抵抗柱子的外倾力。二层暗层柱架间大量使用斜撑形成了空间桁架结构，使得整体柱架的刚度大大增加，从而使得二层暗层柱整体变形较小。二层明层上下层间相对薄弱层，水平偏移量相对其他层比最大，最大偏移量为632mm，其整体内、外槽柱整体均由西南向东北方向倾斜，且伴随有扭转。三层明暗层层柱发生偏移位置各不相同，扭转方向不同。四、五层明层柱身向内侧倾斜，均有不同程度扭转。

表 7.8 木塔各层典型倾斜木柱水平偏移量

单位：mm

木柱编号	水平偏移量								
	一层	二层		三层		四层		五层	
	明层	暗层	明层	暗层	明层	暗层	明层	暗层	明层
N1			301						
N2					337				220
N5	259								
N8			381						
W11							269		
W15								345	
W18					300				
W20					300				
W22			529						
W23			632			228			
W24			514						

图 7.1 为应县木塔典型损伤，目前应县木塔由于受到自身材料性能退化、结构变形及人为破坏等影响，木塔的承载能力与耗能能力大幅降低，导致各类木构件都出现了不同程度损伤（王世仁，2006），其主要损伤类型有材料老化，柱身开裂，普拍枋压碎，梁栿等构件劈裂、脱榫，柱头铺作和补间铺作歪闪，华栱及斜华栱折断，栌斗劈裂和构架倾斜等。

（a）暗层梁纵向开裂

（b）柱身劈裂

图 7.1 应县木塔典型损伤

（c）斗栱歪闪　　　　　　　　　　　　　　　（d）梁柱连接松动

（e）内槽柱头斗栱压损　　　　　　　　　　　（f）外廊柱架倾斜

图 7.1（续）

7.5.2　木塔微振动响应测试

本次原位动力测试，测试结构的脉动来自两个方面，一是地面脉动，二是大气变化即风和气压等引起的微幅振动。采用 941B 型拾振器和 DASPV11 型数据采集仪分别测试应县木塔编号为 W22 柱、N8 柱、N4 柱和 W10 柱组成的一榀柱头柱脚正东向和正北向的水平脉动和扭转脉动信号，获得应县木塔各层的位移、速度和加速度等动力时程响应，测试分水平 x 和 y 向两个工况进行。测点布置方案如图 7.2 和图 7.3 所示，应县木塔水平测点主要分布在明层柱头和柱脚，从 5 层依次往下，每层又按照先外槽后内槽，先柱脚后柱头的顺序依次展开布置测点。4 个参考点交叉布置在 5 层内外槽柱脚。现场拾振器安装调试，以及柱头和柱脚测点布置分别如图 7.4 和图 7.5 所示。本次测试时间为冬季，测量点周围噪声影响因素较少，保证了本次测量结果的精确性。为提高所测数据的可比性并尽可能排除外界因素对木塔动力测试的影响，选择 2013 年无游客登塔因素影响的动测数据作为对比参考，整体来看本次所测应县木塔结构数据较 2013 年所测结果变化不大。从测试脉动信号中可识别结构物的固有频率、阻尼比和振型等多种参数，识别扭转空间模型。

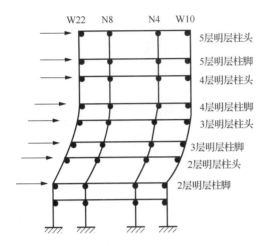

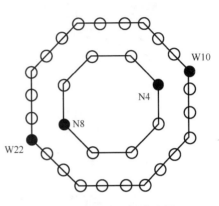

图 7.2 　竖向一榀构架测点布置　　　　　　图 7.3 　各层水平测点布置

图 7.4 　现场拾震器安装调试

（a）外槽柱头测点　　　　　　　　　　（b）外槽柱脚测点

图 7.5 　柱头和柱脚测点布置

（c）内槽柱头测点

（d）内槽柱脚测点

图 7.5（续）

7.5.3　木塔各层微振动响应分析

采集 2 层至 5 层外槽 W22 柱、外槽 W10 柱、内槽 N4 柱和内槽 N8 柱柱头、柱脚微振动位移时程响应曲线如图 7.6 所示。

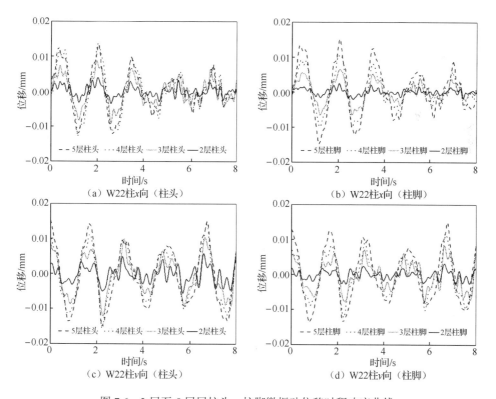

图 7.6　2 层至 5 层层柱头、柱脚微振动位移时程响应曲线

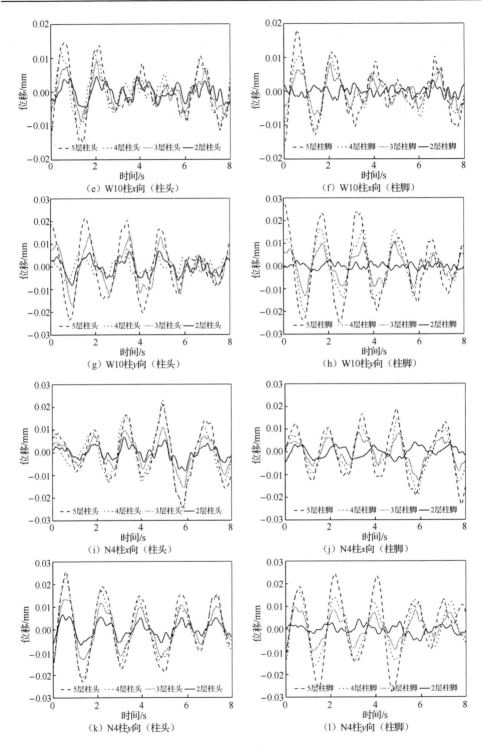

图 7.6（续）

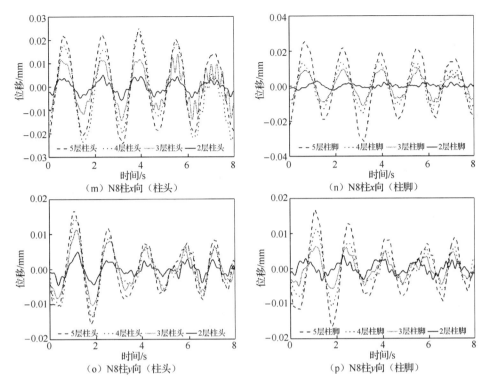

图 7.6（续）

　　表 7.9 为 2 层至 5 层柱头、柱脚处最大峰值位移，可以看出，W22 柱从 5 层向下至 2 层，各位置处 x 向和 y 向最大峰值位移逐渐减小；5 层柱头 x 向最大峰值位移小于柱脚，y 向最大峰值位移大于柱脚，木塔塔顶屋盖对 5 层 W22 柱 x 向约束影响大于对 y 向的影响；W10 柱各位置处 x 向最大峰值位移从 4 层柱脚向上至 5 层柱头、向下至 2 层柱脚逐渐减小；W10 柱各位置处 y 向最大峰值位移从 5 层柱脚向上至 5 层柱头、向下至 2 层柱脚逐渐减小；N4 柱各位置处 x 向最大峰值位移从 4 层柱头向下至 2 层柱脚逐渐减小，4 层柱头最大峰值位移大于 5 层柱头和柱脚；y 向最大峰值位移从 5 层柱头向下至 2 层柱脚逐渐减小；N8 柱各位置处 3 层柱头 x 向最大峰值位移最大，5 层柱头 y 向最大峰值位移最大，2 层柱脚两个方向最大峰值位移最小。

表 7.9　2 层至 5 层柱头、柱脚处最大峰值位移

单位：mm

柱编号（方向）	最大峰值位移							
	2 层		3 层		4 层		5 层	
	柱脚	柱头	柱脚	柱头	柱脚	柱头	柱脚	柱头
W22（x 向）	0.002 6	0.004 0	0.006 6	0.008 9	0.010 6	0.013 8	0.015 3	0.013 4
W22（y 向）	0.003 2	0.005 8	0.008 4	0.010 4	0.011 3	0.014 1	0.015 1	0.015 4

　　　　　　　　　　　　　　　　　　　　　　　　　　　　　　　续表

柱编号（方向）	最大峰值位移							
	2 层		3 层		4 层		5 层	
	柱脚	柱头	柱脚	柱头	柱脚	柱头	柱脚	柱头
W10（x 向）	0.002 8	0.006 8	0.010 8	0.014 1	0.016 7	0.008 2	0.027 9	0.021 5
W10（y 向）	0.000 4	0.004 6	0.008 2	0.009 3	0.010 6	0.012 0	0.018 1	0.014 5
N4（x 向）	0.004 2	0.006 7	0.008 5	0.011 1	0.014 2	0.022 9	0.019 2	0.021 4
N4（y 向）	0.004 3	0.006 7	0.009 9	0.013 5	0.016 9	0.023 5	0.024 4	0.025 8
N8（x 向）	0.002 9	0.005 0	0.009 9	0.014 1	0.013 8	0.025 0	0.025 6	0.023 7
N8（y 向）	0.003 7	0.005 0	0.006 3	0.011 3	0.011 3	0.014 5	0.016 7	0.016 8

　　分别绘制 2 层至 5 层柱头、柱脚最大峰值位移曲线，如图 7.7 所示，W10 柱、N4 柱、N8 柱 4 层柱脚至 5 层柱头的 x 向最大峰值位移变化幅度较大，说明微振动下 4 层和 5 层明层 x 方向 W10、N4 和 N8 各柱抗侧刚度变化明显。

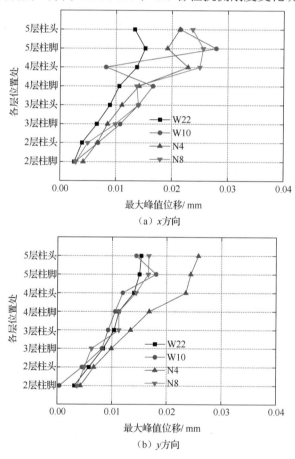

（a）x 方向

（b）y 方向

图 7.7　各层柱头、柱脚最大峰值位移曲线

2 层至 5 层外槽 W22 柱、外槽 W10 柱、内槽 N4 柱和内槽 N8 柱柱头、柱脚微振动速度响应时程曲线如图 7.8 所示，微振动最大峰值速度如表 7.10 所示。表 7.10 说明 W22 柱两个方向最大峰值速度 5 层柱头最大、2 层柱脚最小。W10 柱各位置处 x 方向最大峰值速度 5 层柱脚最大、2 层柱脚最小；y 方向最大峰值速度 5 层柱头最大、2 层柱脚最小。

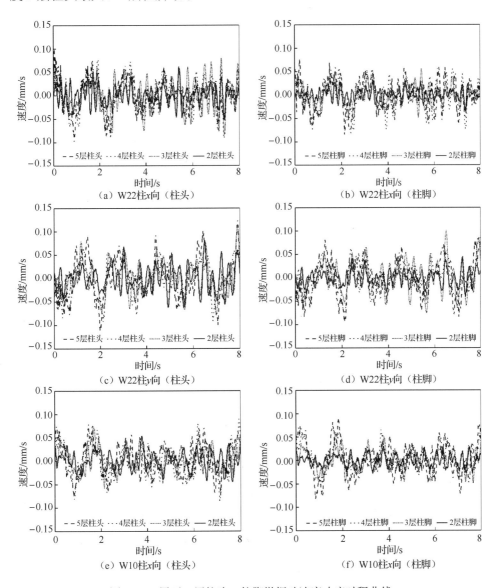

图 7.8　2 屋至 5 层柱头、柱脚微振动速度响应时程曲线

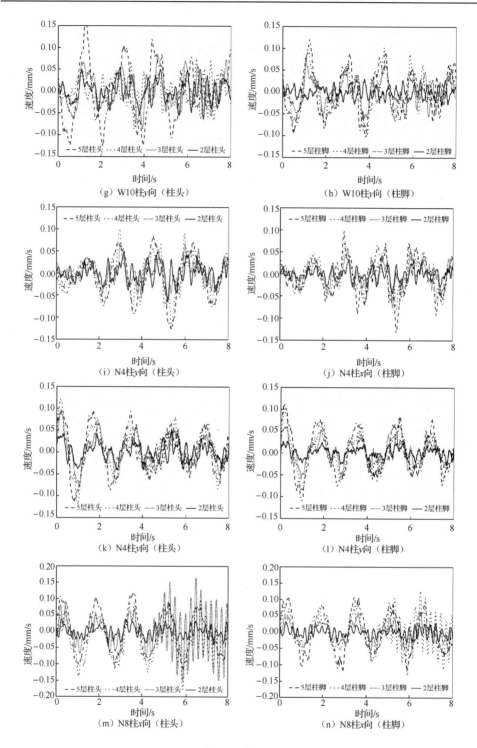

（g）W10柱y向（柱头）　　　　　（h）W10柱y向（柱脚）

（i）N4柱y向（柱头）　　　　　（j）N4柱x向（柱脚）

（k）N4柱y向（柱头）　　　　　（l）N4柱y向（柱脚）

（m）N8柱x向（柱头）　　　　　（n）N8柱x向（柱脚）

图7.8（续）

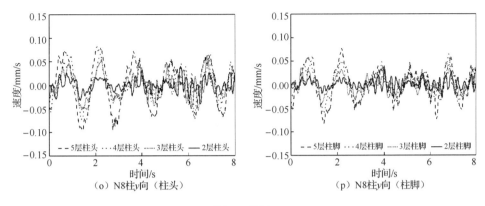

（o）N8柱y向（柱头）　　　　　　　　（p）N8柱y向（柱脚）

图 7.8（续）

内槽 N4 柱各位置处 x 方向最大峰值速度为 4 层柱脚最大、2 层柱脚最小；y 方向最大峰值速度为 5 层柱头最大、2 层柱脚最小。N8 柱各位置处 x 方向最大峰值速度为 3 层柱头最大、2 层柱脚最小；y 方向最大峰值速度为 5 层柱头最大、2 层柱脚最小。

表 7.10　微振动最大峰值速度

单位：mm/s

柱编号（方向）	最大峰值速度							
	2 层		3 层		4 层		5 层	
	柱脚	柱头	柱脚	柱头	柱脚	柱头	柱脚	柱头
W22（x 向）	0.032 5	0.061 6	0.056 5	0.080 1	0.057 9	0.077 8	0.076 1	0.101 2
W22（y 向）	0.043 1	0.080 0	0.101 3	0.114 1	0.086 5	0.075 7	0.084 9	0.125 5
W10（x 向）	0.030 2	0.053 9	0.059 5	0.073 6	0.066 3	0.090 1	0.091 3	0.081 2
W10（y 向）	0.001 0	0.055 2	0.079 5	0.086 2	0.103 1	0.076 0	0.121 8	0.167 3
N4（x 向）	0.033 5	0.047 7	0.058 6	0.067 7	0.072 7	0.100 7	0.097 2	0.085 5
N4（y 向）	0.027 3	0.047 2	0.060 7	0.093 6	0.108 8	0.122 3	0.114 0	0.096 7
N8（x 向）	0.029 5	0.038 4	0.063 7	0.164 6	0.128 0	0.099 6	0.109 3	0.116 6
N8（y 向）	0.032 8	0.039 5	0.036 2	0.061 9	0.064 5	0.066 6	0.077 9	0.083 6

分别绘制 2 层至 5 层柱头、柱脚最大速度峰值曲线，如图 7.9 所示。N8 柱 3 层柱头和 4 层柱脚的 x 向最大峰值速度变化幅度较大，说明微振动下 3 层和 4 层明层 x 方向 N8 柱阻尼变化明显。W10 柱 5 层柱头、柱脚的 y 向最大峰值速度变化幅度较大，说明微振动下 5 层 y 方向 W10 柱阻尼变化明显。

采集 2 层至 5 层外槽 W22 柱、外槽 W10 柱、内槽 N4 柱和内槽 N8 柱柱头、柱脚加速度响应时程曲线如图 7.10 所示。微振动最大峰值加速度如表 7.11 所示，

W22 柱、W10 柱和 N4 柱的两个方向最大峰值加速度为 5 层柱脚最大、2 层柱脚最小；N8 柱的两个方向最大峰值加速度为 5 层柱脚最大、2 层柱头最小。

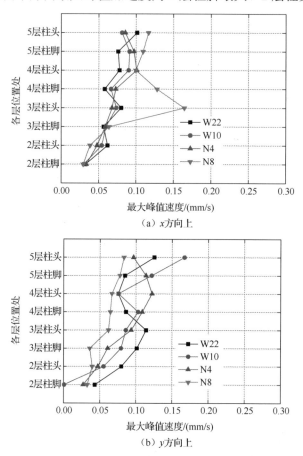

（a）x 方向上

（b）y 方向上

图 7.9　2 层至 5 层柱头、柱脚最大速度峰值曲线

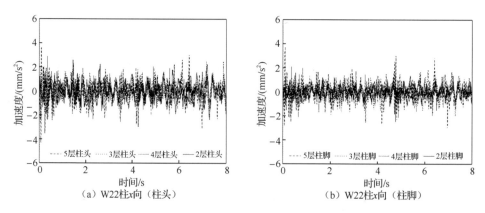

（a）W22 柱 x 向（柱头）　　　　　　　（b）W22 柱 x 向（柱脚）

图 7.10　2 层至 5 层柱头、柱脚微振动加速度响应时程曲线

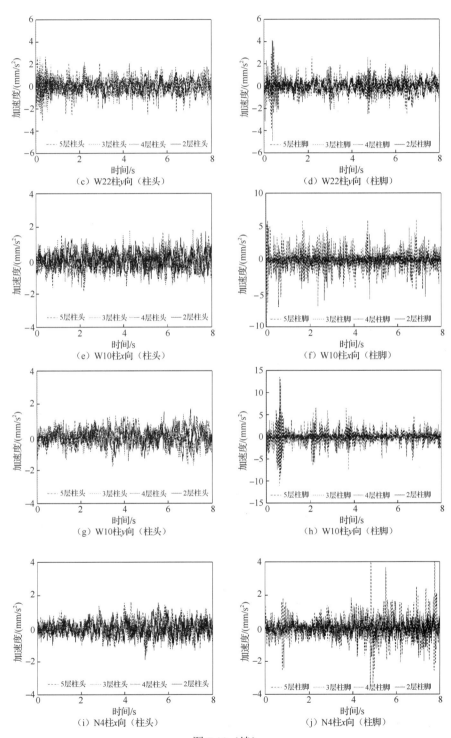

图 7.10（续）

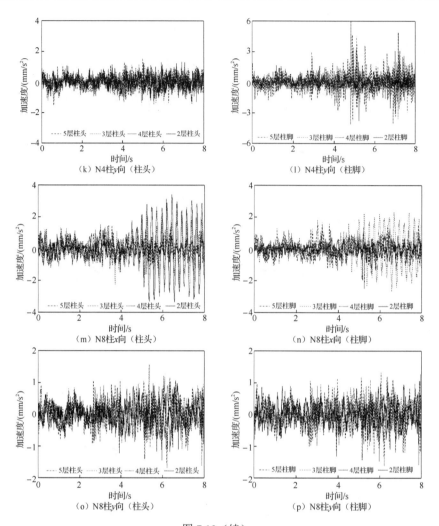

图 7.10（续）

表 7.11　微振动最大峰值加速度

单位：mm/s²

柱编号（方向）	最大峰值加速度							
	2 层		3 层		4 层		5 层	
	柱脚	柱头	柱脚	柱头	柱脚	柱头	柱脚	柱头
W22（x 向）	0.96	1.53	1.35	2.28	1.60	2.54	3.73	3.68
W22（y 向）	0.95	1.32	1.89	1.75	1.40	2.70	4.13	2.70
W10（x 向）	0.24	1.38	1.68	1.74	1.43	1.83	6.06	1.69
W10（y 向）	0.83	1.07	1.19	1.52	1.65	1.52	13.58	1.71
N4（x 向）	0.89	1.19	1.60	1.05	1.63	1.37	4.60	1.59
N4（y 向）	0.92	1.29	1.12	1.29	1.56	1.33	6.05	1.55
N8（x 向）	0.85	0.97	1.26	3.41	2.32	3.15	1.83	1.53
N8（y 向）	0.95	0.91	0.87	0.99	0.87	1.56	1.34	1.21

分别绘制 2 层至 5 层柱头、柱脚最大加速度峰值曲线，如图 7.11 所示，W22 柱、W10 柱和 N4 柱 5 层柱脚两个方向的最大峰值加速度变化幅度较大，说明微振动下 5 层 W22 柱、W10 柱和 N4 柱头、柱脚水平剪力变化明显。

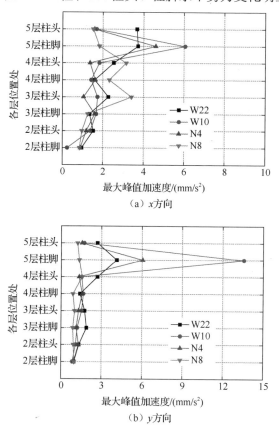

（a）x 方向

（b）y 方向

图 7.11　2 层至 5 层柱头、柱脚最大速度峰值曲线

对各工况柱头和柱脚位移时程响应进行傅里叶变换，动力特性计算结果如表 7.12 所示。计算木塔各阶自振频率、自振周期和阻尼比，南北方向 1 阶自振频率为 0.601Hz，东西方向 1 阶自振频率为 0.635Hz，南北方向 3 阶自振频率为 2.735Hz，东西方向 3 阶自振频率为 2.778Hz，南北方向各阶阻尼比最大为 3.656%。

表 7.12　动力特性计算结果

阶数	频率/Hz	周期/s	阻尼比/%	备注
1	0.601(NB)	1.664	3.656	NB 表示南北方向
2	0.635(DX)	1.572	2.100	
3	0.927（顺扭）	1.079	2.311	DX 表示东西方向

续表

阶数	频率/Hz	周期/s	阻尼比/%	备注
4	0.937（逆扭）	1.067	2.984	
5	1.671（双向）	0.598	2.964	NB-表示南北方向
6	2.735(NB)	0.366	1.882	
7	2.778(DX)	0.360	2.287	DX-表示东西方向

木塔历年自振频率监测结果如表 7.13 所示，与历年监测结果比较发现：南北方向 1 阶自振频率较历年监测结果稍有减小；东西方向 1 阶自振频率、双向 2 阶自振频率、南北方向 3 阶自振频率、东西方向 1 阶自振频率与 2013 年监测结果接近。

表 7.13　木塔历年自振频率监测结果比较分析

单位：Hz

测试时间/年	方向	1 阶自振频率	2 阶自振频率	3 阶自振频率	1 阶扭转
2003		0.64	1.76	3.08	
2008	南北方向	0.635	1.709	2.832	
	东西方向	0.635	1.709	2.783	
2013	南北方向	0.635	1.660	2.783	
	东西方向	0.635	1.661	2.686	
2018	东西方向	0.635	1.671	2.778	0.927
	南北方向	0.601	1.671	2.735	0.937

7.5.4　木塔刚度震损识别

鉴于测试和现场条件有限，考虑周围环境 5%噪声水平干扰、仅从 3 个维度进行木塔的震损识别，分别为材料弹性模量、层间等效抗侧刚度及各层榫卯连接刚度。

（1）《古建筑木结构维护与加固技术规范》编制组测得木塔所用落叶松木材新木顺纹弹性模量为 13 900MPa，一般无腐朽构件顺纹弹性模量为 11 700MPa，降低为新木的 84.17%。对于严重腐朽构件，识别的顺纹抗压弹性模量平均值为 2 824MPa，仅为新木弹性模量的 20.32%。

（2）层间等效抗侧刚度识别是在简化模型基础上，根据状态观测方程、木塔各层质量和测得的时程响应进行的。木塔简化模型和状态观测方程参考前述，以及各层质量参数参考应县木塔荷载的相关研究（陈志勇，2011），位移、速度和加速度响应参考上述脉动法实测结果，自 2 层至 5 层，识别各层明层柱脚至柱头、柱头至上一层明层柱脚层间刚度值与陈志勇（2011）阐述的识别层间刚度值相比，相对误差均小于 11%，且识别值均偏小。其原因是本节状态观测方程中考虑了阻尼比以及近年来木塔层间刚度损伤的持续累积。一般情况下，相邻层刚度比变化应避免突变，且不大于 2。木塔 2 层柱头至 3 层柱脚层、2 层明层柱架层层间刚度比值超过 2，说明 2 层明层柱架层刚度减小严重。这与陈志勇等（2012）确定的木材老化、节点损伤、局部倾斜及扭转状态下应县木塔各层抗侧移刚度平均值相对误差为 6.8%。通过对应县木塔无损有限元模型动力分析及抗侧刚度识别，近似得到当前状态各层抗侧刚度平均值为无损模型的 72.2%。

（3）根据榫卯节点屈服前刚度与结构刚度参数比例关系，确定当前状态应县木塔各层榫卯节点屈服前刚度损伤识别值。这与陈志勇（2011）得到的木塔 2 层角柱梁柱节点转动刚度 12 543kN·m/rad 相差 13.0%，与角柱柱脚节点转动刚度 13 057kN·m/rad 相差 11.2%。本节识别应县木塔榫卯节点刚度值较陈志勇得到的试验值偏大，可能原因为木塔 2 层明层柱脚节点刚度的试验值未考虑柱架变形。

7.5.5　木塔受损状态评估

对木塔材料弹性模量、榫卯节点转动刚度和层间抗侧刚度各等级的隶属度分别取值，其中 x_1、x_2 和 x_3 按照表 7.6 古建筑木结构地震震损指标评估等级标准分别取为 0.95、0.9 和 0.5；建议梁等级标准分别取为 0.99、0.70 和 0.6；建议柱等级标准分别取为 0.99、0.98 和 0.95；建议斗栱等级标准分别取为 0.9、0.8 和 0.5。

无腐朽构件材料弹性模量隶属向量 r_{11}=[0　0.670 9　0.329 1　0]。各层梁、柱和斗栱隶属向量参照文献（李铁英，2004）残损状态评估结果，梁隶属向量 r_{12}=[0　0.527　0.19　0.283]；柱隶属向量 r_{13}=[0　0.32　0.215　0.465]；斗栱隶属向量 r_{13}=[0　0.666　0.334　0]。在上述木塔节点刚度和层间抗侧刚度损伤识别的基础上，木塔各层榫卯节点转动刚度隶属向量为 r_{12}=[0　0　0.992 3　0.007 7]，各层抗侧刚度隶属向量 r_{13}=[0　0　0.997 3　0.002 7]。

确定结构的评判矩阵 R_1 为

$$R_1 = \begin{bmatrix} 0 & 0.670\,9 & 0.329\,1 & 0 \\ 0 & 0.527 & 0.19 & 0.283 \\ 0 & 0.32 & 0.215 & 0.465 \\ 0 & 0 & 0.992\,3 & 0.007\,7 \\ 0 & 0.666 & 0.334 & 0 \\ 0 & 0 & 0.997\,3 & 0.002\,7 \end{bmatrix}$$

由此确定应县木塔评定等级向量为

$$D = W^{\mathrm{T}} \cdot R_1 = [0.304\,4 \quad 0.127\,5 \quad 0.177\,4 \quad 0.160\,9 \quad 0.185\,5 \quad 0.044\,3]$$

$$\begin{bmatrix} 0 & 0.670\,9 & 0.329\,1 & 0 \\ 0 & 0.527 & 0.19 & 0.283 \\ 0 & 0.32 & 0.215 & 0.465 \\ 0 & 0 & 0.992\,3 & 0.007\,7 \\ 0 & 0.666 & 0.334 & 0 \\ 0 & 0 & 0.997\,3 & 0.002\,7 \end{bmatrix} = \begin{bmatrix} 0 & 0.451\,7 & 0.428\,3 & 0.119\,9 \end{bmatrix}$$

根据最大隶属度原则，最大值 0.451 7 落在表 7.7 中的 B 级，初步将木塔评定为 B 级。上述四个损伤等级相互关联，B 级保证概率为 45.17%，超越概率为 54.83%；C 级保证概率为 88.01%，超越概率为 11.99%；考虑结构安全保证率及超越概率要求，最终将应县木塔的状态评估等级调整为 C 级。这表明应县木塔结构处于中等损伤，评估结果与依据木塔实际损伤状态基本相符，可为木塔修缮加固提供参考依据。

7.6　本章小结

（1）在模糊综合评估理论基础上，通过考虑权重因子和识别数据隶属度影响，提出了一种基于震损识别的古建筑木结构状态等级标准和评估方法。

（2）微振动对应县木塔 4 层和 5 层明层 x 方向 W10、N4 和 N8 各柱抗侧刚度变化明显；对 3 层和 4 层明层 x 方向 N8 柱，5 层 y 方向 W10 柱阻尼变化明显。微振动对 5 层 W22 柱、W10 柱和 N4 柱头柱脚水平剪力变化影响明显。

（3）当前应县木塔结构南北方向 1 阶自振频率为 0.601Hz，东西方向 1 阶自振频率为 0.635Hz，南北方向 3 阶自振频率为 2.735Hz，东西方向 3 阶自振频率为 2.778Hz，南北方向各阶阻尼比最大为 3.656%。

（4）应县木塔结构处于轻微损伤和中等损伤之间，评估结果与木塔实际损伤状态基本相符。本章提出的基于震损识别的状态评估方法能够定量评估古建筑木结构地震前后损伤程度，可为木塔修缮加固提供参考依据。

第8章　基于结构潜能和能量耗散的古建筑
木结构地震破坏评估

8.1　概　　述

在强烈地震作用下，古建筑木结构由于反复的摇摆导致结构不断产生破坏，当破坏程度达到某一界限时结构将发生倒塌。因此，深入研究古建筑木结构整体结构在不同地震烈度作用下的破坏性能，可为震前结构破坏预测以及震后结构的破坏评估和修缮加固提供参考依据。近年来，随着基于性能的结构抗震设计方法的发展，国内外专家学者通过试验或者理论分析对钢筋混凝土结构或构件基于损伤的抗震设计方法与评估做了许多相关的研究工作，研究得出超越变形和反复累积损伤是结构在地震作用下发生损伤破坏的根本原因。因此，基于变形和能量双重准则的结构地震损伤破坏评估成为混凝土结构、砌体结构和钢结构领域普遍接受的破坏评估方法。

然而，对于古建筑木结构，由于其结构构造的特殊性以及抗震性能的复杂性，现有的地震破坏评估方法应用于古建筑木结构尚有待于验证（王磊，2012）。现行《古建筑木结构维护与加固技术标准》（GB/T 50165—2020）基于"残损点"的地震破坏评估只能定性地给出结构或构件处于残损界限的评估指标，且有些残损指标的准确性尚需进一步验证，同时也很难直接定量测出结构或构件在不同地震等级或强度下的破坏程度；李铁英等（2004）曾通过应县木塔试验模型的拟静力分析和动力分析，结合得出的实体层间恢复力模型，并参照 Park（1985）等提出的基于变形和能量的双参数地震损伤指标计算式［式（8-1）］，初步划分了应县木塔在地震作用下的震害等级及标定参数。但式中的参数因子 α、β 的取值缺乏确切的依据，计算结果有待于进一步验证。另外，式中 Δ_j 和 Q_u 由木塔的骨架曲线代替弹塑性静力分析中的极限位移和屈服荷载，并未考虑拟静力加载过程中的损伤问题，类似于"忽略损伤的前提下研究结构损伤"，这与 Park 损伤模型相悖。

$$D = \alpha \frac{\Delta_D}{\Delta_j} + \beta \frac{\gamma \int \mathrm{d}E}{Q_u \Delta_j} \tag{8-1}$$

式中：D 为残损指数；α、β 为各参量的权重因子；Δ_D、Δ_j 分别为层间非线性最大位移和水平层间极限位移；γ 为损坏程度因子；$\int \mathrm{d}E$ 为体系滞回耗能；Q_u 为层间剪力。

为了能够对震后古建筑木结构的破坏程度做出合理的破坏评估，定量地计算不同地震等级或强度下结构或构件的破坏程度，并针对不同程度的地震破坏及时采取合理的抗震加固措施，避免更严重的灾害和不必要的经济损失，建立不同工况地震作用下古建筑木结构相应的破坏评估方法显得非常重要。鉴于目前国内外对古建筑木结构抗震破坏评估的研究尚处于起步论证阶段，本书作者及其课题组进行了古建筑木结构整体结构不同地震动强度作用下的振动台试验，并结合本书作者及其课题组之前进行的古建筑木结构各耗能构件（燕尾榫柱架和斗栱铺作层）的拟静力试验，研究了各耗能构件在低周反复荷载作用下所表现出的"构件潜能"及整体结构在不同地震动强度作用下所耗散的能量，建立了古建筑木结构各构件及整体结构在不同地震作用工况下的地震破坏评估机制，以期能够客观地反映古建筑木结构在不同地震作用下的实际震害等级。

8.2　古建筑木结构振动台试验模型设计及试验方案

8.2.1　相似关系

在目前国内外工程领域中，结构模型试验是研究建筑物结构受力性能的重要手段之一，但是对于一些构造比较复杂或高大的结构，出于经济方面的考虑，再加上受试验条件约束等问题，按照一定相似关系采用缩尺模型代替原结构进行试验研究是解决以上问题的可行之策。因此，如何采用合理的相似关系将缩尺模型的试验结果反馈到原模型结构中去，是采用结构试验模型研究原结构受力性能的前提和保障。

由相似理论可知，缩尺模型和原结构的几何相似是保证二者受力性能相似的充分条件。缩尺模型和原结构的几何相似条件的确定，需要综合考虑结构类型、材料性能及试验室加载条件等因素选择合适的几何相似常数 S_L。本试验模型在综合考虑各因素的前提下，将模型比例进行缩放，缩尺比例按照宋代尺寸（份）与现代国际标准单位制之间的换算关系（1 份=17.6mm）取为 1：3.52。

除了确定缩尺模型和原结构的几何相似常数之外，为了研究原结构的受力性能，需要根据一定的相似准则找出各物理力学性能之间的相似关系。量纲分析法在相似准则的三种导出方法中因具有适用性广、推导简便等优点被广大学者普遍采用。

根据模型试验相似关系（杨俊杰，2005）可知，在对结构进行动力试验分析时，相似关系涉及的物理量主要有弹性模量、质量、重力加速度、几何尺寸、面积、应力、应变、泊松比、地震剪力、弯矩、阻尼比、频率、周期、加速度、速度、时间、刚度等。本书作者及其课题组进行的古建筑木结构振动台试验主要是为了验证古建筑木结构在水平地震作用下的抗震能力，竖向配重用来模拟屋面的重力荷载，且均按照相似比例来制作。因此，根据满配重情况下试验模型与原结构的动力相似关系，试验模型与原型的相似关系如表 8.1 所示。

表 8.1 试验模型与原型的相似关系

物理量	关系式	模型/原型
线长度 L	$S_L = L_m / L_p$	1：3.52
加速度 a	$S_a = S_E / S_\sigma$	1
弹性模量 E	S_E	1
线位移 x	$S_x = S_L$	1：3.52
角位移 θ	S_θ	1
速度 v	$S_v = (S_\sigma S_L / S_E)^{1/2}$	$(1：3.52)^{1/2}$
时间 T	$S_t = (S_\sigma S_L / S_E)^{1/2}$	$(1：3.52)^{1/2}$
质量 m	$S_m = S_\sigma S_L^2$	$(1：3.52)^2$
地震剪力 F	$S_F = S_\sigma S_L^2$	$(1：3.52)^2$
弯矩 M	$S_M = S_\sigma S_L^3$	$(1：3.52)^3$
频率 f	$S_f = S_E / (S_\sigma S_L)^{1/2}$	$1/(1：3.52)^{1/2}$
应力 σ	S_σ	1
应变 ε	$S_\varepsilon = S_\sigma / S_E$	1

8.2.2 模型设计

试验模型采用宋代二等材单层殿堂式古建筑木结构建筑的当心间，严格按照宋代李诫撰写的《营造法式》中的营造技术以及材份制度制作（王晓华等，2013），由四根内柱、梁枋、斗栱铺作层以及屋盖层构成（图 8.1）。燕尾榫柱架（图 8.2）及斗栱（图 8.3）各部分构件的尺寸分别如表 8.2 和表 8.3 所示。

表 8.2 燕尾榫柱架各部分构件的尺寸

构件名称		原宋尺/份²	模型尺寸/mm	构件名称		原宋尺/份²	模型尺寸/mm
额枋	总长	280	1400	燕尾榫	榫额宽	12	60
	截面高	36	180		榫头长	10	50
	截面宽	24	120		榫截面高	36	180
内柱	柱长	300	1500		榫颈宽	10	50
	直径	42	210				

注：份²表示宋代二等材的每份长度，相当于 1.76cm。

图 8.1　单层殿堂式古建筑木结构振动台试验模型

表 8.3　斗栱各部分构件的尺寸

各部分名称		宋尺/份二	模型尺寸/cm	各部分名称		宋尺/份二	模型尺寸/cm
栌斗	长	32	160	散斗	长	16	80
	宽	32	160		宽	16	80
	高	20	100		高	10	50
	斗耳高	8	40		斗耳高	4	20
	斗腰高	4	20		斗腰高	2	10
	底敧高	8	40		底敧高	4	20
	内槽宽	10	50		内槽宽	10	50
	内槽深	8	40		内槽深	4	20
短华栱	长	72	360	长华栱	长	132	660
	宽	10	50		宽	10	50
	高	21	105		高	21	105
泥道栱	长	62	310	幔栱	长	132	660
	宽	10	50		宽	10	50
	高	15	75		高	15	750

　　柱础石采用青石板，用螺栓将础石固定于振动台台面上，柱架平摆浮搁于础石之上，不采用任何的连接措施；梁、柱节点采用燕尾榫连接而不用一钉一楔；柱头铺有普拍枋，犹如砌体结构中的圈梁，加强了结构的整体性能；普拍枋与柱头以及斗栱与普拍枋均采用馒头榫连接；斗栱之上置放木梁，木梁上面为屋盖，由于屋盖层的水平刚度很大，为了模型制作简单，可将屋盖层等效为刚体，本试验采用钢筋混凝土板来代替屋盖层以模拟屋面荷载。根据宋代《营造法式》的构造形式，屋面折算荷载约为 14kN/m²，由此得出屋盖总配重为 36kN，柱架配重为 2kN，构架总配重为 38kN，经过换算，混凝土板尺寸大小约为 2 400mm× 2 400mm×250mm。试验模型的其他连接情况均与原型保持一致。

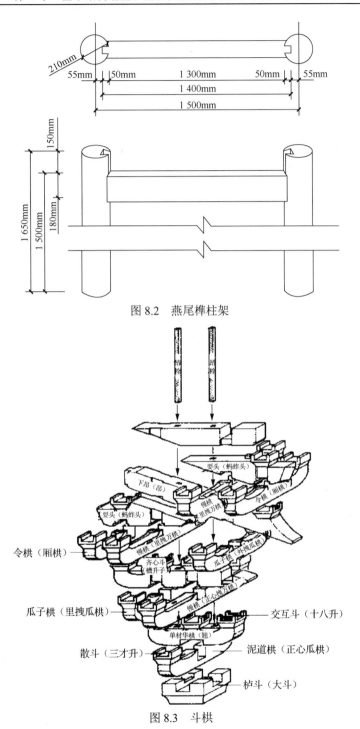

图 8.2　燕尾榫柱架

图 8.3　斗栱

8.2.3　试验材料的力学性能

木材的力学性能非常复杂，不仅表现在拉、压强度的不同，而且是典型的正交各向异性（顺纹 L、横纹切向 T、横纹径向 R）材料（图 8.4）。木材在受拉或者受剪时，破坏没有明显的预兆，属于脆性破坏；当木材受压时，顺纹受压和横纹受压又各不相同：木材顺纹受压屈服后应力-应变关系服从应变硬化→塑性流动→应变软化的变化规律，而木材横纹受压屈服后应力-应变关系服从应变硬化→塑性流动→应变二次硬化→应变软化的变化规律（陈志勇，2011a），试验模型所用木材为俄罗斯红松，其物理力学性能参数指标见表 8.4。

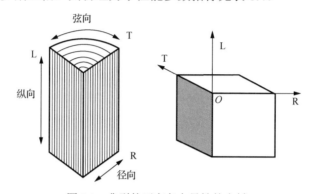

图 8.4　典型的正交各向异性的木材

表 8.4　俄罗斯红松的物理力学性能参数指标

力学指标	E_L/MPa	μ_{LR}	E_T/MPa	μ_{TL}	E_R/MPa	μ_{RT}
指标值	10 109.17	0.296 533	279.333 3	0.020 503	659.166 7	0.035 146

力学指标	G_{RT}/MPa	G_{LT}/MPa	G_{LR}/MPa	f_{tL}/MPa	f_{cL}/MPa	f_{cR}/MPa
指标值	209.166 7	279.587 3	650.129 6	70.77	39.76	9.1

注：E 为弹性模量，G 剪切模量，μ 为泊松比，f_t 为抗拉强度，f_c 为抗压屈服强度。

8.2.4　地震波选取

为了模拟多种场地条件，根据《建筑抗震设计规范》（GB 50011—2010）规定，实际强震的记录不能少于选用地震波总数的三分之二，试验选用两条实际强震记录和一条人工合成地震波作为台面的地震动输入。鉴于实验室加载设备的限制，本次振动台试验采用位移波输入。按照 8.2.1 节的相似比例关系，三条压缩之后并将峰值调整为 1mm 的地震波的位移时程曲线如图 8.5 所示，三条地震波的基本情况如下所示。

（1）El Centro 波。1940 年 5 月 18 日美国加利福尼亚州 Imperial Valley 地震记录南北方向分量，峰值加速度为 341.7cm/s^2，持时 58.73s，主周期为 0.08～0.83s，Ⅱ～Ⅲ类场地土，属于近震。

（2）Taft 波。1952 年 7 月 21 日 11 点 53 分在美国加利福尼亚州克恩县（Kern County）Lincoln School No.1095 记录站得到的地震记录，峰值加速度为 178cm/s²，震级为 7.4 级，持时 59.16s，主周期为 0.19～0.87s，Ⅱ 类场地土，震源距地面 41km，属于近震。

（3）兰州波。人工地震波，峰值加速度为 196.2cm/s²，主周期为 0.04～0.51s，Ⅱ～Ⅲ类场地土。

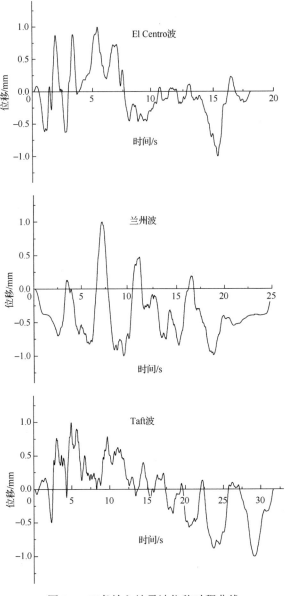

图 8.5　三条输入地震波位移时程曲线

为了更清楚了解压缩后三条地震波的动力特性，图 8.6 给出了三条地震波的加速度反应谱曲线。

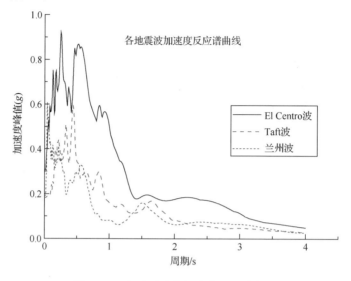

图 8.6　三条地震波的加速度反应谱曲线

8.2.5　加载方案

古建筑木结构振动台试验在西安建筑科技大学结构工程与抗震教育部重点实验室进行，采用 2.2m×2.0m 水平单向电液伺服振动台，试验工况及台面实测加速度峰值如表 8.5 所示。

表 8.5　古建筑木结构振动台试验加载过程

试验序号	试验工况	实测台面加速度峰值/Gal	试验序号	试验工况	实测台面加速度峰值/Gal
1	敲击试验		12	EL-150Gal	141
2	EL-50Gal	51	13	TA-150Gal	144
3	EL-75Gal	69	14	LZ-150Gal	142
4	EL-100Gal	97	15	敲击试验	
5	TA-50Gal	50	16	EL-200Gal	186
6	TA-75Gal	72	17	敲击试验	
7	TA-100Gal	96	18	TA-200Gal	195
8	LZ-50Gal	48	19	LZ-200Gal	191
9	LZ-75Gal	68	20	敲击试验	
10	LZ-100Gal	86	21	EL-300Gal	291
11	敲击试验		22	敲击试验	

续表

试验序号	试验工况	实测台面加速度峰值/Gal	试验序号	试验工况	实测台面加速度峰值/Gal
23	TA-300Gal	283	31	敲击试验	
24	LZ-300Gal	253	32	EL-800Gal	779
25	敲击试验		33	敲击试验	
26	EL-400Gal	378	34	EL-1000Gal	901
27	敲击试验		35	敲击试验	
28	EL-500Gal	451	36	EL-1200Gal	1178
29	敲击试验		37	敲击试验	
30	EL-600Gal	595	38	正弦波加载	

8.3　古建筑木结构地震作用下耗能分析

通过试验可以看出，整体结构在水平地震作用下主要靠斗栱铺作层的耗能减震、柱脚的滑移隔震以及燕尾榫柱架节点的转动耗能减震来抵抗地震作用。对于柱脚的滑移耗能，由于柱脚的滑移并非为完全的摩擦滑移，而是由于柱架在水平地震作用下反复地抬升和复位造成柱架的跳动，才使得柱脚产生一定的滑移，且滑移量相对较小，很难定量地计算出柱脚在水平地震作用下的跳动滑移耗能。为了简化计算，假定滑移为完全摩擦滑移，而对于斗栱铺作层以及柱架榫卯节点两耗能元件来说，水平地震作用下的水平位移可真实反映构件的水平变形情况，在不同工况地震作用下所耗散的能量，可根据构件在各工况地震作用下的层间剪力-层间位移滞回曲线来求得。在古建筑木结构模拟地震振动台试验中，结构各层的地震剪力可根据结构各层测点的绝对加速度间接求出。根据地震作用效应以及地震惯性荷载的定义，结构模型各构件在 h 工况下的地震剪力 $r_{ih}(t_k)$ 可按式（8-2）计算（邱法维等，2000）为

$$r_{ih}(t_k) = \sum_1^3 m_i \ddot{x}_{ih}(t_k) \qquad (8\text{-}2)$$

式中：$\ddot{x}_{ih}(t_k)$ 为第 h 工况下第 i 构件在 t_k 时刻的绝对加速度值；m_i 为第 i 构件的质量。结构模型在 h 工况地震作用下的层间累积滞回耗能可由式（8-3）计算为

$$W'_{ih} = \sum_{i=1}^s \frac{1}{2} \left[r_{ih}(t_k) + r_{ih}(t_{k-1}) \right] \left[\Delta x_{ih}(t_k) - \Delta x_{ih}(t_{k-1}) \right] \qquad (8\text{-}3)$$

式中：W'_{ih} 为第 i 构件在 h 工况地震作用下的累积滞回耗能；$\Delta x_{ih}(t_k)$ 和 $\Delta x_{ih}(t_{k-1})$ 分别为 t_k 时刻和 t_{k-1} 时刻第 i 构件 h 工况地震作用下的层间位移值，数值通过试验位移拾振器采集；求和上限 s 为该工况振动持时下的总采样点数。图 8.7 反映了不

同工况地震作用下各构件的累积滞回耗能随时间 t_k 的变化。

通过对古建筑木结构振动台试验的动力响应分析，按照式（8-2）得出了柱脚、燕尾榫柱架层和斗栱铺作层在各种工况地震作用下的地震剪力，并根据式（8-3）分别计算出了柱脚、燕尾榫柱架及斗栱铺作层在各地震工况中的累积滞回耗能情况［图 8.7（a）～（w）］。

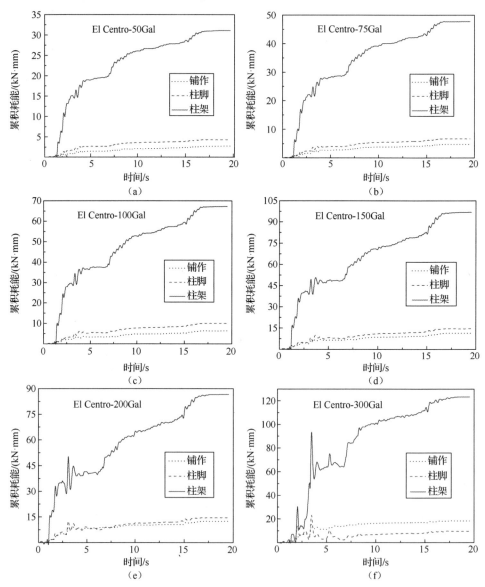

图 8.7　各工况地震作用下耗能元件的累积滞回耗能

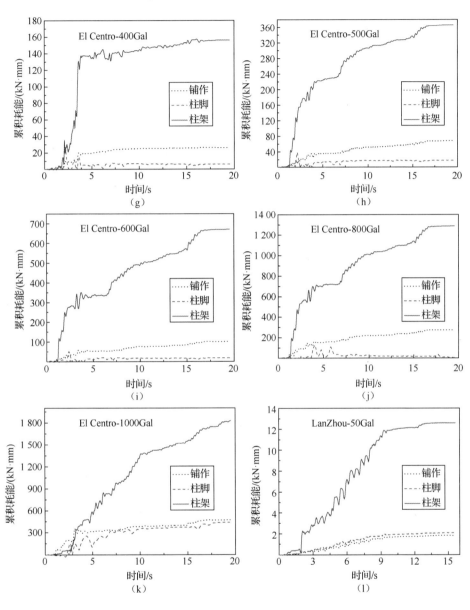

图 8.7（续）

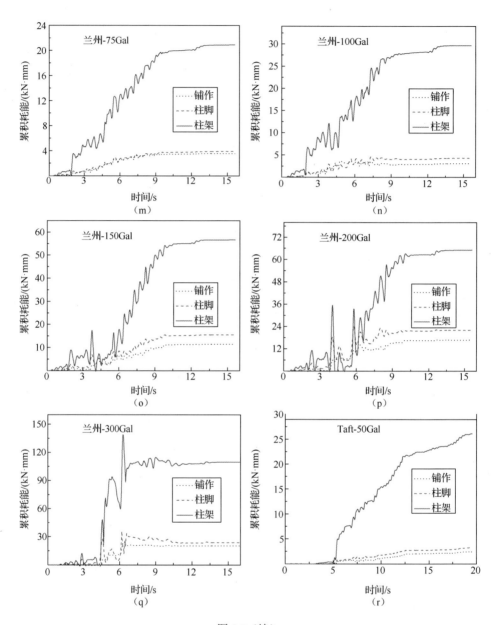

图 8.7（续）

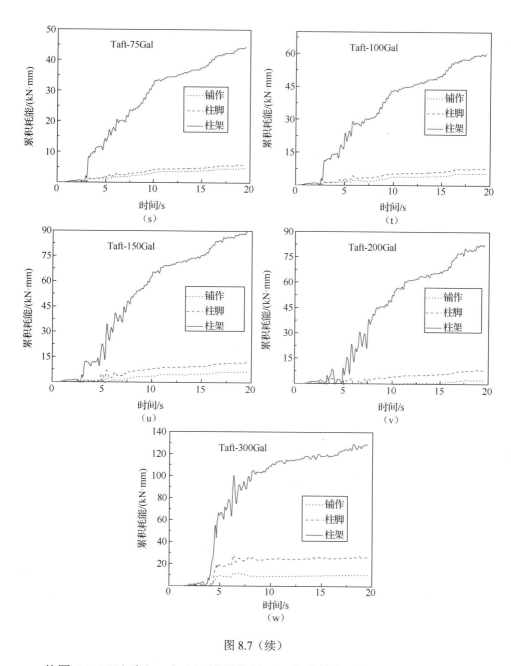

图 8.7（续）

从图 8.7 可以看出，在水平地震作用下，古建筑木结构的主要耗能方式为柱架榫卯节点的转动耗能，且随着地震强度的增大，在整体结构的耗能中占有的比例也逐渐增加；斗栱铺作层的剪弯变形耗能和滑移耗能、柱脚的摩擦滑移耗能对结构的耗能贡献相对较小。

8.4　古建筑木结构的关键耗能构件地震破坏评估

通过古建筑木结构振动台试验（隋龑，2009）可以发现，古建筑木结构在地震作用下的破坏主要发生在燕尾榫柱架的榫卯节点及斗栱铺作层。在斗栱铺作层及柱架榫卯节点发生滑移前，结构或构件不断吸收外部输入的能量，结构处于弹性阶段，仅将少量的能量转化为动能和弹性势能储存，而开始滑移之后，结构或这两部分耗能元件进入弹塑性阶段，塑性变形和阻尼使得地震输入能不断被释放和耗散，同时也导致结构逐渐出现不同程度的破坏。也就是说，结构或构件的破坏过程实质上是能量耗散和释放的过程，而结构或构件最终的破坏是因为地震输入的能量向结构或构件释放的过程受到抑制。

8.4.1　关键耗能构件地震破坏评估模型的建立

参照《建筑抗震试验规程》（JGJ/T 101—2015），在低周反复荷载作用下，结构或构件的耗能能力应以其荷载-变形滞回曲线所包围的面积来衡量。基于此，将"构件抵抗破坏潜能"定义为构件在反复荷载作用下，从加载初期到构件破坏，所有加载循环过程中构件所能耗散的总输入能或者所能承受总的外力功。图 8.8 给出了低周反复荷载作用过程中古建筑木结构构件在第 j 循环的受力状态，在经历正反向位移 $\pm\delta_j$ 加载循环过程中，构件所能耗散的输入能或外力功表示为

$$W_{ij} = S^{ij}{}_{ABCDGH} \tag{8-4}$$

则

$$W_i = \sum_{j=1}^{n} W_{ij} \tag{8-5}$$

式中：W_{ij} 为第 i 构件在正反向位移 $\pm\delta_j$ 加载循环过程中所耗散的能量，其数值大小为图形的面积 $S^{ij}{}_{ABCDGH}$；n 为构件发生破坏时所经历的正反向低周反复加载循环次数，W_i 为第 i 构件 n 个加载循环破坏后所耗散的总能量。

对于各构件在不同工况地震作用下所耗散的能量，可根据式（8-2）和式（8-3）计算得出，图 8.7 为各构件在不同工况地震作用下的累积滞回耗能随时间 t_k 的变化曲线，图 8.8 为第 j 循环下的构件受力状态。

基于构件的"抵抗破坏潜能"及各工况地震作用下构件的累积滞回耗能，定义构件 i 在 h 工况地震作用下的破坏系数 F_{ih} 为该构件在 h 工况地震作用下耗散的能量与该构件"抵抗破坏潜能"的比值，如式（8-6）所示，图 8.9 给出了构件破坏评估分析的过程为

$$F_{ih} = \frac{W'_{ih}}{W_i} \tag{8-6}$$

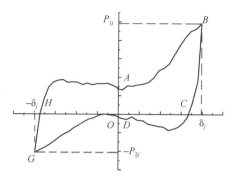

图 8.8　第 j 循环下的构件受力状态

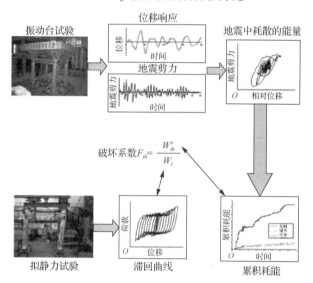

图 8.9　构件破坏评估分析过程

8.4.2　关键耗能构件地震破坏评估

依据古建筑木结构振动台试验,并结合木结构的抗震性能的特点,将燕尾榫柱架和斗栱铺作层两个耗能元件看作结构的两个构件,采用 8.4.1 节提出的关键耗能构件破坏评估模型对整体结构中的燕尾榫柱架和斗栱铺作层两耗能构件进行地震破坏评估,以期得到古建筑木结构两关键耗能构件在各地震工况下的破坏程度,为古建筑木结构的修缮加固提供科学的理论依据。

1. 燕尾榫柱架的破坏评估

为了研究地震作用下古建筑木结构榫卯节点的抗震性能,结合古建筑木结构振动台试验,本书作者及其课题组设计了 3 个截面尺寸、材料属性及节点连接方式都相同的燕尾榫柱架[为了直观显示,给出燕尾榫柱架拟静力试验如图 8.10(a)所示],在 20kN 的竖向荷载作用下以位移加载的方式在柱顶施加低周反复荷载,并进行了水平拟静力试验。图 8.10（b）～（d）给出了三个构件的滞回耗能曲线。柱架榫卯节点极限破坏状态的确定采用 Tanahashi 等（2010）通过试验得出的结论，认为当柱架的侧移量为柱截面尺寸的一半时，结构将发生失稳破坏。

（a）燕尾榫柱架拟静力试验

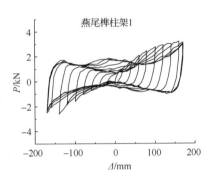
（b）柱架1滞回耗能曲线

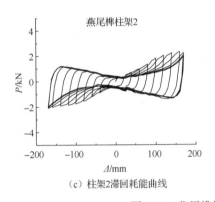
（c）柱架2滞回耗能曲线

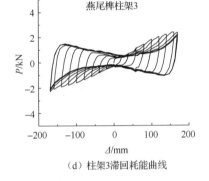
（d）柱架3滞回耗能曲线

图 8.10　燕尾榫柱架拟静力分析

按照式（8-4）并借助 Origin8.0 软件对图 8.10（b）～（d）三个单榀燕尾榫柱架的抵抗破坏潜能进行计算，结果如表 8.6 所示。

表 8.6　单榀燕尾榫柱架的抵抗破坏潜能

构件编号	竖向荷载/kN	抵抗破坏潜能/（kN·mm）	平均值/（kN·mm）
1	20	4 611.68	
2	20	3 550.58	3 738.05
3	20	3 051.89	

根据图 8.7 计算得出的各工况地震作用下燕尾榫柱架的累积滞回耗能及表 8.6 计算得出的单榀燕尾榫柱架的"抵抗破坏潜能"，为了简化计算，将如图 8.1 的单层古建筑木结构的整体结构在水平受力方向的总耗能等效为两个单榀燕尾榫柱架耗能之和，按照式（8-6）并根据表 8.5 的加载过程逐级累加计算出燕尾榫柱

架在各工况地震作用下的破坏系数 F_{ih}，如表 8.7 所示。

表 8.7　各工况地震作用下燕尾榫柱架的破坏系数 F_{ih}

地震作用工况 h	各工况耗能/（kN·mm）	构件破坏系数 F_{ih}
EL–50Gal	31.107	0.004
EL–75Gal	47.737	0.011
EL–100Gal	67.300	0.020
TA–50Gal	26.112	0.023
TA–75Gal	49.253	0.029
TA–100Gal	60.144	0.037
LZ–50Gal	12.602	0.039
LZ–75Gal	20.915	0.041
LZ–100Gal	29.651	0.045
EL–150Gal	96.868	0.058
TA–150Gal	89.864	0.070
LZ–150Gal	56.713	0.078
EL–200Gal	86.594	0.090
TA–200Gal	82.672	0.101
LZ–200Gal	65.176	0.109
EL–300Gal	128.351	0.126
TA–300Gal	129.201	0.143
LZ–300Gal	109.599	0.158
EL–400Gal	157.409	0.179
EL–500Gal	365.724	0.228
EL–600Gal	670.879	0.318
EL–800Gal	1 289.325	0.490
EL–1000Gal	1 826.834	0.734

注：EL–x Gal 表示输入的 El Centro 地震波最大加速度为 x Gal；TA–x Gal 表示输入的 Taft 地震波最大加速度为 x Gal；LZ–x Gal 表示输入的兰州地震波最大加速度为 x Gal。x 为地震动输入加速度值。下同。

　　根据古建筑木结构振动台试验现象及试验结果，并结合表 8.7 得出的燕尾榫柱架在各工况地震作用下的破坏系数，分析得出：9 度罕遇地震作用下，燕尾榫柱架的破坏系数约为 0.32，榫卯节点出现轻微的拔榫现象，榫与卯之间由于互相挤压而逐渐松动，构件属于轻微破坏；当地震激励达到 800Gal 时，由于榫与卯之间的相互挤压，东北节点和西南节点的卯口出现 1～2mm 的裂缝，破坏系数达到了 0.5 左右，构件属于中等破坏；当地震激励达到 1 000Gal 时，西南角的榫卯节点出现卯口劈裂现象，此处节点已经达到其极限承载能力，但其他三节点尚未破坏，结构尚未达到极限承载力，破坏系数超过 0.7，构件破坏严重，且结构有整体倒塌的趋势，整体结构最后的倒塌破坏是因为地震激励超过 1 200Gal 之后的结构共振，榫卯节点完全破坏。因此，可以得出结论：古建筑木结构柱架榫卯节点能够承受 600Gal 的地震动强度，当地震动强度增加到 800Gal 时，应对榫卯节点进行加固。

2. 斗栱铺作层的破坏评估

为了评估斗栱铺作层的抗震性能以及四铺作的协同工作性能，结合古建筑木结构振动台试验，本书作者及其课题组对两组相同材料、相同尺寸以及相同构造做法的四铺作斗栱在 40kN 竖向荷载作用下以位移加载的方式在柱顶施加低周反复荷载，进行了水平拟静力试验［图 8.11（a）］。图 8.11（b）、（c）给出了两组四铺作斗栱低周反复荷载作用下的滞回耗能曲线，按照式（8-4）并借助 Origin8.0 软件对图 8.11（b）、（c）两组四铺作斗栱的抵抗破坏潜能进行计算，结果如表 8.8 所示。结合拟静力试验结果，可定义当最大滑移变形量达到斗栱铺作层高度的 1/10 时，斗栱铺作发生极限破坏。

（a）四铺作拟静力试验

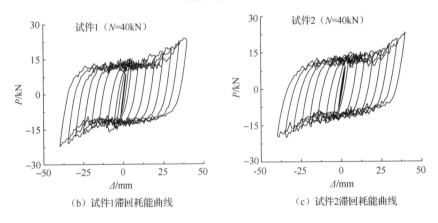

（b）试件1滞回耗能曲线　　　　　　　　　（c）试件2滞回耗能曲线

图 8.11　四铺作斗栱拟静力分析

表 8.8　四铺作斗栱抵抗破坏潜能

构件编号	竖向荷载/ kN	抵抗破坏潜能/（kN·mm）	平均值/（kN·mm）
1	40	7 465.28	7 087.995
2	40	6 710.71	

根据图 8.7 计算得出的各工况地震作用下斗栱铺作的累积滞回耗能以及表 8.8 计算得出的四铺作斗栱的抵抗破坏潜能，按照式（8-6）并根据表 8.5 的加载过程逐级累加计算出四铺作斗栱在各工况地震作用下的破坏系数 F_{ih} 如表 8.9 所示。

表 8.9　各工况地震作用下斗栱铺作层的破坏系数 F_{ih}

地震作用工况 h	各工况耗能/（kN·mm）	构件破坏系数 F_{ih}
EL-50Gal	2.757	0.000 39
EL-75Gal	9.788	0.001 06
EL-100Gal	6.371	0.001 96
TA-50Gal	2.430	0.002 31
TA-75Gal	9.739	0.002 97
TA-100Gal	5.593	0.003 76
LZ-50Gal	1.838	0.004 02
LZ-75Gal	8.570	0.004 53
LZ-100Gal	8.725	0.005 05
EL-150Gal	11.499	0.006 67
TA-150Gal	6.433	0.007 58
LZ-150Gal	11.414	0.009 19
EL-200Gal	12.474	0.010 95
TA-200Gal	2.425	0.011 29
LZ-200Gal	16.812	0.013 67
EL-300Gal	9.516	0.016 28
TA-300Gal	11.753	0.017 94
LZ-300Gal	28.487	0.021 25
EL-400Gal	26.633	0.025 01
EL-500Gal	68.610	0.034 69
EL-600Gal	101.821	0.049 05
EL-800Gal	279.681	0.087 81
EL-1000Gal	472.814	0.154 51

从表 8.9 可以看出，斗栱铺作层在地震作用过程中耗散的能量并不多，说明斗栱铺作层的破坏并不严重，即使在超强震作用下，斗栱铺作层的破坏系数也仅仅在 0.2 左右，属于轻微破坏。通过振动台试验斗栱铺作层破坏情况（图 8.12）发现，即使整体结构发生倒塌以后，斗栱铺作层也没有较大的破坏，只发现西北

角斗栱一个销栓被剪断［图 8.12（b）］，大多数销栓在地震作用下仅发生剪弯变形，但由于斗栱铺作层受荷之后具有良好的自锁联结功能，个别销栓轻微的变形并不影响整个斗栱铺作层的整体稳定性。因此，在地震作用下，由于榫卯节点较强的消能耗能能力，再加上斗栱铺作层分担的地震能量较少，斗栱在地震作用下一般不会发生严重破坏。

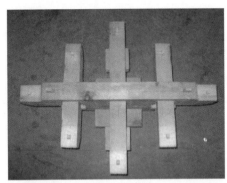

（a）东南角斗栱

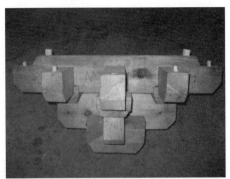

（b）西北角斗栱

（c）西南角斗栱

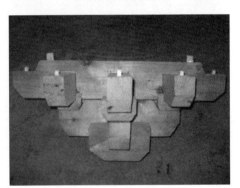

（d）东北角斗栱

图 8.12　振动台试验斗栱铺作层破坏情况

8.5　古建筑木结构的整体结构地震破坏评估

8.5.1　整体结构地震破坏评估模型

根据本书作者及其课题组进行的振动台试验得出，地震作用下古建筑木结构发生倒塌之后，梁、柱构件基本完好，仅柱架榫卯节点部分及斗栱铺作层发生不同程度的破坏。因此，为了简化计算，对古建筑木结构整体结构进行地震破坏评估时，忽略梁、柱构件局部损伤对结构性能的影响，仅考虑柱架榫卯节点以及斗栱铺作层两耗能元件的破坏对整体结构破坏的影响。为了能够定量地评估整体结构在不同工况地震作用下的破坏情况，结合 8.4 节对两关键耗能构件地震作用下的破坏评估分析，根据两耗能构件的不同能量分配计算出两耗能构件的能量分配系数，借助于能量分配系数寻找耗能构件破坏状态与整体结构破坏状态之间的关系，从而建立整体结构在不同地震作用下的破坏评估模型，具体整体结构破坏评估模型如下。

由于各耗能构件 i（柱架和斗栱铺作层）的质量、刚度以及延性等性能参数具有较大的差异，在工况 h 地震作用下各耗能构件耗散的能量也不同，两耗能构件在工况 h 地震作用下耗散的能量之和可看作整体结构在该工况 h 地震作用下引起结构发生破坏的总能量 W_h，即

$$W_h = \sum_{i=1}^{2} W'_{ih} \tag{8-7}$$

为了考察各耗能构件在各工况 h 地震作用下对整体结构耗能的贡献比例，引入耗能构件的能量分配系数 λ_i，则有

$$\lambda_i = \frac{W'_{ih}}{W_h} \tag{8-8}$$

显然，对于整体结构来说，能量分配系数 λ_i 大的构件表明该构件在地震作用下耗散的地震能量较多，其破坏程度也有可能随之增大。因此，可将结构地震破坏程度与地震能量分配系数结合起来。每一工况地震作用结束后，结构整体破坏系数 F_h 等于各耗能构件破坏系数 F_{ih} 与能量分配系数 λ_i 乘积的总和，即

$$F_h = \sum_{i=1}^{2} \sum_{h=1}^{m} \lambda_i F_{ih} \tag{8-9}$$

8.5.2　整体结构地震破坏评估

基于燕尾榫柱架和斗栱铺作层两耗能构件的破坏评估，结合古建筑木结构振动台试验，根据式（8-7）～式（8-9）计算出古建筑木结构各工况地震作用下整体结构地震破坏系数 F_h 如表 8.10 所示。

表 8.10　古建筑木结构各工况地震作用下整体结构地震破坏系数 F_h

地震工况	耗能元件各工况下耗能		各耗能元件能量分配系数		构件破坏系数		整体结构破坏系数
	燕尾榫柱架	斗栱铺作层	燕尾榫柱架	斗栱铺作层	燕尾榫柱架	斗栱铺作层	
EL-50Gal	31.107	2.757	0.919	0.081	0.004	0.000	0.004
EL-75Gal	47.737	9.788	0.909	0.091	0.011	0.001	0.010
EL-100Gal	67.300	6.371	0.914	0.086	0.020	0.002	0.018
TA-50Gal	26.112	2.430	0.915	0.085	0.023	0.002	0.021

地震工况	耗能元件各工况下耗能		各耗能元件能量分配系数		构件破坏系数		整体结构破坏系数
	燕尾榫柱架	斗栱铺作层	燕尾榫柱架	斗栱铺作层	燕尾榫柱架	斗栱铺作层	
TA-75Gal	49.253	9.739	0.903	0.097	0.029	0.003	0.026
TA-100Gal	60.144	5.593	0.915	0.085	0.037	0.004	0.034
LZ-50Gal	12.602	1.838	0.873	0.127	0.039	0.004	0.035
LZ-75Gal	20.915	8.570	0.854	0.146	0.041	0.005	0.036
LZ-100Gal	29.651	8.725	0.888	0.112	0.045	0.005	0.041
EL-150Gal	96.868	11.499	0.894	0.106	0.058	0.007	0.053
TA-150Gal	89.864	6.433	0.933	0.067	0.070	0.008	0.066
LZ-150Gal	56.713	11.414	0.832	0.168	0.078	0.009	0.066
EL-200Gal	86.594	12.474	0.874	0.126	0.090	0.011	0.080
TA-200Gal	82.672	2.425	0.972	0.028	0.101	0.011	0.098
LZ-200Gal	65.176	16.812	0.795	0.205	0.109	0.014	0.089
EL-300Gal	128.351	9.516	0.869	0.131	0.126	0.016	0.112
TA-300Gal	129.201	11.753	0.917	0.083	0.143	0.018	0.133
LZ-300Gal	109.599	28.487	0.824	0.176	0.158	0.021	0.134
EL-400Gal	157.409	26.633	0.855	0.145	0.179	0.025	0.157
EL-500Gal	365.724	68.610	0.842	0.158	0.228	0.035	0.197
EL-600Gal	670.879	101.821	0.868	0.132	0.318	0.049	0.283
EL-800Gal	1 289.325	279.681	0.824	0.176	0.490	0.088	0.419
EL-1000Gal	1 826.834	472.814	0.794	0.206	0.734	0.155	0.615

　　通过表 8.10 得出的整体结构破坏系数并结合振动台试验现象可以得出结论：古建筑木结构在经历 9 度罕遇地震时，整体结构的破坏系数仅为 0.283，结构仅出现榫卯少量拔出，但仍具有较强的整体稳定性和承载力；当地震峰值加速度为 800Gal 时，整体结构破坏系数已达到 0.419，结构处于中等破坏状态，承载力和稳定性均呈现不同程度的下降，结合构件破坏系数，此时应对柱架的榫卯节点进行加固；当地震峰值加速度为 1 000Gal 时，整体结构破坏系数已达到 0.615，结构处于严重破坏状态，承载力下降较大，此时柱架的榫卯节点仍是加固修缮的重要部位。

8.6 基于破坏程度的古建筑木结构震害等级及抗震能力指数划分

震害经验表明，地震灾害的主要原因是建筑物结构的抗震能力不足，准确、合理地评价结构的抗震能力是避免结构产生严重破坏的前提。本节首先参照钢筋混凝土结构中应用比较广泛的 Park-Ang 损伤破坏程度分类，并结合振动台试验结果以及整体结构的破坏系数，给出了古建筑木结构基于不同破坏程度下的相应震害等级，提出能够衡量古建筑木结构抵御地震破坏能力的抗震能力指数，认为抗震能力指数与结构破坏系数之和为 1，给出了古建筑木结构地震作用下震害等级及抗震能力指数划分，如表 8.11 所示。

表 8.11　古建筑木结构地震作用下震害等级及抗震能力指数划分

震害等级	基本完好	轻微破坏	中等破坏	严重破坏	倒塌
整体结构破坏系数	0~0.1	0.1~0.25	0.25~0.6	0.6~0.8	0.8~1
抗震能力指数	1~0.9	0.9~0.75	0.75~0.4	0.4~0.2	0.2~0
抗震能力指数平均值	0.95	0.825	0.575	0.3	0.1

根据表 8.11 给出的震害等级及抗震能力指数，并结合 8.5 节提出的整体结构的破坏评估方法，取相同水准下结构的抗震能力指数的最小值作为该水准下结构的抗震能力指数，表 8.12 给出了单层殿堂式古建筑木结构在不同地震烈度下的抗震能力指数。

表 8.12　单层殿堂式古建筑木结构在不同地震烈度下的抗震能力指数

地震烈度	抗震能力指数	地震烈度	抗震能力指数
7 度多遇烈度	0.965	8 度罕遇烈度	0.843
7 度基本烈度	0.934	9 度多遇烈度	0.934
7 度罕遇烈度	0.866	9 度基本烈度	0.843
8 度多遇烈度	0.964	9 度罕遇烈度	0.717
8 度基本烈度	0.866		

由表 8.12 中单层殿堂式古建筑木结构在不同地震烈度下的抗震能力指数可知，遭遇 7 度罕遇地震和 8 度罕遇地震时，其抗震能力指数仍在 0.8 以上，即使是 9 度罕遇地震作用下，古建筑木结构的抗震能力指数也不小于 0.7，这有力地诠释了山西五台山南禅寺大殿、天津蓟县的独乐寺等具有千百年历史的古建筑木结构能保存至今的原因。

基于前述古建筑木结构破坏分析和抗震能力分析，将古建筑木结构的抗震能力分为五个等级，结合中国地震局工程力学研究所（2009）对建筑物结构破坏状态的宏观描述及马玉宏（2000）提出的建筑物结构破坏状态与形态水平的对应关系，提出了采用量化的指标划分古建筑木结构不同的抗震能力等级的方法，并给出了古建筑木结构抗震能力等级形态水平宏观描述，如表 8.13 所示。

表 8.13 古建筑木结构抗震能力等级形态水平宏观描述

等级编号	抗震能力	抗震能力指数	宏观描述
1	强	0.9～1.0	古建筑木结构在其服役期内，能够很好地抵抗其所在地区潜在的地震危险，结构基本完好，对结构力学性能的影响也很小
2	良好	0.75～0.9	古建筑木结构在其服役期内，能够较好地抵抗其所在地区潜在的地震危险，结构可能发生轻微破坏，古建物的局部功能可能受到影响，但其主要结构功能几乎不受影响
3	一般	0.4～0.75	古建筑木结构在其服役期内，能够抵抗其所在地区潜在的地震危险，可能发生中等一般性的破坏，古建物的主要结构功能可能受到影响，但可通过局部修缮加固恢复其正常使用功能
4	差	0.2～0.4	古建筑木结构在其服役期内，基本能够抵抗其所在地区潜在的地震危险，可能发生严重的破坏，古建物的主要结构功能可能丧失，但仍能保证结构不发生倒塌，能够保证古建物内古文物的安全性以及游客的生命安全
5	很差	0～0.2	古建筑木结构在其服役期内，不能够抵抗其所在地区潜在的地震危险，可能发生非常严重的破坏，甚至倒塌，古建物的主要结构功能可能丧失，游客的生命安全及建筑物内部的文物安全受到威胁

8.7 本章小结

本章主要基于构件（燕尾榫柱架和斗栱铺作层）的拟静力试验，得出了两耗能元件在低周反复荷载作用下具有的抵抗破坏潜能，借助古建筑木结构振动台试验结果，分别计算出了各工况地震作用下每一耗能元件耗散的能量，基于构件/结构的抵抗破坏潜能和能量耗散机制建立了古建筑木结构各构件及整体结构在不同工况地震作用下的地震破坏评估机制；基于整体结构的破坏系数，给出了整体结构基于不同破坏程度的地震震害等级，并建立了古建筑木结构的抗震能力评价指标，为古建筑木结构的抗震加固提供了可靠的理论依据。其主要结论有以下几点。

（1）古建筑木结构的主要耗能方式为柱架榫卯节点的转动耗能，且随着地震强度的增大,在整体结构的耗能中占有的比例也逐渐增加。

(2) 定量计算出了燕尾榫柱架、斗栱铺作层在各工况地震作用下的破坏系数,并做了定性的抗震破坏分析。

(3) 基于能量分配系数,采用加权系数法建立了古建筑木结构整体结构地震破坏评估模型,并对整体结构进行地震破坏评估。

(4) 根据古建筑木结构整体结构在不同地震烈度下的破坏系数,将古建筑木结构的震害等级分为基本完好、轻微破坏、中等破坏、严重破坏和倒塌,对应的抗震能力评价指标分别为强、良好、一般、差和很差。

第9章 扁钢加固古建筑木结构抗震性能研究

9.1 概　　述

中国古建筑木结构的主要特点之一就是柱和额枋组成的构架与其他构件之间采用榫卯连接，无须一铆一钉。榫卯节点的抗弯能力是通过榫和卯之间的挤压和摩擦来实现的。当荷载不大时，挤压变形基本在弹性范围内，不会降低榫卯节点的抗弯能力；否则将使得榫头宽度变小，而卯口宽度变大，从而降低榫卯节点的抗弯能力，甚至出现局部拔榫和节点松脱等现象（潘毅等，2012）。而抗弯能力降低的最直接后果就是构架在水平荷载作用下整个结构稳定性降低及侧移加大，从而加剧建筑物的破坏。因此，古建筑木结构榫卯节点抗震性能及其加固的研究对古建木结构的维修保护具有重要的现实意义。本章主要对扁钢加固木结构榫卯节点及整体结构的抗震性能进行研究。

9.2 扁钢加固木构架榫卯节点的低周反复荷载试验

9.2.1 试件设计与制作

唐宋时期是木结构的鼎盛时期，宋代的做法最具代表性。燕尾榫连接是古建筑木构架采用最多的连接形式。按宋代《营造法式》中的做法，选用殿堂二等材燕尾榫连接构架 1 : 3.52 的缩尺模型进行低周反复加载试验。加载结束之后采用扁钢加固构件并重新试验。

按照宋代《营造法式》中的做法，以 1 : 3.52 即 1cm : 2 份（份表示宋代二等材每份长度，相当于现在的 1.76cm）的缩尺比例，制作了两个相同的构架模型，模型由古建木工师傅手工制作而成，榫卯连接紧密。为了探讨榫卯连接受损后的加固方法，对上述两个构架在试验完成后采用扁钢进行加固，然后重新试验，扁钢加固方案如表 9.1 所示，构件原形尺寸和模型尺寸如表 9.2 和图 9.1 所示。木材选用东北红松新材，天然干燥 1 年期。扁钢采用 3mm 厚 Q235 钢并根据柱直径和梁宽制作成 U 形，用木螺丝将其固定在梁上，扁钢加固详图如图 9.2 所示。实测扁钢的抗拉强度为 370MPa，弹性模量为 210GPa。

表 9.1 扁钢加固方案

试件编号	加固方案	试件编号	加固方案
WF-NS1	未加固	WF-FSS1	WF-NS1 试验后扁钢加固
WF-NS2	未加固	WF-FSS2	WF-NS2 试验后扁钢加固

表 9.2　构件原形尺寸和模型尺寸

构件名称	原宋尺/份		模型尺寸/mm	构件名称	原宋尺/份		模型尺寸/mm
檐柱	直径	42	210	燕尾榫	榫截面高	36	180
	柱长	300	1 500+150		榫额宽	12	60
额枋	截面高	36	180		榫颈宽	10	50
	截面宽	24	120		榫头长	10	50
	总长	280	1 400				

注：按比例模型柱长应为 1 500mm，为便于施加水平荷载，试件柱顶高出额枋顶面 150mm，故柱长为 1 650mm，柱顶部所开卯口内以榫形木块填实。

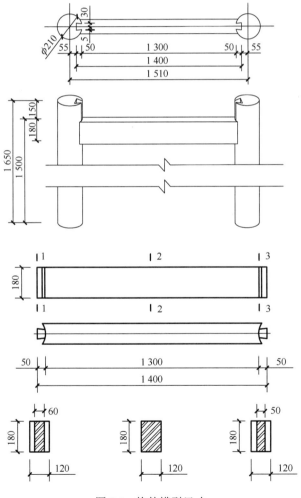

图 9.1　构件模型尺寸

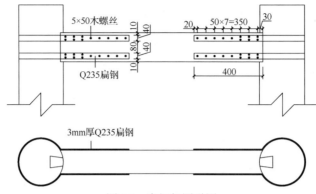

图 9.2　扁钢加固详图

9.2.2　加载方案及测试内容

为模拟古建筑木结构柱脚为浮搁于柱础上的特性，将柱脚套于特制的钢柱帽，与地槽铰接连接。再由可水平自由滑动千斤顶施加 20kN 恒定竖向荷载并通过分配梁分配到柱顶上，每个柱顶上竖向荷载为 10kN。随后通过水平作动器施加反复荷载。加载装置示意图如图 9.3 所示。为防止构架发生平面外侧移，在梁（额枋）的两侧布置了侧向支撑。由于木构架所能承担的水平荷载较小，采用变幅值位移控制加载，位移增量为 20mm，每一级位移幅值下循环三次。

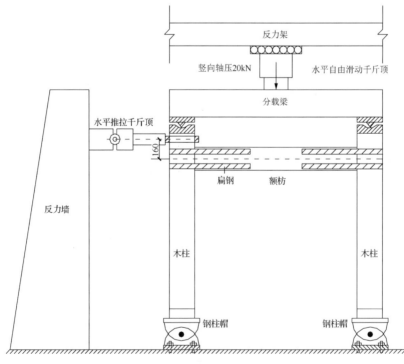

图 9.3　加载装置示意图

测试内容主要包括构架荷载-侧移曲线、榫卯拔出量、梁柱相对转角、梁端应变和扁钢应变，并且由 7V08 数据采集仪采集数据。

9.2.3　试件的破坏特征

从两个未加固木构架的试验结果及其破坏后由扁钢加固后重新加载的试验结果可以发现，破坏均发生在榫卯节点，梁、柱构件完好无损。

图 9.4 为构架破坏形态。对于未加固木构架，随着位移幅值和循环次数的增加，榫卯之间挤压变形加大并伴随有"吱吱"声，榫卯由紧变松，因此当构架回到竖直位置附近时，榫卯的抗弯能力明显降低，甚至不能承担由于竖向荷载偏心而引起的附加弯矩，从而构架在偏离竖直位置后会出现自动倾斜的现象，但随着构架偏离竖直位置距离的加大，榫卯之间又逐渐紧密，抗弯能力增加。在加载的过程中，榫卯之间有一定的拔出，且拔出量随位移幅值的增加而加大，但由于柱底支座的限制，榫卯的拔出主要是构架倾斜导致榫卯转动而引起榫头上拔下压或上压下拔［图 9.4（a）］，榫头的总体拔出量却不大。

对于两个扁钢加固构架，扁钢本身有一定的刚度，因此榫卯在竖直位置处也有一定的抗弯能力。随着位移幅值增加，扁钢变形加大，同样由于柱额不在同一平面，在靠近榫头处的木螺丝有部分被拔出［图 9.4（b）］。

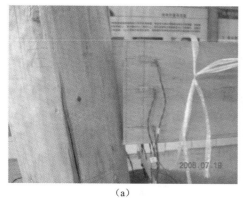

（a）　　　　　　　　　　　　　　　　　（b）

图 9.4　构架破坏形态

9.2.4　试验结果与分析

1. 滞回曲线

图 9.5 为本次试验实测的荷载-位移滞回曲线。从滞回曲线中可以看出以下几个特点。

（1）所有构架的荷载-位移滞回曲线和榫卯节点弯矩-转角滞回曲线均有明显

的"捏缩"效应，说明榫卯之间在受力的过程中发生了较大的滑移，且滑移量随位移幅值的增加而加大。对于扁钢加固的构架，一方面扁钢本身具有一定的刚度，另一方面扁钢在榫卯未挤压时受到拉力后也能限制榫卯的转动，因此其滞回曲线比未加固构架更为饱满。

（2）构架的变形绝大部分为塑性变形。随着变形的增加，荷载也增加，达到控制位移时卸载，变形并不能恢复，如要让其恢复变形，必须反向加载，故滞回曲线卸载段基本上与纵坐标平行，且恢复荷载在控制位移处最大，靠近竖直位置处最小。这是由于榫卯本身的恢复力很小，再加上竖向荷载的偏心所导致的。由于扁钢具有一定的强度和刚度，扁钢加固的构架表现出一定的弹性性能。

（3）在同一级位移控制下，后两次循环的承载力和刚度基本一致，但比第一次循环有所降低；如位移幅值增加一级，其滞回曲线第一循环的上升段将沿着前一级位移幅值的后两次循环的滞回曲线发展，直到该级控制位移。这是因为任意一级控制位移的第一循环在没有超过前一级控制位移时，其挤压变形与前一级控制位移一致，故滞回曲线也一致；一旦超过前一级控制位移，将会有新的挤压变形产生，故其又能承担更大的荷载；但第一循环之后，不可恢复的挤压变形已经发生，因此后两次循环的荷载和刚度会有所下降。

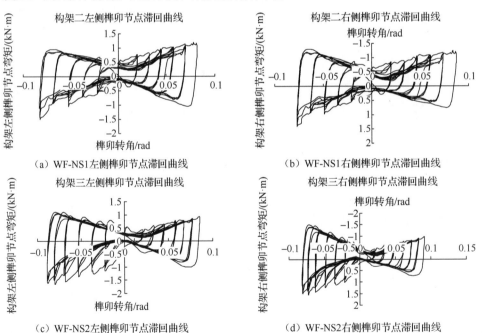

（a）WF-NS1左侧榫卯节点滞回曲线 　　（b）WF-NS1右侧榫卯节点滞回曲线

（c）WF-NS2左侧榫卯节点滞回曲线 　　（d）WF-NS2右侧榫卯节点滞回曲线

图9.5　未加固与扁钢加固木构架荷载-位移滞回曲线

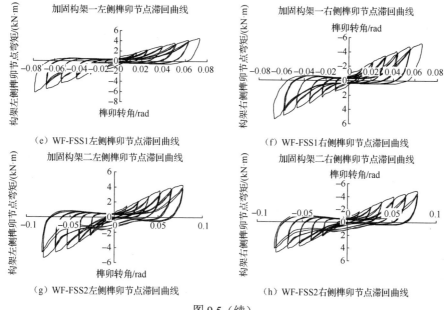

（e）WF-FSS1左侧榫卯节点滞回曲线　　　　（f）WF-FSS1右侧榫卯节点滞回曲线

（g）WF-FSS2左侧榫卯节点滞回曲线　　　　（h）WF-FSS2右侧榫卯节点滞回曲线

图 9.5（续）

2. 骨架曲线

骨架曲线能够反映木构架的极限承载力和变形能力。本次试验所得到未加固构架和扁钢加固构架的荷载-位移骨架曲线如图 9.6 所示。从图中可以看出，扁钢加固构架的强度和刚度得到了明显提高。

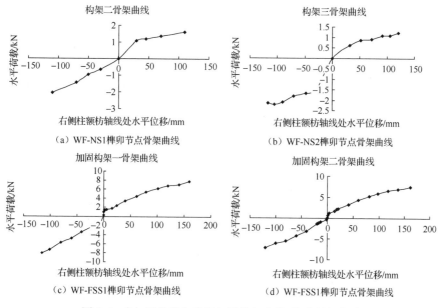

（a）WF-NS1榫卯节点骨架曲线　　　　（b）WF-NS2榫卯节点骨架曲线

（c）WF-FSS1榫卯节点骨架曲线　　　　（d）WF-FSS1榫卯节点骨架曲线

图 9.6　未加固构架与扁钢加固构架荷载-位移骨架曲线

3. 强度退化

木构架或榫卯强度的退化对其受力性能有很大的影响，强度退化得越快，则其继续抵抗荷载的能力下降得越快。当构架受到一定的地震作用后，其继续抵抗地震作用的能力下降，导致在随后的地震作用或大震之后的余震作用下可能使结构变形进一步加大，加剧地震破坏。

从滞回曲线还可以看出，构架或榫卯的强度退化主要发生在第二次循环，退化幅度较大，而第三次循环与第二次循环的强度基本一致，退化幅度很小，而未加固构架比扁钢加固构架的退化幅度要大得多。表 9.3 给出了各构架在不同控制位移下的强度退化幅度。究其原因，是因为某一级控制位移下的第一次循环在超过前一级控制位移之后，榫卯之间的挤压变形第一次发生，且大部分不可恢复，从而导致第二次循环强度明显退化；由于挤压变形主要发生在第一次循环，第三次循环强度退化很小。

表 9.3　各构架强度退化幅度

试件类型	试件编号	控制位移分别为 20mm、40mm、60mm、80mm 和 100mm 时的强度退化幅度					退化幅度平均值
未加固构架	WF-NS1	0.76	0.78	0.81	0.82	0.85	0.80
	WF-NS2	0.86	0.88	0.74	0.71	0.73	
扁钢加固构架	WF-FSS1	0.89	0.95	0.97	0.92	0.90	0.92
	WF-FSS2	0.94	0.88	0.96	0.93	0.86	

4. 刚度退化

在位移不断增大的情况下，刚度一环比一环减小，即刚度随循环周数和控制位移增大而减小的现象称为刚度退化。刚度退化反映了榫卯节点的损伤积累。构架在反复荷载作用下，刚度可用割线刚度 K_i 来表示，即 $K_i = \dfrac{|+P_i| + |-P_i|}{|+\varDelta_i| + |-\varDelta_i|}$，其中 P_i 为第 i 次峰值点荷载，$\varDelta_i$ 为第 i 次峰值点荷载所对应的水平位移。图 9.7 给出了各构架刚度与位移的关系。从图中可以看出，各构架的刚度随着位移的增加逐渐减小，但减小的幅度不是很大。对比各构架的刚度可以发现，扁钢加固构架刚度较大，未加固构架较小，这是因为扁钢本身具有一定的刚度的缘故。

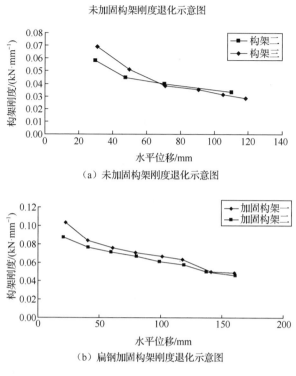

（a）未加固构架刚度退化示意图

（b）扁钢加固构架刚度退化示意图

图 9.7　构架刚度与位移的关系

5. 耗能能力

结构的耗能能力通常用等效黏滞阻尼系数来衡量。等效黏滞阻尼系数越大，表明结构的耗能能力越好，反之亦然。图 9.8 为各构架在不同控制位移下的等效黏滞阻尼系数。从图 9.8 中可以看出，各构架的等效黏滞阻尼系数随着位移的增加而减小，并趋于稳定。其中，未加固构架的耗能性能较好，而扁钢加固构架的耗能性能较差。

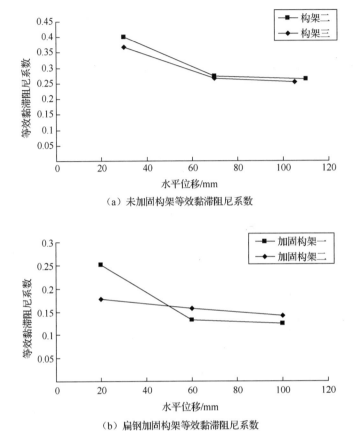

（a）未加固构架等效黏滞阻尼系数

（b）扁钢加固构架等效黏滞阻尼系数

图 9.8　各构架在不同控制位移下的等效黏滞阻尼系数

9.3　扁钢加固木结构模型榫卯节点的振动台试验

9.3.1　试验概况

　　模型为宋代《营造法式》中的殿堂式建筑，采用四根内柱构成的典型单间柱架。按照宋代《营造法式》中所规定的材份制度制作，模型缩尺比例为 1∶3.52。模型各参数相似比如表9.4所示，试验模型主要尺寸如图9.9所示。试验分节点未加固和节点加固两部分，先进行节点未加固模型试验，直至结构破坏，然后将破坏的模型按原位置重新进行组装，按照设计好的加固方案对榫卯周边施以扁钢加固，重新逐级输入地震激励。

表9.4   模型各参数相似比

物理量	相似比	物理量	相似比
长度 l	$\lambda = 1 : 3.52$	时间 T	$\lambda^{1/2}$
弹性模量 E	1	速度 x'	$\lambda^{1/2}$
力 P	λ^2	加速度 x''	1
弯矩 M	λ^3	线位移 x	λ
质量 m	λ^2	角位移 θ	1

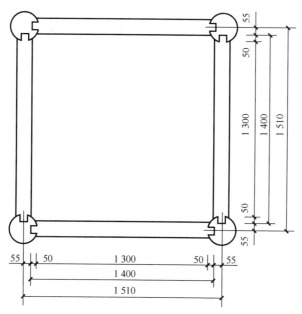

图9.9   试验模型主要尺寸

　　试验时将四块磉石嵌固于振动台台面上，柱架浮置于磉石之上，柱与额枋间采用燕尾榫连接，柱头及额枋上铺设普拍枋，斗栱安于普拍枋上，屋盖层由混凝土配重板代替并固定于斗栱层上。磉石选用表面粗磨光的青石板，柱架选用东北红松新材，斗栱选用阔叶硬材山榆木。屋面活荷载、屋盖结构层自重等按 1.8kN/m^2 计算，折合为 2 400mm×2 400mm×250mm 厚混凝土板，屋盖总配重36kN。柱架结构层合重 4kN，磉石重 2kN，试件总重 42kN。采用扁钢加固时，在距额枋水平轴线上下各 45mm 处，分别在内外两侧各用两条截面（长×宽）为30mm×3mm 的扁钢包裹四个额枋与柱头相交节点，扁钢为 Q235 钢，弹性模量为 $2×10^5\text{MPa}$，每边沿额枋轴线布置的扁钢长为400mm，每隔100mm用5mm×25mm的木螺丝固定于额枋。

试验在西安建筑科技大学结构工程与抗震教育部重点实验室进行。振动台为 2.0m×2.2m 水平单向（x 向）电液伺服振动台。逐级输入地震波（El Centro 波和 Taft 波），直至结构模型破坏倒塌。然后通过扁钢加固榫卯节点，重新组装成试验模型，再逐级输入地震波对加固模型进行振动台试验直至破坏。在振动台面、柱根、柱顶及屋盖处共布置 12 枚拾振器，以测得各测点的位移和加速度响应。

9.3.2　试验过程与破坏特征

1. 未加固模型

分别输入加速度峰值为 0.05g El Centro 波和 Taft 波后，结构整体有一致性同步微振，随着输入加速度的逐级增大模型伴有"吱吱"声，榫卯缝隙挤紧；当输入的 El-Centro 波加速度峰值达到 0.4g 以后时，结构轻微扭动，柱根滑移明显，但榫卯节点并未破坏；当台面输入的地震激励大于 0.5g 时，榫卯节点的连接作用变柔，榫卯的闭合幅度进一步加大；当台面输入的地震激励大于 0.9g 时，模型结构开始分层侧移摆动，屋盖混凝土配重板摆动较小，柱架在额枋水平高度处来回摆动，榫拔出卯再闭合的长度已到 28mm，构架整体的稳定与强度仍然表现很好；当台面输入的地震激励达 1.0g 左右时，可以看到榫头几乎从卯口中拔出来，但随后闭合使整个模型处于"倾而不倒"状态，混凝土配重板摆动明显小于柱架；当台面输入的地震激励为 1.20g 左右时，结构产生的"嘎吱"声十分明显，来回往复几回后，模型因榫头完全从卯口拔出而轰然倒塌。

2. 加固后模型

当台面输入加速度峰值为 0.05g 的地震激励时，结构同步同向微振，表现出振动的一致性，与未加固模型表现相吻合；当台面输入激励在 0.1～0.2g 时，四个柱脚已逐渐滑移，且方向各异。当台面输入的地震激励达 0.4g 时，模型的摆动越加明显。由于混凝土板与铺作层的错动，在栌斗底部与普拍枋之间、梁架下面的散斗与华栱之间及柱脚与础石之间频频发生"局部脱离"现象。另外，节点的榫卯并未脱出，说明此时包箍节点的扁钢发挥约束作用；当台面输入的地震激励达 0.5g 左右时，用于加固的扁钢靠近柱头部位有些已经部分屈服，靠近节点固定扁钢与阑额的木螺丝被拔出或被剪断，榫卯节点与钢箍的位移不完全同步；当台面输入的地震激励达 0.80g 左右时，四个柱脚均有相当大的滑移，包箍节点的钢片上已明晰可见许多微裂纹，扁钢屈曲、起鼓，说明大变形时扁钢应力已超过了屈服强度进入塑性阶段。

9.3.3　试验结果与分析

1. 加速度反应与动力系数

由试验结果计算可得未加固和加固模型不同结构层面的加速度响应及屋盖处的动力系数，进而可绘出加固前后模型在 El Centro 波和 Taft 波激励下的动力系数变化趋势对比，如图 9.10 所示。可以看出：①在 El Centro 波和 Taft 波地震激励分别作用下，随着输入加速度峰值的不断加大，加固前后模型整体动力系数趋势大体是一致的，均呈下降趋势，且衰减幅度急剧增加；加固前后动力系数大致相当，均小于 1，说明此种采用榫卯连接和带有斗栱层的结构具有较好的耗能减震能力，加固前后模型结构的动力性能变化不大。必须指出的是，未加固模型在 El Centro 波地震激励达 1.2g 时，动力放大系数有所回升，说明榫卯连接、斗栱层和柱脚处的耗能减震能力已经降低，试验中也发现此时榫已从卯口中拨出很大长度，结构处于即将倾覆破坏的状态，而加固后模型无此现象，充分说明了榫卯连接处采用扁钢加固能较好地防止在地震激励较大时的结构破坏，此时依靠扁钢屈服后的塑性变形来减震耗能。②输入 El Centro 波加速度峰值大于 0.4g 时，加固后模型的动力系数普遍要比加固前大，这说明加固后模型结构的刚度有所增强。

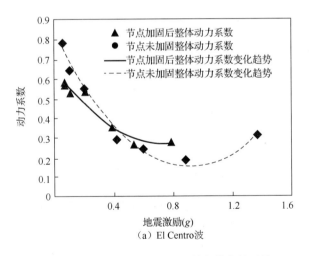

图 9.10　模型加固前后动力系数变化趋势对比

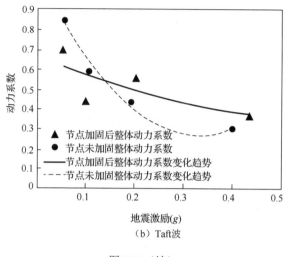

（b）Taft波

图 9.10（续）

图 9.11 为在不同加速度峰值的 El Centro 波作用下，加固前后模型屋盖处加速度时程曲线对比。分析可知：①当地震激励不大于 0.1g 时，加固前后屋盖处加速度曲线基本保持一致，说明此种加固方法在地震激励较小时对结构影响不大；②当地震激励小于 0.2g 时，加固后模型加速度响应峰值要高于未加固模型，因为此时扁钢受力尚处于弹性阶段，包箍柱头而对榫卯有一定的约束力，所以榫卯尚未发挥减震作用；③当地震激励大于 0.4g 后，扁钢开始屈服进入弹塑性阶段，模型的加速度响应峰值稍低于加固前，总体大致相当，说明了扁钢加固榫卯节点对模型结构的耗能减震能力有增无减；加固后加速度反应曲线的相位有所提前，亦说明了扁钢的塑性变形耗能较好地替代了榫卯连接转动引起的耗能。

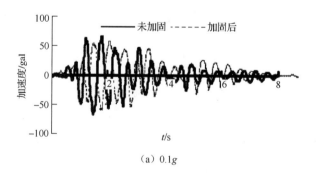

（a）0.1g

图 9.11 加固前后屋盖处加速度时程曲线对比

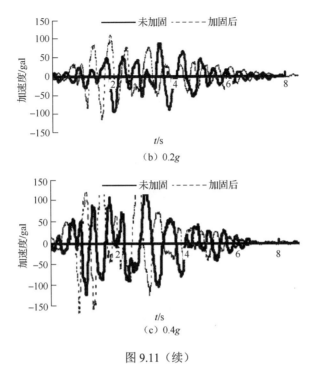

（b）0.2g

（c）0.4g

图 9.11（续）

2. 位移反应

图 9.12 给出了在不同加速度峰值的 El Centro 波作用下的加固前后模型屋盖处位移反应时程曲线。由图可见：①当输入地震波加速度峰值小于 0.2g 时，加固前后位移反应几乎是同相位同幅值变化的，加固后位移增长幅度稍高于加固前，说明节点加固后结构的整体刚度略有增强，小震时各层面表现为刚性，这也较好地符合了"加固前后刚度等效"的加固原则。②当地震激励达到 0.4g 时，未加固模型的位移响应幅值要大于加固后模型，这是因为未加固模型结构的榫与卯之间滑移加大，而此时加固扁钢承担了节点绝大部分由地震引起的内力，开始发生屈服变形，因此榫卯连接处滑移较加固前要小，使得结构能够承担更大的地震作用。另外，还可以看出加固前后位移响应相位不再同步，未加固模型相位开始滞后于加固后模型，说明加固扁钢刚度开始退化。③当输入地震激励大于 0.5g 时，节点加固模型位移响应幅值有较大增加，说明扁钢的加固作用已经弱化；同时未加固模型位移响应曲线相位滞后明显，表明加固扁钢有效地防止了榫头的拔出，虽然刚度有所增强，但整体位移响应增幅不是很大，结构的耗能减震能力并未降低。

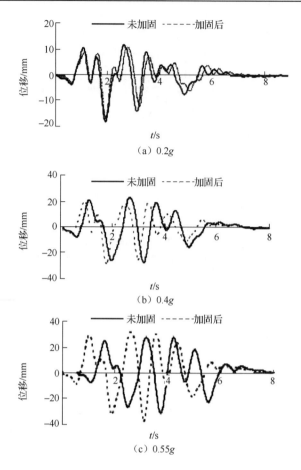

图 9.12　扁钢加固前后屋盖处位移反应时程曲线

3. 自振频率和阻尼特性变化

根据所测得自由振动数据，采用滤波方法处理可得加固前后模型自振频率和阻尼比，其变化趋势如图 9.13 所示。

从图 9.13 可以看出，随着地震激励的增加，结构的自振频率衰减，阻尼比增加。节点未加固模型的主频变化范围为 1.5～3.0Hz，节点加固模型的主频变化范围为 1.8～3.5Hz，说明节点加固后结构刚度有了增强，但是增加的幅度不是很大。自振频率在加固前后改变不大，说明这种加固方法对古建筑木结构的抗震机理没有根本性改变，体现并贯彻了建筑保护和修缮要与原结构刚度等效的原则。

在图 9.13（a）中，当输入的地震激励小于 0.4g 时，节点加固模型的自振频率始终比未加固模型的自振频率高，说明包箍节点的扁钢发挥了作用，结构的刚度得到了增强。但是当地震激励大于 0.4g 时，节点加固模型的自振频率与节点未加固模型的自振频率相接近，说明用于加固节点的扁钢已经达到屈服强度，节点的刚度与未加固的原模型相当。由图 9.13（b）可以看出，在整个试验过程中，节点加固模型的阻尼比始终比节点未加固模型的阻尼比要大，说明节点加固模型的耗能性能比节点未加固模型要好，而且对于节点加固模型而言，当输入的地震激励小于 0.5g 时，阻尼比随着地震激励增大而增长很快，具有明显的上升趋势，比未加固模型的阻尼比增长幅度大。但是，当输入的地震激励大于 0.5g 时，随着地震激励增大，阻尼比增长趋势变得平缓，说明榫卯间的连接已经进入塑性阶段。节点未加固模型的阻尼比增长趋势亦变得平缓，耗能能力呈下降趋势，这主要是由于在地震激励下，结构各连接部位因相互挤压而产生塑性变形从而导致连接松动、刚度下降的缘故。比较两条阻尼比的变化曲线，虽然数值不同，但是变化趋势一致，说明用扁钢包裹榫卯节点的加固方法是有效的。

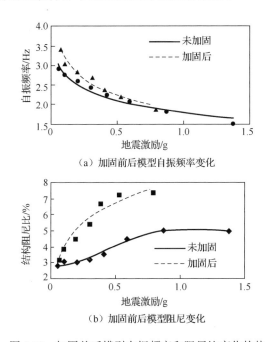

（a）加固前后模型自振频率变化

（b）加固前后模型阻尼变化

图 9.13　加固前后模型自振频率和阻尼比变化趋势

9.4　本 章 小 结

通过对扁钢加固残损节点的拟静力试验研究及扁钢加固整体结构振动台试验研究的结果分析，可得到以下结论。

（1）扁钢加固构架与未加固构架的滞回曲线有明显的不同。

（2）各构架的等效黏滞阻尼系数随着位移的增加而减小，并趋于稳定，而未加固构架的耗能性能反而比扁钢加固构架的耗能性能要好。

（3）用扁钢加固木构架榫卯节点可以提高其强度，但同时也增强了刚度，从而会受到更大的地震作用，因此需进一步研究加固后构架刚度与强度的变化规律，从而选择扁钢的合适用量。扁钢加固适合强度或刚度明显不足且较隐蔽的榫卯节点。

（4）采用扁钢加固榫卯节点，加固后可提高结构的强度、刚度和整体性，有效阻止因榫卯拔脱而导致的结构坍塌，试验证明这种加固方式有效且简单易行。

（5）加固前后结构自振频率变化不大，加固后节点约束刚度略有增强，但总体相当，并未改变榫卯连接的变刚度特性，符合刚度等效原则。

（6）在输入地震激励小于 $0.4g$ 时，扁钢能够充分发挥作用，主要承担节点处的地震内力。当地震激励大于 $0.5g$ 时，扁钢屈服进入塑性阶段，在强震作用下可以进入强化阶段。加固后模型的阻尼比显著提高，并且扁钢的塑性变形耗能替代了榫卯连接转动引起的耗能，从而有效地阻止了节点的破坏。

第10章 碳纤维布加固古建筑木结构抗震性能研究

10.1 概　述

第9章研究结果表明，扁钢加固木构架榫卯节点不但可以提高其强度，同时也增加了刚度，扁钢加固适合强度或刚度明显不足且较隐蔽的榫卯节点，而对于破损程度较小且要求美观的榫卯节点可采用碳纤维布进行加固。本章主要对采用碳纤维布加固榫卯节点及整体结构的抗震性能进行研究。

10.2 碳纤维布加固木构架榫卯节点的低周反复荷载试验

10.2.1 试验概况

用于碳纤维布加固的木构架为第 9 章中扁钢加固试验完成后的木构架，试件加固情况如表 10.1 所示。根据施工要求将碳纤维布横向粘贴于梁柱，并粘贴两个竖向碳纤维布环箍以防止横向碳纤维布发生剥离破坏，碳纤维布加固试件示意图如图 10.1 所示。试验的加载方案和量测方案与第 9 章中扁钢加固试件相同。

表 10.1　试件加固情况

试件编号	加固方案
WF-CFS1	WF-FSS1 试验后碳纤维布加固
WF-CFS2	WF-FSS2 试验后碳纤维布加固

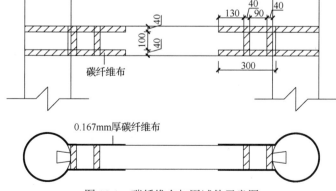

图 10.1　碳纤维布加固试件示意图

10.2.2　试件破坏特征

碳纤维布加固构架在偏离竖直位置后会出现自动倾斜的现象，但随着构架偏离竖直位置距离的加大，榫卯拔出量增加，榫卯节点抗弯能力增加。这是因为加固构架的榫卯之间发生了较大的挤压变形，榫卯较为松动，而碳纤维布本身没有刚度，只有当榫卯发生转动而引起榫头拔出从而使碳纤维布受力之后才能提高榫卯节点的抗弯能力。

图 10.2 为碳纤维布加固木构架破坏形态。随着位移幅值的增加，横向碳纤维布变形加大，由于横向碳纤维布粘贴处的梁柱不在同一平面，受力之后的横向碳纤维布与额枋趋于剥离，但横向碳纤维布受到竖向碳纤维布环箍的约束，从而竖向碳纤维布环箍受到剪力，导致环箍部分剪断 [图 10.2 (a)]。另外，碳纤维布的变形不均匀，上、下边缘纤维变形最大，因此最后破坏时碳纤维布上、下边缘纤维部分断裂 [图 10.2 (b)]。

　　　　　　(a)　　　　　　　　　　　　　　　　　(b)

图 10.2　碳纤维布加固木构架破坏形态

10.2.3　试件结果与分析

图 10.3 为碳纤维布加固木构架的荷载-位移滞回曲线。可以看出，碳纤维布加固木构架的滞回曲线与第 9 章中未加固构架和扁钢加固构架类似，但其滞回曲线的饱满度介于未加固构架与扁钢加固构架之间。经碳纤维布加固的木构架，其强度和刚度均能恢复到未损坏之前的状态，达到了维修加固的目的。该加固方法适合于破损程度较小的榫卯节点。

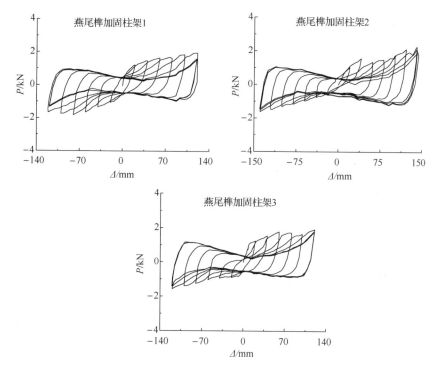

图 10.3　碳纤维布加固木构架的荷载-位移滞回曲线

10.3　碳纤维布加固单层殿堂式古建筑木结构振动台试验

10.3.1　简述

　　根据本书作者及其课题组进行的单层殿堂式古建筑木结构振动台试验,并结合结构地震破坏评估对应的震害等级,选取震害等级比较严重的一种情况(图10.4)进行古建筑木结构抗震加固试验,以验证加固后古建筑木结构的抗震性能是否满足目标性能的要求及研究加固后结构的抗震能力。通过对古建筑木结构震害破坏情况进行系统的总结和分类,发现梁柱榫卯节点的破坏是结构发生倒塌的最直接原因。因此,本书作者及其课题组采用目前土木工程领域中应用比较广泛的加固材料——碳纤维布对破损的燕尾榫节点进行了加固,并将结构其他破损部位进行了更新替换或加固。为了评估碳纤维布加固单层殿堂式古建筑木结构加固后的抗震性能及抗震能力,本书作者及其课题组再次通过振动台试验对碳纤维布加固后结构模型的抗震性能和抗震能力进行了科学、合理的试验研究,研究结果可为古建筑木结构的修缮加固及加固后结构的抗震性能评估,以及抗震能力的评定提供重要的理论依据。

（a）古建筑木结构振动台试验倒塌过程

（b）燕尾榫节点破坏情况

（c）普拍枋破坏情况

（d）榫头破坏情况

（e）柱头破坏情况

（f）斗栱破坏情况

图10.4　单层殿堂式古建筑木结构振动台试验构件破坏情况

10.3.2　加固试验模型设计

古建筑木结构振动台试验模型如图 8.1 所示，原型与结构试验模型的相似关系如表 8.1 所示，结构各部分构件的尺寸分别如表 8.2 和表 8.3 所示，木材的力学性能参数指标如表 8.4 所示。

与传统的加固材料相比，碳纤维布由于其质量轻、几乎不占体积、强度高、易于施工、耐腐蚀性好、几何可塑性大、易剪裁成型等优点，非常适宜于古建筑木结构的维修加固，已有研究表明碳纤维布加固木结构梁、柱和榫卯节点能够显著提高各构件和节点的承载能力，有效减小构件或节点的截面尺寸，同时对构件和节点的刚度和延性也有一定程度的提高，碳纤维布凭借这些优点在结构加固领域被广泛应用（王世仁，2006）。因此，本试验对破损古建筑木结构的加固采用碳纤维布附加黏结剂进行加固，碳纤维布型号规格为 HIC-30（300g），黏结剂采用型号为 MS 系列的碳纤维布配套树脂。加固材料的力学性能参数指标如表 10.2 所示。

表 10.2　加固材料的力学性能参数指标

材料名称	厚度/mm	抗拉强度/MPa	弹性模量/GPa	拉伸剪切强度/MPa	弯曲强度/MPa	黏结拉伸强度/MPa
碳纤维布	0.167	3 954	252			
黏结剂				15.7	105	55.4

结构模型经过振动台试验倒塌破坏之后，根据试验中的破坏情况，本书作者及其课题组分别对图10.4出现的不同破坏形态进行加固或者替换修复：将劈裂的榫头和卯口用丙酮清洗干净，用黏结剂粘好，并将节点区域的外表面用丙酮清洗，以除去其表面的污物，待丙酮完全挥发后，涂敷配套的树脂，再用碳纤维布将受损的节点区域进行包裹拼装成加固模型，碳纤维布加固燕尾榫节点如图 10.5 所示。各节点采用同一规格的、相同数量（层数、长度）的材料（碳纤维布和黏结剂）以及相同的加固方法，保证结构的各节点松紧程度尽量一致；同样对普柏枋破损处用丙酮清洗干净后，再用黏结剂粘好；对斗栱铺作层和柱头挤压破坏的榫头进行更换，然后将修复加固的模型（图10.6）重新拼装，并对加固后试验模型进行模拟地震动振动台试验研究。

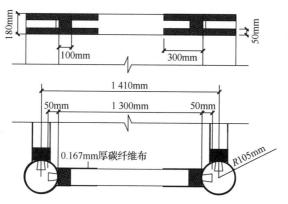

图 10.5　碳纤维布加固燕尾榫节点

图 10.6　碳纤维布加固古建筑木结构振动台试验模型

10.3.3　试验测量内容及加载方案

试验选用的两条实际强震记录和一条人工合成地震波（图 8.5）均与未加固结构相同。

为了测试碳纤维布加固古建筑木结构在地震作用下的加速度、速度、位移响应及节点区域的内力变化，本次试验共设置了 15 个差容式加速度传感器、7 个磁电式位移传感器、5 个磁电式速度传感器和 8 个电阻应变片。加速度传感器分别布置在台面、四根柱的柱脚及柱头、两根普柏枋的东端及两根木梁的两端；位移传感器分别布置在台面、北侧两根柱的柱脚及柱头、北侧普柏枋中间和北侧顶面木梁中间；速度传感器分别布置在台面、东北侧柱脚及柱头、北侧普柏枋中间和北侧木梁中间；为了测量加固节点的转动弯矩，在四个柱架榫卯节点附近的柱端内、外两侧一共布置了 8 个电阻应变片。测点布置图及测试仪器示意图如图 10.7 所示。各数据采集仪器通道说明如表 10.3～表 10.6 所示。

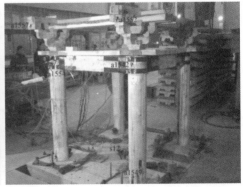

（a）各测点布置图

图 10.7　测点布置及测试仪器示意图

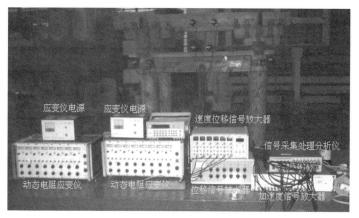

（b）数据采集仪器

图 10.7（续）

表 10.3　加速度信号放大器通道说明

放大器 PCB 通道号	1	2	3	4	5	6	7	8
拾振器 PCB 出厂编号	1 538	1 555	1 550	1 556	1 553	1 554	1 541	1 542
采集仪 1 通道号	1	2	3	4	5	6	7	8
测点说明	台面	西北柱角	东南普柏枋	东南柱头	东南乳栿	西北柱头	东北柱头	西南柱头
放大器 PCB 通道号	9	10	11	12	13	14	15	
拾振器 PCB 出厂编号	1 540	1 549	1 557	1 552	1 551	1 539	1 548	
采集仪 1 通道号	9	10	11	12	13	14	15	
测点说明	东北乳栿	西南柱角	西北乳栿	西南乳栿	东南柱角	东北柱角	东北普柏枋	

表 10.4　位移信号放大器通道说明

放大器（891）通道号	1	2	3	4	5	6	7
拾振器编号	11	12	13	14	15	16	17
采集仪 2 通道号	1	2	3	4	5	6	7
测点说明	西北柱角 s_1	台面 s_2	普柏枋 s_3	乳栿 s_4	东北柱头 s_5	东北柱角 s_6	西北柱头 s_7
放大器衰减挡挡位	1	1	1	1	1	1	1

表 10.5　速度信号放大器通道说明

放大器（DLF）通道号	1	2	3	4	5
拾振器出厂编号	1	2	3	4	5
采集仪 2 通道号	1	3	3	4	5

续表

放大器（DLF）通道号	1	2	3	4	5
测点说明	台面 v_1	东北柱头 v_2	东北柱角 v_3	乳栿 v_4	普柏枋 v_5
放大器衰减挡挡位	1	1	1	1	1

表 10.6　应变采集仪通道说明

放大器 DY—15 通道号	1	2	3	4	5	6	7	8
采集仪 2 通道号	13	14	15	16	17	18	19	20
测点编号	ε_1	ε_2	ε_3	ε_4	ε_5	ε_6	ε_7	ε_8
放大器衰减挡挡位	10	10	10	10	10	10	10	10

在振动台试验中，3 条地震波的持时也按相似关系进行压缩，并分别按比例缩放将峰值位移对应的输入峰值加速度调整为 50Gal、75Gal、100Gal、150Gal、200Gal、300Gal、500Gal、600Gal、800Gal 和 900Gal，300Gal 之后为了减小三条地震波之间的相互影响，仅对模型输入 El Centro 波。此外，在不同烈度水准地震波输入前后，分别对模型进行了敲击试验，以测量经历不同地震作用前后碳纤维布加固模型的自振频率、振型和阻尼比等动力特性参数。该试验在西安建筑科技大学结构工程与抗震教育部重点实验室进行，采用 2.2m×2.0m 水平单向电液伺服振动台，试验工况及实测台面加速度峰值如表 10.7 所示。

表 10.7　加固试验实际台面输入过程

试验序号	试验工况	实测台面加速度峰值/Gal	试验序号	试验工况	实测台面加速度峰值/Gal
1	敲击试验		12	敲击试验	
2	敲击试验		13	EL-100Gal	94
3	EL-50Gal	52	14	敲击试验	
4	敲击试验		15	TA-100Gal	93
5	TA-50Gal	46	16	LZ-100Gal	97
6	LZ-50Gal	51	17	敲击试验	
7	敲击试验		18	EL-150Gal	139
8	EL-75Gal	71	19	敲击试验	
9	敲击试验		20	TA-150Gal	143
10	TA-75Gal	69	21	LZ-150Gal	146
11	LZ-75Gal	64	22	敲击试验	

续表

试验序号	试验工况	实测台面加速度峰值/Gal	试验序号	试验工况	实测台面加速度峰值/Gal
23	EL-200Gal	190	31	LZ-300Gal	290
24	敲击试验		32	敲击试验	
25	TA-200Gal	186	33	EL-400Gal	388
26	LZ-200Gal	183	34	敲击试验	
27	敲击试验		35	EL-500Gal	490
28	EL-300Gal	291	36	敲击试验	
29	敲击试验		37	EL-600Gal	591
30	TA-300Gal	286	38	EL-（800～900Gal）	865

10.3.4 试验结果分析

1. 试验现象描述

1）试验加载过程

① 第一阶段：当地震动输入强度为 50～150Gal 时，节点区发出"咯吱咯吱"的响声，结构基本以平动为主，整体性能较好，各层均无相对滑移，兰州波100Gal 时，东北柱节点区内侧的碳纤维布出现少量的剥离［图 10.8（a）］，其他各节点碳纤维布均没有变形，说明此时，结构构件未出现破坏情况，满足《建筑抗震设计规范（2016 年版）》（GB 50011—2010）"小震不坏"的抗震设防要求。此时的地震能量大部分转化为结构的动能和弹性形变能，很少一部分转化为结构的阻尼耗能以及半刚性榫卯节点的转动耗能，总体而言结构处于弹性阶段。

② 第二阶段：当地震动输入强度为 200～300Gal 时，模型的摇摆幅度逐渐加大，东北柱头碳纤维布剥离加剧如图 10.8（b）所示，西南柱脚和西北柱脚往东北方向滑移 2～3mm，如图 10.8（c）所示，且斗栱铺作层开始有小幅滑移。各榫卯节点区域没有明显的破坏，基本都进入弹塑性阶段，但结构构件本身并未发生屈服，满足《建筑抗震设计规范（2016 年版）》（GB 50011—2010）"中震可修"的抗震设计要求。此时，地震动输入能量转化为结构的动能、弹性形变能、阻尼耗能、半刚性榫卯节点的转动耗能及少部分转化为柱础的摩擦耗能、节点的滞回耗能和铺作层的滑移耗能。

③ 第三阶段：当地震动输入强度为 400～600Gal 时，随着地震动强度的加强，结构的振幅越来越大，柱头最大位移达到 10.028cm；400Gal 时，东北柱础向东南方向滑移 3～4mm，西南柱础向西南方向发生 2～3mm 滑移，结构出现明

显的扭转；500Gal时，东南、西南柱振动明显强于北面两柱，扭转更加明显，各节点处的碳纤维布陆续发生断裂，并沿纵向发展，斗栱铺作层发生很大的滑移（最大滑移量为 1.92cm），大变形说明节点已超过了屈服强度进入塑性阶段，但结构并未发生倒塌，结构具有较多的安全能量储备，有效地保证整体结构的安全，满足规范"大震不倒"的抗震设防要求。此时，地震动输入结构的能量大部分由柱础的摩擦、榫卯节点的非线性（滞回）变形以及铺作层的滑移而耗散。当台面输入加速度值达到 800Gal 时，振动幅度非常大，柱脚与础石之间频频发生局部脱离现象，西北梁柱节点区域的碳纤维布完全断裂，此时该节点基本退出工作。加速度值达到 900Gal 时，结构的恢复力不足以使构架回到平衡位置，各节点处的碳纤维布全部断裂，榫头完全脱离卯口，节点破坏形成机械铰，结构变为机动体系，结构完全丧失传递荷载的能力，结构轰然倒塌，模型倒塌过程如图 10.9 所示。

　　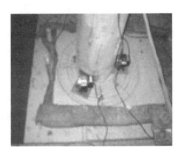

（a）碳纤维布局部剥离　　　　　（b）碳纤维布剥离加剧　　　　　　（c）柱脚滑移

图 10.8　试验现象

图 10.9　模型倒塌过程

2）试验破坏情况

图 10.10 给出了碳纤维布加固古建筑木结构模型振动台试验（结构发生倒塌之后的构件）破坏情况。从 10.10（a）图可以看出，结构发生倒塌破坏之后，额枋和柱子等主要承重构件除节点区域外基本完好，并未发生承载力破坏。图 10.10（b）和图 10.10（c）分别给出了燕尾榫榫头和卯口的破坏情况，在水平地震作用

下，柱架的侧移导致卯口上下边缘对榫头产生了一定的剪切力，其主要由卯口内
壁沿柱轴向与榫头间产生的竖向摩擦力，以及榫头下表面与卯口下表面之间产生
的挤压力来承担，当挤压力过大时会造成卯口局部挤压破坏，榫头与卯口之间过
大的挤压力及轴向力会使得榫头变小、卯口变大，当榫头和卯口同宽时会出现拔
榫现象。图 10.10（d）给出了柱头馒头榫的破坏情况，馒头榫是用来连接下部柱
架与上部铺作层的。在水平地震作用下，由于柱脚平摆浮搁，反复荷载作用使得
柱架具有一定的摇摆性能，反复的翘起和回位使得馒头榫发生了一定的弯曲和剪
切变形，导致馒头榫根部出现裂痕。图 10.10（e）给出了斗栱的破坏情况，由图
可以看出，斗栱的各部分斗和栱基本没有发生破坏，主要是斗与栱的连接件——
暗榫的破坏，暗榫的破坏机理与馒头榫的机理基本一样。图 10.10（f）给出了碳
纤维布的破坏情况，由图可以看出，碳纤维布的破坏主要发生在梁、柱交界处，
碳纤维布由于反复荷载作用下产生脆性疲劳破坏，同时还可以看出，碳纤维布与
木材之间的黏结破坏主要发生于梁、柱交界处，碳纤维布局部掀起导致部分木屑
被剥离，而碳纤维布粘贴在梁端的那一部分完好无损。

（a）额枋、柱破坏情况

（b）榫头破坏情况

（c）卯口破坏情况

（d）柱头馒头榫破坏情况

图 10.10　碳纤维布加固古建筑木结构振动台试验破坏情况

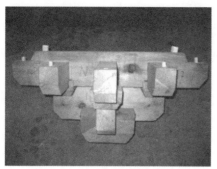

（e）斗栱破坏情况

（f）碳纤维布破坏情况

图 10.10（续）

2. 模型结构动力特性

为了测定加固前后模型在不同地震作用下自振频率的变化，在振动台试验某一级地震工况施加前后，分别持激振锤按照"快击快移"的原则敲击顶部配重块，通过结构模型上面的拾振器以及采集仪获取结构的自振特性，并通过 DASP 自谱分析得出结构的固有频率 f 和固有周期 T。并按照式（10-1）对自由衰减的位移幅值峰值点进行计算分析（姚谦峰等，2001），计算出了结构在不同工况前后的阻尼比 ξ 为

$$\xi = \frac{1}{2n\pi} \ln \frac{a_i}{a_{i+n}} \tag{10-1}$$

式中：ξ 为阻尼比；a_i 为位移幅值的第 i 个峰值；a_{i+n} 为幅值的第 $i+n$ 个峰值。试验测得的模型各工况作用前后模型固有频率 [式（10-1）] 和计算阻尼比 ξ，如表 10.8 所示。

表 10.8　各工况作用前后模型固有频率和计算阻尼比 ξ

工况	震前	50Gal 后	150Gal 后	300Gal 后	500Gal 后
固有周期 T/s	0.53	0.56	0.63	0.65	0.67
固有频率 f/Hz	1.888	1.786	1.587	1.538	1.493
阻尼比 ξ	0.028	0.034	0.042	0.044	0.046

由表 10.8 可以得出：随着地震作用的逐渐增强，结构模型的固有频率越来越小。这个结论与未加固古建筑木结构振动台试验的分析结果截然不同，是因为碳纤维布加固古建筑木结构的各榫卯节点经过碳纤维布加固之后，节点已经相对挤紧，模型的节点刚度和整体刚度都比未加固时要大；当结构进入弹塑性阶段后，榫卯节点的滞回耗能、柱础的摩擦耗能和铺作层的滑移耗能等因素改变了结构在强震中的动力特性，增大了结构的固有周期（丰定国等，2008）；同时当大震发生

时，榫卯节点的累积损伤导致节点刚度的退化，使得结构的固有频率逐渐变小。

根据黏滞阻尼理论，黏滞阻尼比与阻尼常数 c（正比关系）、质量和刚度（反比关系）有关，阻尼常数 c 是振动循环中能量耗散的一种测度（Chopra，2007）。从弹性阶段到弹塑性阶段，柱架榫卯节点以及斗栱铺作层滞回环面积越来越大，即榫卯节点和斗栱铺作层的滞回耗能越来越大，表明阻尼常数 c 越来越大，碳纤维布加固古建筑木结构的阻尼比随着地震动强度的增强而逐渐变大，这说明碳纤维布加固后的木结构仍然具有较好的阻尼耗能能力。

3. 位移响应

图 10.11（a）～（d）给出了结构模型在各种工况作用下各结构层的绝对最大位移包络图。图中纵坐标柱架各层编号从 1～5 分别代表台面层、柱脚层、柱头层、普拍枋及乳栿层，从图 10.11 可以看出，在各种工况作用下，由于半刚性榫卯节点能够发生一定程度的转动，其对柱架的水平位移限制较小，柱头的最大位移响应值比其他各层的响应值都要大；随着输入地震动强度的增加，结构各层的位移反应也逐渐增大；在不同工况作用下，模型的各层位移反应值均不同，其中 Taft 波作用下结构的位移反应最大，说明 Taft 地震波的主频率要比另外两种地震波更接近于结构模型的固有频率；结构模型各层位移最大反应值基本呈倒三角形分布，说明结构变形以剪切变形为主。从图中还可以看出，在 8 度多遇烈度地震作用时，柱脚处位移和台面位移基本相同，普拍枋层与乳栿层的位移差距不大，说明此时柱脚和斗栱铺作层几乎没有发生滑移；在 8 度基本烈度地震作用时，柱脚和斗栱铺作层开始发生少量的滑移（柱脚 6mm、斗栱 1.5mm）；在 7 度罕遇地震作用时，柱脚的滑移量达到 11mm，斗栱铺作层的滑移量为 8.5mm；在 8 度罕遇地震作用时，柱脚的滑移量达到了 21mm，斗栱铺作层的滑移量为 9mm。这说明随着地震动强度的增加，柱础的摩擦耗能以及铺作层的滑移耗能能力逐渐增强。

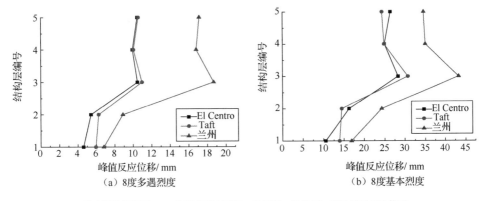

纵坐标柱架各层 1～5 分别代表台面层、柱脚层、柱头层、普拍枋层及乳栿层

图 10.11　各工况地震动作用下各结构层绝对最大位移包络图

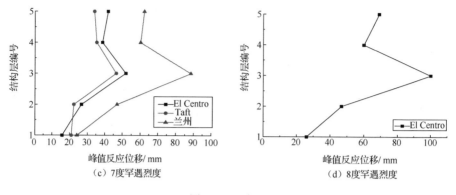

图 10.11（续）

图 10.12 给出了碳纤维布加固模型在不同加载工况下的位移时程响应曲线。图中纵坐标为各测点相对台面的位移值。

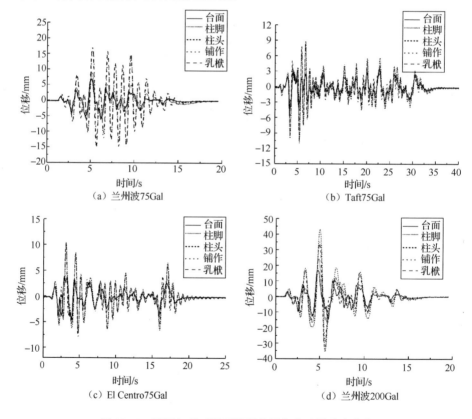

图 10.12　不同加载工况下模型各层位移时程响应曲线

（图中部分位移时程响应曲线高度重合）

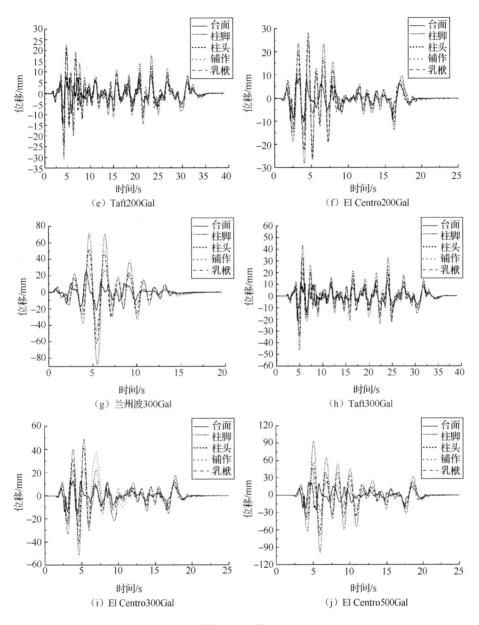

图 10.12（续）

对于古建筑木结构来说，梁、柱榫卯节点的特殊连接方式，木构架在水平地震作用下主要以侧移倾斜变形为主，因此保证木构架在不同地震作用下的侧移角不超限是保持结构稳定性的前提和基础。通过试验观察发现，沿加载方向两榀平面木构架步调基本一致，协同工作性能良好。因此，本节主要根据东北柱的位移响应情况对整体木构架的侧移进行研究。表 10.9 为按照式（10-2）计算出的在各工况地震作用下的正、负向（假定向右为正方向）木构架的侧移角。

$$\varDelta_\theta = (S_{柱头} - S_{柱脚}) / H_{柱架} \tag{10-2}$$

式中：$\varDelta_\theta$ 为木构架的侧移角；$S_{柱头}$ 为各工况地震作用下柱头处的位移值；$S_{柱脚}$ 为各工况地震作用下柱脚处的位移值；$H_{柱架}$ 为木构架的高度，对于本模型，木构架的高度出于传感器安装的位置考虑，取 $H_{柱架}=1\,400$mm。

表 10.9　各工况地震作用下木构架的侧移角

序号	各种工况	柱头最大位移/mm		柱脚最大位移/mm		木构架侧移量/mm		木构架侧移角/rad	
		正向	负向	正向	负向	正向	负向	正向	负向
1	EL-50Gal	7.988	-5.957	8.024	-8.987	9.464	-1.97	1/282	-1/711
2	EL-75Gal	10.479	-6.932	9.509	-5.416	5.970	-1.516	1/235	-1/923
3	EL-100Gal	11.048	-10.723	5.636	-7.148	5.412	-8.575	1/259	-1/392
4	EL-150Gal	17.547	-17.330	8.468	-10.777	9.079	-6.553	1/154	-1/214
5	EL-200Gal	28.351	-28.270	12.042	-16.304	16.309	-11.966	1/86	-1/117
6	EL-300Gal	48.931	-51.964	22.957	-26.696	25.974	-25.268	1/54	-1/55
7	EL-400Gal	65.936	-82.400	35.274	-30.655	30.662	-51.745	1/46	-1/27
8	EL-500Gal	98.315	-100.028	46.739	-40.470	46.576	-59.558	1/30	-1/24

从表 10.9 可以得出，随着地震动强度的增强，木构架的侧移角逐渐增大；当地震动强度小于 150Gal 时，木构架的侧移角小于 1/120，尚未达到《古建筑木结构维护与加固技术标准》（GB/T 50165—2020）中木构架整体稳定性能残损点评定的界限值，说明碳纤维布加固古建筑木结构在 7 度基本烈度地震作用下整体稳定性能良好；当地震动强度大于 200Gal 时，碳纤维布在反复地震荷载作用下，出现不同程度的撕裂，导致碳纤维布加固燕尾榫节点刚度退化，侧移角呈非线性增大，超过规范规定的残损界限指标，说明碳纤维布加固古建筑木结构在 8 度基本烈度地震作用时，木构架整体稳定性已达到残损点界限；当地震动强度达到 500Gal 时，木构架的最大侧移角为 1/24，超过了《古建筑木结构维护与加固技术标准》（GB/T 50165—2020）罕遇地震作用下抗震变形验算中的位移角限值（1/30），说明加固后结构已经破坏非常严重，但结构并未完全破坏和倒塌，仍具有一定的安全储备和整体性能，表明碳纤维布加固木结构具有良好的整体变形能力以及抗倒塌能力。

4. 加速度响应

图 10.13 为各工况地震动作用下结构各层绝对最大加速度包络图。由图 10.13 可以看出，在中震及大震时，古建筑木结构各层的绝对最大加速度响应不同于现

代建筑结构的地震加速度响应（惯性力呈倒三角分布），绝对最大加速度响应则是柱架层和普柏枋层小，乳栿层和柱脚层大，大致呈 K 字形分布（熊仲明等，1995），充分体现了古建筑木结构由于柱础的滑移隔震、半刚性榫卯节点的转动减震以及斗栱铺作层的滑移隔震而具有良好的抗震性能。

在 8 度多遇烈度地震作用时，从柱脚到乳栿，绝对最大加速度基本是逐渐增加的，说明柱础以及半刚性榫卯节点、斗栱铺作层的减震隔震性能并未得到充分发挥；在 8 度基本烈度地震作用时，由于半刚性榫卯节点的转动耗能和柱础的摩擦耗能，柱脚的加速度明显大于柱头和台面的加速度，说明结构的减震隔震性能已经开始发挥；在 7 度罕遇地震作用时，柱头与柱脚的加速度差值继续变大，乳栿与普柏枋的加速度差值减小，说明柱础和斗栱铺作层的耗能能力逐渐增强；在 8 度罕遇地震作用时，由于柱脚的滑移量达到 21mm，柱础的摩擦耗能使得柱脚的加速度与台面的加速度差值越来越大，榫卯节点的转动耗能及铺作层的滑移耗能已经充分发挥，使得结构在罕遇地震作用下仍然具有很强的抗力。

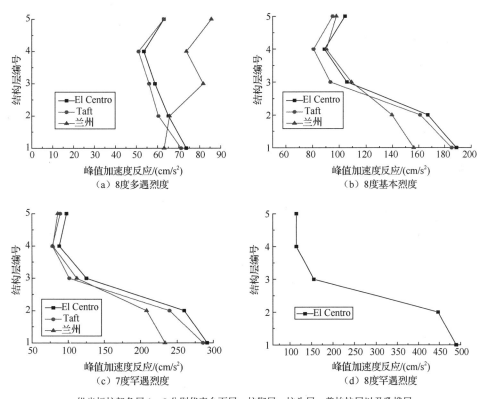

纵坐标柱架各层 1～5 分别代表台面层、柱脚层、柱头层、普柏枋层以及乳栿层

图 10.13　各工况地震动作用下结构各层绝对最大加速度包络图

图 10.14 给出了碳纤维布加固模型在不同加载工况下的加速度时程响应曲线。

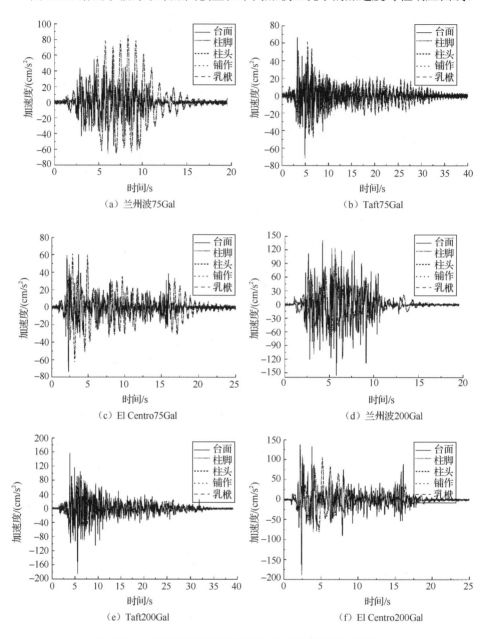

图 10.14 不同加载工况下模型各层加速度时程响应曲线

（图中部分加速度时程响应曲线高度重合）

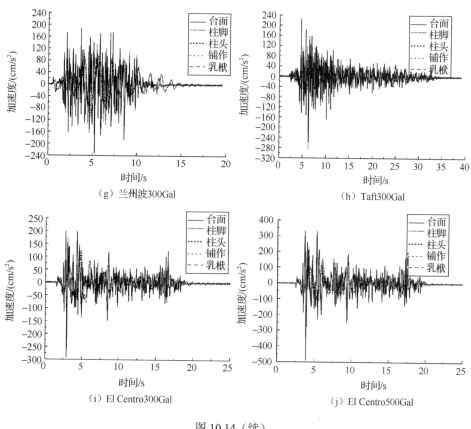

图 10.14（续）

为了能够定量地表示古建筑木结构的隔震减震性能，以台面的最大实测加速度绝对值作为参考标准，将结构模型在同一工况下的各层加速度峰值与台面的实测峰值相除，可以得到同一工况下模型各层加速度反应的动力放大系数（表 10.10），其中，β_1、β_2、β_3 分别表示柱脚、柱架榫卯节点及铺作层的水平最大加速度动力放大系数。

表 10.10 为柱脚、柱架榫卯节点及铺作层的动力放大系数与台面地震动加速度峰值之间的变化关系。从表中可以看出，古建筑木结构不同于现代钢筋混凝土结构，加速度放大系数最大值在 1 左右，远远小于钢筋混凝土结构（最大值一般在 2 左右，少数结构能达到 4）；在小震阶段，柱架榫卯节点的动力放大作用较柱脚及铺作层明显，在中、大震阶段，加速度放大系数随着输入地震加速度峰值增大而减小，随着地震作用的增强，铺作层的动力放大系数越来越小，充分体现了古建筑木结构由于燕尾榫节点和斗栱铺作层等特殊的营造技术和构造特点，而具有优良的隔震、减震性能。

表 10.10　各工况下模型加速度反应的动力放大系数 β

地震波	台面加速度/Gal	β_1	β_2	β_3
El Centro 波	78.622	0.884	0.798	0.855
	188.814	0.884	0.560	0.553
	291.485	0.891	0.430	0.336
	489.751	0.913	0.317	0.235
Taft 波	71.118	0.849	0.787	0.885
	185.309	0.869	0.504	0.513
	285.71	0.838	0.355	0.312
兰州波	68.036	1.041	1.296	1.358
	156.129	0.894	0.699	0.627
	238.331	0.893	0.480	0.367

5. 结构地震剪力

对现代建筑结构进行动力分析时，影响结构地震剪力分布的因素主要有结构的质量和刚度分布及阻尼特性、场地类别和输入结构地震波的频谱特性。《建筑抗震设计规范（2016 年版）》（GB 50011—2010）用增加顶部附加水平地震作用的办法来反映固有周期和场地对结构地震剪力分布的影响。然而对于古建筑木结构建筑物来说，一方面刚度和质量沿高度分布严重不均匀，而且结构还具有独特的减震、隔震性能及不同的动力特性（主要是振型）。因此，影响古建筑木结构地震剪力分布的因素除以上所述的因素外，还应考虑结构的减震、隔震性能以及振型对地震剪力的影响。

由于在振动台试验中无法直接测出模型各层的地震剪力，只能根据结构各层测点的绝对加速度间接求出，即

$$r_k(t_i) = \sum_k^n m_k \ddot{x}_k(t_i) \tag{10-3}$$

式中：下标 k 代表层号；$\ddot{x}_k(t_i)$ 为第 k 层在 t_i 时刻的绝对加速度值；m_k 为第 k 层的质量。

表 10.11～表 10.20 是针对于三条不同的地震波，分别得出了在不同地震动强度（75Gal、200Gal、300Gal 和 500Gal）作用下各层（柱脚、柱头和乳栿层）的加速度极值（包含正、负方向），并将每一个极值对应的各层加速度值作为一种工况组合，一共有 60 种组合，分别求出每种组合的地震作用剪力效应值，将各种工况组合的地震剪力外包络图分别列于图 10.15 中。最后，综合各种工况找出结构模型的最不利地震剪力组合。

表 10.11 输入 Taft 地震波 75Gal

工况	加速度极值/ Gal	柱脚加速度/ Gal	柱头加速度/ Gal	乳栿加速度/ Gal	柱脚剪力/ kN	柱头层剪力/ kN	乳栿剪力/ kN
组合 1	58.597	58.597	7.605	-0.583	0.103 814	-0.013 38	-0.020 99
组合 2	-60.373	-60.373	-2.074	6.997	0.129 06	0.249 806	0.251 88
组合 3	56.005	-7.103	56.005	62.970	2.308 729	2.322 935	2.266 93
组合 4	-46.325	-1.184	-46.325	-47.811	-1.769 88	-1.767 52	-1.721 19
组合 5	62.970	-7.103	56.005	62.970	2.308 729	2.322 935	2.266 93
组合 6	-47.811	-1.184	-46.325	-47.811	-1.769 88	-1.767 52	-1.721 19
地震剪力最不利组合					2.308 729	2.322 935	2.266 93

表 10.12 输入 Taft 地震波 200Gal

工况	加速度极值/ Gal	柱脚加速度/ Gal	柱头加速度/ Gal	乳栿加速度/ Gal	柱脚剪力/ kN	柱头层剪力/ kN	乳栿剪力/ kN
组合 7	127.257	127.257	-29.729	-27.404	-0.761 76	-1.016 27	-0.986 54
组合 8	-160.995	-160.995	20.743	29.152	0.748 209	1.070 199	1.049 456
组合 9	98.319	48.796	98.319	88.601	8.370 549	8.282 957	8.189 638
组合 10	-56.005	30.779	-56.005	-58.889	-2.114 45	-2.176	-2.12
组合 11	95.039	-38.146	88.501	95.039	8.443 601	8.509 893	8.421 392
组合 12	-58.889	30.779	-56.005	-58.889	-2.114 45	-2.176	-2.12
地震剪力最不利组合					8.443 601	8.509 893	8.421 392

表 10.13 输入 Taft 地震波 300Gal

工况	加速度极值/ Gal	柱脚加速度/ Gal	柱头加速度/ Gal	乳栿加速度/ Gal	柱脚剪力/ kN	柱头层剪力/ kN	乳栿剪力/ kN
组合 13	189.776	189.776	-41.457	-37.865	-1.025 04	-1.404 59	-1.363 13
组合 14	-239.479	-239.479	40.765	77.478	2.351 022	2.829 98	2.789 215
组合 15	101.551	95.849	101.551	75.727	8.019 408	2.827 71	2.726 16
组合 16	-68.556	-50.981	-68.556	-58.723	-2.104 55	-2.002 59	-1.934 03
组合 17	88.291	88.624	89.107	88.291	8.264 841	8.087 592	2.998 485
组合 18	-61.152	81.738	-40.048	-61.152	-2.078 04	-2.241 51	-2.201 46
地震剪力最不利组合					8.264 841	8.087 592	2.998 485

表 10.14　输入兰州地震波 75Gal

工况	加速度极值/ Gal	柱脚加速度/ Gal	柱头加速度/ Gal	乳栿加速度/ Gal	柱脚剪力/ kN	柱头层剪力/ kN	乳栿剪力/ kN
组合 19	59.746	59.746	69.085	68.496	2.474 443	2.354 95	2.285 865
组合 20	-65.623	-65.623	-39.376	-37.284	-1.512 83	-1.381 59	-1.342 21
组合 21	81.713	2.964	81.713	80.002	2.967 709	2.961 781	2.880 068
组合 22	-65.619	-5.335	-65.619	-62.906	-2.340 92	-2.330 25	-2.264 63
组合 23	85.630	30.127	79.433	85.630	8.222 364	8.162 11	8.082 676
组合 24	-68.651	-11.856	-62.323	-68.651	-2.377 47	-2.353 76	-2.291 44
地震剪力最不利组合					8.222 364	8.162 11	8.082 676

表 10.15　输入兰州地震波 200Gal

工况	加速度极值/ Gal	柱脚加速度/ Gal	柱头加速度/ Gal	乳栿加速度/ Gal	柱脚剪力/ kN	柱头层剪力/ kN	乳栿剪力/ kN
组合 25	129.141	129.141	100.162	92.033	8.661 622	8.413 34	8.313 179
组合 26	-139.584	-139.584	56.635	69.676	2.105 811	2.384 979	2.328 344
组合 27	109.140	71.584	109.140	97.857	8.775 17	8.632 002	8.522 862
组合 28	-99.176	-75.286	-99.176	-67.737	-2.683 28	-2.532 71	-2.438 53
组合 29	97.857	71.584	109.140	97.857	8.775 17	8.632 002	8.522 862
组合 30	-68.906	41.496	-81.020	-68.906	-2.478 66	-2.561 65	-2.480 63
地震剪力最不利组合					8.775 17	8.632 002	8.522 862

表 10.16　输入兰州地震波 300Gal

工况	加速度极值/ Gal	柱脚加速度/ Gal	柱头加速度/ Gal	乳栿加速度/ Gal	柱脚剪力/ kN	柱头层剪力/ kN	乳栿剪力/ kN
组合 31	175.746	175.746	48.388	16.905	1.008 471	0.656 98	0.608 592
组合 32	-208.293	-208.293	12.440	37.889	0.959 854	1.376 439	1.363 999
组合 33	102.329	86.417	102.329	79.632	2.961 899	2.789 066	2.686 737
组合 34	-112.009	-28.411	-112.009	-69.136	-2.477 74	-2.420 92	-2.30 891
组合 35	85.687	-76.916	70.506	85.687	8.001 406	8.155 238	8.084 732
组合 36	-79.048	89.641	-68.612	-79.048	-2.560 07	-2.729 35	-2.665 74
地震剪力最不利组合					8.001 406	8.155 238	8.084 732

表 10.17　输入 EI Centro 地震波 75Gal

工况	加速度极值/Gal	柱脚加速度/Gal	柱头加速度/Gal	乳栿加速度/Gal	柱脚剪力/kN	柱头层剪力/kN	乳栿剪力/kN
组合 37	59.454	59.454	2.766	−1.749	0.048 706	−0.060 2	−0.062 97
组合 38	−65.108	−65.108	22.817	31.485	1.026 066	1.156 282	1.133 465
组合 39	55.313	8.287	55.313	59.472	2.212 876	2.196 303	2.140 99
组合 40	−58.770	9.735	−58.770	−62.970	−2.316 24	−2.325 71	−2.266 94
组合 41	61.221	1.184	52.548	61.221	2.258 878	2.256 511	2.203 963
组合 42	−62.970	9.735	−58.770	−62.970	−2.316 24	−2.325 71	−2.266 94
地震剪力最不利组合					−2.316 24	−2.325 71	−2.266 94

表 10.18　输入 EI Centro 地震波 200Gal

工况	加速度极值/Gal	柱脚加速度/Gal	柱头加速度/Gal	乳栿加速度/Gal	柱脚剪力/kN	柱头层剪力/kN	乳栿剪力/kN
组合 43	129.862	129.862	6.223	1.166	0.297 939	0.048 215	0.041 992
组合 44	−166.914	−166.914	16.594	39.648	1.110 093	1.443 921	1.427 327
组合 45	105.787	36.697	105.787	109.367	8.936 407	8.863 012	8.757 226
组合 46	−81.587	−17.165	−81.587	−69.384	−2.613 75	−2.579 42	−2.497 83
组合 47	109.367	36.697	105.787	109.367	8.936 407	8.863 012	8.757 226
组合 48	−72.882	−10.533	−80.896	−72.882	−2.743 73	−2.704 67	−2.623 77
地震剪力最不利组合					8.936 407	8.863 012	8.757 226

表 10.19　输入 EI Centro 地震波 300Gal

工况	加速度极值/Gal	柱脚加速度/Gal	柱头加速度/Gal	乳栿加速度/Gal	柱脚剪力/kN	柱头层剪力/kN	乳栿剪力/kN
组合 49	176.384	176.384	−29.891	−30.902	−0.784 6	−1.137 37	−1.112 48
组合 50	−259.840	−259.840	6.915	28.570	0.515 75	1.035 431	1.028 516
组合 51	125.338	−39.475	125.338	56.644	2.094 557	2.164 508	2.039 169
组合 52	−78.943	−17.784	−78.943	−61.315	−2.321 86	−2.286 3	−2.207 35
组合 53	97.855	9.310	110.505	97.855	8.678 892	8.642 271	8.522 766
组合 54	−68.481	−22.484	−75.282	−68.481	−2.405 58	−2.360 61	−2.285 33
地震剪力最不利组合					8.678 892	8.642 271	8.522 766

表 10.20　输入 El Centro 地震波 500Gal

工况	加速度极值/ Gal	柱脚加速度/ Gal	柱头加速度/ Gal	乳栿加速度/ Gal	柱脚剪力/ kN	柱头层剪力/ kN	乳栿剪力/ kN
组合 55	299.542	299.542	−26.927	−38.205	−0.633 22	−1.222 3	−1.195 38
组合 56	−447.001	−447.001	−36.626	1.748	−0.867 69	0.026 313	0.062 939
组合 57	155.433	29.149	155.433	110.748	9.334 642	9.286 344	9.130 91
组合 58	−130.543	−158.116	−130.543	−69.402	−2.953 25	−2.647 02	−2.516 47
组合 59	115.039	−48.016	158.731	115.039	9.199 121	9.295 152	9.141 422
组合 60	−75.328	152.944	−108.718	−75.328	−2.514 65	−2.820 53	−2.711 82
地震剪力最不利组合					9.334 642	9.286 344	9.130 91

　　各种工况组合地震作用下的结构模型各层地震剪力的外包络图如图 10.15 所示。由图 10.15 可以看出，由于隔震体系的建筑物结构具有反映半定体系特性的刚体平移振型和其他振型（刘德馨等，1992），地震作用剪力效应沿结构高度的分布情况和结构各层的振型惯性力（即绝对加速度）分布有关，古建筑木结构的加速度和地震剪力沿高度的分布具有区别于现代钢筋混凝土建筑物结构的以下特征。

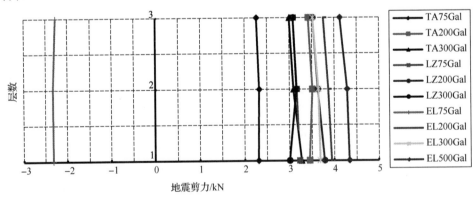

1、2、3 层分别代表柱脚层、柱头层以及乳栿层

图 10.15　各种工况组合地震作用下结构模型各层地震剪力的外包络图

　　（1）对于古建筑木结构来说，由于柱础的摩擦滑移隔震、半刚性榫卯节点的转动减震以及斗栱铺作层的滑移隔震，结构模型的最大剪力沿高度的分布出现在柱架层或柱础层，并非一定出现在结构的柱础最底层（工况 TA75Gal、

TA200Gal、LZ300Gal 和 EL300Gal），结构模型的各层剪力分布趋于均匀，而不像现代钢筋混凝土结构那样，剪力由上而下阶梯式增强。柱头铺作层成为碳纤维布加固古建筑木结构在水平地震作用下的薄弱部位。

（2）由于柱础和铺作层的隔振性能，随着地震动强度的增强，滑移隔震使得结构变得相对较柔，增大了结构的固有周期，从而结构的固有周期逐渐远离输入地震激励的周期，结构的隔振性能更加明显。

6. 结构刚度退化及规律研究

整体结构的刚度退化特性是研究结构抗震性能的重要内容。为了研究整体结构刚度随地震动强度增强的变化规律，取地震加载过程中各工况下正负两个方向的地震剪力绝对值之和与顶点位移绝对值之和的比值作为整体结构在各加载工况下的平均刚度值，用 K_i 表示，即有

$$K_i = \frac{|F_i| + |-F_i|}{|\Delta_i| + |-\Delta_i|} \tag{10-4}$$

式中：F_i、$-F_i$、Δ_i、$-\Delta_i$ 分别为结构在第 i 工况下结构底部剪力和顶点位移在正负两个方向的最大值。结构的初始刚度值取为结构加载时的第一个工况 50Gal 时的刚度值，以保证此时结构处于完全弹性状态，结构具有最初始的刚度值。表 10.21 给出了整体结构模型在不同工况地震作用下的平均刚度值。图 10.16 给出了整体结构随地震动强度增强时的平均刚度退化曲线。

表 10.21　整体结构模型在不同工况地震作用下的平均刚度值

| 序号 | 加载工况 | 柱脚剪力/kN | | 乳栿位移/mm | | 整体刚度平均值/ |
		正向	负向	正向	负向	（kN/mm）
1	EL-50Gal	1.925	-2.034	8.258	-6.242	0.273
2	EL-75Gal	2.259	-2.316	10.467	-7.982	0.248
3	EL-100Gal	2.103	-1.448	10.412	-10.881	0.167
4	EL-150Gal	8.132	-2.089	16.764	-17.427	0.153
5	EL-200Gal	8.936	-2.744	26.458	-25.767	0.128
6	EL-300Gal	8.679	-2.406	40.764	-41.979	0.074
7	EL-400Gal	9.380	-2.574	49.658	-60.814	0.066
8	EL-500Gal	9.335	-2.953	59.103	-69.017	0.059

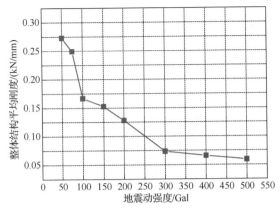

图 10.16　整体结构平均刚度退化曲线

从表 10.21 和图 10.16 可以看出，随着地震动强度的不断增强，整体结构模型的刚度平均值逐渐降低。说明随着地震动强度的增强，整体结构由于不同程度的损伤，刚度逐渐退化。

7. 半刚性榫卯节点的内力反应及结构耗能情况

1）榫卯节点的内力分析

榫卯节点的内力分析一直是古建筑木结构力学分析的难点，很难通过解析法定量地计算出节点的内力，目前只能通过试验对其进行研究。因此，本节为了能够间接计算出榫卯节点的转动弯矩，在 4 个柱端的内外两侧，沿柱的顺纹方向分别粘贴了 8 个应变片。根据试验结果，分析了东北柱端截面的应变大小，整个加载过程中该截面的最大应变值为 0.121%，小于柱截面屈服时的平均应变 0.135%（尹思慈，1996），这说明在试验中测量弯矩分布的柱端截面上的应变均处于弹性状态。如果忽略竖向由于重力作用在燕尾榫节点处产生的二阶弯矩效应，柱端截面弯矩可直接根据所测得的应变按照式（10-5）进行计算求得，所得柱端弯矩可近似看作节点的转动弯矩。由图 10.17 横截面正应力分布图可知，柱的外边缘处，弯曲正应力取得最大值为

$$E\varepsilon = |\sigma|_{\max} = \frac{M_{\max}}{(I_z / y_{\max})} = \frac{M_{\max}}{W_z} \tag{10-5}$$

式中：W_z 抗弯截面模量，$W_z = I_z / y_{\max}$。

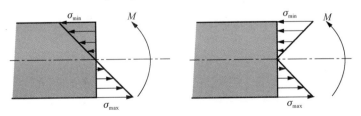

图 10.17　横截面正应力分布图

　　以西北柱榫卯节点为例，图 10.18 给出了西北柱榫卯节点处应变测试值在各种工况地震作用下的变化曲线图。从图中可以看出，随着地震动强度的增强，节点处的应变值也逐渐增加。

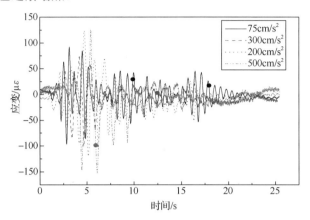

图 10.18　西北柱榫卯节点应变测试值在各种工况地震作用下的变化曲线图

　　图 10.19 为根据式（10-5）得出的应变值计算处的西北柱榫卯节点在各种工况下最大转动弯矩响应情况。从图中可以看出，随着地震动强度的增强，节点转动弯矩值也逐渐增加。在小震（加速度为 75Gal）之前，由于在地震力作用下榫头和卯口慢慢咬合，节点刚度随着地震动强度增强而逐渐增大，节点转动弯矩呈现线性增大，随后在中震（加速度 100～300Gal）下，节点咬紧之后由于反复振动出现一定的松动，节点刚度逐渐变小，弯矩增长呈现非线性变化，且增长幅度逐渐平缓；当加速度值为 400Gal 时，节点转动弯矩达到最大值 2.361kN·m，之后由于节点刚度退化，转动弯矩值随地震动强度的增强而逐渐减小。

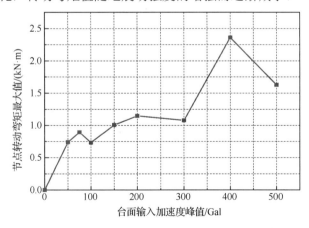

图 10.19　西北柱榫卯节点在各种工况下最大转动弯矩响应情况

2）结构耗能分析

榫卯节点耗能耗能根据测得节点区域的应变值以及式（10-5）计算得出的弯矩 M，并按照 $\varDelta_\theta = S / H$ 近似计算出对应弯矩下的转角 $\varDelta_\theta$，西北柱碳纤维布加固榫卯节点的弯矩-转角滞回曲线如图 10.20 所示。

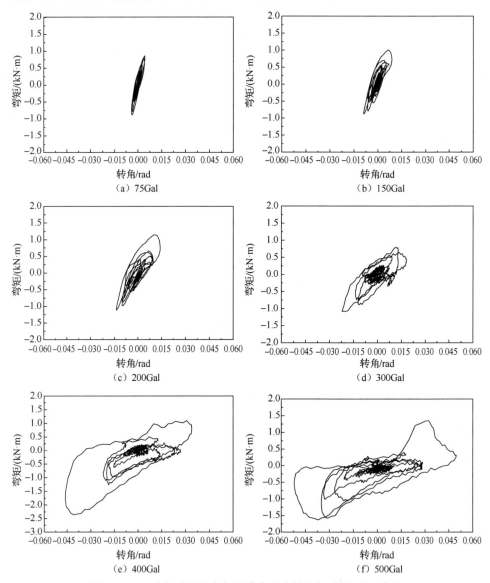

（a）75Gal　　　　　　　　　　　　　（b）150Gal

（c）200Gal　　　　　　　　　　　　　（d）300Gal

（e）400Gal　　　　　　　　　　　　　（f）500Gal

图 10.20　西北柱碳纤维布加固榫卯节点的弯矩-转角滞回曲线

从图 10.20 中可以看出，当地震动强度小于 200Gal 时，弯矩-转角曲线接近于线弹性，滞回环面积较小，说明此时，燕尾榫节点尚未发挥其耗能能力；当地震动强度大于 300Gal 时，榫与卯之间发生滑动并伴随相互嵌入，榫卯节点的滞回耗能性能逐渐开始发挥，且随着地震动强度的增加，榫卯节点的转动耗能能力逐渐增强。

柱脚摩擦耗能滞回耗能曲线如图10.21所示。从图10.21中可以看出，当地震动强度小于 200Gal 时，柱脚的剪力-滑移滞回曲线接近于线弹性，柱脚的滑移较小，这主要是柱架由于绕柱底面外边缘反复的抬升及复位造成的，此时滞回环面积较小，柱脚基本未发生摩擦滑动；当地震动强度大于 300Gal 时，柱脚的摩擦耗能能力逐渐开始发挥，且随着地震动强度的增加，滞回环面积逐渐增大，耗能能力逐渐加强。

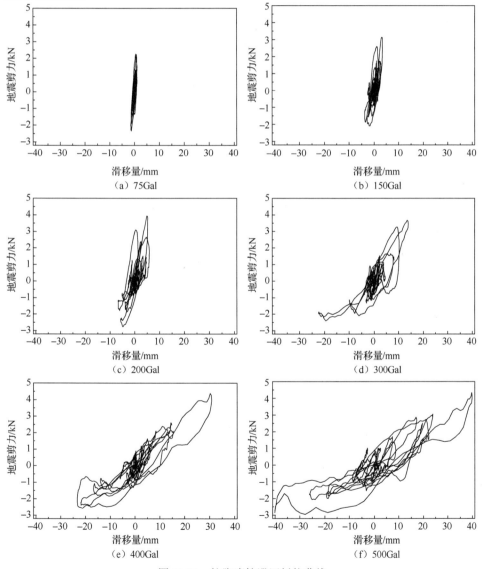

图 10.21　柱脚摩擦滞回耗能曲线

　　斗栱铺作层的滞回耗能曲线如图10.22所示。从图10.22中可以看出，当地震动强度小于200Gal时，斗栱铺作层的剪力−滑移滞回曲线接近于线弹性，滞回环面积较小，说明铺作层各斗与栱之间尚未发生相对位移，铺作层耗能能力较小；当地震动强度大于300Gal时，铺作层各斗与栱之间逐渐出现相对滑动，斗栱由于滑移而耗散地震能量，且随着地震动强度的增强，相对位移越来越大，耗能能力越来越强。

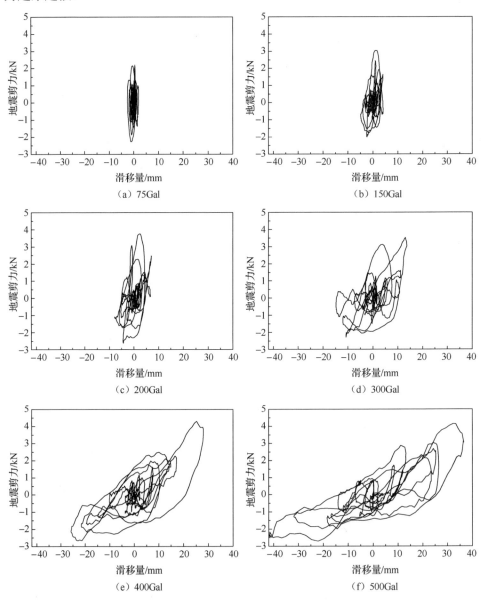

图 10.22　斗栱铺作层的滞回耗能曲线

3）结构累积耗能分析

根据前面碳纤维布加固古建筑木结构抗震性能的试验研究、分析得出，经振动台试验破坏后的古建筑木结构采用碳纤维布加固后依然具有较好的抗震性能，碳纤维布加固模型在地震作用下主要通过三个耗能构件（碳纤维布加固柱架的榫卯节点、斗栱铺作层以及柱脚的摩擦）来耗散和释放地震输入能。为了定量计算三个耗能构件在不同工况地震作用下的累积耗能情况，本节根据式（8-2）和式（8-3）分别计算出了碳纤维布加固整体结构的三个耗能构件（燕尾榫柱架、斗栱铺作层和柱脚）在不同工况地震作用下的累积滞回耗能情况（图 10.23）。

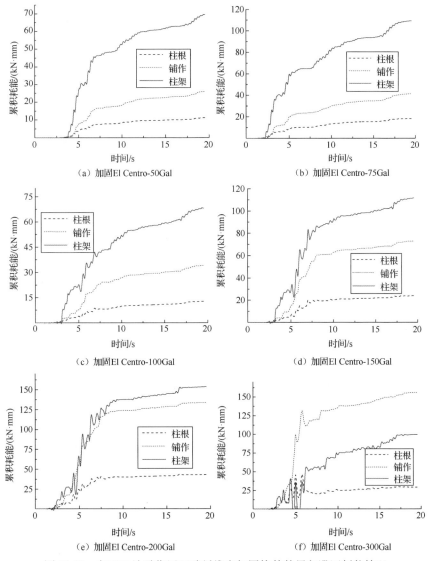

图 10.23　各工况地震作用下碳纤维布加固构件的累积滞回耗能情况

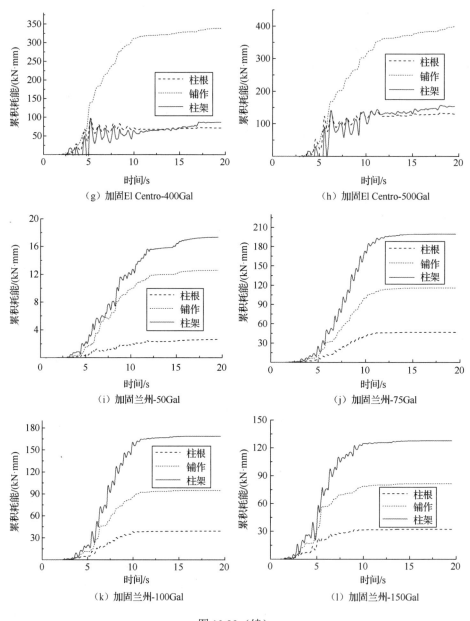

(g) 加固El Centro-400Gal

(h) 加固El Centro-500Gal

(i) 加固兰州-50Gal

(j) 加固兰州-75Gal

(k) 加固兰州-100Gal

(l) 加固兰州-150Gal

图 10.23（续）

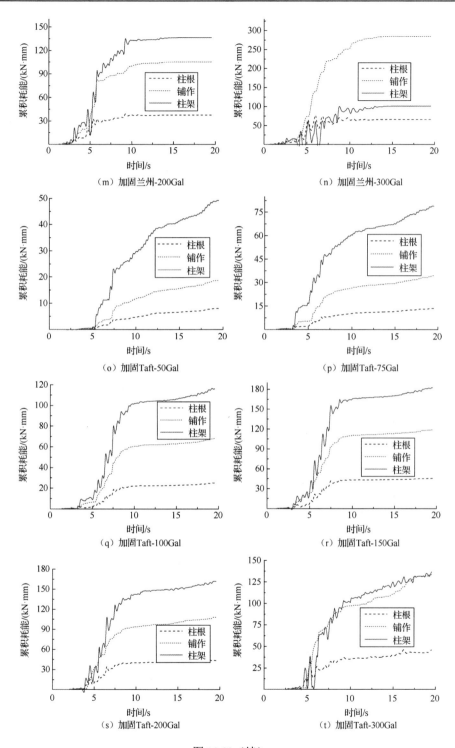

（m）加固兰州-200Gal

（n）加固兰州-300Gal

（o）加固Taft-50Gal

（p）加固Taft-75Gal

（q）加固Taft-100Gal

（r）加固Taft-150Gal

（s）加固Taft-200Gal

（t）加固Taft-300Gal

图 10.23（续）

通过图 10.23 可以看出,在 8 度多遇烈度和基本烈度(200Gal)地震作用下,碳纤维布加固古建筑木结构的主要耗能方式为柱架榫卯节点的转动耗能,随着地震强度的增大,由于碳纤维布加固榫卯节点不同程度的破坏导致节点刚度降低,斗栱铺作层逐渐分担了越来越多的地震能量;当地震动强度达到 300Gal 时,斗栱铺作层所分担的地震能量已经超过碳纤维布加固榫卯节点,且随着地震作用的逐渐增强,斗栱铺作层分担的地震能量增加,而碳纤维布加固榫卯节点分担的地震能量成比例下降。

4)碳纤维布加固结构的抗震能力再评估

根据第 8 章提出的古建筑木结构地震破坏评估方法,借助碳纤维布加固燕尾榫柱架拟静力试验以及碳纤维布加固古建筑木结构振动台试验中各耗能构件的耗能分析,对严重残损的古建筑木结构经碳纤维布加固后的抗震能力进行量化评估,以研究碳纤维布加固古建筑木结构的抗震效果,为古建筑木结构抗震修缮加固提供理论依据。

根据课题组进行的三榀碳纤维布加固燕尾榫柱架拟静力试验,得出的单榀碳纤维布加固燕尾榫柱架的抵抗破坏潜能,计算结果如表 10.22 所示。

表 10.22　单榀碳纤维布加固燕尾榫柱架抵抗破坏潜能

构件编号	竖向荷载/ kN	抵抗破坏潜能/(kN·mm)	平均值/(kN·mm)
1	20	1695.648	
2	20	2200.668	1859.711
3	20	1667.816	

根据图 10.23 计算得出的各工况地震作用下碳纤维布加固燕尾榫柱架的累积滞回耗能及表 10.22 计算得出的单榀碳纤维布加固燕尾榫柱架的抵抗破坏潜能,按照式(8-6)计算出单榀碳纤维布加固燕尾榫柱架在各工况地震作用下的破坏系数 F_{ih},如表 10.23 所示。

表 10.23　各工况地震作用下碳纤维布加固燕尾榫柱架的破坏系数 F_{ih}

地震作用工况 h	各工况耗能/(kN·mm)	构件破坏系数 F_{ih}
EL-50 Gal	69.465	0.019
TA-50 Gal	49.295	0.032
LZ-50 Gal	17.350	0.037
EL-75 Gal	109.194	0.066
TA-75 Gal	78.913	0.087
LZ-75 Gal	199.737	0.141
EL-100 Gal	68.334	0.160
TA-100 Gal	116.562	0.191

续表

地震作用工况 h	各工况耗能/（kN·mm）	构件破坏系数 F_{ih}
LZ-100 Gal	169.004	0.237
EL-150 Gal	111.672	0.267
TA-150 Gal	182.547	0.316
LZ-150 Gal	127.923	0.350
EL-200 Gal	158.647	0.392
TA-200 Gal	162.003	0.436
LZ-200 Gal	136.626	0.472
EL-300 Gal	99.644	0.499
TA-300 Gal	136.779	0.536
LZ-300 Gal	101.211	0.563
EL-400 Gal	96.301	0.589
EL-500 Gal	156.617	0.632
EL-600 Gal	未测	
EL-（800～900 Gal）	结构倒塌	

　　根据碳纤维布加固古建筑木结构振动台试验现象及结果分析，并结合表 10.23 中的碳纤维布加固燕尾榫柱架在各工况地震作用下的破坏系数，分析得出：由于碳纤维布加固燕尾榫柱架是在未加固结构振动台试验加载破坏后采用黏结剂和碳纤维布重新拼装而成，榫卯节点用胶粘合之后本身的强度下降很大，榫卯节点的抗弯承载能力主要取决于碳纤维布的抗弯承载能力，但由于碳纤维布为脆性单向材料，只能承受抗拉强度，其抵抗剪切和弯曲以及受压的能力较弱。当地震动强度到达 300Gal 时，碳纤维布加固燕尾榫柱架的破坏系数约为 0.5，此时碳纤维布发生较为严重的剥离现象；当地震动强度达到 500Gal 时，破坏系数超过了 0.6，柱架节点发生严重破坏，此时节点几乎不再耗能。试验过程中考虑到测量传感器的安全性，加载到 500Gal 后，将测量传感器全部移走，根据试验现象可以看出，地震动强度为 800Gal 时，节点几乎完全退出工作，900Gal 时结构的恢复力不足以使得柱架恢复到平衡位置，结构轰然倒塌。

　　对于斗栱铺作层，未加固古建筑木结构振动台试验结果显示，结构倒塌之后斗栱铺作层仅发生个别销栓破坏，因此对于碳纤维布加固古建筑木结构的斗栱铺作层来说，拼装时仅将破坏的销栓替换即可，其抵抗破坏潜能与未加固结构的斗栱铺作层抵抗破坏潜能基本一致。为了方便计算，这里再次把表 10.24 两组四铺作斗栱的抵抗破坏潜能给出。

表 10.24　四铺作斗栱抵抗破坏潜能

构件编号	竖向荷载/ kN	抵抗破坏潜能/（ kN·mm ）	平均值/（ kN·mm ）
1	40	7465.28	7087.995
2	40	6710.71	

　　根据图 10.23 计算得出的各工况地震作用下碳纤维布加固古建筑木结构整体结构中的四铺作斗栱的累积滞回耗能及表 10.24 计算得出的四铺作斗栱的抵抗破坏潜能，按照式（8-6）计算出碳纤维布加固古建筑木结构中四铺作斗栱在各工况地震作用下的破坏系数 F_{ih}，如表 10.25 所示。

表 10.25　各工况地震作用下四铺作斗栱的破坏系数 F_{ih}

地震作用工况 h	各工况耗能/（ kN·mm ）	构件破坏系数 F_{ih}
EL-50Gal	26.036	0.003 67
TA-50Gal	9.856	0.006 33
LZ-50Gal	12.595	0.008 11
EL-75Gal	41.164	0.013 92
TA-75Gal	39.341	0.018 76
LZ-75Gal	116.073	0.035 14
EL-100Gal	39.195	0.039 96
TA-100Gal	68.218	0.049 59
LZ-100Gal	99.850	0.062 97
EL-150Gal	72.940	0.073 26
TA-150Gal	10.744	0.090 01
LZ-150Gal	81.519	0.101 51
EL-200Gal	138.958	0.120 41
TA-200Gal	107.984	0.135 65
LZ-200Gal	105.470	0.150 53
EL-300Gal	155.966	0.172 53
TA-300Gal	138.605	0.191 38
LZ-300Gal	289.789	0.231 56
EL-400Gal	338.631	0.279 34
EL-500Gal	399.343	0.335 68
EL-600Gal	未测	
EL-（800-900Gal）	结构倒塌	

　　从表 10.25 可以看出，在相同地震作用下，碳纤维布加固木结构中的斗栱铺作层在地震作用过程中耗散的能量比未加固结构中的构件耗能要大得多，结构不

再以榫卯节点耗能为主，但由于斗栱铺作层受荷之后具有良好的自锁联结功能，即使在 8 度罕遇地震作用下，斗栱铺作层的破坏系数也仅仅在 0.34 左右，属于轻微破坏。通过碳纤维布加固木结构振动台试验结果发现，即使整体结构发生倒塌以后，斗栱铺作层的破坏程度也不大。因此，在地震作用下，斗栱铺作层具有较强的抗震性能。

基于碳纤维布加固燕尾榫柱架和斗栱铺作层两耗能构件的破坏评估，结合碳纤维布加固古建筑木结构振动台试验，根据式（8-7）～式（8-9）计算出的碳纤维布加固古建筑木结构各工况地震作用下整体结构地震破坏系数 F_h，如表 10.26 所示。

表 10.26　碳纤维布加固古建筑木结构各工况地震作用下整体结构地震破坏系数 F_h

地震工况	耗能元件各工况下耗能		各耗能元件能量分配系数		构件破坏系数		整体结构破坏系数
	加固柱架	铺作层	加固柱架	铺作层	加固柱架	铺作层	
EL-50Gal	69.465	26.036	0.727	0.273	0.019	0.003 67	0.015
TA-50Gal	49.295	9.856	0.723	0.277	0.032	0.006 33	0.025
LZ-50Gal	17.35	12.595	0.579	0.421	0.037	0.008 11	0.025
EL-75Gal	109.194	41.164	0.726	0.274	0.066	0.013 92	0.052
TA-75Gal	78.913	39.341	0.697	0.303	0.087	0.018 76	0.066
LZ-75Gal	199.737	116.073	0.632	0.368	0.141	0.035 14	0.102
EL-100Gal	68.334	39.195	0.666	0.334	0.16	0.039 96	0.120
TA-100Gal	116.562	68.218	0.631	0.369	0.191	0.049 59	0.139
LZ-100Gal	169.004	99.85	0.641	0.359	0.237	0.062 97	0.174
EL-150Gal	111.672	72.94	0.605	0.395	0.267	0.073 26	0.190
TA-150Gal	182.547	10.744	0.606	0.394	0.316	0.090 01	0.227
LZ-150Gal	127.923	81.519	0.611	0.389	0.35	0.101 51	0.253
EL-200Gal	158.647	138.958	0.534	0.466	0.392	0.120 41	0.266
TA-200Gal	162.003	107.984	0.600	0.400	0.436	0.135 65	0.316
LZ-200Gal	136.626	105.47	0.564	0.436	0.472	0.150 53	0.332
EL-300Gal	99.644	155.966	0.390	0.610	0.499	0.172 53	0.300
TA-300Gal	136.779	138.605	0.506	0.494	0.536	0.191 38	0.366
LZ-300Gal	101.211	289.789	0.262	0.738	0.563	0.231 56	0.318
EL-400Gal	96.301	338.631	0.221	0.779	0.589	0.279 34	0.348
EL-500Gal	156.617	399.343	0.282	0.718	0.632	0.335 68	0.419
EL-600Gal	未测	未测	未测	未测			
EL-(800～900Gal)	倒塌	倒塌	倒塌	倒塌			

　　通过表 10.26 得出的碳纤维布加固整体结构破坏系数并结合振动台试验现象可以得出，8 度基本烈度下的地震，碳纤维布加固的柱架破坏系数已经超过 0.5，说明加固节点已达到中等破坏，需要再次修复加固，榫卯节点由于承载力下降，斗栱铺作层开始分担更多的地震能量；碳纤维布加固古建筑木结构在经历 8 度罕遇地震时，整体结构的破坏系数为 0.348，随着加固节点破坏的加剧，斗栱铺作层分担越来越多的地震能量，但结构仍具有较强的整体稳定性和承载力；当地震峰值加速度为 500Gal 时，整体结构破坏系数为 0.419，结构处于严重破坏状态，此时，各节点的碳纤维布陆续发生断裂，并沿纵向发展，结构的摇摆幅度明显加大，且铺作层发生较大的滑移，整体结构明显进入塑性阶段；随着地震作用的增加，结构有倒塌的趋势。

　　同样根据前述提出的未加固古建筑木结构的震害等级和抗震能力量化指标，给出了碳纤维布加固古建筑木结构地震作用下震害等级及抗震能力指数划分（表 10.27），以验证碳纤维布加固残损古建筑木结构的抗震效果。

表 10.27　碳纤维布加固古建筑木结构地震作用下震害等级及抗震能力指数划分

震害等级	基本完好	轻微破坏	中等破坏	严重破坏	倒塌
整体结构破坏系数	0~0.1	0.1~0.25	0.25~0.45	0.45~0.8	0.8~1
抗震能力指数	1~0.9	0.9~0.75	0.75~0.55	0.55~0.2	0.2~0
抗震能力指数平均值	0.95	0.825	0.65	0.375	0.1

　　表 10.28 计算出了碳纤维布加固古建筑木结构在不同地震烈度下的抗震能力指数。

表 10.28　碳纤维布加固古建筑木结构在不同地震烈度下的抗震能力指数

地震烈度	抗震能力指数	地震烈度	抗震能力指数
7 度多遇烈度	0.978	8 度基本烈度	0.672
7 度基本烈度	0.777	8 度罕遇烈度	0.652
7 度罕遇烈度	0.672	9 度多遇烈度	0.777
8 度多遇烈度	0.927	9 度基本烈度	0.652

　　从表 10.28 可以看出，采用碳纤维布加固的古建筑木结构在小震时，加固后的抗震能力和未残损结构抗震能力相差不大，随着地震动强度的加大，碳纤维布加固木结构的抗震能力下降较快，但基本能达到未残损结构抗震能力的 75% 左右，基本达到抗震规范的性能指标要求，说明碳纤维布加固残损古建筑木结构具有较好的加固效果，该加固方法值得推广。

8. 结构扭转反应

在水平地震作用下，地震动的空间特性和结构本身的特性可能会引起结构发生扭转，扭转效应会造成结构的抗震性能出现不同程度的退化，扭转过大时可能会导致结构发生破坏甚至倒塌，为此空间结构在地震作用下的扭转问题在国内外抗震研究领域备受关注。对于空间结构来说，造成结构发生扭转的因素主要体现在以下四个方面（李忠献等，2007）：①地震动中的转动分量以及水平地震动的空间非同步性（即对于跨度较大的结构来说，会出现行波效应）引起结构发生扭转；②由于竖向刚度和质量分布不均匀，结构的质心与刚心不重合；③结构进入塑性状态（即内力重分布）的非同步性导致改变了结构的刚度中心；④在整体结构施工及使用过程中，产生的偏心（偶然偏心）也会引起结构发生扭转。对于①、③和④情况，目前，绝大多数国家都将其归结为偶然偏心来考虑。在目前的研究领域中很难取得有关地面运动转动分量的详细地震记录，因而由前一因素引起的结构扭转效应较难确定（江宜城等，2000）。对于振动台试验来说，由于台面的整体性和刚度较大等原因，不存在地震动的空间非同步性，对于本试验来说，质量和刚度沿高度分布严重不均匀，结构模型产生扭转的原因主要是由②～④所引起的。

目前空间结构的抗震分析方法一般有反应谱法、随机振动法和时间历程法（王秀丽等，2011），在试验过程中，当台面输入加速度为 400Gal 时，发现结构模型出现了明显的扭转，因此主要采用时间历程法对结构进行扭转分析。图 10.24 给出了地震动强度为 400Gal 时西北柱脚和西南柱脚的位移时程曲线，可以看出，在沿东向西方向输入地震波时，由于高振型的参与，结构两柱脚处的位移时程曲线有一定的相位差，且位移幅值不尽相同，整体结构模型产生了明显的扭转。

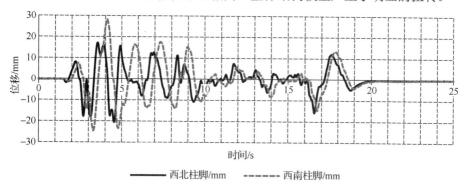

图 10.24　8 度罕遇地震作用下（400Gal）西北柱脚和西南柱脚位移时程曲线

10.3.5　与扁钢加固模型振动台试验结果比较

课题组前期曾对扁钢加固残损（完好结构倒塌之后）古建筑木结构模型进行

振动台试验（高大峰，2007），如图 10.25 所示。结构模型各构件的尺寸和本试验完全相同，每个残损节点分别在额枋的上下边缘采用1500mm×50mm×5mm 的扁钢条依靠螺钉进行加固。加固模型先后输入 El Centro 波和 Taft 波进行加载。通过对两个不同加固材料加固的结构模型在地震作用下的峰值加速度响应和加固柱架侧移变形的比较分析，研究碳纤维布和扁钢加固后古建筑木结构抗震性能的差异。

图 10.25　扁钢加固残损古建筑木结构振动台试验

1. 峰值加速度响应比较

　　为了对碳纤维布加固古建筑木结构和扁钢加固古建筑木结构在地震作用下的峰值加速度响应值进行比较，研究碳纤维布和扁钢加固之后榫卯节点的减震性能，可通过计算加固节点的动力放大系数来比较二者的加速度响应的情况。表 10.29 给出了碳纤维布和扁钢加固古建筑木结构在不同工况地震作用下的峰值加速度响应值及加固节点的动力放大系数。

表 10.29　碳纤维布和扁钢加固古建筑木结构在不同工况地震作用下
峰值加速度响应值（Gal）及加固节点动力放大系数

波形	台面输入	碳纤维布加固模型			扁钢加固模型		
		柱脚	柱头	β_2	柱脚	柱头	β_2
El Centro	75	65	59	0.908	72	71	0.986
	100	82	55	0.671	109	118	1.083
	200	167	105	0.629	184	190	1.033
	400	348	159	0.457	358	334	0.933
	500	447	155	0.347	542	368	0.679
Taft	50	51	50	0.980	56	48	0.857
	100	84	80	0.952	111	93	0.838
	200	161	93	0.578	222	178	0.802

从表 10.29 可以看出，小震时，在相同地震动强度作用下，碳纤维布加固古建筑木结构的加速度响应值和扁钢加固结构的加速度响应值基本相同，说明加固结构的初始刚度基本相同；中大震时，在相同地震动强度作用下，碳纤维布加固古建筑木结构的加速度响应略低于扁钢加固结构，同时碳纤维布加固节点的动力放大系数略小于扁钢加固节点，这说明扁钢加固结构的刚度大于碳纤维布加固结构的刚度，从而使得地震响应增加，另外增加节点刚度使得榫卯节点的转动耗能性能减小，动力放大系数增大。

2. 柱架侧移变形比较

为了比较经碳纤维布和扁钢加固残损古建筑木结构之后木构架的变形能力，表 10.30 给出了碳纤维布和扁钢加固古建筑木结构在不同工况地震作用下的木构架的侧移变形及侧移角。

从表 10.30 可以看出，小震时，在相同地震动强度作用下，木构架的侧移角基本相同，随着地震动强度的增加，碳纤维布加固木构架的侧移角明显大于扁钢加固木构架的侧移角，说明碳纤维布加固木构架的刚度小于扁钢加固木构架的刚度。

表 10.30　碳纤维布和扁钢加固古建筑木结构在不同工况地震作用下
木构架的侧移变形及侧移角

波形	台面输入/Gal	加固方式	柱头最大位移/mm		柱脚最大位移/mm		木构架侧移量/mm		木构架侧移角/rad	
			正向	负向	正向	负向	正向	负向	正向	负向
El Centro	75	碳纤维布	10.479	-6.932	9.509	-5.416	5.97	-1.516	1/235	-1/923
		扁钢	5.06	-5.72	2.31	-2.56	2.75	-8.16	1/509	-1/443
	100	碳纤维布	11.048	-10.723	5.636	-7.148	5.412	-8.575	1/259	-1/392
		扁钢	6.45	-7.33	1.94	-2.36	9.51	-9.47	1/310	-1/282
	200	碳纤维布	28.351	-28.27	12.042	-16.304	16.309	-11.966	1/86	-1/117
		扁钢	10.68	-17.24	7.33	-7.68	8.35	-9.56	1/418	-1/147
	400	碳纤维布	65.936	-82.4	35.274	-30.655	30.662	-51.745	1/46	-1/27
		扁钢	10.21	-27.93	11.82	-9.74	7.39	-10.19	1/190	-1/97
	500	碳纤维布	98.315	-100.03	46.739	-40.47	46.576	-59.558	1/30	-1/24
		扁钢	39.06	-40.38	21.94	-22.08	12.12	-9.3	1/115	-1/77
Taft	50	碳纤维布	8.872	-8.259	2.777	-9.481	1.095	-8.778	1/1279	-1/370
		扁钢	8.96	-8.17	2.36	-1.59	1.6	-1.58	1/875	-1/886
	100	碳纤维布	9.106	-15.516	5.856	-7.808	7.25	-7.708	1/193	-1/182
		扁钢	5.86	-9.52	8.85	-2.32	2.01	-2.2	1/697	-1/636
	200	碳纤维布	22.719	-30.734	12.454	-10.461	10.265	-16.273	1/136	-1/86
		扁钢	16.34	-7.86	11.77	-9.43	9.57	-2.93	1/306	-1/478

10.4　本 章 小 结

通过对碳纤维布加固残损节点的试验结果进行分析并与扁钢加固残损节点试验结果进行对比，以及将碳纤维布加固整体结构振动台试验结果和扁钢加固整体结构振动台试验结果进行对比分析，可以得到以下结论。

（1）采用碳纤维布加固榫卯节点，破坏时横向碳纤维布上下边缘纤维部分断裂，竖向碳纤维布环箍被剪断。

（2）经碳纤维布加固的木构架其强度和刚度均能恢复到未损坏之前的状态，但比扁钢加固构架要小，适合于破损程度较小的榫卯节点。

（3）在 8 度多遇地震发生时，结构构件未出现破坏情况，结构处于弹性阶段，满足"小震不坏"的设防要求；在 8 度基本烈度作用时，柱础和铺作层开始发生滑移，各榫卯节点区域没有明显的破坏，基本都进入弹塑性阶段，但结构构件本身并未发生屈服，满足"中震可修"的设防要求；在 8 度罕遇地震时，结构的位移振幅明显增大，大变形使得结构进入塑性阶段，但结构仍未倒塌，满足"大震不倒"的设防要求，当输入加速度达到 900Gal 时，结构发生倒塌。

（4）随着地震作用的逐渐增强，结构模型的固有频率越来越小，阻尼比越来越大。

（5）结构模型各层位移最大反应值基本呈倒三角形分布，结构变形以剪切变形为主；碳纤维布加固古建筑木结构在 7 度基本烈度地震作用下整体稳定性能良好；在 8 度基本烈度地震作用时，木构架整体稳定性已达到残损点界限；碳纤维布加固木结构具有良好的整体变形能力及抗倒塌能力。

（6）在中震及大震时，古建筑木结构各层的最大加速度绝对值中，柱架层和普柏枋层小，乳栿层和柱脚层大，呈 K 字形分布；随着地震输入能量的增加，柱础的滑移隔震、半刚性榫卯节点的转动减震及斗栱铺作层的滑移隔震、减震能力越来越强。

（7）结构模型最大剪力沿高度方向出现在柱架层或柱础层，并非一定出现在柱础最下部，结构模型的各层剪力分布趋于均匀。

（8）随着地震动强度的增加，整体结构由于不同程度的损伤而使整体结构刚度逐渐退化。

（9）在小震（加速度为 75Gal 之前）时，节点刚度随地震动强度增加而逐渐增大，节点转动弯矩呈现线性增大；随后在中震（加速度为 100～300Gal）时，弯矩增长呈现非线性变化，增长幅度逐渐平缓；当加速度为 400Gal 时，节点转动弯矩达到最大值 2.361kN·m，之后转动弯矩值随地震动强度增加而逐渐减小。

（10）当地震动强度大于 150Gal 时，榫卯节点的滞回耗能性能逐渐开始发挥，且随着地震动强度的增强，榫卯节点的转动耗能能力逐渐增强；与未加固古建筑木结构地震耗能机制不同的是，随着地震作用的逐渐增强，斗栱铺作层分担的地震能量越来越多，而碳纤维布加固榫卯节点分担的地震能量成比例下降。

（11）结合第 8 章提出的结构地震破坏评估方法，根据碳纤维布加固古建筑木结构整体结构在不同地震烈度下的破坏系数给出了整体结构基于破坏程度的相应震害等级和抗震能力评价指标，并通过对比分析认为采用碳纤维布加固古建筑木结构效果良好，其抗震能力满足现行规范的抗震要求，该加固方法值得推广。

（12）由于高振型的参与以及刚度和质量的不均匀分布，地震动强度为 400Gal时，西北柱脚和西南柱脚处的位移时程曲线有一定的相位差，且位移幅值不尽相同，整体结构模型产生了明显的扭转。

（13）通过对碳纤维布和扁钢加固结构模型在地震作用下的峰值加速度响应和柱架侧移变形的比较分析，结果发现碳纤维布加固结构的峰值加速度响应小于扁钢加固结构，而柱架侧移变形能力好于扁钢加固结构。

第11章 古建筑木结构加固残损节点的性能分析与设计方法

11.1 概　　述

对于建筑物结构来说，节点起着连接柱和梁、传递和分配外部荷载、协调构件之间的变形和保证结构整体性能的作用，节点的破坏经常导致建筑物出现较大的变形甚至发生整体性倒塌（胡克旭等，2010）。因此，保证节点的承载能力具有非常重要的意义。对于古建筑木结构这种具有千百余载历史的文物建筑来说，由于地震、风雨等自然灾害及战争、人为破坏等原因，尤其是在强烈地震作用下，榫头反复的拔出和挤压使得卯口逐渐变宽甚至劈裂，节点出现松动，再加上随着木材龄期的不断增长，木材本身的收缩变形、腐朽、虫蛀、干裂和老化等自然病变导致木材物理材性的降低，榫卯节点处于节点松动、容易拔榫、承载力不足和节点刚度降低等严重残损状态，其力学性能难以满足现行规范的各项性能指标，因此对古建筑木结构残损节点进行加固十分必要（吴波等，2005）。近年来，碳纤维布（CFRP）由于其具有质量轻、强度高、易于施工、耐腐蚀性好、几何可塑性大和易剪裁成型等优点，被广泛应用于结构加固领域；同时，扁钢由于其具有体积小、延性好及强度高等优点，也被广泛应用于上述领域，国内外加固古建筑木结构构件和节点时，多采用这两种加固材料。目前，国内对碳纤维布和扁钢加固残损节点的研究尚处于初步探索阶段，基本以试验研究为主，缺乏加固设计理论（法冠喆等，2012；薛建阳等，2015；周乾等，2011），甚至我国《古建筑木结构维护与加固技术标准》（GB/T 50165—2020）尚无有关残损节点加固设计的理论计算方法，加固设计理论研究远远滞后于工程的实际应用（胡大柱等，2007），因此，研究合理的古建筑木结构加固设计计算方法显得尤为重要。本章主要结合碳纤维布和扁钢加固残损节点在外荷载作用下的受力破坏性能，并结合试验，提出了碳纤维布和扁钢加固古建筑木结构残损节点的抗弯承载力计算公式，并给出合理的加固设计建议，为古建筑木结构的修缮加固提供理论依据。

11.2 碳纤维布加固残损节点的破坏形态

11.2.1 碳纤维布加固残损节点的方法

燕尾榫节点在外荷载作用下会出现几种典型的破坏模式：节点转动使得榫头

产生拉（拔）力和挤压力，导致卯口两侧变大，榫头两侧变窄，同时榫头与卯口的上下表面由于挤压导致榫头产生挤压变形，从而使得节点区榫卯之间的连接失去抗弯和拉拔承载力。因此，对于木材腐朽、虫蛀，尤其是经强烈地震破坏的古建筑木结构，加固残损燕尾榫节点往往是古建筑木结构加固的关键问题。

　　总结国内采用纤维材料加固古建筑木结构榫卯节点的加固方法，主要有两种加固形式：西安建筑科技大学赵鸿铁教授课题组、南京工业大学刘伟庆教授、陆伟东教授课题组、东南大学邱洪兴教授课题组和北京工业大学闫维明教授课题组均采用在节点处沿额枋方向粘贴碳纤维布的加固方法（图 11.1）；华侨大学王全凤教授课题组采用沿节点斜向 45°粘贴纤维材料的加固方法（图 11.2）。这两种方法的优劣目前尚无评判标准，本节主要对目前比较流行的沿额枋方向粘贴碳纤维布的加固方法进行研究。

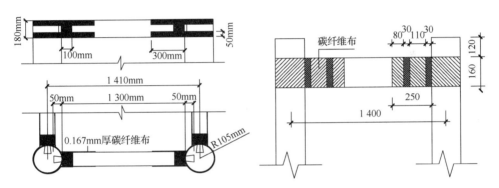

图 11.1　沿额枋方向粘贴碳纤维布的加固方法

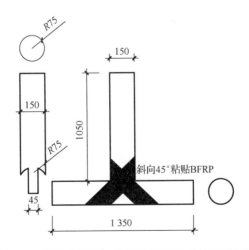

图 11.2　沿节点斜向 45°粘贴碳纤维布的加固方法

11.2.2　碳纤维布加固残损节点的破坏形态

完好的燕尾榫节点（图 11.3）是由燕尾榫头和卯口组成的特殊节点，榫头端部尺寸大，颈部尺寸小，相比其他榫卯节点（半榫、透榫等）能够承受很大的拉力，可以有效地防止拔榫现象发生，使得结构具有较强的整体性能。当受到水平荷载作用时，节点既能够承受一定的弯矩，也能够具有一定的转角，是一种介于铰节点和刚节点之间的半刚性节点。但是对于既有的古建筑木结构来说，同前所述，由于地震、大风等自然灾害以及战争、人为破坏等人为原因，尤其是强烈地震作用下，榫头反复拔出和挤压，卯口逐渐变宽甚至劈裂，再加上随着木材龄期的不断增长，木材本身的收缩变形、腐朽、虫蛀、干裂和老化等自然病变导致木材物理材性退化，燕尾榫节点处于榫头变小、卯口开裂、节点松动和容易拔榫等不同程度的残损状态，节点原有的基本力学性能下降，承载能力大幅度降低。因此，对于处于残损严重的榫卯节点，采用碳纤维布加固之后，外荷载作用下节点由于转动产生的拉（拔）力主要由碳纤维布来承担，而对于受压区，由于碳纤维布不具有抗压能力，就由与节点区柱连接的额枋端部木材（榫肩）来承担节点转动产生的压力。

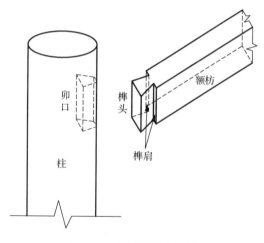

图 11.3　燕尾榫节点详图

通过碳纤维布加固残损节点拟静力试验及加固结构的振动台试验可知，碳纤维布加固残损节点的基本破坏形态主要有两种。

一种是节点区碳纤维布断裂破坏：主要是指碳纤维布加固节点在转动过程中，受拉区碳纤维布由于达到其极限抗拉强度而发生的脆性断裂破坏（图 11.4）。其受力破坏过程可分为以下几个阶段：在受力初期（假定受力方向为水平向左，节点为左节点），节点转动角度较小，此时，碳纤维布的受拉应变发展比较缓慢，受压区应力主要由下部榫肩木材来承担，而对于残损节点来说，榫肩处木材在加固之前已经发生较大的塑性变形；随着加载位移的继续增大，节点的转动角度也逐渐变大，碳纤维布的拉应变逐渐增大，在额枋和柱交界处节点受拉区，碳纤维布由于应力集中，上边缘处碳纤维布应变达到其极限拉应变值而发生断裂，一旦有上部碳纤维布发生断裂，节点受拉区将会发生应力重分布，中和轴向受压区移动，荷载迅速转移到其他碳纤维布上，短时间内发生连续断裂（曹双寅等，2002），最终加固节点因为受拉区碳纤维布的脆性断裂而完全破坏。

（a）陆伟东试验碳纤维布破坏

（b）周乾试验碳纤维布破坏

（c）邱洪兴试验碳纤维布破坏

（d）本课题组振动台试验加固节点破坏

图 11.4　碳纤维布加固燕尾榫节点发生脆性断裂破坏

另外一种破坏形态是碳纤维布加固燕尾榫节点发生剥离破坏（图 11.5），主要是指节点受拉区碳纤维布在达到极限抗拉强度之前，由于碳纤维布与木材之间的黏结能力不足，节点加固受拉区碳纤维布因剥离而过早失效。

（a）本课题组振动台试验碳纤维布剥离破坏

（b）邱洪兴试验碳纤维布剥离破坏

图 11.5　碳纤维布加固燕尾榫节点发生剥离破坏

在实际的受力过程中，碳纤维布加固残损节点受力比较复杂，剪力、拉力和弯矩等几种内力共同存在，因此加固节点区碳纤维布的破坏形式更加复杂，破坏形态并非呈现单一化（葛鸿鹏，2005）。试验表明大部分碳纤维布横向加固残损节点最终的破坏都是由于碳纤维布达到极限抗拉强度所引起的，碳纤维布与木材的揭起、剥离只是加快了碳纤维布的破坏速度。

通过对碳纤维布加固古建筑木结构残损燕尾榫节点破坏形态的分析，发现加固节点受拉区的碳纤维布承载能力不足是发生碳纤维布加固残损燕尾榫节点破坏的主要原因，因此提高加固残损节点受拉区碳纤维布的承载力（即提高加固残损节点的抗弯承载力）是残损节点加固设计的核心问题。

11.3　碳纤维布加固残损节点的抗弯承载力计算

11.3.1　计算基本假定

由于材料在受力过程中应力和应变分布的复杂性（梁兴文等，2011），尤其是残损木材的受力状态难以确定，为了便于工程加固设计人员应用，简化计算过程，碳纤维布加固残损节点的抗弯计算建议采用以下基本假定。

（1）对于大多数亟待加固的古建筑木结构，历经多次强烈地震等自然灾害的作用，节点经历数百次的拔榫和回位，使得榫头压缩变形和卯口挤压扩张，榫头和卯口之间出现了很大的缝隙，榫卯节点处于松动状态，若受到较大的水平往复荷载作用（地震作用、风荷载等）时，榫卯节点几乎不再具有抗弯承载能力，节点的剩余强度和刚度很小，因此可做出以下假定：在外荷载作用下，残损的榫卯节点已失去抗弯和拉拔承载能力，荷载全部由受拉区碳纤维布以及受压区榫肩木材来承担，残损的榫卯节点只起到抗剪和支撑的作用，同时受压区碳纤维布不承受压应力。

（2）碳纤维布粘贴过程中可能存在如黏结剂的渗透不佳、碳纤维布中的丝束褶皱及少量碳纤维布剥离等问题，可能会导致受力不均匀碳纤维布中部发生断裂，如图11.6所示。但是为了计算方便，假定受拉区碳纤维布的外边缘最先达到极限应变而断裂破坏。

（3）沿额枋环箍碳纤维布时，只将其固定并防止其剥离揭起，而碳纤维布的受拉变形不受约束；沿远离加载端的方向，碳纤维布应变沿额枋高度线性变化。

（4）对于残损木结构加固前受压区木材已产生很大的塑性变形，因此为了简化计算，假定受压区木材已经全部进入弹塑性状态。

图 11.6　受力不均匀使碳纤维布中部发生断裂

11.3.2　材料的本构关系

碳纤维布是一种典型的正交异性脆性材料，具有较高的顺纹抗拉强度，在作用平面内具有很强的抗拉强度但抗压强度几乎为 0，同时，碳纤维布在作用平面外的强度也是几乎为 0（胡明，2006）。在计算过程中，碳纤维布受拉的本构模型取为线弹性本构模型，即

$$\sigma_f = E_f \cdot \varepsilon_f, \quad \varepsilon_f \leqslant \varepsilon_{tu} \tag{11-1}$$

式中：σ_f、E_f、ε_f 和 ε_{tu} 分别代表碳纤维布的应力、弹性模量、应变以及极限拉应变值。

与碳纤维布不同的是，木材物理力学性能比较复杂，是一种典型的正交各向异性拉压性能不同的材料，陈志勇（2011）通过材性试验，获得了复杂的木材顺纹方向、横纹径向和横纹切向的拉压应力-应变曲线（图 11.7）。为了计算方便，木材的受压本构关系假定为简单的双线性强化本构模型，如图 11.8 所示。塑性状态下受压区残损木材的弹性模量可取切线模量值。

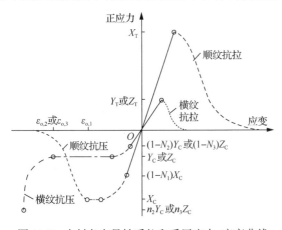

图 11.7　木材各向异性受拉和受压应力-应变曲线

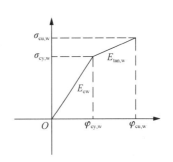

图 11.8　木材简化受压本构模型

11.3.3　碳纤维布加固残损榫卯节点抗弯承载力计算方法

根据 11.1 节对碳纤维布加固残损古建筑在木结构榫卯节点的受力性能分析结果，结合实际情况（受压区木材在节点加固之前已经处于非弹性状态，材料截面应力和应变分布复杂），基于 11.3.1 节计算基本假定及 11.3.2 节的材料本构关系，综合考虑结构加固设计的可靠度指标和安全储备，并防止碳纤维布发生脆性拉断破坏，假定受拉区碳纤维布的拉应变达到允许拉应变 $[\varepsilon_{cf}]$ 时达到碳纤维布加固燕尾榫节点的抗弯承载力极限状态，假定此时受压区木材应力也全部达到极限受压强度 $\sigma_{cu,w}$，图 11.9 出碳纤维布加固极限设计状态应力分析。

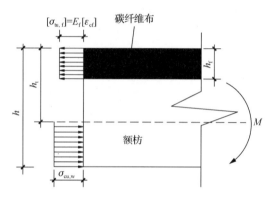

图 11.9　碳纤维布加固极限设计状态应力分析

根据受力平衡条件，可以得出受拉区高度 h_t 的表达式为

$$\sum X = 0, \quad [\sigma_{tu,f}]h_f t = \frac{b}{2}\sigma_{cu,w}(h-h_t) \tag{11-2}$$

式中：$[\sigma_{tu,f}] = E_f \cdot [\varepsilon_{cf}]$ 为防止碳纤维布最终产生脆性拉断破坏而采用的允许极限拉应力，$[\varepsilon_{cf}]$ 为允许拉应变，其取值不大于碳纤维布极限拉应变 ε_{tu} 的 2/3 和 0.01 两者中的较小值。

在保证碳纤维布与残损木材之间不发生相对滑移的前提下，对榫肩受压区木材合力点取力矩可得采用碳纤维布加固残损榫卯节点的极限抗弯承载力公式为

$$M \leqslant M_u = 2 \times [\sigma_{tu,f}]h_f t \left(h - \frac{h_f}{2} - \frac{h-h_t}{2} \right) \tag{11-3}$$

在对残损古建筑木结构工程加固设计中，可采用以上两个公式对采用碳纤维布加固残损节点的抗弯承载力进行节点加固设计以及承载力复核。

11.3.4　影响参数分析

影响碳纤维布加固残损节点转动弯矩的主要因素有碳纤维布的厚度、高度及有效黏结长度。

1. 碳纤维布的厚度 t

碳纤维布加固节点并不是厚度越厚越好，因为当厚度过于大时，除了不能保证加固节点的延性，还不能保证多层碳纤维布之间的协同工作从而完全发挥其强度。因此，需对多层碳纤维布的强度（厚度）进行折减。鉴于目前国内外对不同厚度的碳纤维布加固木材黏结强度的影响研究较少，取《碳纤维片材加固修复混凝土结构技术规程》（CECS 146—2003）给出的碳纤维片材厚度折减系数 α 作为不同厚度的碳纤维布加固木材的厚度折减系数。

$$\alpha = 1 - \frac{nE_f t}{420\ 000} \tag{11-4}$$

式中：n 为碳纤维布的层数；t 为一层碳纤维布的厚度（mm）；E_f 为碳纤维布的弹性模量（MPa）。

2. 有效黏结高度 h_f

由式（11-3）可知，碳纤维布的有效黏结高度与加固节点的抗弯承载力之间呈二次抛物线关系，根据式（11-2）和式（11-3）可以得出，最优的碳纤维布黏结高度 $h_{f,opt}$ 理论值为

$$h_{f,opt} = \frac{2bh\sigma_{cu,w}}{\sigma_{cu,w}b + 2t[\sigma_{tu,f}]} \tag{11-5}$$

3. 有效黏结长度 L_e

胡玲等（2010）曾进行了层数对玄武岩纤维布与木材黏结性能影响试验研究，结果发现随着层数的增加，木材的有效黏结长度呈增加趋势的结论，但没有给出理论计算公式；谢启芳等（2008）和庄荣忠等（2010）分别通过试验研究得出了木材与碳纤维布以及与 BFRP 的有效黏结长度的具体数值，分别为 120mm 和 100mm，但研究中缺乏碳纤维布和木材之间有效黏结长度的理论计算公式。

本节主要参考汪健根等（2009）提出的沿黏结长度方向的黏结应力分布情况（图 11.10），以及碳纤维布加固燕尾榫节点的碳纤维布实际受力大小，根据面积等效原则，将如图 11.10 的黏结应力曲线等效为各点处黏结应力均相同的规则矩形（图中虚线部分），矩形的高度即为界面的平均黏结应力 $\bar{\tau}$，然后根据受力平衡条件由式（11-6）计算出碳纤维布的有效黏结长度 L_e。

$$L_e = \frac{E_f \cdot \varepsilon_{tu} \cdot A_f}{\bar{\tau} \cdot h_f} \tag{11-6}$$

式中：A_f 为受拉碳纤维布的截面面积；$\bar{\tau}$ 为碳纤维布和木材界面之间的平均黏结强度值，根据汪健根等（2009）试验结果，建议取值为 $0.8 \sim 1.2$MPa；h_f 为受拉碳纤维布的高度；E_f、ε_{tu} 分别为碳纤维布的弹性模量及碳纤维布充分利用截面处

的拉应变。

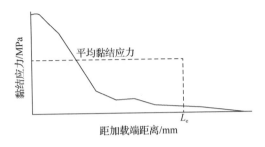

图 11.10　黏结应力分布情况

11.4　碳纤维布加固残损榫卯节点的设计建议

11.4.1　碳纤维布加固设计的基本原则

（1）碳纤维布不能设计为专门承受压应力，但在反复荷载作用下，碳纤维布可在经受一定压应力作用后仍具有承受拉应力的能力。

（2）碳纤维布应采用专门的配套树脂类黏结剂可靠地粘贴于木材表面，受力过程中，应保证碳纤维布与木材的变形协调，在达到承载能力极限状态之前，避免出现黏结界面的过早剥离而导致碳纤维布受力失效。

11.4.2　碳纤维布加固设计计算公式及步骤

在实际加固设计工程中，由于黏结树脂的渗透不佳、纤维布中的丝束未拉直及少量纤维丝的断裂等施工质量问题，导致碳纤维布受力不均匀，有的甚至产生应力集中现象，在加固节点达到其极限状态时，碳纤维布的破坏平均应变小于其极限受拉应变，比例大概在 0.6～0.8（袁旭斌等，2005）；另外，加固节点在反复荷载作用下以及长期荷载作用下，均会出现材料强度退化和黏结强度退化的问题。因此，从加固设计的安全储备以及可靠度方面考虑，在加固设计过程中碳纤维布加固残损燕尾榫节点的抗弯承载力计算需要考虑以下系数。

（1）将碳纤维布的抗拉强度值取为允许拉应力 $[\sigma_{tu,f}]$。

（2）对于木材来说，首先应按照《木结构设计标准》（GB 50005—2017）的规定，在不同使用条件下，木材的强度设计值和弹性模量乘以表 11.1 的调整系数；不同设计年限的木材强度设计值和弹性模量应乘以表 11.2 的调整系数，当表中条件同时满足时，各系数应该连乘；按照《古建筑木结构维护与加固技术标准》（GB/T 50165—2020）的要求，还应该乘以结构重要系数 0.9；同时，古建筑木结构由于具有几百年甚至上千年的历史，在长期荷载作用下及因木材老化、开裂等原因，尚应乘以表 11.3 的调整系数。

表 11.1　不同使用条件下木材强度设计值和弹性模量的调整系数

适用条件	调整系数	
	强度设计值	弹性模量
露天环境	0.9	0.85
长期生产性高温环境，木材表面温度达 40～50℃	0.8	0.8
按恒荷载验算时	0.8	0.8
用于木构筑物时	0.9	1.0
施工和维修时的短暂情况	1.2	1.0

表 11.2　不同设计使用年限时木材强度设计值和弹性模量的调整系数

设计使用年限	调整系数	
	强度设计值	弹性模量
5 年	0.9	0.85
25 年	0.8	0.8
50 年	0.8	0.8
100 年及以上	0.9	1.0

表 11.3　古建筑木结构考虑长期荷载作用和木质老化的调整系数

建筑物修建距今的时间/年	调整系数		
	顺纹抗压设计强度	抗弯和顺纹抗剪设计强度	弹性模量和横纹承压设计强度
100	0.95	0.9	0.9
300	0.85	0.8	0.85
≥500	0.75	0.7	0.75

1. 碳纤维布粘贴加固方式

综合以上分析，在榫卯节点抗弯承载力加固设计时，主要依靠碳纤维布的抗拉性能发挥作用，因此增加受拉区碳纤维布的高度可提高加固节点的抗弯承载力，但由于距受拉区边缘越远的碳纤维布，其应变值越小，碳纤维布越不能充分发挥作用，应限制碳纤维布在额枋侧面受拉区的黏结高度。参考《碳纤维片材加固修复混凝土结构技术规程》（CECS 146—2003）的规定，建议碳纤维布粘贴区域宜控制在距受拉区边缘 1/4 额枋高度范围内（图 11.11）。这样的加固方式不仅可提高其抗弯承载力，同时还能保证碳纤维布较好地发挥作用。

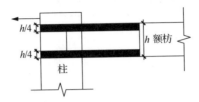

图 11.11　额枋侧面 $h/4$ 碳纤维布加固榫卯节点

2. 极限破坏状态的确定

综合考虑各种因素的影响，假定受拉区碳纤维布的拉应变达到允许拉应变 $[\varepsilon_{cf}]$，同时受压区木材应力也全部达到极限受压强度时为碳纤维布加固残损节点的抗弯承载力极限状态。此时，根据极限状态应力分析（图 11.12），可以得出受拉区高度 h_t 的表达式为

$$\sum X = 0, \quad [\sigma_{tu,f}]h_f t = \frac{b}{2}\sigma_{cu,w}(h - h_t) \tag{11-7}$$

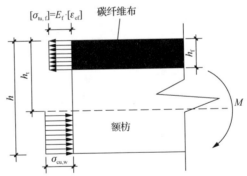

图 11.12　碳纤维布加固极限状态应力分析

根据式（11-2）和式（11-3）对榫肩受压区木材合力点取力矩可得采用 n 层碳纤维布加固榫卯节点的极限抗弯承载力公式为

$$M \leq M_u = 2 \times n[\sigma_{tu,f}]h_f t\left(h - \frac{h_f}{2} - \frac{h - h_t}{2}\right) \tag{11-8}$$

计算时，碳纤维布的允许拉应变 $[\varepsilon_{cf}]$ 一般取为 0.01 和设计极限拉应变 $\varepsilon_{tu,f}$ 的较小值；考虑到受力过程中碳纤维布应变分布的不均匀性对计算的影响，碳纤维布的厚度应乘以式（11-4）的厚度折减系数，碳纤维布截面面积需乘以折减系数 0.875（$1-0.5h_f / h = 0.875$）；待加固古建筑木结构木材的横纹抗压强度值应取为抗压强度设计值乘以考虑各种情况下的按表 11.1～表 11.3 连乘的强度折减系数，

同时还需要考虑受压区木材等效矩形应力系数，建议取 0.85；木材的弹性模量应取为考虑各种情况下的按表 11.1～表 11.3 连乘的木材弹性模量折减系数。

3. 碳纤维布加固最大用量的限定

有试验研究表明，在一定范围内，随着碳纤维布层数或者黏结厚度的增加，碳纤维布越易发生剥离破坏；同时在一定范围内，节点刚度越大，分担的地震作用也会越大，结构的延性也会降低，因此，为了保证受拉区碳纤维布抗拉强度的充分利用及加固节点的延性需求，必须对加固后节点的极限承载力的提高幅度加以限制。目前，国内外加固规范对碳纤维布加固混凝土构件和节点的规定其承载力提高幅度不宜超过 40%，出于加固设计的安全性考虑，建议加固后榫卯节点的抗弯承载力提高幅度也不宜超过 40%。

4. 碳纤维布的黏结长度

为了保证加固节点不发生碳纤维布与木材的剥离破坏，考虑到施工条件及施工质量的差别、黏结界面剪应力和拉应力共同作用等因素的影响，根据《碳纤维片材加固修复混凝土结构技术规程》（CECS 146—2003）建议，碳纤维布的黏结长度 L 取为式（11-6）计算得出的有效黏结长度 L_e 至少再加上 200mm，即

$$L \geqslant L_e + 200 = \frac{E_f \cdot \varepsilon_f \cdot A_f}{\bar{\tau} \cdot h_f} + 200 \tag{11-9}$$

5. 其他构造措施及注意事项

为了保证碳纤维布不发生剥离破坏，在额枋粘贴碳纤维布的两端各加一道环箍碳纤维布；在粘贴碳纤维布之前，应将木材表面采用丙酮清洗干净；为了保持碳纤维布的耐久性，可在碳纤维布的表面涂刷一层油漆；另外，建议暴晒和易淋雨的节点区域不要采用碳纤维布加固。

11.4.3 碳纤维布加固设计公式尚应继续深入考虑的几个方面

（1）上述加固设计公式并未考虑二次受力性能的影响，但是在古建筑木结构实际加固工程之前，残损古建筑已有初始侧移，使得残损节点的受压区木材存在初始应变，这对于受拉侧的碳纤维布有利，但是对于同侧受压区碳纤维布不利，加固设计时应予以考虑。

（2）一般古建筑木结构只有残损很严重时，才允许采取措施进行加固。本节主要验证了碳纤维布加固残损比较严重的榫卯节点（如榫卯节点失去承载力等）的抗弯承载能力及其加固设计方法，但是对于不同残损程度以及不同残损状态的榫卯节点，其加固受力性能及力的分配情况可能差别较大，因此，对于加固不同残损状态的榫卯节点应根据残损程度及残损状态进行具体分析。

（3）节点加固设计方法及进行的试验研究全部针对平面框架节点，没有考虑带有正交额枋的立体榫卯节点对碳纤维布加固榫卯节点抗弯承载力的影响。

11.5　扁钢加固残损节点的破坏形态

11.5.1　扁钢加固残损榫卯节点的方法

鉴于钢材抗拉强度高和变形性能好的优点，可采用扁钢（如图 11.13 所示，一般厚度 $3\text{mm} < t < 10\text{mm}$）、马口铁（图 11.14）、钢销（图 11.15）、弧形钢板（图 11.16）等加固残损榫卯节点的方法，既能满足节点的抗弯承载力要求，又具有较好的延性。

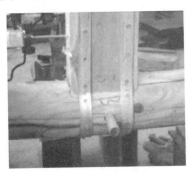

图 11.13　扁钢加固

图 11.14　马口铁加固

图 11.15　钢销加固

图 11.16　弧形钢板加固

11.5.2　扁钢加固残损榫卯节点的破坏形态

马口铁加固残损榫卯节点只能起到限制拔榫的作用，其主要破坏形态为木材局部挤压和马口铁的拔出；钢销加固残损榫卯节点的作用也仅仅起到限制拔榫，这种加固方式仅适用于加固榫头破坏不严重的直榫，对于破坏严重（虫蛀、腐朽、收缩变形、挤压变形和干裂等）的榫卯节点并不适用，其破坏状态多为钢销的弯曲变形；弧形钢板加固榫卯节点主要增加了节点的耗能能力，但对拔榫现象的抑制能力不强，其破坏形态主要为弧形钢板螺钉的拔出。国内有关扁钢加固古建筑木结构榫卯节点的加固方式多数采用 U 形扁钢，并利用螺钉将扁钢固定于额枋上，如图 11.17 所示。通过扁钢加固残损榫卯节点拟静力试验可知，由于钢材具有较好的延性和强度，其既能增强残损节点的承载能力，又能提高残损节点的变形耗能能力。加固节点首先依靠扁钢与额枋之间的摩擦力来承担外力，但由于摩擦力值较小，扁钢与额枋之间会出现滑移的趋势，此时螺钉杆与孔壁发生接触，螺钉受到剪力作用，同时，螺钉杆与孔壁之间也产生相互的挤压力。因此，扁钢加固的残损节点在受剪螺钉达到承载能力极限状态时可能会发生以下四种破坏形式：①螺钉直径较小而扁钢厚度较大时可能发生螺钉杆的剪切破坏；②螺钉直径较大而扁钢厚度较小时可能发生孔壁的挤压破坏；③当扁钢因螺钉孔较多导致扁钢截面削弱过多时可能发生扁钢拉断破坏；④当螺钉长度较短时，嵌固扁钢的螺钉个别会被拔出（图 11.18）。综上所述，扁钢加固残损榫卯节点的关键是保证扁钢抗拉强度和螺钉剪切强度的同时，应该保证扁钢与额枋有可靠的螺钉连接。鉴于采用扁钢加固既能保证残损节点承载力又能保证延性的优点，以下对扁钢加固残损榫卯节点的理论计算及加固设计建议进行分析。

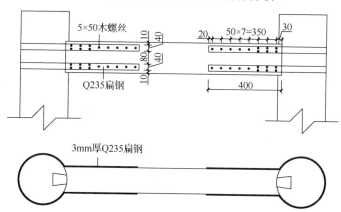

图 11.17　扁钢加固榫卯节点示意图

图 11.18　扁钢加固拟静力试验螺钉拔出

11.6 扁钢加固残损榫卯节点的抗弯承载力计算

11.6.1 扁钢加固残损榫卯节点区破坏截面的受力阶段

在加固残损节点（假定是左节点）受到外部水平荷载作用（假定水平力向左）时，扁钢加固残损节点单侧受力图示如图 11.19 所示，首先是其受力分析过程和碳纤维布受力分析过程基本一样，与碳纤维布加固分析不同的是，扁钢在作用平面内不仅具有抗拉作用，受压区扁钢也是主要受压部件，且加载之前扁钢加固残损节点的初始刚度值较大；其次是二者的承载能力极限状态略有不同，对于受压区木材和扁钢，由于钢材的弹性模量远远大于木材的弹性模量（对于红松新材来说，钢材的弹性模量约为木材弹性模量的 20 倍，而对于残损的木材来说，二者弹性模量比值将更大），在变形协调情况下，扁钢的应力远远大于木材的应力，而扁钢（Q345）的抗压强度值为新木（红松）抗压屈服强度值的 14 倍左右（对于 Q235 来说大概是 10 倍）。对于扁钢加固残损榫卯节点来说，根据变形协调原理，受压区扁钢分担的压力要远大于残损木材分担的压力，假定受压区的压力全部由扁钢承担。由于受拉区和受压区是对称配钢，受拉区和受压区扁钢受力基本相同，随着外荷载的逐渐增加，扁钢的内力状态也由弹性状态慢慢发展到弹塑性状态，最后扁钢全截面屈服。

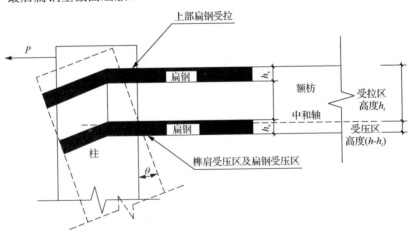

图 11.19 扁钢加固残损节点单侧受力图示

11.6.2 计算基本假定

采用扁钢加固残损古建筑木结构榫卯节点抗弯计算时，为简化计算过程，可采用以下基本假定。

（1）加固残损节点在达到极限抗弯承载力状态时，扁钢的截面平均拉应变符合平截面假定，但不能超过钢材的极限拉应变。

（2）扁钢的本构模型取为双线性理想弹塑性模型。

（3）受拉扁钢均匀受力，达到极限状态时，由于密排螺钉的固定，受压区扁钢不发生屈曲失稳。

（4）需要加固的严重破损榫卯节点失去了抗弯和拉拔承载能力，即与加固用扁钢的抗弯承载力相比，残损木材的抗弯能力很小可以忽略，只起到抗剪和支撑的作用。

11.6.3　扁钢加固残损榫卯节点抗弯承载力计算方法

根据扁钢加固残损古建筑木结构榫卯节点在不同外荷载作用下的受力性能分析，为了便于工程加固设计的应用，由于受压区木材在节点加固之前已经处于塑性状态，残损木材的弹性模量及抗压强度远远小于加固用扁钢，建议以受拉区和受压区扁钢全截面屈服为扁钢加固残损榫卯节点抗弯承载力计算的极限状态，其抗弯承载力极限状态时的应力-应变分析如图 11.20 所示。

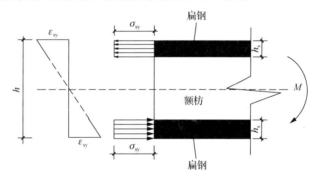

图 11.20　扁钢加固残损榫卯节点关键截面极限状态应力-应变分析图

根据假定及受力平衡条件可以得出采用扁钢加固残损榫卯节点的极限抗弯承载力公式为

$$M \leqslant M_{\mathrm{u}} = 2 \times \sigma_{\mathrm{sy}} h_{\mathrm{s}} t (h - h_{\mathrm{s}}) \qquad (11\text{-}10)$$

式中：h_{s} 为扁钢的净截面宽度。

在古建筑木结构工程加固设计中，可采用以上公式对采用扁钢加固残损节点的抗弯承载力进行节点加固设计及复核。

11.7　扁钢加固榫卯节点设计建议

11.7.1　扁钢加固设计的基本原则

（1）一定厚度的扁钢可设计为承受压应力，但不考虑压屈失稳，在反复荷载作用下，扁钢经受一定压应力作用后仍具有承受拉应力的能力。

（2）扁钢可采用专门的配套树脂类黏结剂可靠地粘贴于木材表面或者采用螺钉将扁钢与木材固定（本节主要研究采用螺钉锚固扁钢的固定方式），受力过程中，应保证扁钢与受压木材的变形协调，在达到承载能力极限状态之前，避免出现螺钉过早的拔出而导致螺钉连接失效。

11.7.2　扁钢加固残损榫卯节点设计计算公式及步骤

根据 11.5 节扁钢加固榫卯节点的破坏形态分析及抗弯承载力分析，当榫卯节点分担的弯矩比较大时，采用扁钢加固比较合理。与碳纤维布加固设计相同，在实际工程加固设计中，由于扁钢的受力不均匀，有时甚至产生应力集中现象，节点发生破坏时，不能保证扁钢能够完全发挥其强度，同时，扁钢在反复荷载作用下及长期荷载作用下，会出现材料强度的退化。因此，从加固设计的安全储备及可靠度方面考虑，在加固设计过程中，需要将扁钢的抗拉和抗压强度设计值乘以 0.8 的强度折减系数。

1. 扁钢加固方式

为了保证螺钉拧入额枋时不发生劈裂，宜将上、下两扁钢条距离额枋的上、下边缘保持一定的距离 s，根据额枋宽度与螺钉直径 d 之间的关系，按照《木结构设计标准》（GB 50005—2017）取值（见表 11.4 中的 s_3）。扁钢的加固方式为 U 形扁钢单剪螺钉连接（图 11.17）。

表 11.4　螺钉排列的最小间距

构件被钉穿的厚度 a	顺纹		横纹			
	中距 s_1	端距 s_0	中距 s_2			边距 s_3
			齐列	错列或斜列		
$a \geqslant 10d$	$15d$					
$10d > a > 4d$	取插入值	$15d$	$4d$	$3d$		$4d$
$a = 4d$	$25d$					

注：d 为螺钉的直径。

2. 极限状态的确定

根据前面的分析，扁钢加固残损榫卯节点的抗弯承载能力的极限状态为受压区和受拉区扁钢全截面屈服，由于残损木结构受压区木材的物理性能（弹性模量、抗压强度等）退化较大，加之与加固扁钢的性能相差较大，不考虑受压区残损木材分担的压力。因此，根据公式（11-10），并考虑到避免螺钉拧入时额枋劈裂，可以得出扁钢加固残损榫卯节点的抗弯承载力公式为

$$M \leqslant M_{\mathrm{u}} = 2 \times \sigma_{\mathrm{sy}} h_{\mathrm{s}} t (h - h_{\mathrm{s}} - 8d) \tag{11-11}$$

式中：d 为螺钉的直径。

3. 扁钢长度 L 的计算

参照《木结构设计标准》（GB 50005—2017）规定，螺钉的排列可采用错列、齐列或者斜列的方式布置（图 11.21），最小间距应符合表 11.4 的要求。对于不同的木材种类，尚有不同的规定，详见《木结构设计标准》（GB 50005—2017），则有：

当采用一排螺钉时

$$L = (n-1)s_1 + s_0 \tag{11-12}$$

当采用两排齐列螺钉时

$$L = \frac{(n-1)}{2}s_1 + s_0 \tag{11-13}$$

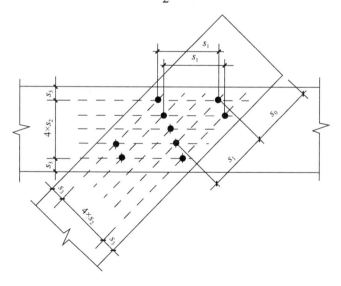

图 11.21　螺钉连接的布置图

4. 螺钉个数的计算

根据《钢结构设计规范》（GB 50017—2017）规定，抗剪螺钉的设计承载力应主要验算其抗剪承载力。抗剪承载力计算公式为

$$N_v^b = \frac{\pi d^2}{4} f_v^b \qquad (11\text{-}14)$$

式中：N_v^b、f_v^b、d 分别表示螺钉连接每一剪面的抗剪承载力设计值、抗剪强度设计值、螺钉的直径。

因此，螺钉的个数 n 为

$$n = \frac{N}{N_v^b} = \frac{f_{y,s} h_s t}{N_v^b} \qquad (11\text{-}15)$$

按照有关规范规定，$n \geqslant 2$，且取整数。

对于螺钉固定扁钢加固残损榫卯节点，当螺钉沿额枋方向的有效连接长度 l_1 过大时，在轴力作用下，各螺钉的受力将变得很不均匀，两端部螺钉受力最大，有可能最先发生破坏，然后逐次向中间发生破坏。因此，《钢结构设计规范》（GB 50017—2017）规定，当 $l_1 \geqslant 60d$ 时，螺钉的承载力设计值应该乘以折减系数 β

$$\beta = 0.7 \qquad (11\text{-}16)$$

5. 螺钉的直径 d 和长度 l

螺钉的直径 d 和长度 l 是影响螺钉抗拔承载力的关键因素，为了避免螺钉被拔出，建议螺钉的长度不小于 $12d$，即 $l \geqslant 12d$。

6. 其他构造措施及注意事项

为了避免扁钢加固榫卯节点靠近卯口处的扁钢掀起破坏，在加固额枋的两端各加一道环箍扁钢；为了保持扁钢的耐久性，可在扁钢的表面涂刷一层油漆；加固节点之前，需要在待加固节点的额枋及柱上进行预钻孔，否则很容易造成额枋或柱的开裂。

11.7.3　扁钢加固设计公式尚应继续深入考虑的几个方面

与碳纤维布加固一样，关于扁钢加固榫卯节点的设计计算理论应在以下几个方面继续深入考虑。

（1）二次受力性能的影响。

（2）不同残损程度以及不同残损状态对加固节点受力性能和力的分配的影响。

（3）带有正交额枋的立体榫卯节点对扁钢加固榫卯节点抗弯承载力的影响。

11.8　本　章　小　结

本章主要基于碳纤维布和扁钢加固残损榫卯节点的破坏形态及加固方式，对碳纤维布和扁钢加固残损节点的受力性能进行分析，并基于一定的计算假定提出了碳纤维布和扁钢加固残损榫卯节点的加固设计方法，主要得出以下几点结论。

（1）碳纤维布加固残损榫卯节点的破坏方式主要有碳纤维布受拉脆性断裂破坏和剥离破坏，其中前者为主要破坏形态。

（2）扁钢加固残损榫卯节点一般不会发生扁钢断裂破坏，马口铁加固残损节点的破坏形态一般为木材局部挤压和马口铁的拔出；弧形钢板加固残损节点的破坏形态主要为弧形钢板螺钉的拔出；扁钢加固残损节点的主要破坏形态为嵌固扁钢的螺钉个别被拔出。

（3）结合理论分析，并考虑加固施工过程中结构可靠度及安全储备的水准，提出了碳纤维布和扁钢加固残损榫卯节点的抗弯承载力计算方法及加固设计建议，可为古建筑木结构的修缮加固提供理论依据。

第12章 古建筑木结构斗栱修缮加固及自复位耗能增强研究

12.1 概　　述

斗栱是中国古建筑木结构特有的构件，也是古代木构建筑的一大特色。斗栱种类繁多，各攒斗栱由斗、栱、昂和枋等部件从下往上层层出踩（宋代《营造法式》称之为"出跳"）构成，斗栱之间协同工作形成构造精妙、受力复杂的斗栱结构层。该结构层是大式建筑物柱架层与屋盖梁架之间的过渡，独特的构造使其具有伸挑出檐、传递荷载、减小跨度、隔震减震等多重结构功能。然而，由于斗栱处于地震、长期荷载和人为破坏等多重作用下，它会出现多种残破和变形状况，如部件（散斗、栱等）劈裂、连接松动，尤其容易发生斗栱整体歪闪、变形等现象，这些残损现象对古建筑木结构整体受力性能及破坏模式的影响不容忽视。传统的加固方法如钢件加固、碳纤维布加固等方法或对斗栱外观造成较大改变，或者难以操作，根据《古建筑木结构维护与加固技术标准》（GB/T 50165—2020）要求，古建筑木结构的维护与加固必须遵守不改变文物原状的原则。因此，有必要探索古建筑木结构斗栱修缮加固方法，进而提出斗栱自复位耗能连接节点和连接方法，并对其耗能增强效果展开深入研究。研究成果将对全面提升斗栱结构层的抗震性能及保证古建筑结构整体安全具有极其重要的现实意义。

12.2 古建筑木结构斗栱的主要破坏形态

斗栱各部件数量众多，且尺寸相对较小且富于变化，它们之间均采用榫卯结合而成。榫卯本身形式各异，其受力性能也各不相同。古建筑在经历几百年甚至上千年之后，由于自然灾害（如地震、火灾等）和人为破坏，斗栱会出现如部件（散斗、栱等）劈裂 [图 12.1（a）]、连接松动 [图 12.1（b）]、散斗缺失等不同程度的残损现象，尤其容易发生斗栱整体歪闪 [图 12.1（c）和图 12.1（d）]，另外，在长期荷载作用下斗栱的各部件会发生受压、弯曲、剪切或复合破坏，严重危害斗栱结构层的结构安全性。

（a）华栱劈裂　　　　　　　　　　　　　　　（b）连接松动

（c）五台山南禅寺大殿斗栱歪闪　　　　　　　　（d）宝峰寺五方佛殿斗栱歪闪

图 12.1　古建筑木结构斗栱部件残破及整体歪闪

12.3　古建筑木结构斗栱维修加固基本原则

参照《古建筑木结构维护与加固技术标准》（GB/T 50165—2020），古建筑的维护与加固必须遵守不改变文物原状的原则。原状系指古建筑个体或群体中一切有历史意义的遗存现状。若确需恢复到创建时的原状或恢复到一定历史时期特点的原状时，必须根据需要与可能，并具备可靠的历史考证和充分的技术论证。

斗栱的维修应严格掌握尺度、形象和法式特征。添配昂嘴和雕刻构件时，应拓出原形象，制成样板，经核对后方可制作。凡能整攒卸下的斗栱，应先在原位捆绑牢固、整攒轻卸、标出部位、堆放整齐。

维修斗栱时，不得增加杆件，但对清代中晚期个别斗栱有结构不平衡的，可在斗栱后尾的隐蔽部位增加杆件补强。当角科大斗有严重压陷外倾现象时，可在平板枋的搭角上加抹角枕垫。

斗栱中受弯构件的相对挠度，如未超过 1/120 时，均不需更换。当有变形引起的尺寸偏差时，可在小斗的腰上粘贴硬木垫，但不得放置活木片或楔块。为防止斗栱的构件位移，修缮斗栱时，应将小斗与栱间的暗榫补齐。暗榫的榫卯应严实。对斗栱的残损构件，凡能用胶黏剂粘接而不影响受力者，均不得更换。

当采用现代材料和现代技术确能更好地保存古建筑时，可在古建筑的维护与加固工程中予以引用，但应遵守下列规定：①仅用于原结构或原用材料的修补、加固，不得用现代材料去替换原用材料；②先在小范围内试用，再逐步扩大其应用范围。应用时除应有可靠的科学依据和完整的技术资料外，尚应有必要的操作规程及质量检查标准。

12.4　形状记忆合金加固斗栱的低周反复荷载试验

目前古建筑木结构榫卯节点常用的加固方法包括钢材（扁钢）加固、碳纤维布加固，这些加固方法不但可以提高榫卯节点的承载力，同时也增加了节点刚度，但若简单将这些加固方法用于斗栱加固，或对斗栱的外观造成较大的改变，或实际难以施工。因此，有必要提出一种斗栱无损或微损加固方法，而目前国内外学者对该领域的相关研究还较少，仅 Xie 等（2018）采用形状记忆合金（SMA）对斗栱进行加固，并取得了初步的研究成果，在此做一简要介绍。

12.4.1　试件设计与制作

斗栱模型采用GL28h级胶合木制作，木材的物理力学性能如表12.1所示，试件模型尺寸如表 12.2 所示。大斗的模型尺寸如图 12.2（a）所示，大斗与下部平板枋分别采用榫卯连接［图 12.3（a）］、高强钢螺杆和 SMA 螺杆连接［图 12.3（b）］，平板枋采用四个地脚螺栓与地面固接，大斗分别与昂和栱采用榫卯连接，组装完成的斗栱模型如图 12.2（b）所示。

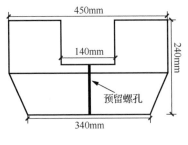

（a）大斗模型尺寸

（b）斗栱模型

图 12.2　试件模型尺寸

（a）榫卯连接

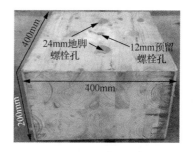

（b）SMA螺杆连接

图 12.3　大斗与平板枋之间两种连接方式

表 12.1　木材物理力学性能

木材种类	$E_{0,\text{mean}}$	$E_{90,\text{mean}}$	$f_{m,k}$	$f_{t,0,k}$	$f_{c,0,k}$	$f_{c,90,k}$
GL28h 级胶合木	12 600	420	28	19.5	26.5	3.0

注：$E_{0,\text{mean}}$ 为顺纹弹性模量平均值；$E_{90,\text{mean}}$ 为横纹弹性模量平均值；$f_{m,k}$ 为抗弯强度；$f_{t,0,k}$ 为顺纹抗拉强度；$f_{c,0,k}$ 为顺纹抗压强度；$f_{c,90,k}$ 为横纹抗压强度。

　　连接大斗与平板枋的高强钢螺杆经材性试验测得其极限抗拉强度为 720MPa，而 SMA 螺杆的极限抗拉强度为 200MPa，SMA 材料的化学组成成分如表 12.2 所示。SMA 材料的奥氏体相变结束温度 A_f 为-39℃，试验室室温远高于该温度，合金始终保持奥氏体相，具有超弹性(SE)的材料特性。高强钢螺杆和 SMA 螺杆采用相同的几何尺寸，高强钢螺杆（上方）和 SMA 螺杆（下方）尺寸详图如图 12.4 所示。

表 12.2　SMA 化学组成成分

化学成分	Cu	Al	Mn
百分比/%	81.84	7.43	10.73

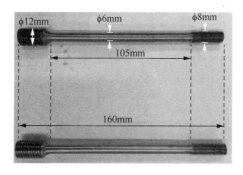

图 12.4　高强钢螺杆（上方）和 SMA 螺杆（下方）尺寸详图

12.4.2　加载方案和量测方案

采用改变斗栱试件上的配重质量来模拟传递到斗栱上的不同屋盖荷载，配重力分别为 4kN、7kN 和 10kN，采用水平作动器在距大斗底面 500mm 高度处施加低周往复拟静力荷载，采用变幅值位移控制加载，位移增量为 10mm。图 12.5 为试验加载和量测方案，其中图 12.5（a）为加载和量测示意图，图 12.5（b）为试验照片。分别采用四个 LVDT 位移计（编号 No.1～No.4）测量大斗的旋转变形，采用两个水平 LVDT 位移计（编号 No.5 和 No.6）测量大斗水平位移，采用数据采集仪采集并统计数据。加载制度如表 12.3 所示。

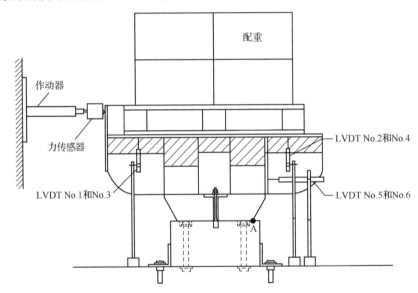

（a）加载和量测示意图

（b）试验照片

图 12.5　试验加载和量测方案

表 12.3　加载制度

ΔL/mm	高强钢螺杆连接	竖向荷载为 10 kN 时无预应力 SMA 螺杆连接	其他 SMA 螺杆连接
10	1 圈	1 圈	1 圈
20	1 圈	1 圈	1 圈
30	1 圈	1 圈	1 圈
40	1 圈	1 圈	1 圈
50	1 圈	1 圈	1 圈
60	1 圈	1 圈	1 圈
70	3 圈	2 圈	1 圈
80	1 圈	1 圈	1 圈

注：ΔL 为位移增量。

　　分别采用木榫、高强钢螺杆和 SMA 螺杆作为大斗和平板枋之间的连接件，SMA 螺杆沿轴向分别施加 1%、3% 和 5% 的预应力，采用无预应力的 SMA 螺杆作为对比试件，各斗栱试件分别在 4kN、7kN 和 10kN 竖向荷载下进行加载，加载工况如表 12.4 所示。

表 12.4　加载工况

连接件	竖向荷载		
	4 kN	7 kN	10 kN
木榫	✓	✓	✓
高强钢螺杆	✓	✓	✓
SMA 螺杆	✓	✓	✓
预应力 1% SMA 螺杆	✓	✓	✓
预应力 3% SMA 螺杆			✓
预应力 5% SMA 螺杆			✓

12.4.3　试验结果与分析

1. 滞回性能

　　采用各种连接斗栱的滞回曲线如图 12.6 所示，采用高强钢螺杆连接大斗和平板枋比采用木榫或者 SMA 螺杆的斗栱试件的极限承载力更高，且具有更大的割线刚度。采用木榫连接的斗栱第 1 圈滞回曲线如图 12.6（a）所示，随着作用在斗栱上的竖向荷载增加，相同转角下斗栱的极限水平荷载随之增加。图 12.6（b）～

图 12.6（d）分别为第 2 圈加载时，4kN、7kN 和 10kN 竖向荷载下采用三种方式连接大斗和平板枋的斗栱的滞回曲线，采用 SMA 螺杆连接的斗栱的滞回曲线经历两个刚度阶段，第一阶段斗栱刚度较低，这是由于大斗和平板枋之间几乎没有间隙，主要由木结构自身部件抵抗横向荷载；随着榫卯之间逐渐挤紧，斗栱滞回曲线进入第二阶段，斗栱刚度明显提高，此时 SMA 螺杆和木部件共同工作抵抗侧向变形。

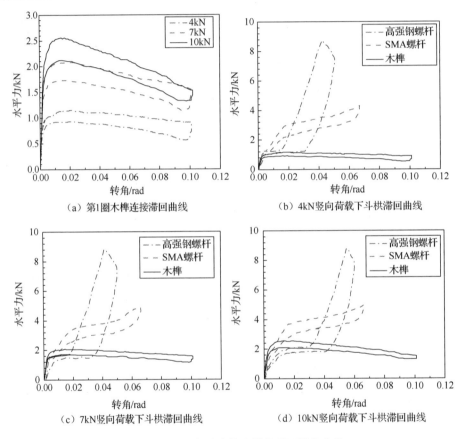

（a）第1圈木榫连接滞回曲线

（b）4kN竖向荷载下斗栱滞回曲线

（c）7kN竖向荷载下斗栱滞回曲线

（d）10kN竖向荷载下斗栱滞回曲线

图 12.6　采用各种连接斗栱的滞回性能曲线

2. 耗能能力

当竖向荷载为 10kN、位移增量为 70mm（节点转角为 0.0516rad）时，采用高强钢螺杆连接斗栱的等效黏滞阻尼比由第 1 圈加载时的 6.35%，分别下降到第 2 圈和第 3 圈加载时的 2.66% 和 1.40%，作为对比，采用 SMA 螺杆连接的斗栱在相同位移幅值下由第 1 圈加载时的 4.13%，仅下降到第 2 圈加载时的 4.08%，这表明高强钢螺杆仅能在第一个加载循环提供较高的耗能能力，但随着反复循环加载，斗栱的耗能能力明显下降，而采用 SMA 螺杆可以提供稳定的耗能能力和阻尼性能，在地震中能持续发挥耗能作用。图 12.7 示出 10kN 竖向荷载下采用各种连接斗栱的耗能能力。

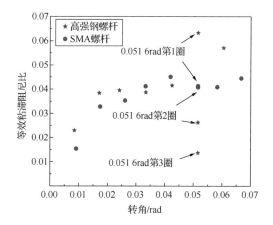

图 12.7　10kN 竖向荷载下采用各种连接斗栱的耗能能力

3. 参数分析

为研究 SMA 螺杆中预应力对斗栱滞回性能的影响，图 12.8 为 10kN 竖向荷载下采用各种连接斗栱的滞回曲线，在 SMA 未进入马氏体相之前，无预应力的 SMA 螺杆连接斗栱的滞回曲线经历了三个刚度阶段，可以看出 SMA 只能在斗栱的转动角度较小时发挥耗能作用。采用 1%预应力 SMA 螺杆连接的斗栱的滞回曲线和无预应力的 SMA 螺杆连接斗栱曲线形状类似，但 SMA 很快相变为马氏体相，这说明预应力有助于消除螺杆内可能出现的应力松弛现象，螺杆在初始加载阶段就开始工作。随着 SMA 螺杆中预应力的增加，斗栱的极限承载力和耗能

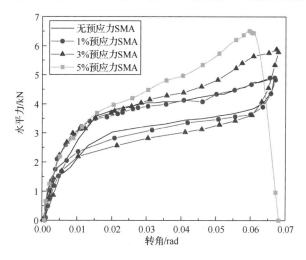

图 12.8　10kN 竖向荷载下采用各种连接斗栱的滞回曲线

能力都有所提高，采用 5%预应力 SMA 螺杆连接的斗栱的滞回曲线的第二阶段刚度远高于其他斗栱，斗栱在 $\Delta L=70$mm 时，作用在斗栱上的水平力达到 7kN，这说明 SMA 为斗栱提供了良好的阻尼能力，但是当斗栱的 $\Delta L=80$mm 时，具有 5%预应力 SMA 螺杆发生断裂。

12.4.4　分析与讨论

通过对采用传统木榫、高强钢螺杆和 SMA 螺杆连接大斗和平板枋的斗栱的试验研究及对试验结果的初步分析，可得出以下结论。

（1）当采用木榫连接时，作用在斗栱上的水平荷载主要通过榫头抵抗，屋盖传递到斗栱上的竖向荷载有助于提高斗栱抵抗水平荷载的能力，斗栱的极限强度随着屋顶质量的增加而增加。

（2）相比其他连接形式，采用高强钢螺杆连接的斗栱具有更高的极限强度，但随着循环次数的增加，其耗能能力退化明显，而采用 SMA 螺杆连接的斗栱具有稳定一致的阻尼性能。

（3）随着 SMA 螺杆中预应力的增加，斗栱的极限承载力和耗能能力都有所提高，SMA 螺杆适合在实际地震工况中使用，其稳定的阻尼行为可以有效减轻斗栱陆续遭受一次主震及其数次余震时的破坏。

12.5　古建筑木结构斗栱自复位耗能连接节点及连接方法

目前对斗栱无损或微损加固方法及其自复位、耗能增强效果的研究还较少，有必要提出一种采用 SMA 螺杆连接的古建筑木结构斗栱自复位耗能连接节点及连接方法，以下将对该耗能连接的特点及具体实施方法进行阐述。

12.5.1　连接特点

（1）该加固方法对古建筑木结构斗栱外观不做任何改变，仅对其进行必要的局部开孔，不破坏古建筑的历史风貌和营造特色。

（2）该连接既能加强对大斗的转动约束，而且对斗栱中其他部件受力性能的影响较小，加固后的斗栱结构层继续发挥良好的隔震减震作用。

（3）相比传统木榫连接，该连接节点中 SMA 螺杆可以耗散更多地震能量，具有更大的抗剪承载力和抗侧刚度，能够有效减小地震时斗栱的水平测移，减轻地震对古建筑木结构的破坏。

（4）小震作用下该连接节点处于弹性阶段，震后无须修复或更换。

（5）中震或大震作用下该自复位耗能连接节点中 SMA 螺杆会发生应力诱发马氏体相变；当外力卸载后材料发生奥氏体相变，螺杆残余变形较小，可以实现斗栱自复位效果，震后斗栱残余变形显著减小。

（6）该连接节点施工方便且构造简单，节点材料不易锈蚀和老化。

（7）当采用该自复位耗能连接节点的斗栱遭受多次地震破坏作用之后，连接节点出现疲劳老化等现象，对其进行二次加固具有可操作性，且施工工艺较简单。

（8）连接节点性能稳定，正常工作时 SMA 螺杆中预拉应力基本保持不变。

12.5.2　斗栱自复位耗能连接节点

图 12.9 为采用 SMA 的新型斗栱自复位耗能节点设计方案。

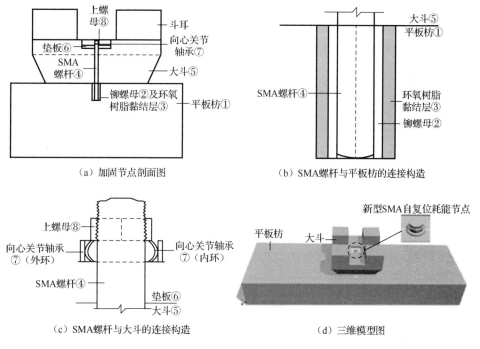

（a）加固节点剖面图　　　　　　（b）SMA螺杆与平板枋的连接构造

（c）SMA螺杆与大斗的连接构造　　　（d）三维模型图

图 12.9　采用 SMA 的新型斗栱自复位耗能节点设计方案

如图 12.9（a）所示，古建筑木结构斗栱自复位耗能连接节点，包括平板枋①、大斗⑤、铆螺母②、环氧树脂黏结层③、SMA 螺杆④、钢垫板⑥、向心关节轴承⑦、上螺母⑧。其中，大斗⑤置于平板枋①上方；在大斗⑤上表面开设方形凹槽，钢垫板⑥预埋在大斗⑤的凹槽中，在大斗⑤和钢垫板⑥中心均预钻竖向通孔；在平板枋①表面开设铆螺母②埋置孔，在大斗⑤中心开设的方形凹槽中和平板枋①的埋置孔中注入有环氧树脂黏结剂，固化后形成黏结层，其中平板枋①的埋置孔与铆螺母②之间形成环氧树脂黏结层③；在钢垫板⑥上方设有向心关节轴承⑦；SMA 螺杆④下方与铆螺母②拧紧，上方依次穿过大斗⑤中的竖向通孔，钢垫板⑥和向心关节轴承⑦；采用旋紧 SMA 螺杆④上方上螺母⑧对螺杆④施加预拉应力，将大斗⑤与平板枋①牢固连接。

如图 12.9（b）所示，在 SMA 螺杆④下方螺纹连接在铆螺母②中，固化后形成的黏结层③黏结于铆螺母②的外壁，并与平板枋①内壁黏结。

如图 12.9（c）所示，在钢垫板⑥上表面设置向心关节轴承⑦，向心关节轴承外环紧密接触钢垫板，内环可绕轴旋转以不约束大斗的旋转自由度。

图 12.9（d）示出了斗栱自复位耗能连接节点立体示意图。

12.5.3　斗栱自复位耗能连接方法

古建筑木结构斗栱自复位耗能连接节点的连接方法，具体包括如下步骤。

步骤 1：铆螺母②通过环氧树脂黏结层③与平板枋①牢固连接时，在平板枋①表面开设一埋置孔，预埋铆螺母②，并向埋置孔内注入环氧树脂黏结剂，固化后形成黏结层③。

具体实施时，铆螺母②可采用 Q235 或 Q345 钢构件，铆螺母②高 15～25mm、厚 1～2mm、内径 10～20mm；环氧树脂黏结层③厚 3mm；平板枋①表面的埋置孔深 15～25mm，孔直径大于等于 7～8mm。

步骤 2：在大斗⑤上表面开设一方形凹槽，预埋方形钢垫板⑥，钢垫板与方形凹槽之间需注入环氧树脂黏结剂，固化后形成黏结层。

具体实施时，大斗⑤上表面的方形凹槽深 5mm，长和宽各 50mm；方形钢垫板⑥采用 Q235 或 Q345 钢构件，钢垫板 6 长宽各 50mm，厚 5mm；环氧树脂黏结层厚 1mm。

步骤 3：在大斗⑤和钢垫板⑥中心通过冲击钻预钻竖向通孔。

具体实施时，大斗⑤内部和钢垫板⑥内部的竖向通孔直径大于等于 20mm。

步骤 4：将 SMA 螺杆④下方与铆螺母②拧紧，上方穿过钢垫板⑥向心关节轴承⑦，向心关节轴承⑦外环紧密接触钢垫板⑥，内环可绕轴旋转以不约束大斗⑤的旋转自由度。

具体实施时，SMA 螺杆④采用镍钛或铜-铝-铍等常用合金材料，螺杆④直径 10～20mm；向心关节轴承⑦材料采用不锈钢 4Cr13，向心关节轴承⑦内环直径大于等于 20mm。

步骤 5：采用拧 SMA 螺杆④上方的上螺母⑧施加预拉应力，该预拉应力大小可以调节且加固过程中预应力损失较小，使 SMA 螺杆④的应力大于其弹性极限应力，以发挥 SMA 材料的超弹性性能。

具体实施时，SMA 螺杆④上方的上螺母⑧采用 Q235 或 Q345 钢构件，上螺母⑧高 5mm、厚 1～2mm、内径 10～20mm。

12.6　本　章　小　结

本章对古建筑木结构斗栱的主要破坏形态和维修加固基本原则进行简要分析和总结，并对 SMA 加固斗栱低周往复拟静力试验进行介绍，最后提出了一种采用 SMA 螺杆连接的古建筑木结构斗栱自复位耗能连接节点及连接方法，并对该连接方法的优势及具体实施方法进行阐述，可得到以下结论。

（1）斗栱容易出现如部件（散斗、栱等）劈裂、连接松动、散斗缺失、整体歪闪等残损现象，在长期荷载作用下斗栱的各部件还会发生受压、弯曲、剪切或复合破坏。

（2）参照《古建筑木结构维护与加固技术标准》（GB/T 50165—2020），古建筑的维护与加固，必须遵守不改变文物原状的原则。

（3）随着 SMA 螺杆中预应力的增加，加固斗栱的极限承载力和耗能能力都有所提高，采用 SMA 螺杆连接的斗栱具有稳定一致的阻尼性能，可以有效减轻斗栱陆续遭受一次主震及其数次余震时的破坏。

（4）所提出的斗栱自复位耗能连接节点及连接方法具有耗能能力强、小震震后无须修复或更换、加固斗栱残余变形小，以及加固可操作性强等优势。

参 考 文 献

曹双寅，潘建伍，邱洪兴，2002．外贴纤维加固梁抗剪承载力计算方法分析 [J]．东南大学学报（自然科学版），32(5)：766-770.

陈国莹，2003．古建筑旧木材材质变化及影响建筑形变的研究 [J]．古建园林技术，15(3)：49-60.

陈明达，1996．应县木塔 [M]．北京：文物出版社.

陈志勇，祝恩淳，潘景龙，2011．复杂应力状态下木材力学性能的数值模拟 [J]．计算力学学报，28(4)：629-634.

陈志勇，祝恩淳，潘景龙，2013．应县木塔精细化结构建模及水平受力性能分析 [J]．建筑结构学报，34(9)：150-158.

陈志勇，祝恩淳，潘景龙，2012．中国古建筑木结构力学研究进展 [J]．力学进展，42(5)：644-654.

陈志勇，2011．应县木塔典型节点及结构受力性能研究 [D]．哈尔滨：哈尔滨工业大学.

程亮，王焕定，2009．等效剪切刚度的框架结构损伤识别方法 [J]．哈尔滨工业大学学报，41(10)：36-40.

淳庆，乐志，潘建伍，2011．中国南方传统木构建筑典型榫卯节点抗震性能试验研究[J]．中国科学：技术科学，41(9)：1153-1160.

丁磊，王志骞，俞茂宏，2003．西安鼓楼木结构的动力特性及地震反应分析 [J]．西安交通大学学报，37(9)：108-110.

董晓阳，2015．不同歪闪程度下古建筑木结构斗栱节点的抗震性能分析 [D]．西安：西安建筑科技大学.

杜修力，欧进萍，1991．建筑结构地震破坏评估模型 [J]．世界地震工程(3)：52-58.

段春辉，郭小东，宋晓胜，2013．基于 ANASYS 的斗栱结构性能研究 [J]．低温建筑技术，10(8)：70-72.

法冠喆，王全凤，2012．BFRP 加固榫卯节点抗震性能试验研究 [J]．建筑结构，42(4)：152-156.

方东平，俞茂宏，宫本裕，等，2001．古建筑木结构结构特性的计算研究 [J]．工程力学，18(1)：137-144.

丰定国，王社良，2008．抗震结构设计 [M]．武汉：武汉理工大学出版社.

高大峰，赵鸿铁，薛建阳，等，2003．中国古建木构架在水平反复荷载作用下变形及内力特征 [J]．世界地震工程，19(1)：9-14.

高大峰，赵鸿铁，薛建阳，等，2006．中国古建木构架在水平反复荷载作用下的试验研究 [J]．西安建筑科技大学学报，34(4)：317-319.

高大峰，赵鸿铁，薛建阳，2008a．古建筑木结构中斗栱与榫卯节点的抗震性能：试验研究 [J]．自然灾害学报，17(2)：58-64.

高大峰，赵鸿铁，薛建阳，2008b．中国古建筑木结构的结构及其抗震性能研究 [M]．北京：科学出版社.

高大峰，2007．中国木结构古建筑的结构及其抗震性能研究 [D]．西安：西安建筑科技大学.

高悦文，2015．古木材性退化人工模拟及其损伤本构模型的研究 [D]．扬州：扬州大学.

葛鸿鹏，2005．中国古代木结构建筑榫卯加固抗震试验研究 [D]．西安：西安建筑科技大学.

《古建筑木结构维护与加固技术规范》编制组．1994，古建筑木结构用材的树种调查及其主要材性的实测分析 [J]．四川建筑科学研究，(1)：11-14.

郭子雄，刘阳，杨勇，2004．结构震害指数研究评述 [J]．地震工程与工程振动，24(5)：56-61.

何浩祥，吕永伟，韩恩圳，2015．基于静动力凝聚及扩展卡尔曼滤波连续梁桥损伤识别 [J]．工程力学，32(7)：156-163.

侯卫东，2016．应县木塔保护研究 [M]．北京：文物出版社.

胡大柱，李国强，孙飞飞，等，2007．半刚性连接组合框架地震反应分析 [J]．工程抗震与加固改造，29(1)：

110-125.

胡克旭, 张鹏, 刘春浩, 2010. 新型材料加固钢筋混凝土框架节点的抗震试验研究[J]. 土木工程学报, 43(S1):
    447-451.

胡玲, 杨勇新, 汪健根, 等, 2010. 层数对玄武岩纤维布与木材有效黏结长度影响的试验研究[J]. 建筑结构,
    40(2): 72-74.

胡明, 2006. 碳纤维加固局部受压区损伤木梁数值模拟分析及试验研究[D]. 西安: 西安交通大学.

胡卫兵, 韩广森, 于海平, 2011. 古建筑榫卯节点刚度分析[J]. 四川建筑科学研究, 37(6): 44-47.

黄荣凤, 王晓欢, 李华, 2007. 古建筑木材内部腐朽状况阻力仪检测结果的定量分析[J]. 北京林业大学学报,
    29(6): 167-171.

江宜城, 唐家祥, 李媛萍, 2000. 多层框架隔震结构的地震扭转反应分析[J]. 工程抗震与加固改造(2): 12-14.

乐志, 2004. 中国传统木构架榫卯及侧向稳定研究[D]. 南京: 东南大学.

李嘉, 张诩, 2006. AHP 和模糊评价法相结合的公路网规划方案评价研究[J]. 中南公路工程, 31(2): 51-59.

李诚, 1959. 营造法式[M]. 上海: 商务印书馆.

李铁英, 魏剑伟, 张善元, 等, 2004. 木结构双参数地震损坏准则及应县木塔地震反应评价[J]. 建筑结构学报,
    25(2): 91-98.

李铁英, 2004. 应县木塔现状结构残损要点及机理分析[D]. 太原: 太原理工大学.

李旋, 2013. 北京近现代建筑木屋架微生物劣化机理与修复技术评析[D]. 北京: 北京工业大学.

李瑜, 2008. 古建筑木构件基于累计损伤模型的剩余寿命评估[D]. 武汉: 武汉理工大学.

李哲瑞, 2017. 四铺作插昂造斗栱的材料与结构性能研究[D]. 南京: 南京林业大学.

李忠献, 林伟, 丁阳, 2007. 行波效应对大跨度空间网格结构地震响应的影响[J]. 天津大学学报, 40(1): 1-8.

梁思成, 1985. 梁思成文集[M]. 北京: 中国建筑工业出版社.

梁兴文, 史庆轩, 2011. 混凝土结构设计原理[M]. 2 版. 北京: 中国建筑工业出版社.

刘德馨, 刘广均, 1992. 隔震房屋结构沿高度的地震剪力分布及其简化计算[J]. 四川建筑科学研究, 18(4):
    38-50.

刘龙, 2007. 基于振动测试的梁结构裂纹损伤识别若干方法研究[D]. 上海: 上海交通大学.

刘文光, 2008. 橡胶隔震支座力学性能及隔震结构地震反应分析研究[D]. 北京: 北京工业大学.

刘一星, 1995. 木材横纹压缩大变形应力应变关系的定量表征[J]. 林业科学, 31(5): 436-442.

陆伟东, 邓大利, 2012. 木结构榫卯节点抗震性能及其加固试验研究[J]. 地震工程与工程振动, 32(3): 109-116.

罗莎, 吴义强, 刘元, 等, 2012. 近红外光谱技术在木材解剖特征预测中的研究进展[J]. 中南林业科技大学学
    报, 32(1): 37-42.

马炳坚, 2006. 中国古建筑的构造特点、损毁规律及保护修缮方法(上)[J]. 古建园林技术(3): 57-62.

马炳坚, 2003. 中国古建筑木作营造技术[M]. 北京: 科学技术出版社.

马玉宏, 2000. 基于性态的抗震设防标准研究[D]. 哈尔滨: 中国地震局工程力学研究所.

孟庆军, 2010. 木质材料间摩擦性能及其对木结构设计的影响研究[D]. 哈尔滨: 东北林业大学.

潘毅, 李玲娇, 王慧琴, 2016. 古建筑木结构震后破坏状态评估方法研究[J]. 湖南大学学报(自然科学版),
    43(1): 132-142.

潘毅, 王超, 季晨龙, 2012. 汶川地震中古建筑木结构的震害调查与分析[J]. 建筑科学, 28(7): 103-106.

裴元义, 毕枫桐, 朱峰林, 2018. 基于时域损伤识别的单一类型信号传感器布置优化方法[J]. 水电与新能源,
    32(8): 24-28.

彭勇刚, 廖红建, 钱春宇, 等, 2014. 古建筑木材料损伤强度特性研究[J]. 地震工程与工程振动, 34: 652-656.

秦良彬, 2012. 基于木材嵌压理论的典型穿斗木构架节点静力特性研究 [D]. 昆明: 昆明理工大学.

邱法维, 钱稼茹, 陈志鹏, 2000. 结构抗震试验方法 [M]. 北京: 科学出版社.

宋晓胜, 2014. 古建筑木结构结构性能与加固试验研究 [D]. 北京: 北京工业大学.

隋龑, 赵鸿铁, 薛建阳, 等, 2010a. 古代殿堂式木结构建筑模型振动台试验研究 [J]. 建筑结构学报, 31(2): 35-40.

隋龑, 赵鸿铁, 薛建阳, 等, 2010b. 古建木构铺作层侧向刚度的试验研究 [J]. 工程力学, 27(3): 74-78.

隋龑, 赵鸿铁, 薛建阳, 等, 2011. 中国古建筑木结构铺作层与柱架抗震试验研究 [J]. 土木工程学报, 44(1): 50-57.

隋龑, 2009. 中国古代木构耗能减震机理与动力特性分析 [D]. 西安: 西安建筑科技大学.

唐天国, 刘浩吾, 陈春华, 等, 2005. 梁裂缝损伤检测的模态应变法及试验研究 [J]. 工程力学, 22(S1): 39-45.

汪大洋, 魏德敏, 2014. 风振作用下高层建筑结构全寿命总费用的模糊综合评估研究 [J]. 土木工程学报, 47(12): 98-103.

汪健根, 杨勇新, 胡玲, 等, 2009. 玄武岩纤维布与木材黏结-滑移本构关系的试验研究 [J]. 玻璃钢/复合材料 (3): 23-27.

王广军, 1993. 建筑地震破坏等级的工程划分及应用 [J]. 世界地震工程, 13(2): 40-46.

王惠文, 2005. 偏最小二乘回归方法及其应用 [M]. 北京: 国防工业出版社.

王俊鑫, 2008. 榫卯连接木结构的静力与动力分析研究 [D]. 昆明: 昆明理工大学.

王磊, 2012. 清式厅堂古建筑与仿古建筑的结构性能比较研究 [D]. 西安: 西安建筑科技大学.

王世仁, 2006. 关于对山西应县木塔保护工程抬升修缮方案的意见 [J]. 古建园林技术, 24(2): 6-10.

王天龙, 陈永平, 刘秀英, 等, 2010. 古建筑木构件缺陷及评价残余弹性模量的初步研究 [J]. 世界地震工程, 32(3): 141-145.

王玮, 曹清, 贾开, 2010. 日本建筑的抗震加固评估标准及加固方法 [J]. 建筑结构, 40(S2): 75-76.

王晓华, 温媛媛, 刘宝兰, 2013. 中国古建筑构造技术 [M]. 北京: 化学工业出版社.

王晓燕, 黄维平, 李华军, 2005. 地震动反演及结构参数识别的 EKF 算法 [J]. 工程力学, 22(4): 20-23.

王鑫, 胡卫兵, 孟昭博, 2014. 基于小波包能量曲率差的古木结构损伤识别 [J]. 振动与冲击, 33(7): 153-159.

王秀丽, 金恩平, 2011. 多遇地震下空间结构的扭转效应分析 [J]. 土木建筑与环境工程, 33(S1): 65-69.

王雪亮, 2008. 历史建筑木结构基于可靠度理论的剩余寿命评估方法研究 [D]. 武汉: 武汉理工大学.

魏国安, 2007. 古建筑木结构斗栱的力学性能及 ANSYS 分析 [D]. 西安: 西安建筑科技大学.

吴波, 王维俊, 2005. 碳纤维布加固钢筋混凝土框架节点的抗震性能试验研究 [J]. 土木工程学报, 38(4): 60-65.

武国芳, 2011. 应县木塔柱架节点受力性能研究 [D]. 哈尔滨: 哈尔滨工业大学.

谢启芳, 崔雅珍, 赵鸿铁, 等, 2013. 古建筑木结构修缮加固时木材材料强度取值探讨 [J]. 福州大学学报, 41(4): 483-486.

谢启芳, 杜彬, 李双, 等, 2015. 残损古建筑木结构燕尾榫节点抗震性能试验研究 [J]. 振动与冲击, 34(4): 165-170.

谢启芳, 向伟, 杜彬, 2014a. 残损古建筑木结构叉柱造式斗栱节点抗震性能退化规律研究 [J]. 土木工程学报, 47(12): 50-55.

谢启芳, 薛建阳, 赵鸿铁, 2010. 汶川地震中古建筑的震害调查与启示 [J]. 建筑结构学报, 31(2): 18-23.

谢启芳, 赵鸿铁, 薛建阳, 等, 2008. 中国古建筑木结构榫卯节点加固的试验研究 [J]. 土木工程学报, 41(1): 28-34.

谢启芳，郑培君，向伟，等，2014b．残损古建筑木结构单向直榫榫卯节点抗震性能试验研究［J］．建筑结构学报，35(11)：143-150.

谢启芳，2007．中国古建筑木结构加固的试验研究及理论分析［D］．西安：西安建筑科技大学.

熊仲明，王清敏，丰定国，等，1995．基础滑移隔震房屋的计算研究［J］．土木工程学报，28(5)：21-31.

徐明刚，邱洪兴，淳庆，2013．碳纤维加固古建筑木结构榫卯节点承载力计算[J]．工程抗震与加固改造，35(3)：121-124.

徐明刚，邱洪兴，2009．古建筑木结构老化问题研究新思路［J］．工程抗震与加固改造，31(2)：96-98.

徐明刚，邱洪兴，2010．中国古代木结构建筑榫卯节点抗震试验研究［J］．建筑结构学报，31(S2)：345-349.

徐明刚，邱洪兴，2011a．古建筑旧木材材料性能试验研究［J］．工程抗震与加固改造，33(4)：53-55.

徐明刚，邱洪兴，2011b．古建筑木结构榫卯节点抗震试验研究［J］．建筑科学，27(7)：56-58.

徐其文，汤小平，索安勇．2002．中国古典建筑木结构特性的分析研究［J］．淮海工学院学报，11(4)：64-67.

徐赵东，郭迎庆，2004．MATLAB 语言在建筑抗震工程中的应用［M］．北京：科学出版社.

薛建阳，李义柱，夏海伦，等，2016．不同松动程度的古建筑燕尾榫节点抗震性能试验研究[J]．建筑结构学报，37(4)：73-79.

薛建阳，张风亮，赵鸿铁，等，2012a．单层殿堂式古建筑木结构动力分析模型［J］．建筑结构学报，33(8)：135-142.

薛建阳，张风亮，赵鸿铁，等，2012b．古建筑木结构基于结构潜能和能量耗散准则的地震破坏评估［J］．建筑结构学报，33(8)：127-134.

薛建阳，李义柱，张雨森，等，2019．不同松动程度下古建筑燕尾榫节点残损评估方法研究［J］．实验力学，34(2)：332-340.

薛建阳，路鹏，董晓阳，2017a．古建筑木结构歪闪斗栱抗震性能的 ABAQUS 有限元分析［J］．世界地震工程，33(4)：11-17.

薛建阳，路鹏，董晓阳，2017b．古建筑木结构歪闪斗拱竖向受力性能的 ABAQUS 有限元分析［J］．西安建筑科技大学学报（自然科学版），49(1)：8-13.

薛建阳，夏海伦，李义柱，等，2017c．不同松动程度下古建筑透榫节点抗震性能试验研究［J］．西安建筑科技大学学报（自然科学版），49(4)：463-469.

薛建阳，路鹏，夏海伦，2018a．古建筑木结构透榫节点受力性能的影响因素分析［J］．西安建筑科技大学学：（自然科学版），50(3)：324-330.

薛建阳，董金爽，夏海伦，等，2018b．不同松动程度下古建筑木结构透榫节点［J］．西安建筑科技大学学报（自然科学版），50(5)：638-644.

薛建阳，翟磊，张风亮，等，2015．扁钢加固古建筑木结构残损节点的性能分析与设计方法［J］．西安建筑科技大学学报（自然科学版），47(5)：621-625.

薛建阳，张鹏程，赵鸿铁，2000．古建木结构抗震机理的探讨[J]．西安建筑科技大学学报(自然科学版)，32(1)：8-11.

薛建阳，赵鸿铁，张鹏程，2004．中国古建筑木结构模型的振动台试验研究［J］．土木工程学报，37(6)：6-11.

闫辉，2008．与木结构延性节点抗震设计有关的木材嵌压试验及理论研究［D］．昆明：昆明理工大学.

杨俊杰，2005．相似理论与结构模型试验［M］．武汉：武汉理工大学出版社.

杨伦标，2005．模糊数学原理及其应用［M］．广州：华南理工大学出版社.

杨夏，郭小东，吴洋，等，2015．基于脱榫状态的古建筑木结构燕尾榫节点试验研究[J]．文物保护与考古科学，27(1)：54-58.

姚侃，赵鸿铁，葛鸿鹏，2006a. 古建木结构榫卯连接特性的试验研究 [J]. 工程力学，23(10)：168-173.

姚侃，赵鸿铁，薛建阳，等，2009. 古建木结构榫卯连接的扁钢加固试验 [J]. 哈尔滨工业大学学报，41(10)：
　220-224.

姚侃，赵鸿铁，2006b. 木构古建筑柱与柱础的摩擦滑移隔震机理研究 [J]. 工程力学，23(8)：127-131.

姚侃，2006c. 古建筑木结构的结构特性及抗震性能研究 [D]. 西安：西安建筑科技大学.

姚谦峰，陈平，2001. 土木工程结构试验 [M]. 北京：中国建筑工业出版社.

伊廷华，李宏男，顾明，等，2010. 基于 MATLAB 平台的传感器优化布置工具箱的开发及应用 [J]. 土木工程
　学报，43(12)：87-93.

尹思慈，1996. 木材学 [M]. 北京：中国林业出版社.

俞正茂，2014. 应县木塔结构图解 [D]. 厦门：厦门大学.

袁建力，施颖，陈韦，等，2012. 基于摩擦-剪切耗能的斗栱有限元模型研究 [J]. 建筑结构学报，33(6)：151-157.

袁旭斌，赵小星，宋一凡，等，2005. 卸载与不卸载的 RC 梁桥粘贴碳纤维布加固计算 [J]. 中国公路学报，
　18(1)：73-76.

张辰啸，戴君武，杨永强，2017. 多层古建抬梁式木结构振动台试验研究 [J]. 世界地震工程，33(3)：61-66.

张鹏程，2003. 中国古代木构建筑结构及其抗震发展研究 [D]. 西安：西安建筑科技大学.

张锡成，2013. 地震作用下古建筑木结构的动力分析 [D]. 西安：西安建筑科技大学.

张效忠，姚文娟，2013. 基于敏感模态单元应变能法结构损伤识别 [J]. 中南大学学报（自然科学版），44(7)：
　3014-3023.

赵博宇，丁勇，吴斌，2014. 基于扩展卡尔曼估计算法的地震模拟振动台模型识别 [J]. 振动与冲击，33(12)：
　145-150.

赵鸿铁，董春盈，薛建阳，等，2010. 古建筑木结构透榫节点特性试验分析 [J]. 西安建筑科技大学学报（自然
　科学版），42(3)：315-318.

赵鸿铁，张海彦，薛建阳，等，2009. 古建筑木结构燕尾榫节点刚度分析 [J]. 西安建筑科技大学学报，41(4)：
　450-454.

赵均海，俞茂宏，高大峰，等，1999. 中国古代木结构的弹塑性分析有限元分析 [J]. 西安建筑科技大学学报（自
　然科学版），31(2)：31-33.

赵均海，俞茂宏，杨松岩，等，2000. 中国古代木结构有限元动力分析 [J]. 土木工程学报，33(1)：32-35.

赵荣军，邢新婷，吕建雄，等，2012. 粗皮桉木材力学性质的近红外光谱方法预测 [J]. 林业科学，48(6)：
　106-111.

赵钟声，2003. 木材横纹压缩变形恢复率的变化规律与影响机制 [D]. 哈尔滨：东北林业大学.

郑明刚，刘天雄，朱继海，等，2000. 曲率模态在桥梁状态监测中的应用 [J]. 振动与冲击，19(2)：81-82.

中国地震局工程力学研究所，2009. 福建省晋江市城区地震灾害预测与信息管理系统 [M]. 哈尔滨：中国地震
　局工程力学研究所.

中华人民共和国住房和城乡建设部，2015. 建筑抗震试验规程：JGJ/T 101—2015 [S]. 北京：中国建筑工业出版社.

中华人民共和国住房和城乡建设部，中华人民共和国国家质量监督检验检疫总局，2010. 建筑抗震设计规范（2016
　年版）：GB 50011—2010 [S]. 北京：中国建筑工业出版社.

中华人民共和国住房和城乡建设部，中华人民共和国国家质量监督检验检疫总局，2017. 钢结构设计标准（GB
　50017—2017）[S]. 北京：中国建筑工业出版社.

中华人民共和国住房和城乡建设部，中华人民共和国国家市场监督管理总局，2020. 古建筑木结构维护与加固技
　术标准：GB/T 50165—2020 [S]. 北京：中国建筑工业出版社.

中国工程建筑标准化协会, 2003. 碳纤维片材加固修复混凝土结构技术规程（CECS146: 2003）[S]. 北京: 中国计划出版社.

周乾, 闫维明, 张博, 2011. CFRP 布加固古建筑木构架抗震试验 [J]. 山东建筑大学学报, 26(4): 327-333.

周乾, 2015. 故宫古建木柱典型残损问题分析及建议 [J]. 水利与建筑工程学报, 13(6): 107-112.

朱忠漫, 2015. 干缩裂缝对历史建筑木构件受力性能影响的试验研究 [D]. 南京: 东南大学.

庄荣忠, 杨勇新, 2010. BFRP 与木材的有效粘结长度的试验 [J]. 华侨大学学报（自然科学版）, 31(1): 74-77.

庄茁, 由小川, 廖剑晖, 等, 2008. 基于 ABAQUS 的有限元分析和应用 [M]. 北京: 清华大学出版社.

CHOPRA A K, 2007. 结构动力学理论及其在地震工程中的应用 [M]. 谢礼立, 吕大刚, 等译. 北京: 高等教育出版社.

CHOPRA A K, 2007. Dynamics of Structures: Theory and Applications to Earthquake Engineering[M]. 3rd ed. New Jersey: Pearson Prentice Hall.

CHOW C L, WANG J, 1987. An anisotropic theory of elasticity for continuum damage mechanics[J]. International Journal of Fracture, 33(1):3-16.

FANG D P,IWASAKI S,YU M H, et al., 2001. Ancient Chinese timber architecture: II: dynamic characteristic [J].Journal of Structural Engineering,127(11): 1358-1364.

FUJITA K, KIMURA M, OHASHI Y, et al., 2001. Hysteresis model and stiffness evaluation of bracket complexes used in traditional timber structures based on static lateral loading tests[J]. Journal of Structural and Construction Engineering, 54(3): 121-127.

GERHARDS C C, LINK C L.A, 1987. Cumulative damage model to predict load duration characteristics of lumber[J]. Wood Fiber Science, 192(10):147-164.

GUAN Z W, KITAMORI A, KOMATSU K, 2008a. Experimental study and finite element modelling of Japanese "Nuki" joints—Part one: Initial stress states subjected to different wedge configurations[J]. Engineering Structures, 30(7): 2032-2040.

GUAN Z W, KITAMORI A, KOMATSU K, 2008b. Experimental study and finite element modelling of Japanese "Nuki" joints—Part two: Racking resistance subjected to different wedge configurations[J]. Engineering Structures, 30(7): 2041-2049.

HANHIJIIRVI A. 2000. Computational method for predicting the long-term performance of timber beams in variable[J]. Materials and Structures, 33:127-134.

KATO Y, KOMATSU K, 2000. Strength and deformation of semi-rigid timber frames depending on the embedment resistance of timber[J]. Wood Research, 87: 39-41.

KING W S, YEN J Y, YEN Y N, 1996. Joint characteristics of traditional Chinese wooden frames[J]. Engineering Structures, 18(8): 635-644.

KYUKE H, KUSUNOKI T, YANAOTO M, et al., 2008. Shaking table tests of 'MASUGUMI' used in traditional wooden architectures[C]. 10th World Conference on Timber Engineering. Miyazaki.

MAENO M, SAITO S, SUZUKI Y, 2007. Evaluation of equilibrium of force acting on column and restoring force due to column rocking by full scale test of traditional wooden frames[J].Journal of Structural and Construction Engineering, Transactions of AIJ, 615:153-160.

MAENO M, SUZUKI Y, 2006. A study on bending moment resistandc at column and beam joints of traditional wooden fame by full-scale tests[J].Journal of Structural and Construction Engineering, Transactions of AIJ, 601(3):113-120.

PANG S J, OH J K, PARK J S, et al., 2010. Moment-carrying capacity of dovetailed mortise and tenon joints with or without beam shoulder[J]. Journal of Structural Engineering, 137(7): 785-789.

PARK Y J, ANG A H S, 1985. Mechanistic seismic damage model for reinforced concrete[J]. Journal of Structural Engineering, 111(4): 722-739.

SEO J M, CHO I K, Lee J R, 1999. Static and cyclic behabior of wooden frames with tenon joints under lateral load [J].Journal of Structural Engineering, 125(3): 344-349.

SUI Y, ZHAO H T, XUE J Y, et al., 2010. A study on Chinese ancient timber structures by shaking table test[J]. Journal of Building Structures, 31(2):35-40.

TANAHASHI H,SUZUKI Y. 2010. Elasto-plastic Pasternak model simulation of static and dynamic loading tests of traditional wooden frames[C]. World Conference on Timber Engineering-WCTE 2010. Trentino,Italy.

WENG J H, LOH C H, YANG J N, 2009. Experimental study of damage detection by data-driven subspace identification and finite-element model updating[J]. Journal of Structural Engineering, 135(12): 1533-1544.

WU J R, LI Q S, 2006. Structural parameter identification and damage detection for a steel structure using a two-stage finite element model updating method[J]. Journal of Constructional Steel Research, 62(3): 231-239.

XIE W J, APAKI Y, CHANG W S, 2018. Enhancing the seismic performance of historic timber buildings in Asia by applying super-elastic alloy to a Chinese complex bracket system[J]. International Journal. of Architectural Heritage, 12(4): 734-748.

ZHANG X C, XUE J Y, ZHAO H T, et al., 2011. Experimental study on Chinese ancient timber-frame building by shaking table test[J]. Structural Engineering and Mechanics, 40(4): 453-469.